海上長城
戰後中華民國海軍發展史

金智 著

推薦序　迎向海洋　捍衛海疆

　　我國海軍發軔於清末自強運動，籌建水師與海防，不幸南洋、北洋海軍先後在中法馬江海戰、中日甲午海戰挫敗，以致我國海權日趨衰微。民國肇建後，政府雖圖謀發展海軍，鞏固海防，振興海權，然而先有軍閥割據混戰，後有日本侵華戰爭，我國長期處於內憂外患之中，加以國家財政困難，成效有限。尤其八年抗戰初始，中央為遲滯日軍向內陸進犯，命海軍以自殘方式沉艦阻塞內河水運，海軍發展則陷於停頓。

　　抗戰勝利後，海軍在接收美英贈（借）艦與日本賠償艦的基礎下，始得以重建。未料中共全面叛亂，戡亂剿共戰事又起，各方面建設因而頓阻。民國三十八年，政府播遷來臺，國軍在臺積極整軍經武，期間海軍在美國軍援下勵精圖治，舉凡各項組織制度與教育訓練得以革新與精進，成為保衛臺海安全重要之武力。尤以八二三戰役期間，海軍優異的表現與戰績，讓國人有目共睹。

　　國民政府遷臺至今已有七十餘年，期間海軍因應國防政策，組織編裝與教育訓練多有更迭變動。本書作者金智教授係中華軍史學會會員亦曾任本會理事，長期致力於國軍軍事史研究，有感保存海軍史料之重要，廣蒐史實，嚴謹考證，詳實編纂本書。本書內容起於抗戰勝利後至美國與我國斷交，這三十多年間，有關中華民國海軍建軍發展之歷程。此外，本書亦收錄我海軍潛艦部隊成軍過程、國光計畫、五十四年國共三次海戰檢評，此三篇對我海軍建軍發展至為關鍵的論文。

　　綜觀本書體例完整，內容詳實，圖文並茂，敘述均有依據，為一本嚴謹的學術著作。臺灣為一海島，四面環海，維護海權，捍衛海疆，係攸關我國家生存發展之重要憑藉。因此希望本書的付梓，除了宏揚海軍先烈先賢們為國家民族犧牲奉獻之史蹟外，亦讓我國軍官兵與國人透過本書瞭解我海軍艱

辛建軍之歷程，且可供社會各界研究我海軍建軍發展史或中華民國現代史之參考，爰樂為之序。

前海軍總司令／中華軍史學會理事長　苗永慶

目錄

3　推薦序　迎向海洋　捍衛海疆／苗永慶

第一章　綏靖戡亂時期中國海軍的建軍發展
　　　　（1945.9-1949.11）

9　壹、前言
10　貳、海軍組織制度的發展與遞嬗
29　參、後勤海政與裝備發展
39　肆、海軍教育訓練
59　伍、重要戰績與功績
76　陸、綏靖戡亂時期海軍發展的成就及缺失檢討
87　柒、結語

第二章　遷臺初期中華民國海軍的建軍發展
　　　　（1949.12-1958.8）

90　壹、前言
91　貳、遷臺初期海軍的組織與編裝
106　參、海軍後勤海政單位與裝備
120　肆、遷臺初期海軍的教育與訓練
140　伍、重要戰績
161　陸、遷臺初期海軍建軍發展的優缺檢討
172　柒、結語

第三章　在臺整軍備戰時期中華民國海軍的建軍發展　（1958.8-1978.12）

175　壹、前言

176　貳、海軍的組織與編裝

201　參、教育與訓練

220　肆、重要戰役

236　伍、在臺整軍備戰時期海軍建軍的成果及缺失

256　陸、結語

第四章　我國海軍潛艦部隊建軍發展之歷程

258　壹、前言

259　貳、我國海軍水下作戰部隊建軍之緣起

266　參、水星計畫與我國海軍潛艦戰隊的成立

273　肆、劍龍計畫與第三代現代化潛艦的籌建

276　伍、我國海軍潛艦建軍發展的成果及缺失與困境

281　陸、結語

第五章　反攻大陸──「國光計畫」之研究

283　壹、前言

285　貳、國光作業室成立的時代背景

300　參、國光作業室的成立發展與反攻計畫內容

318　肆、反攻作戰作為與反攻政策之轉折

332　伍、國光計畫未能實行的因素與檢討

344　陸、結語

第六章　民國54年國共臺灣海峽三次海戰之研析

348　壹、前言

349　貳、三次海戰發生的時代背景

358　參、五一海戰（或稱東引海戰）

365　肆、八六海戰

375　伍、烏坵海戰

383　陸、三次海戰國軍與共軍優點缺失的檢討

393　柒、三次海戰對國軍反攻大陸作戰的影響

398　捌、結語

400　**附錄一　戰後歷任海軍首長（1945-1979）**

403　**附錄二　1945-1979年海軍官校畢業生名冊**

第一章　綏靖戡亂時期
　　　　中國海軍的建軍發展
（1945.9-1949.11）

壹、前言

　　抗戰前我國本已薄弱的海軍，在面對強敵日本海軍，歷經八年艱苦抗戰，至民國34年8月，抗戰勝利前夕，海軍第一、第二艦隊因戰損僅存15艘軍艦，總噸位七千餘噸。[1]戰後我海軍在接收美、英兩國贈艦，日偽降艦及日本賠償艦，得以重建海軍，不僅恢復戰力，其規模數量、噸位及戰力甚至超越戰前，成為民國肇建以來，海軍的全盛時期。

　　自民國34年8月中旬，日本宣布無條件投降，八年對日抗戰勝利，至38年12月，因中共叛亂，戡亂失利，政府播遷臺灣，此期間是為民國史上的綏靖戡亂時期，綏靖戡亂時期為中國海軍重建時期，舉凡組織制度、艦艇裝備、教育訓練，均有重大的變革、革新與發展，且海軍參與綏靖戡亂戰績卓越。因此有關綏靖戡亂時期中國海軍的建軍發展，國軍或兩岸學界均有一些論述，國內方面國防部、海軍總司令部曾編印若干相關之專著。

　　近來年因兩岸交流較昔日密切，有關中國現代海軍史的文獻、專著或論文取得較容易，加上國軍海軍將領、耆宿們的口述歷史、回憶錄或自傳，陸續公開出版問世，得以增補、考證海軍文獻史料不足，或者疑義之處。因此筆者期藉由海軍已公開的文獻史料、近人專著或論文，及國軍海軍將領、耆宿們的口述歷史、回憶錄或自傳，就綏靖戡亂時期我國海軍的組織制度、後勤與裝備、教育訓練、重要戰績，並探討此時期建軍的成果及缺失等議題，

---

[1] 抗戰勝利之初海軍僅存楚同、楚觀、楚謙、永綏、民權、江元、克安、義寧、咸寧、英山、英德、英豪、美原、法庫、湖隼等15艘艦艇。國軍檔案：〈海軍整編計劃案〉，「軍事委員會海軍分防計畫（民國34年8月）」，檔號：570.32/3815.6。

作一個完整的整理及論述。

貳、海軍組織制度的發展與遞嬗

一、海軍總司令部的改組──設立軍政部海軍處

　　抗戰後期自民國33年下半年起，因盟軍在歐洲戰場節節勝利，在太平洋戰場的日軍節節敗退，國民政府盱衡國際情勢，認為擊敗日本指日可待，因此交付軍事委員會著手擬編戰後國軍復員計畫。時海軍總司令部草擬復員計畫及召開相關會議，惟軍政部部長陳誠對海軍總司令部領導權有所節制。陳誠就海軍總司令部人員裁減與艦艇的歸屬，向軍事委員會委員長蔣中正提出建議。34年2月，陳誠提出裁減海軍總司令部所屬各機關人員，為此海軍總司令陳紹寬親至官邸面謁蔣委員長請求免予裁減，獲得同意，此事暫告中止。[2]

　　民國34年6月14日，舉行編擬復員計畫第五次小組審查會中，即已透露軍政部內將設立海軍處之訊息，此海軍處為執行海軍的行政機構，海軍總司令部提的戰後復員各計畫，應與軍政部商討。[3] 8月15日，日本向同盟國宣布無條件投降，八年抗戰勝利。由於戰時海軍無法發揮戰力，戰後重建現代化海軍為海軍建軍的目標，有鑑於昔日海軍內部派系分立，各自為政的局面，在作戰指揮上缺乏有效的控制，故首重指揮系統的確立，統合領導中樞。[4]

　　9月1日，國民政府於軍政部下設立「海軍處」，掌理海軍行政、教育、訓練、建造等事宜，處長由軍政部部長陳誠兼任，周憲章任副處長，籌劃戰

---

[2] 海軍總司令部編，《海軍艦隊發展史》（一）（臺北：國防部史政編譯局，民國90年），頁92-93。

[3] 海軍總司令部編，《海軍艦隊發展史》（一），頁95。同書頁96、97記：抗戰接近尾聲之際，海軍領導權的調整逐漸浮出檯面，海軍總司令部雖受命研擬戰後復員，實際上軍政部已有腹案，軍事委員會主導了赴英、美受訓及接艦參戰官兵的考選。儘管海軍總司令部力圖恢復戰前海軍部有的地位，然時不我予。馬尾系所掌控的中央海軍，實力已不大如軍事委員會所培養出來的海軍。

[4] 國防部史政編譯局編印，《國民革命建軍史》，第三部：八年抗戰與戡亂（一），民國82年，頁289。

後海軍的整建發展。時海軍總司令陳紹寬並未認為海軍處此一新機構可能取代海軍總司令部，海軍總司令部仍於9月13日由重慶遷往上海辦公，從事接收上海日軍海軍的工作。[5]

12月28日，國民政府主席蔣中正手諭海軍總司令陳紹寬、軍政部部長陳誠曰：「海軍總司令部准予撤銷，其業務一切由軍政部海軍處接收，限35年1月30日以前交代完畢。」[6] 31日，海軍總司令陳紹寬與軍政部海軍處副處長周憲章完成業務交接。[7]

海軍處成立後下設辦公室、總務、軍務、訓練及技術等4組，掌管海軍行政、教育、訓練、建造等事項。[8]海軍處接管原海軍總司令部業務後，頓感業務吃重，且編制太小，不易規劃海軍建設工作及安插原海軍總司令部人員。實際負責海軍處業務副處長周憲章於民國35年1月10日，呈請將海軍處改為海軍署，並將所有海軍的艦隊、學校、訓練、要港、後勤等單位全數納入海軍署管轄指揮，不過軍政部認定署為幕僚單位，因此將組織系統修正，艦隊、部隊、要港與要塞司令部、學校、訓練團、造船廠、醫院等直轄軍政部。[9]

---

[5] 參閱一、海軍總司令部編，《海軍艦隊發展史》（一），頁97、98。二、陸寶千、官曼莉，《鄭天杰先生訪問紀錄》（臺北：中央研究院近代史研究所，民國79年），頁200。三、國防部史政編譯局編印，《國民革命建軍史》，第三部：八年抗戰與戡亂（一），頁289。四、蘇小東，《中華民國海軍史事日記（1912.1-1949.9）》（北京：九洲圖書出版社，1999年），頁738。

[6] 〈蔣中正致陳紹寬等手諭〉（民國34年12月28日）收錄在《蔣中正總統文物》，典藏號：002-010300-00057-081。

[7] 蔣中正此時下令裁撤海軍總司令部起因於民國34年11月、12月間，蔣委員長命令陳紹寬派艦堵截由山東半島渡海前赴遼東半島的共軍，但海軍行動遲緩，貽誤戎機。參閱曾國晟，〈記陳紹寬〉收錄在《福建文史資料》，第八輯，頁184及黎玉璽，〈桂永清上將海上歷險記〉收錄在《中外雜誌》，第40卷第1期，頁12。

[8] 劉傳標，《中國近代海軍職官表》（福州：福建人民出版社，2004年），頁281。

[9] 海軍總司令部編，《海軍艦隊發展史》（一），頁101。35年3月5日，海軍處擴編為海軍署，仍由軍政部部長陳誠兼任署長，周憲章任副署長。參閱《海軍艦隊發展史》（一），頁101、102。

二、海軍總司令部的成立

民國35年6月1日,國防體系全面改組,以新設立的國防部取代軍事委員會,並成立陸海空三軍總司令部。軍政部海軍署裁撤,改編成立海軍總司令部,隸屬國防部,由國防部參謀總長陳誠兼任海軍總司令,周憲章擔任參謀長。至此新的海軍領導中樞終告確立。[10] 9月7日,國民政府主席蔣中正調駐德國軍事代表團團長桂永清擔任海軍副總司令兼代總司令。時陳誠僅以參謀總長兼任海軍總司令,其後更調東北行轅主任,負責東北剿共軍事,因此桂永清以副總司令代行總司令之職。[11] 37年8月25日,海軍代總司令桂永清真除海軍總司令。[12]

海軍總司令部成立之初設辦公室、第一、二、三、四、五等5個署,分別掌理人事、情報海政、計畫作戰、支應、編訓;另設總務、軍醫、軍法、新聞、編纂等5處。民國36年6月,海軍總司令部改編,增設為第六署(掌理技術)及監察、副官兩處。37年3月,成立統計室;4月,成立政工處。38年5月,海軍總司令部遷往左營。[13] 8月,編制縮編為總司令下設第一、二、三、四、五署,另設總司令辦公室、政工、監察、軍法、軍醫、總務等5處,總司令部直屬單位有第一、二、三、四軍區司令部、第一、二、三艦隊司令部,陸戰隊司令部、海軍訓練艦隊司令部、第一、二、三、四、五補給總站、各地巡防處、各砲艦隊及機動艇隊、無線電總臺及各區臺。[14]

---

[10] 國防部史政編譯局編印,《國民革命建軍史》,第三部:八年抗戰與戡亂(一),頁290記:35年10月16日,海軍總司令部正式成立。
[11] 海軍總司令部編,《海軍艦隊發展史》(一),頁102-103。
[12] 海軍總司令部編,《海軍艦隊發展史》(一),頁103。國防部史政編譯局編印,《國民革命建軍史》,第三部:八年抗戰與戡亂(一),頁290及包遵彭,《中國海軍史》,下冊(臺北:臺灣書店,民國59年),頁1037均記:37年8月18日,桂永清真除海軍總司令。蘇小東,《中華民國海軍史事日記(1912.1-1949.9)》,頁780記:37年8月25日,蔣中正命桂永清為海軍總司令。
[13] 參閱一、海軍總司令部編印,《海軍建軍史》,上冊,民國60年,頁350。二、劉傳標,《中國近代海軍職官表》,頁283-296。
[14] 國軍檔案:〈海軍建軍史〉(一),附件一,檔號:153.3/3815。

三、海軍艦隊的編成與發展

自抗戰勝利後，我海軍接收美、英兩國贈艦，日偽艦艇及日本賠償艦艇等，艦艇數量大幅增加，據民國37年統計，海軍各型艦艇總數已達428艘，編入戰鬥序列者275艘，總噸位19萬4,300餘噸。這些艦艇分別編成海防第一、第二艦隊，江防艦隊，運輸艦隊、10個砲艇隊及海岸巡防艇隊，成為綏靖戡亂時期，鞏固我國海疆之重要力量。[15]

（一）海軍艦隊指揮部的成立

民國34年12月28日，海軍總司令部被裁撤後，海軍軍令部分業務由軍政部海軍處接管，海軍總司令部原轄第一、第二艦隊改隸於軍事委員會，暫由陸軍總司令部指揮，以執行綏靖作戰任務。35年4月，海軍第一、第二艦隊司令被裁撤，為指揮便利及命令統一起見，於上海成立「海軍艦隊指揮部」，隸屬軍政部，由軍政部部長陳誠兼任指揮官，調海軍處辦公室主任魏濟民為參謀長。[16]

此一措施由艦隊指揮部負責軍令，統一指揮所屬艦艇，海軍處則負責軍政事宜。[17]

海軍第一、第二艦隊司令部撤銷後，基於「海防、江防艦務仍應妥為劃分」，另設置海防、江防兩艦隊分任防務，由艦隊指揮部管轄，統一指揮所屬艦艇。民國35年7月，第一、第二艦隊司令陳宏泰、方瑩分別辭職，由長治艦艦長劉孝鋆任海防艦隊隊長，駐青島，轄太康、太平、永泰、永興、永順、永勝、永定、永寧、長治、逸仙、咸寧、永績、永翔、永德等14艘軍艦，接替第一艦隊擔任北巡綏靖任務；派永綏艦艦長葉裕和為江防艦隊隊

---

[15] 海軍總司令部編，《海軍艦隊發展史》（一），頁118、332。

[16] 海軍總司令部編，《海軍艦隊發展史》（一），頁333。海軍艦隊指揮部成立日史料眾說紛紜，國軍檔案：〈海軍艦隊指揮部成立案〉（二），軍政部代電（35年5月24日）記：艦隊指揮部於35年4月15日先行成立，5月17日啟用關防，地址在上海黃浦路106號。檔號：584.1/3815。蘇小東，《中華民國海軍史事日記（1912.1-1949.9）》，頁748記：5月26日，軍政部艦隊指揮部在上海成立。

[17] 〈辭公與海軍——拜訪周憲章老先生一席談〉收錄在海軍總司令部編印，《中國海軍之締造與發展》，民國54年，頁189。

長,駐江陰,轄永綏、民權、安東、楚觀、楚同、常德、太原、永濟、永安、永平、江犀、江泰、江鳳、威寧、淮安、焦山、福鼎、江元、義寧、建康、海鷹等22艘艦艇,接替第二艦隊擔任長江下游綏靖任務。[18]

民國35年7月,海軍總司令部將所屬艦艇改編為海防、江防、運輸3個艦隊及8個砲隊。[19] 36年6月,由於陸續接收美、英贈艦及日偽艦艇,艦艇數量增加,遂將海軍艦艇依噸位、艦型、性能重新編組為海防第一、海防第二、江防、運輸4個艦隊、海岸巡防艇隊及9個砲艇隊。除艦隊重新編組外,並調整海防部署;海防第一艦隊移駐天津、大沽,配屬砲艇擔任渤海灣、膠東半島、蘇北沿海各匪區交通之封鎖,支援陸上部隊作戰。37年底,海軍艦隊重新編組,其調整要領,以戰力較強之接收美艦編為海防第一艦隊,裝備較雜之接收日艦及舊海防砲艦為海防第二艦隊,以江防砲艦為江防艦隊,以各型登陸艦編為登陸艦隊(原運輸艦隊改編),仍維持4個艦隊,以利整備訓練及作戰。另重慶、靈甫、中訓、中練4艦為海軍總司令部直屬訓練艦,作為輪訓官兵之用,不編入艦隊。各艦隊各配特勤艦若干艘,擔任一般之補給、運輸及修理等任務;另由海軍總司令部控制直屬供應艦若干艘,擔任各軍區、艦隊間之供應任務。[20]

民國34年8月抗戰勝利至38年12月政府遷臺期間,海軍艦隊編組概分為兩個階段實施;1、第一階段,編組成4個艦隊:海防第一艦隊擔負渤海灣及黃海海域之巡弋,海防第二艦隊協同海防第一艦隊及江防艦隊,分別擔負蘇北沿海及長江下游防務,江防艦隊負責長江中、上游防務。2、第二階段調,調整部署,38年夏,適應情況,各艦隊防區略予調整,登陸艦隊改編為訓練艦隊,另於11月成立海防第三艦隊。[21]

---

[18] 參閱一、海軍總司令部編,《海軍艦隊發展史》(一),頁333、334、339、348、349。二、海軍總司令部編印,《海軍大事記》,第三輯,頁6。

[19] 參閱一、海軍總司令部編,《海軍艦隊發展史》(一),頁334。二、海軍總司令部編印,《海軍總司令部成立一年來工作報告》,民國36年,頁10。

[20] 參閱一、海軍總司令部編印,《海軍總司令部成立一年來工作報告》,頁12。二、海軍總司令部編印,《海軍大事記》,第三輯,頁24。三、海軍總司令部編,《海軍艦隊發展史》(一),頁335、336。

[21] 海軍總司令部編,《海軍艦隊發展史》(一),頁338。

抗戰勝利在上海接收日艦

（二）海防第一艦隊

民國36年6月成立，海防艦隊撤銷，改編為海防第一、第二艦隊司令部，第一艦隊駐地天津，以李國堂為司令，以原海防艦隊13艘軍艦編成，轄3個分隊，以太康、永勝、永順、永泰4艦為第一分隊；太平、永定、永寧、永興4艦為第二分隊；長治、逸仙、咸寧、永翔、永績5艦為第三分隊。該艦隊以青島為根據地，負責肅清渤海灣共軍活動，阻絕共軍海上交通，隨時攻擊共軍重要港口，相機協同陸軍清剿膠東共軍。[22]

民國37年4月，調峨嵋艦艦長梁序昭為海防第一艦隊司令。7月，梁序昭調任第二軍區司令，由海防第一艦隊司令部參謀長兼太康艦長馬紀壯升代司令。[23] 38年4月，戡亂戰事逆轉，長江以北幾已被赤化，海軍總司令部電令海防第一艦隊負責鞏固蘇、浙沿海防務，策應長江下游江防作戰。5月1日，艦隊調整重組，轄太和、太倉、太湖、長治、永寧、永定、永勝、永順、永泰、永興、信陽、逸仙、營口、固安、永靖、咸寧、玉泉17艦，駐地上海。[24]

---

[22] 參閱一、海軍總司令部編印，《海軍大事記》，第三輯，頁22。二、海軍總司令部編，《海軍艦隊發展史》（一），頁340。

[23] 參閱一、海軍總司令部編，《海軍艦隊發展史》（一），頁340。二、蘇小東，《中華民國海軍史事日記（1912.1-1949.9）》，頁779。

[24] 參閱一、海軍總司令部編，《海軍艦隊發展史》（一），頁341。二、國軍檔案：〈海

民國38年5月下旬,淞滬失守,海防第一艦隊移駐定海,[25]馬紀壯司令調海軍總司令部副參謀長,由長治艦艦長劉廣凱升任艦隊司令,時艦隊轄23艘軍艦,編成5個分隊。6月26日,政府宣布關閉敵區海港海岸,艦隊主力則集結舟山群島,對蘇、浙沿海及長江口嚴密監控,以關閉長江口為重點。12月5日,艦隊修正編制,轄太和、太平、太康、永勝、永順、永定、永寧、永泰、潮安、逸仙、咸寧、永靖、寶應、美樂、美亨、美珍、聯華、聯利、武陵、玉泉20艦。[26]

(三)海防第二艦隊

民國36年7月,海防第二艦隊成立,艦隊司令部駐上海,以原海防艦隊司令劉孝鋆任代司令。旋海防第二艦隊重組,所轄15艘軍艦編成3個分隊,以中海、中權、中建、中業4艦為第一分隊;以美珍、美頌、美樂、美益、美朋、美盛6艦為第二分隊;聯珍、聯光、聯華、聯勝、聯利5艦為第三分隊,負責黃海及東海區域防務,配合海防第一艦隊作登陸作戰。37年2月,調派林遵為第二艦隊司令。[27]

民國37年10月,海防第二艦隊所屬軍艦增至26艘,編成第四(驅逐艦)、五(護航驅逐艦)、六(海防砲艦)等3個隊。第四隊轄2個分隊;第八分隊轄汾陽、信陽、華陽3艦;第九分隊轄丹陽、衡陽、惠陽3艦。第五隊轄3個分隊;第十分隊轄惠安、臨安、固安、正安4艦;第十一分隊轄威海、成安、泰安、同安4艦;第十二分隊轄吉安、黃安、潮安、長安4艦。第六隊轄2個分隊;第十三分隊轄長治、咸寧、永靖3艦;第十四分隊轄逸仙、永

軍戰鬥序列及指揮系統案〉(三),「海軍艦隊建制表(38年5月8日)」,檔號:542.4/3815。

[25] 劉廣凱,《劉廣凱將軍報國憶往》(臺北:中央研究院近代史研究所,民國83年),頁45。

[26] 海軍總司令部編,《海軍艦隊發展史》(一),頁341-342。

[27] 海軍總司令部編,《海軍艦隊發展史》(一),頁342-343。陳孝惇,〈抗戰勝利後海軍艦艇接收與艦隊重建〉收錄在《海軍歷史與戰史研究專輯》(臺北:海軍學術月社,民國87年),頁264記:36年4月,海防第二艦隊成立,轄惠安、永嘉、永修、永績、永定、興安、美盛、美亨、武陵等艦。37年4月,林遵調海防第二艦隊司令,海防第二艦隊最初擔任連雲港以南至廣東沿海的防務。

翔、永績3艦。[28]

民國37年秋，為了防範共軍渡江南犯，海防第二艦隊調入長江，司令部移駐鎮江，負責東起江陰，西至湖口間的江防任務。38年4月20日，江陰要塞叛變。23日，南京失守，海防第二艦隊司令林遵率惠安等25艘大小艦艇，在笆斗山江面投共。[29]

民國38年5月1日，海防第二艦隊在上海重建，旋調臺灣整備，調派該艦隊部參謀長黎玉璽兼代艦隊司令，時艦隊轄太康、太平、太昭、永嘉、永修、永昌、永川、永翔、成安、泰安、楚觀、江元、太華13艘軍艦。[30] 7月，第二艦隊司令部移駐馬公，巡弋臺灣海峽。9月16日，黎玉璽真除艦隊司令。11月1日，艦隊編組調整為轄太湖、太昭、信陽、成安、泰安、永修、永明、永仁、永豐、永翔、維源（原永興）、楚觀、嘉陵、美益、美朋、美和、聯勝、聯華、九華（原克安）、太華20艘軍艦。[31]

（四）海防第三艦隊

民國38年冬，共軍集結重兵，準備渡海進犯海南島。海軍為執行關閉粵海，協助陸軍確保海南島，於11月16日，成立海防第三艦隊司令部，專司南海防務，調派總司令部辦公室主任王恩華為艦隊司令，駐地海南島，轄太倉、永嘉、永康、營口（瑞安）、美宏、美頌、聯珠、洪澤、崑崙、四明10艘軍艦。海軍駐防海南島艦艇以秀英為主要基地，以潿洲島為前進基地，另以一部艦艇巡弋珠江口及兩陽、雷白間，以珠江口南山衛為基地，擔任粵海海面搜索警戒，執行關閉粵海任務。[32]

---

[28] 參閱一、海軍總司令部編，《海軍艦隊發展史》（一），頁343-344。二、國軍檔案：〈海軍戰鬥序列及指揮系統案〉（三），「海軍艦隊組織系統表」（37年10月），檔號：542.4/3815。

[29] 國軍檔案：〈長江作戰經過案〉（五），「海軍長江戰及突圍損失艦艇表」（二），檔號：543.64/713.2。

[30] 國軍檔案：〈海軍戰鬥序列及指揮系統案〉（三），「海軍艦隊建制表」（38年5月8日），檔號：542.4/3815。

[31] 海軍總司令部編，《海軍艦隊發展史》（一），頁346。

[32] 海軍總司令部編，《海軍艦隊發展史》（一），頁347-348。陳孝惇，〈抗戰勝利後海軍艦艇接收與艦隊重建〉收錄在《海軍歷史與戰史研究專輯》，頁265記：第三艦隊以太倉艦駐防海南島，以永嘉艦駐防粵南群島，其餘各艦在臺灣整修。

（五）江防艦隊

民國35年7月，海軍原第二艦隊改編為江防艦隊，調永綏艦艦長葉裕和為艦隊長，艦隊駐江陰，轄民權、永綏、安東、楚觀、楚同、常德、太原、永濟（原名郝穴）、永安、永平、江犀、江泰、江鳳、威寧、淮安、淮陰、焦山、福鼎18艘軍艦。36年2月，江元、義寧、建康、海鷹、湖鷹等艦艇編入，淮陰艦則改隸海道測量局。另在江防艦隊部編制未頒之前，暫行沿用第二艦隊編制，擔任長江下游綏靖任務。[33]

民國36年7月，江防艦隊部番號撤銷，改編為江防艦隊司令部，司令部駐漢口勝利街12號原第二艦隊司令部，江防艦隊隊長葉裕和任艦隊司令，艦隊重新編組。時艦隊轄15艘軍艦，編成4個分隊，爾後陸續接收美贈數艘砲艦，實力增強，至37年10月增編至20艘軍艦，編成第十（江防砲艦）及第十一（淺水砲艦）兩隊，另配屬九華運輸艦1艘；第十隊轄第二十二、第二十三兩分隊，第二十二分隊轄安東、營口、楚同、楚觀、江元5艦；第二十三分隊轄民權、永綏、郝穴、威寧、義寧5艦。第十一總隊轄第二十四、第二十五兩分隊，第二十四分隊轄常德、永平、永安、江犀、英豪5艦；第二十五分隊轄美原、太原、英德、英山4艦。[34]為了加強長江中下游江防，江防艦隊兼轄安慶、九江、漢口、宜昌等巡防處及其所屬砲艇隊、湖口第五砲艇隊、宜昌第九補給站及宜昌電臺等單位。[35]

---

[33] 海軍總司令部編，《海軍艦隊發展史》（一），頁348-349。陳孝惇，〈抗戰勝利後海軍艦艇接收與艦隊重建〉收錄在《海軍歷史與戰史研究專輯》，頁264記：35年8月，第二艦隊改為江防艦隊，駐地九江。

[34] 參閱一、國軍檔案：〈海軍戰鬥序列及指揮系統案〉（三），「海軍艦隊組織系統表」（37年10月），檔號：542.4/3815。二、海軍總司令部編，《海軍艦隊發展史》（一），頁349-350。三、葉裕和，〈國民黨海軍江防艦隊起義前後〉收錄在《解放戰爭時期國民黨海軍起義投誠——海軍》（北京：解放軍出版社，1995年），頁700-701。蘇小東，《中華民國海軍史事日記（1912.1-1949.9）》，頁767記：江防艦隊司令部成立，駐九江。

[35] 參閱一、吳杰章，《中國近代海軍》（北京：解放軍出版社，1989年），頁435。二、陳孝惇，〈抗戰勝利後海軍艦艇接收與艦隊重建〉收錄在《海軍歷史與戰史研究專輯》，頁265。

民國37年年底，為防阻共軍渡江，永綏、楚同、安東、太原、江犀、聯光、吉安、英豪8艦改隸海防第二艦隊。[36]移編後江防艦隊僅剩民權、常德、英德、英山、郝穴、永安、永平、咸寧8艦，其防區改為湖口以西至沙市、宜昌一帶，配屬華中剿匪總部指揮。[37]

民國38年5月15日，漢口形勢緊張，華中軍政長官白崇禧命令江防艦隊向長江上游撤退，除咸寧艦因機件故障，未能入川外，民權等7艦，移駐重慶。11月底，江防艦隊因陷於敵區，27日郝穴、永安兩艦在萬縣投共。30日，共軍攻占重慶南郊，江防艦隊司令葉裕和率民權、常德、永平、英山、英德5艦投共。[38]

（六）海軍砲艇隊

民國35年及36年間，海軍將接收之小型砲艇、巡艇、登陸艇及差船，各就其駐地區域，成立9個砲艇隊，擔任各區域綏靖、補給及交通運輸等任務，各砲艇隊簡介如下：[39]

1. 第一砲艇隊：駐地青島，配屬海防第一艦隊，擔任青島附近海域之巡弋。民國36年6月，移駐連雲港，以封鎖蘇北海岸，並派一部砲艇分駐大沽，以巡弋渤海灣，阻絕山東、河北、江蘇與東北共軍的海上交通。
2. 第二砲艇隊：由蘇北砲艇隊改編，駐地江都，配屬海防第一艦隊，擔任蘇北綏靖剿共任務，後移駐高郵，改隸淮海綏靖區，協助陸軍清剿洪澤湖地區共軍。
3. 第三砲艇隊：駐地左營，擔任臺澎海域的巡弋及護漁任務。
4. 第四砲艇隊：駐地定海，擔任舟山群島海域護漁及剿共任務。
5. 第五砲艇隊：駐地九江，後移駐湖口，擔任地區江防及剿共工作。

---

[36] 陳書麟，《中華民國海軍通史》（北京：海潮出版社，1992年），頁523。
[37] 葉裕和，〈國民黨海軍江防艦隊起義前後〉，頁701-702。
[38] 參閱一、葉裕和，〈國民黨海軍江防艦隊起義前後〉，頁702-705。二、吳杰章，《中國近代海軍》，頁434-437。
[39] 參閱一、海軍總司令部編，《海軍艦隊發展史》（一），頁357-363。二、劉傳標，《中國近代海軍職官表》，頁327、328。

6. 第六砲艇隊：由粵海巡防艦隊改編而成，駐地黃埔，擔任粵海地區巡弋、護漁及剿共工作。
7. 第七砲艇隊：駐地海口，擔任海南島地區巡弋、護漁及剿共工作。
8. 第八砲艇隊：駐地廈門，擔任福建沿海巡弋、護漁及剿共工作。
9. 第九砲艇隊：駐地上海，擔任長江口、崇明島地區巡弋、護漁及剿共工作。

（七）海岸巡防艇隊

民國35年11月，海軍以英國贈予我國8艘巡防艇，此8艘巡防艇因機動性高，輪機性能優越，續航力大，且海軍重視各防艇而賦予重任，遂在上海高昌廟成立海岸巡防艇隊，隊長李連墀，受海軍第一基地司令部指揮節制，擔任長江口、舟山及溫州灣海域之巡防警戒工作。37年3月，海軍海岸巡防艇隊奉令併編海軍第九砲艇隊，改編為海軍第一巡防艇隊，艇隊部由上海高昌廟移駐吳淞口。38年5月，上海淪陷前，艇隊部移駐定海。8月，改番號為海軍第一機動隊。39年5月，隨國軍奉令撤守舟山，海軍第一機動隊轉進臺灣。[40]

四、海軍登陸艦隊與海軍訓練艦隊司令部的成立

（一）海軍登陸艦隊

民國35年7月，海軍將美國贈予登陸艦艇編組成立「海軍運輸艦隊」，駐地上海，轄有中海、中權、中鼎、中興、中建、中業、美珍、美頌、美樂、聯光、聯華、聯勝12艘軍艦，運輸艦隊不設司令部，未設艦隊司令，以吳建彝為艦隊長。[41]

---

[40] 陳孝惇，〈抗戰勝利後海軍艦艇接收與艦隊重建〉收錄在《海軍歷史與戰史研究專輯》，頁252。
[41] 海軍總司令部編，《海軍艦隊發展史》（一），頁252。

民國38年1月,海軍運輸艦隊改編為「海軍登陸艦隊」,成立司令部,杏良煦為司令,[42]轄有各型登陸艦艇29艘,編成3個隊;第七隊為大型登陸艦,轄第十分隊(轄中海、中權、中程、中建4艦)及第十六分隊(轄中鼎、中興、中基3艦);第八隊為中型登陸艦,轄第十七分隊(轄美益、美頌、美盛、美宏4艦)及第十八分隊(轄美亨、美珍、美樂、美朋4艦);第九隊為小型登陸艦隊,轄第十九分隊(轄聯華、聯榮、聯光、聯錚4艦)、第二十分隊(轄聯勝、聯珍、聯利3艦)及第二十一分隊(轄合群、合眾、合彰、合城、合忠、合貞6艦)。[43]

　　民國38年5月1日,海軍各艦隊重新調整,登陸艦隊轄中海、中權、中鼎、中興、中鼎、中程、中基、中建、美珍、美頌、美樂、美朋、美亨、美宏、美和、聯華、聯勝、聯利、聯榮、聯錚、聯珠(原聯珍)、峨嵋、崑崙23艘軍艦,駐地左營,艦隊司令曹仲周。[44]然而登陸艦隊司令部成立不及1年,於9月銷撤番號,10月1日,改編為艦艇訓練司令部,轄中訓、永順、永翔、聯勝、汾陽、丹陽、瀋陽、惠陽、衡陽、華陽、東平、武彝、廬山、臨安、同安15艘軍艦。[45]

(二)海軍訓練艦隊司令部的成立

　　海軍為加強保管艦艇整修工作,以便早日整訓成軍,充實戰力,於民國38年10月,撤銷海軍登陸艦隊司令部,改編為海軍訓練艦隊司令部下轄中訓、永順、永翔、聯勝、汾陽、丹陽、瀋陽、惠陽、衡陽、華陽、東平、武彝、廬山、臨安、同安15艘軍艦。[46]

---

[42] 劉傳標,《中國近代海軍職官表》,頁302。
[43] 海軍總司令部編,《海軍艦隊發展史》(一),頁253-354。
[44] 參閱一、國軍檔案:〈海軍戰鬥序列及指揮系統案〉(三),檔號:542.4/3815。二、海軍總司令部編,《海軍艦隊發展史》(一),頁354。
[45] 國防部史政編譯局編印,《國民革命建軍史》,第三部:八年抗戰與戡亂(一),頁320。
[46] 陳孝惇,〈抗戰勝利後海軍艦艇接收與艦隊重建〉收錄在《海軍歷史與戰史研究專輯》,頁265。

五、設立海軍基地（軍區）司令部

民國34年9月，海軍成立青島、臺澎、上海、廣州、廈門5個要港司令部。[47] 36年，海軍總司令部依據地理形勢及國防戰略考量，劃定區界，設置海軍第一、二、三、四基地司令部，直隸海軍總司令部，原海軍各要港司令部改編或併入海軍各基地司令部。海軍基地司令部轄軍務、港務、艦械、軍需、總務5課及軍法室外，[48]其主要職掌如下：

1. 對外及國際間；在該區內海軍最高行政機關，基地司令為海軍總司令在該區內之代表。
2. 對內；凡該區內海軍所有陸上各行政及勤務機構，均配屬於基地司令部，歸其監督及指揮，適時執行補給修理勤務，以維持該區內艦艇部隊之活動。
3. 執行該區內江防、海防之綏靖任務。[49]

海軍各基地司令部另外配屬有巡防處、砲艇隊、警衛部隊、補給總隊、造船廠（所）、醫院、無線電臺、信號臺、氣象臺、島嶼管理處（東沙、西沙、南沙）等警衛及勤務機構，以遂行其職掌任務。

民國37年5月，奉國防部核定，重新調整海軍第一、二、三、四基地司令部為海軍第一、二、三、四軍區司令部，除駐海南島榆林港第四軍區司令部遷駐廣州黃埔外，其餘按原基地司令部前址。[50]

1. 海軍第一基地（軍區）司令部：設在上海，司令先後為方瑩、董沐曾，轄連雲港至福州一帶江蘇、浙江沿海防區。

---

[47] 劉傳標，《中國近代海軍職官表》，頁322。臺澎要港司令部係34年10月，海軍派官兵來臺澎接收事宜，11月1日，於左營成立，以李世甲為司令，轄臺北、基隆、馬公辦事處和馬公造船所。35年2月，在臺日俘遣返完畢，臺澎要港司令部於4月裁撤。參閱陳孝惇，〈抗戰勝利後海軍艦艇接收與艦隊重建〉收錄在《海軍歷史與戰史研究專輯》，頁256。

[48] 參閱一、國防史政編譯局編印，《國民革命建軍史》，第三部：八年抗戰與戡亂（一），頁292。二、蘇小東，《中華民國海軍史事日記（1912.1-1949.9）》，頁753記：35年11月1日，海軍第一基地司令部在上海成立。

[49] 海軍總司令部編印，《海軍之編制與職掌》，民國36年，附表八。

[50] 參閱一、海軍總司令部編，《海軍艦隊發展史》（一），頁507。二、蘇小東，《中華民國海軍史事日記（1912.1-1949.9）》，頁777。

戰後在青島接收美國贈送的
第一艘兩棲登陸艦中海軍艦

2. 海軍第二基地（軍區）司令部：設在青島，司令先後為董沐曾、高如峰、梁序昭，轄連雲港至秦皇島一帶，江蘇以北沿海防區。

3. 海軍第三基地（軍區）司令部：設在左營，司令先後為黃緒虞、高如峰、曹開諫，轄臺灣、福建沿海一帶防區。

4. 海軍第四基地（軍區）司令部：初設榆林，後遷廣州，司令先後為金軼倫、楊元忠、梁序昭、王天池，轄福建詔安至越南東京灣、瓊州海峽、南海諸島。[51]

民國38年5月，戡亂戰局轉逆，海軍第一軍區司令部由上海移駐定海，第二軍區司令部由青島移駐榆林港，第三軍區由左營移駐基隆。同年底各軍區、要港及巡防處重新調整劃分；第一軍區控制蘇、浙海面，轄嵊泗、岱長、溫臺3個巡防處；第二軍區控制廣東、海南島沿海及南海諸島，轄萬山、上川島、秀英、瓊西、北海5個巡防處；第三軍區控制福建、臺灣沿海，轄花蓮、安平、海口灣、臺中、淡水、馬祖6個巡防處。10月12日，廣州撤守，第四軍區司令部及所屬單位官兵撤運來臺。39年5月，海南島、舟

---

[51] 參閱一、海軍總司令部編，《海軍總司令部三十六年工作報告書》，頁3。二、海軍總司令部編，《海軍艦隊發展史》（一），頁501-502。三、海軍總司令部編印，《中國海軍之締造與發展》，頁237。四、劉傳標，《中國近代海軍職官表》，頁323-325。

第一章　綏靖戡亂時期中國海軍的建軍發展（1945.9-1949.11）　23

山撤守,第一、第二軍區司令裁撤,番號保留,第四軍區司令改編為澎湖要港司令部,駐防馬公。[52]

六、海軍巡防處

海軍於各軍區之內,擇其地理形勢較優及具有戰術要點的港灣設置海軍巡防處,專司該地區行政與支援作戰,民國36年起,先後設立葫蘆島、大沽、定海、基隆、馬公、廈門、黃埔、海口、南京、湖口、漢口11個巡防處,負責當地海軍行政事務外,並分別擔任沿海沿江各處的治安維護及艦隊支援等任務。38年5月以後,因戡亂戰局轉逆,各巡防處先後撤銷。[53]

七、海軍陸戰隊的重建

抗戰勝利後,桂永清奉命掌理海軍,有鑑於我國海岸綿長,島嶼羅列,為配合海軍作戰及基地警衛,遂有重建陸戰隊之議。民國36年春,桂永清應邀參觀美國遠東艦隊與陸戰隊後,對陸戰隊組織益深體認。桂永清返國後,即從事重建海軍陸戰隊。[54]另外,桂永清調任海軍副總司令後,從陸軍調來不少幹部,因此海軍總司令部幕僚中陸軍幹部很多,然而海軍總司令部終究無法容納太多陸軍幹部,且部分陸軍人員無法適應海軍的特性,乃參照各國案例編成1個陸戰大隊。[55]

---

[52] 海軍總司令部編,《海軍艦隊發展史》(一),頁508。
[53] 海軍總司令部編印,《海軍總司令部三十六年工作報告書》,頁3。國防部史政編譯局編印,《國民革命建軍史》,第三部:八年抗戰與戡亂(一),頁295記:葫蘆島、大沽、長山島、定海、基隆、馬公、廈門、黃埔、海口、南京、湖口、漢口、宜昌等13個巡防處。劉廣凱,《劉廣凱將軍報國憶往》,頁35記:葫蘆島、大沽、煙台、定海、廈門、馬公、基隆、汕頭、榆林、電白、漢口、宜昌等12個巡防處。蘇小東,《中華民國海軍史事日記(1912.1-1949.9)》,頁764、765、767記:36年5月,海軍設立定海、黃埔、馬公、廈門、漢口、葫蘆島、湖口、秀英、基隆等9個巡防處;7月增設大沽、南京巡防處。劉傳標,《中國近代海軍職官表》,頁325-326記:湖口、定海、黃埔、馬公、廈門、漢口、葫蘆島、基隆、溫台、大陳、馬尾、南京、秀英、汕頭、榆林、長山島、大沽、劉公島等18個巡防處。
[54] 海軍總司令部編印,《海軍陸戰隊歷史》,民國56年,頁2之2之1。
[55] 于豪章,《七十回顧》(臺北:國防部史政編譯局,民國82年),頁142。

民國36年9月16日，海軍陸戰大隊在南京市西康路18號（原總統府警衛大隊新兵訓練中隊營地）成立，首任大隊長楊厚綵，隸屬海軍總司令部，核定員額1,200人。[56] 10月，陸戰大隊移駐上海高昌廟海軍機械營區。[57]陸戰大隊創建之初，編制轄隊本部、3個步兵中隊、迫擊砲中隊、重機槍中隊、勤務中隊6個中隊。[58]總計人員編制員額為：軍官76員，士兵1,124人。[59]

（一）海軍陸戰隊第一團

　　民國37年夏，政府為剿共及維護海軍基地安全，將駐上海、廣州、南京、臺灣、青島、長山八島6個海軍警衛營，逐次納入海軍陸戰隊。[60] 8月1日，陸戰隊第一團於馬尾梅園成立，[61]楊厚綵擔任團長，團編制為轄團本部、3個步兵營、團部連、通信連、砲兵連、勤務連等團直屬部隊，全團總員額為3,500人。38年，陸戰隊第一團移防舟山定海。[62]

---

[56] 陸戰大隊大隊長軍階及員額：依海軍總司令部（36）璧優26414代電：陸戰大隊准於9月16日編成，員額1,200名，在海軍34,500人以外。國軍檔案：《陸戰隊編制及整編案》（三），頁195記：楊厚綵時為海軍學校駐滬學員隊隊長。

[57] 參閱一、王紫雲，〈黃端先將軍訪問紀錄〉收錄在《海軍陸戰隊官兵口述歷史訪問紀錄》（臺北：國防部史政編譯室，民國94年），頁327。二、陳器，《壯心懷舊錄》，作者自刊，民國88年，頁79。三、宋斌丞，〈談海軍陸戰隊建軍憶往〉收錄在《陸戰薪傳》，頁391。四、宋斌丞，〈我認為的首任司令楊厚綵將軍〉收錄在《首任司令——楊厚綵將軍》，楊將軍專集編輯委員會編印，民國87年，頁50。國軍檔案：〈陸戰隊編制及整編案〉（三），「為本隊於36年9月16日成立請予備案由」，檔號：584.3/7421。國軍檔案：〈海軍陸戰隊沿革史〉（一）（40年度）「海軍陸戰隊沿革表」，檔號：153.43/3815.2均記：36年9月16日，海軍陸戰大隊於上海高昌廟營區成立。海軍總司令部編印，《海軍陸戰隊歷史》，頁2之2之1記：海軍陸戰隊成立於馬尾。

[58] 參閱一、陳器，《壯心舊懷錄》，頁79。二、國軍檔案：〈海軍陸戰隊沿革史〉（二），（41年度），「海軍陸戰大隊編制系統表」，檔號：153.43/3815.12。

[59] 國軍檔案：〈陸戰隊編制及整編案〉（三），「海軍總司令部陸戰大隊編制人員分階統計表」、「海軍陸戰大隊迫擊砲中隊編制表草案」。

[60] 海軍總司令部編印，《海軍陸戰隊歷史》，頁2之2之1。

[61] 參閱一、國軍檔案：〈海軍陸戰隊沿革史〉（一），「海軍陸戰隊沿革表（39年）」。二、陳器，《壯心懷舊錄》，頁81。

[62] 參閱一、海軍總司令部編印，《海軍陸戰隊歷史》，頁2之2之1。二、國軍檔案：〈海軍陸戰隊沿革史〉（一），「海軍陸戰隊沿革表（39年）」。〈海軍陸戰隊第一旅沿革史〉（40年度），「海軍陸戰隊第一旅隊史」：附表2，「海軍陸戰隊第一旅部隊沿革表」，檔號：153.43/3815.14。〈海軍陸戰隊沿革史〉（二），「海軍陸戰團編制系統表」。

（二）海軍陸戰隊第二團

民國37年9月中旬，濟南失守，華北局勢轉緊，渤海各島嶼及港口防禦勢必加強，以切斷共軍補給路線，海軍總司令部為適戰機，確保機動剿共，於10月1日成立海軍陸戰隊第二團。[63]陸戰隊第二團成立後，派何相宸為團長。11月19日，第二團移駐長山島，擔任該島防務。[64]

（三）海軍陸戰隊第三團

民國38年1月1日，海軍陸戰隊第三團在上海成立，[65]編制同陸戰隊第一團，[66]團長鄒伯庸，陸戰隊第三團係由海軍警衛第一、二營併編成立。5月，陸戰隊第三團移防海南島榆林港。8月，移防舟山長塗島、泗礁整訓及擔任防務。[67]

（四）海軍陸戰隊砲兵團

民國38年2月，以陸軍砲兵第十三團為基幹，成立海軍陸戰隊砲兵團，團長徐魁榮，[68]全團配賦72門四點二吋美製（化學）重迫擊砲。[69]砲兵團成立倉促，兵源短缺，裝備不足，補給困難及訓練等問題，於38年4月，併編

---

[63] 國軍檔案：〈陸戰隊編制及整編案〉（三），「呈參謀總長顧祝同為應戰局擬請准予先行成立陸戰第二團」。

[64] 國軍檔案：〈海軍陸戰隊沿革史〉（一），「海軍陸戰隊沿革表」、「海軍陸戰隊第一旅沿革表」。

[65] 國軍檔案：〈海軍陸戰隊第一旅沿革史〉，「海軍陸戰隊第一旅隊史」、「海軍陸戰隊第一旅組織遞嬗系統表」。海軍總司令部編印，《海軍陸戰隊歷史》，頁4之5記：陸戰隊第三團於37年11月1日成軍。

[66] 國軍檔案：〈陸戰隊編制及整編案〉（四），〈為成立陸戰第三團准備查希將編組情形具報〉，檔號：584.3/7421。

[67] 參閱一、國軍檔案：〈海軍陸戰隊沿革史〉（一），「海軍陸戰隊沿革表（39）」。二、海軍總司令部編印，《海軍陸戰隊歷史》，頁2之2之2。

[68] 國軍檔案：〈陸戰隊編制及整編案〉（四），頁41、49。抗戰勝利後，陸軍化學兵負責人李忍濤自印度搭機返國途中墜機身亡，化學兵頓時群龍無首，化學兵迫擊砲團團長徐魁榮率部編入陸戰隊。參閱于豪章，《七十回顧》，頁142、143。

[69] 國軍檔案：〈陸戰隊編制及整編案〉（四），「海軍陸戰隊砲兵團編制人員分階統計表」、「海軍陸戰隊砲兵團編制武器車輛統計表」。

至陸戰隊第二師，改番號為陸戰隊第五團，[70]5月由上海移防定海，旋移防澎湖。[71]

（五）海軍陸戰隊司令部的成立與擴編

海軍陸戰隊成立之初，直隸海軍總司令部，隨著陸戰隊日益茁壯，為便於指揮管理，於民國38年1月24日，在上海復興島成立「海軍陸戰隊司令部」，楊厚綵為首任司令，[72]編制轄辦公室、政工處、參謀處、軍械處、供應處、副官處、軍醫處；陸戰隊第一師、陸戰隊第二師及司令部直屬砲兵營。[73]

（六）海軍陸戰隊第一師

民國38年3月19日，海軍陸戰隊第一師於上海高昌廟成立，楊厚綵司令兼師長，[74]編制為轄師部、3個陸戰隊團、特務營、砲兵營、師部連、戰車連、工兵連、通信連、勤務連等師直屬部隊。[75]陸戰隊第一師成軍後，旋移駐舟山，清剿土共。[76]8月中旬，共軍進犯長山島，第二團在力戰後，轉進

---

[70] 國軍檔案：〈陸戰隊編制及整編案〉（四），「海軍陸戰隊部隊配員人數」記：陸戰隊砲兵團全團實編僅有官佐105員，士兵222人。陸戰隊第一、二師成立後，海軍總司令部為充實其員額，將江蘇水上警察大隊三百餘隊員全數編入陸戰隊砲兵團，駐南京草鞋峽營區。參閱劉台貴，〈韋家運先生訪問紀錄〉收錄在《海軍陸戰隊官兵口述歷史訪問紀錄》，頁112。

[71] 劉台貴，〈韋家運先生訪問紀錄〉收錄在《海軍陸戰隊官兵口述歷史訪問紀錄》，頁114。

[72] 國軍檔案：〈海軍陸戰隊沿革史〉（一），「海軍陸戰隊沿革表（40年度）」。

[73] 海軍陸戰隊司令部編印，《中華民國海軍陸戰隊成軍50週年隊慶特刊》，民國86年，「五十年來組織系統表」。

[74] 參閱一、國軍檔案：〈海軍陸戰隊沿革史〉（一），「海軍陸戰隊沿革表（40年度）」。二、海軍總司令部編印，《海軍陸戰隊歷史》，頁2之2及4之9。三、陳器，〈海軍陸戰隊五十四年建軍簡史〉收錄在《桃子園月刊》，第115號。四、彭大年，〈曹正樑先生訪問紀錄〉收錄在《海軍陸戰隊官兵口述歷史訪問紀錄》，頁278。有關陸戰隊第一師成立時間與地點；國防部史政局編印，《海軍陸戰隊第一旅簡史》，頁1之1記：38年5月1日，陸戰隊第一師成立於定海。〈海軍陸戰隊第一旅沿革史〉，「海軍陸戰隊第一旅隊史」，附表二：海軍陸戰隊第一旅部隊沿革表，記載第一師成立於定海。陸戰隊第二師於38年4月成立，故陸戰隊第一師成立時間不可能晚於第二師，陸戰隊第一師係駐上海陸戰隊司令部改編，應在改編後移防定海。

[75] 國軍檔案：〈海軍陸戰隊沿革史〉（一），「海軍陸戰隊沿革表」。

[76] 王健，〈楊厚綵創建陸戰隊〉收錄在《中外雜誌》，第74卷，第3期，頁57。

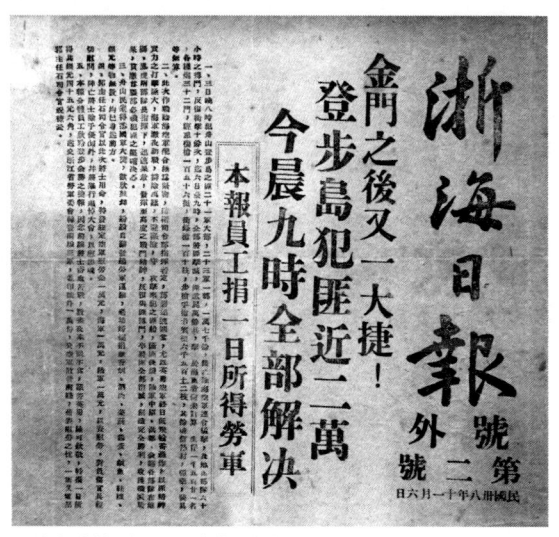

登步島大捷《浙海日報》號外

舟山。9月5日，舟山防衛司令部成立，陸戰隊第一師移交防務，調駐長塗島、青濱島、長白山諸島。[77] 10月，共軍進犯金塘島，第二團（欠第二營又1個連）參加金塘島防衛戰鬥。[78] 11月初，共軍進犯登步島，駐舟山陸戰隊繼光、天祥兩砲艇，參加登步島戰鬥。[79]

（七）海軍陸戰隊第二師

民國38年4月23日，海軍陸戰隊第二師於上海復興島成立，周雨寰任師長。[80] 陸戰隊第二師成軍後，集中崇明島整訓。5月初，淞滬保衛戰爆發，周師長率部進駐江南造船廠，一部守備黃浦江及吳淞口，掩護海軍艦艇作戰，爾後第二師（欠第二團）移防長山島，第四團移防海南島、萬山群島，

---

[77] 參閱一、屠由信，〈楊厚綵將軍與陸戰隊〉收錄在《首任司令——楊厚綵將軍》，頁85。二、王健，〈楊厚綵創建陸戰隊〉，頁57。三、海軍總司令部編印，《海軍陸戰隊歷史》，頁2之2之2。

[78] 參閱一、國軍檔案：〈海軍陸戰隊沿革史〉（一），「海軍陸戰隊第一旅沿革表（39年）」。陳器，《雪泥鴻爪談往事》，作者自刊，民國83年，頁23記：第二團第三營駐外橫島。

[79] 國軍檔案：〈海軍陸戰隊沿革史〉（一），「海軍陸戰隊第一旅沿革表（39年）」。

[80] 海軍總司令部編印，《海軍陸戰隊歷史》，頁4之11。

其餘部隊海運左營。[81] 6月，第四團由左營移防廣州黃埔島，駐穗月餘後，調防海南島，擔任海軍第二軍區司令部三亞基地警衛任務。[82]

八、海軍警衛營

海軍陸上部隊除海軍陸戰隊外，海軍總司令部另直轄6個警衛營；警衛第一營駐地上海復興島、第二營分駐左營、廈門、馬尾，第三營駐地南京，第四營駐地廣州黃埔，第五營駐地崇明島，第六營駐地長山八島的城隍島。[83]民國37年夏，因戡亂戰事擴大，政府為清剿共軍及維護海軍基地安全，遂將分駐上海、廣州、南京、臺灣、青島、長山島6個海軍警衛營，逐次納入海軍陸戰隊。[84]

參、後勤海政與裝備發展

一、後勤組織與發展

綏靖戡亂時期，海軍在後勤方面建立了補給、通信和修造系統。關於補給系統方面，於上海、青島、左營、廣州4個軍區設立4個海軍補給總站，直隸海軍總司令部第四署（主管補給預財），負責對於艦隊、艇隊和行政單位之供補。[85]

在各巡防區設立補給分站，對軍需物資實施集中統籌，因時因地制宜地

---

[81] 參閱一、國軍檔案：〈海軍陸戰隊沿革史〉（一），「海軍陸戰隊沿革表（40年度）」。二、海軍總司令部編印，《海軍陸戰隊歷史》，頁2之2之2。三、徐正治，〈龍華報到〉收錄在《陸戰薪傳》，頁153。
[82] 參閱一、國軍檔案：〈海軍陸戰隊沿革史〉（一），「海軍陸戰隊沿革表（40年度）」。二、劉台貴，〈李廣明先生訪問紀錄〉收錄在《海軍陸戰隊官兵口述歷史訪問紀錄》，頁49。
[83] 國軍檔案：〈陸戰隊編制及整編案〉（四），「海軍陸上部隊番號主官姓名及駐地表」。
[84] 海軍總司令部編印，《海軍陸戰隊歷史》，頁2之2之1。
[85] 劉廣凱，《劉廣凱將軍報國憶往》，頁35。劉傳標，《中國近代海軍職官表》，頁331記：海軍第五補給總站設在南京，負責長江江防區的供應補給。

補給,以期隨時支援並維持海上艦艇的活動。[86]

通信系統方面,海軍總司令部設有無線電總臺,在各軍區設立通信總臺,各基地設有通信分臺,構成全軍之通信網,由海軍總司令部通信處直接支援。[87]

修造系統方面,海軍設有上海(江南)、浦東、青島、大沽、左營、馬公、廣州(黃埔)、廈門等造船所,由海軍總司令部第六署(主管修造)監督。[88]民國38年7月,左營、馬公、廈門、黃埔造船所改組為海軍第一、二、三、五造船所,另在基隆增設第四造船所。[89]

綏靖戡亂時期海軍各造船所中,僅有江南、青島兩造船所有造艦能力,其中以江南造船所規模最大;江南造船所係民國34年9月13日,由海軍總司令部上海辦事處處長林獻炘會同江南造船所副所長陳藻藩前來接管,次年恢復生產。35年2月,馬德驥為首的中國海軍造船人員赴美服務團23人由美國返國,馬德驥接任所長。5月5日,中美兩國海軍簽訂「造船物資借款合約」,美方將一千萬美元的剩餘物質貸款給江南造船所,美國海軍部亦派遣顧問指導江南造船所的技術工作。

馬德驥參考美國海軍造船廠的組織形式,建立龐大管理機構,江南造船所轄4處27課室,員工約有四千五百人,利用美國剩餘物質貸款及自身營利擴建造船所,陸續興建第二發電廠、內燃機廠、外鉗廠、汽車修理廠、電焊廠5個分廠,新造木模廠、修理廠房69座,至38年5月,造船所擁有資產總額,按戰前幣值計算已達1億元。江南造船所利用美國轉讓的電焊設備及材料,大量培訓電焊工人,使得造船技術有所進步,如採用全電焊、分段建造的新工藝,又向美國租借1臺MARK型計算機,是為我國最早應用計算機的單位。

然而抗戰勝利後,美國向我國傾銷剩餘物質,除了機器設備外,還有

---

[86] 劉傳標,《中國近代海軍職官表》,頁331。
[87] 劉廣凱,《劉廣凱將軍報國憶往》,頁35。
[88] 劉廣凱,《劉廣凱將軍報國憶往》,頁35。蘇小東,《中華民國海軍史事日記(1912.1-1949.9)》,頁767記:36年8月1日,海軍現有上海、青島、榆林、馬公、黃埔、大沽等造船所。劉傳標,《中國近代海軍職官表》,頁337-341記:海軍計有大沽、上海(江南)、馬尾、廈門、左營、定海、青島、馬公、黃埔、榆林等造船所。
[89] 海軍總司令部編印,《中國海軍之締造與發展》,頁239。

大量的船艦，嚴重抑制我國造船工業的發展，江南造船所自民國34年9月至38年5月，僅造船34艘，總噸位9,557噸，因造船不景氣而裁員，至37年底職工由原四千人裁減為三千人。此時造船所主要的業務是修船，其中軍艦占相當大比例，以37年年度為例，修船收入是造船70多倍。38年起，戡亂戰事轉逆，海軍總司令部奉命多次到江南造船所，將所內精密儀器、貴重器材運往臺灣，疏散技術員工赴臺。5月21日，共軍近逼淞滬，海軍總司令部命令將不能搬遷的廠房和設備進行破壞。[90]

二、海政機構——海軍海道測量局

民國35年3月，海軍海道測量局在上海楓林橋復局，顧維翰任代局長。36年，成立測量隊、海道測量訓練班、西沙測量隊。同年在定海、廈門、馬公、黃埔、三亞、長山島、東沙、西沙、南沙等處設立氣象觀測臺，從事氣象測報工作。38年5月，海道測量局遷往馬公。12月1日，併編左營、定海氣象臺及嵊泗報警臺，於左營成立海軍氣象總局。[91]

三、裝備發展

（一）接收美國戰時《租借法案》贈艦

民國33年底至34年初，我海軍以「借艦參戰」為名，派遣70名軍官及一千名士兵赴美國邁阿密受訓。赴美受訓官兵於34年8月下旬，完成基本課程。8月28日，美國依據戰時《租借法案》（Lend-Lease Act）將太康、太平

---

[90] 江南造船廠志編纂委員會，《江南造船廠志》（上海：上海人民出版社，1999年），頁78、79、81、82。

[91] 崔怡楓，《海軍大氣海洋局90周年局慶特刊》（高雄：海軍大氣海洋局，民國101年），頁73、114。〈參謀總長陳誠呈報蔣中正主席進駐東、西、南沙群島情形（35年12月17日）〉收錄於《中華民國南疆史料選輯》（臺北：內政部，民國104年），頁60記：35年5月23日，海軍派遣氣象臺人員23人抵達東沙島，6月15日，開始氣象廣播。《中華民國海軍史事日記（1912.1-1949.9）》，頁761記：36年3月上旬，海軍總司令部成立西沙群島測量隊，測量西沙群島一帶水道，至5月中旬工作結束。

兩艘護航驅逐艦（DE），永泰、永興兩艘巡邏艦（PCE），永勝、永順、永定、永寧4艘掃雷艦（AM）共計8艦贈予我國。35年1月2日，太康等8艦駛離邁阿密，前往古巴關達那摩。4月1日，起錨返國。7月19日，駛抵吳淞口。21日，抵南京下關，完成接艦任務，隨同來華的美軍運輸供應艦「媽咪」艦，稍後在青島移交我國，更名「峨嵋」。美國援華軍艦為戰後我國海軍增強了實力，美國具體的海軍援華，可說以此為起點。[92]

民國34年12月5日，美國海軍部部長福萊斯特（James V. Forrestal）向美國眾議院建議，協助我國發展海軍，其中包括贈與艦艇和附屬設施，及派遣顧問團來華參與訓練和維護工作。我國政府即向美國表達希望美國贈與12艘海岸巡邏艦、8艘掃雷艦，以及必要的運油艦、修理艦、運輸艦、船塢等支援設施。然而美國國務院於12月12日答覆並無贈艦計畫。

民國35年7月16日，美國國會通過援華海軍法案即「五一二號法案」，規定美國得將海軍剩餘艦艇無償轉讓我國，其數量不得超過271艘。[93] 12月8日，外交部部長王世杰與美國駐華大使司徒雷登（John Leighton Stuart）在南京代表兩國政府簽訂「美國援華海軍協定」，協定中除提及撥讓中華民國船艦（271艘）外，另派遣海軍顧問團協訓我國海軍，撥讓船艦包括驅逐艦2艘、掃雷艦24艘、驅潛艦28艘、登陸艇193艘、修理船2艘、油輪3艘、調查艇1艘、摩托砲艇6艘，浮筒6隻及輕型渡船6艘。此外，配賦有活動船塢2艘，及其他必要器材多種。[94]

總計抗戰勝利前後，美國依據《租借法案》及國會之援華海軍「五一二號法案」無償轉讓艦船給我海軍共計138艘，其中7艘損壞嚴重，未接收，實際接收計131艘；[95]包括護航驅逐艦6艘、掃雷艦12艘、驅潛艦2艘、砲艦6艘、巡邏艦6艘、輔助艦1艘、運油艦1艘、修理艦1艘、浮塢2艘、掃雷艇1

---

[92] 海軍總司令部編，《海軍艦隊發展史》（一），頁120-125、129。
[93] 海軍總司令部編，《海軍艦隊發展史》（一），頁126-129。
[94] 行政院新聞局編印，《中國新海軍》，民國36年，頁18。
[95] 參閱一、海軍總司令部編，《海軍艦隊發展史》（一），頁129、130。二、國防部史政編譯局編印，《國民革命建軍史》，第三部：八年抗戰與戡亂（一），頁306。三、包遵彭，《中國海軍史》，下冊，頁1039。四、陳孝惇，〈抗戰勝利後海軍艦艇接收與艦隊重建〉收錄在《海軍歷史與戰史研究專輯》，頁245-248。

艘、驅潛艇7艘、戰車登陸艦10艘、中型登陸艦8艘、步兵登陸艇8艘、戰車登陸艇8艘、機械化登陸艇25艘、小型登陸艇25艘、內河砲艦1艘（即民國32年在重慶接收的美原艦）。[96]

（二）戰後接收美國贈予登陸艦艇

自民國35年5月29日至36年4月止，我海軍一共接收4批美國移贈登陸艦艇34艘，均由駐泊青島的美國第七艦隊與我中央海軍訓練團會同辦理接收。是時國民政府主席蔣中正以美國贈予此批軍艦命名要有「中美合作」的意義，經研究決定，先以「中」字冠首，下配「海權興鼎」四字。[97]此34艘登陸艦艇包括；戰車登陸艦（LST）計有：中海、中權、中鼎、中興、中建、中業、中訓、中基、中程、中練10艘；中型登陸艦（LSM）計有：美珍、美樂、美頌、美益、美朋、美盛、美亨、美宏8艘；步兵登陸艇（LCI）計有：聯珍、聯璧、聯光、聯華、聯勝、聯利、聯錚、聯榮8艘；戰車登陸艇（LCU）計有：合群、合眾、合堅、合城、合永、合彰、合忠、合貞8艘。[98]

（三）接收駐泊菲律賓美贈艦艇

依據美國「五一二號法案」，美國撥讓停泊菲律賓蘇比克基地34艘艦艇給我國海軍；此34艘美贈艦艇包括掃雷艦（AM）計有：永嘉、永修、永明、永仁、永城、永昌、永壽、永川8艘，經修復成軍服役者計有：永嘉、永修、永明、永仁、永昌、永壽6艘，其中永仁、永明兩艦服勤不足1年即報廢除役；砲艦（PGM）計有：寶應、洪澤、鄱陽、洞庭、東平、甘棠6艘，經修復成軍服役者僅寶應、洪澤、洞庭3艘；巡邏艦（PC）計有：巡邏501、巡邏502、巡邏503、巡邏504、巡邏505、巡邏506等6艘，經修復成軍

---

[96] 海軍總司令部編，《海軍艦隊發展史》（一），頁169-170。
[97] 陳孝惇，〈抗戰勝利後海軍艦艇接收與艦隊重建〉收錄在《海軍歷史與戰史研究專輯》，頁244。
[98] 參閱一、海軍總司令部編，《海軍艦隊發展史》（一），頁140、141。二、國軍檔案：〈海軍擴軍建軍案〉，檔號：570.32/3815.5。三、陳孝惇，〈抗戰勝利後海軍之教育與訓練〉收錄在《海軍歷史與戰史研究專輯》，頁282、283記：美國贈我海軍各型登陸艦艇為30艘。

服役者僅嘉陵、黃浦2艘；掃雷艇（YMS）計有：掃雷204、掃雷205、掃雷206、掃雷207等4艘；驅潛艇（SC）計有：驅潛三、驅潛四、驅潛五、驅潛六、驅潛七、驅潛八、驅潛九、驅潛十8艘；另有測量艇（測量101）及運油艦（玉泉艦）各1艘。[99]駐泊菲律賓美國贈予我海軍的34艘艦艇，其中損壞甚多，海軍未接收者7艘，另驅潛五、驅潛六兩艘由菲律賓駛往臺灣途中沉沒，以及中止拖返砲艦1艘（甘棠艦），故總計拖抵臺灣者24艘。[100]

（四）接收美國贈予護航驅逐艦

依據中美海軍贈艦協定規定轉讓剩餘艦船，包括4艘護航驅逐艦，經我海軍接收分別命名為太和、太倉、太湖、太昭。民國37年12月27日，我海軍接艦官兵在美國維吉尼亞州諾福克（Norfolk）舉行太和、太倉接艦升旗典禮。38年1月11日，太和、太倉兩艦，分別由艦長何乃誠、孫甦率領，離美起錨返國，因國內情勢逆轉，兩艦於3月22日，駛抵左營。太湖、太昭兩艦於同年3月1日，在諾福克舉行接艦升旗典禮。3月5日，太湖、太昭兩艦，分別由艦長江叔安、林鴻炳率領離美啟航；5月11日，駛抵左營。[101]

（五）接收美國其他艦船

我海軍依據「中美海軍贈艦協定」規定轉讓剩餘艦船，亦接收美贈大、小型修理艦各1艘，分別命名為峨嵋、興安；接收美贈運油艦（AOG）2艘，分別命名玉泉（此艦係由菲律賓拖回）、太華；接收美贈驅潛艇2艘；接收美贈船塢2艘；及接收美贈登陸小艇，包括機械化登陸艇（LCM）25艘，人員登陸小艇（LCVP）25艘，然而美贈登陸小艇僅10艘勉強應用，此類小艇以301起順序排列編號，命名為登301、登陸302……登陸310號艇。[102]

---

[99] 參閱一、海軍總司令部編，《海軍艦隊發展史》（一），頁149、150、160、161、162。二、國軍檔案：〈美贈艦艇命名及編制案〉，檔號：584.2/8043。三、蘇小東，《中華民國海軍史事日記（1912.1-1949.9）》，頁775記：美國於36年10月，將停泊於蘇比克灣登陸艇50艘，以140萬美元售予中國。

[100] 海軍總司令部編，《海軍艦隊發展史》（一），頁159。

[101] 海軍總司令部編，《海軍艦隊發展史》（一），頁162-164。

[102] 海軍總司令部編，《海軍艦隊發展史》（一），頁164-169。

戰後首批美國贈艦峨嵋號接收典禮

（六）接收英國贈租艦艇

1、接收英軍護航驅逐艦伏波號

民國33年9月，國民政府向美國借艦參戰確定後，乃電令駐英海軍武官周應璁援列向英國政府交涉租借艦艇參戰。英國同意依據《租借法案》訓練我國海軍官兵，再由我國海軍官兵駕駛英艦，並接受英國海軍東方艦隊總司令指揮，在遠東戰場對日本作戰。同（33）年底中英訂定互助協定，英國同意贈借我國艦艇13艘，包括巡洋艦1艘、護航驅逐艦2艘、潛艇2艘及巡防砲艇8艘。[103]

民國34年3月底，第一次赴英接艦參戰官兵99名（軍官9名）抵達英國，隨即展開接艦訓練。[104]35年1月12日，中英兩國在樸茨茅斯（Portsmouth）舉行護航驅逐艦「伏波艦」接艦典禮。8月8日，伏波艦由艦長柳鶴圖率領啟程

---

[103] 參閱一、海軍總司令部編，《海軍艦隊發展史》（一），頁171、172。二、陳孝惇，〈抗戰勝利後海軍艦艇接收與艦隊重建〉收錄在《海軍歷史與戰史研究專輯》，頁249。

[104] 海軍總司令部編，《海軍艦隊發展史》（一），頁172。陳孝惇，〈抗戰勝利後海軍艦艇接收與艦隊重建〉收錄在《海軍歷史與戰史研究專輯》，頁251記：第一次赴英接艦參戰官兵於35年2月底，抵達英國。

返國；10月17日，抵香港鯉魚門，並進行檢修；12月初，調升副長姜瑜繼任艦長；14日，駛抵南京下關，隨即編入海防艦隊。[105]

2、接收英軍巡洋艦重慶及護航驅逐艦靈甫號

我財政部向英國索討第二次世界大戰時英國徵用我海關6艘巡船之損失，英方以賠償形式贈予我方巡洋艦1艘，及暫租我驅逐艦1艘。民國37年5月19日，中英兩國海軍在樸茨茅斯舉行巡洋艦重慶艦（原名Aurora）、護航驅逐艦靈甫艦（原名Mendip）接艦典禮。5月26日，重慶、靈甫兩艦分別由艦長鄧兆祥、鄭天杰率領，離英啟航；8月13日，兩艦駛抵上海吳淞口；14日，到南京下關停泊。[106]

3、接收英贈送海岸巡防艇

民國36年，英國贈送我海軍8艘排水量45噸的海岸巡防艇，因噸位小，採行人、船分開而行，8艘海岸巡防艇自該年3月起分5批以商船載運，歷時半年運抵我國後，分別編號為防一至防八號艇。[107]

（七）接收日本及汪偽艦艇

民國34年8月15日，日本向同盟國宣布無條件投降，八年抗戰勝利，我國政府接收「盟軍中國戰區」（包括臺灣、澎湖及越南北緯16度以北地區）內所有日本海軍管轄與汪精衛偽政權之艦艇。依據36年5月26日海軍總司令部頒布之統計表資料，海軍接收日偽艦艇船舶1,350艘，海軍將接收的日偽艦艇，依其性能狀況、噸位大小而分別編組，凡能出海服役者，編入海防艦隊，能在近岸或江河服役者，編入江防艦隊；其餘編配海軍學校、各練營、基地司令部、海道測量局、各造船所、各工廠、各補給站等機關。截至36年

---

[105] 參閱一、陳孝惇，〈抗戰勝利後海軍艦艇接收與艦隊重建〉收錄在《海軍歷史與戰史研究專輯》，頁251。二、蘇小東，《中華民國海軍史事日記（1912.1-1949.9）》，頁745、751。
[106] 參閱一、海軍總司令部編，《海軍艦隊發展史》（一），頁184、185。二、陳孝惇，〈抗戰勝利後海軍艦艇接收與艦隊重建〉收錄在《海軍歷史與戰史研究專輯》，頁253、254。
[107] 海軍總司令部編，《海軍艦隊發展史》（一），頁179-181。

2月止,海軍將接收之日偽艦艇包括可使用、待修或擬廢者共計378艘,編配員兵;其中編入海防艦隊計有長治、咸寧、永績、永翔4艦,其中長治艦噸位最大,性能最佳。編入江防艦隊計有建康等14艘;編入9個砲艇隊者約276艘,另84艘為後勤艦艇。[108]

(八)接收日本賠償艦

抗戰勝利後,我國有鑑於抗戰時期海軍及港灣設備悉遭破壞,民國34年10月11日,軍令部曾函請外交部向有關盟國洽商,希望將日本現有的殘餘海軍艦艇,由我方接收,作為抵償損失之一部。惟美國已決定辦法,即「戰鬥艦及巡洋艦將予以毀壞,驅逐艦及較小艦艇,則由中美英蘇4國共分」。嗣經我國及英、蘇表示同意。[109]

民國36年6月29日,海軍總司令部在上海設立日本賠償艦接艦處,專司察勘與保管責任,派楊道釗為接艦處處長。[110]時盟軍總部分配135艘日本賠償艦給予中美英蘇4國,係採分批抽籤辦法。稍早6月28日,在東京盟軍駐日最高統帥部禮堂舉行,海軍上校技監馬德建代表中國海軍抽籤,抽籤結果,我國共接收34艘,包括噸位最大的兩艘驅逐艦宵月、雪風兩艦。[111]

民國36年7月至10月,我國分4批接收34艘日本賠償艦。第一批日本賠償艦於7月6日,在上海高昌廟,由海軍第一基地司令方瑩代表政府接收,計有8艘,包括3艘驅逐艦、護航驅逐艦(海防艦)5艘。[112]第二批日本賠償艦於7

---

[108] 海軍總司令部編,《海軍艦隊發展史》(一),頁217、218、237、238、239、240。同書頁202記:39年3月,海軍總司令桂永清在臺灣左營主持海軍第一次全軍代表大會之工作報告指出:日本投降時,我國海軍接收日偽海軍大小艦艇計有2,169艘,但能出海者僅有3艘,除報廢及原主收回者外,海軍實際僅有192艘,以小艇居多數。

[109] 行政院新聞局編印,《中國新海軍》,頁23、24。

[110] 國軍檔案:〈日本賠償艦船接收處理案〉(十五),「接收日艦紀事」,檔號:705/6010。

[111] 參閱一、陳孝惇,〈抗戰勝利後海軍艦艇接收與艦隊重建〉收錄在《海軍歷史與戰史研究專輯》,頁258。二、鍾漢波,《駐外武官的使命:一位海軍軍官的回憶》(臺北:麥田出版股份有限公司,1998年),頁79、80。三、蘇小東,《中華民國海軍史事日記(1912.1-1949.9)》,頁765、766。

[112] 參閱一、鍾漢波,《駐外武官的使命:一位海軍軍官的回憶》,頁84、88。二、海軍總司令部編,《海軍艦隊發展史》(一),頁285。

月31日,在上海龍華,由海軍第一基地司令方瑩代表政府接收,計有8艘,包括2艘驅逐艦、護航驅逐艦6艘。[113]由於第一、二批日本賠償艦檢驗修理頗費時日,而且「上海港內艦船擁擠,錨地無多」。因此第三批日本賠償艦於8月30日,改在青島,由海軍第二基地司令董沐曾在日艦「霄月艦」上代表政府接收,計有8艘,包括1艘驅逐艦、護航驅逐艦6艘及運輸艦1艘。[114]第四批日本賠償艦於10月4日在青島,仍由董沐曾在日艦「接二十五號」上代表政府接收,計有10艘,包括1艘驅逐艦、運輸艦1艘、供應艦1艘、布雷艦2艘、驅潛艦2艘及掃雷艦3艘。[115] 4批日本賠償艦共計接收34艘,按各艦噸位大小及艦種,暫時命名為「接一」、「接二」至「接三十四」。[116]

　　日本賠償艦均為戰時產物,其構造及裝修工程均甚草率簡陋,船殼及艙面鐵板均薄,各艦原有的武裝均全部拆除,已毫無作戰能力。故各艦必須驗修、裝配與訓練後,始得成軍服役。[117]為期接收日本賠償艦能及早編隊成軍服勤,海軍總司令部將性能較為完好艦隻,先驗修裝配,尚未驗修各艦,派少數員兵駐艦保管。34艘日本賠償艦,經修復編隊服役,加入海軍戰鬥序列者計19艘,包括2艘驅逐艦(信陽、丹陽)、10艘護航驅逐艦(威海、營口、惠安、吉安、固安、成安、泰安、潮安、正安、臨安)、1艘供應艦(武陵)、1艘在布雷艦(永靖)、2艘驅潛艦(驅潛十一、驅潛十二;政府遷臺後,驅潛十一先後更名為海宏、雅龍、渠江,驅潛十二先後更名為海達、富陵、岷江)、3艘掃雷艇(掃雷201艇、202艇、203艇;來臺後掃雷202艇更名江毅勇,203艇更名為江勇),其餘艦艇未能成軍服役。[118]

---

[113] 陳孝惇,〈抗戰勝利後海軍艦艇接收與艦隊重建〉收錄在《海軍歷史與戰史研究專輯》,頁259。
[114] 參閱一、鍾漢波,《駐外武官的使命:一位海軍軍官的回憶》,頁94、95、163。二、陳孝惇,〈抗戰勝利後海軍艦艇接收與艦隊重建〉收錄在《海軍歷史與戰史研究專輯》,頁259。
[115] 陳孝惇,〈抗戰勝利後海軍艦艇接收與艦隊重建〉收錄在《海軍歷史與戰史研究專輯》,頁259、260。
[116] 海軍總司令部編,《海軍艦隊發展史》(一),頁289-290。其中28艘由海軍留用,6艘由海軍撥歸國民政府行政院使用。參閱包遵彭,《中國海軍史》,下冊,頁1039。
[117] 海軍總司令部編,《海軍艦隊發展史》(一),頁307、308。
[118] 海軍總司令部編,《海軍艦隊發展史》(一),頁308、311-320。

肆、海軍教育訓練

一、軍官基礎養成教育——中央海軍軍官學校

（一）中央海軍軍官學校成立緣起及初期發展概況

民國34年6月23日，在編擬復員計畫的小組審查會議中，中央設計局代表認為；軍事學校門戶之見甚深，亟宜改善，迅籌統一，海軍學校似無必要遷回馬尾。時海軍總司令部之意在將海軍學校遷回馬尾，恢復抗戰時期遭到裁撤的海軍各種校班，而海軍整編計畫也曾建議，將海軍軍官學校設於首都。此項爭執經由主席劉祖舜裁決，海軍各學校之「恢復」，應改為「調整」，不宜盡依戰前辦法，海軍學校則設於首都附近海濱，以後若不敷需要，再分設於各海軍軍區。[119]

民國26年7月7日「盧溝橋事變」抗戰軍興。抗戰期間因沿海各省相繼淪陷，青島海軍學校內遷到四川萬縣。27年，軍政部電雷學校停辦，併入青島海軍學校。28年，黃埔海軍學校停辦，併入青島海軍學校。29年，青島海軍學校各班學生畢業後，奉令停辦。至於海軍部海軍學校於抗戰軍興後，由馬尾內遷，先後以湖南湘潭、貴州桐梓為校址。[120]

抗戰勝利後，國民政府主席蔣中正有鑑於國家興亡，繫於海權盛衰，而海權盛衰，則以教育為根本，在「建國必先建軍，建軍必先建校」之前提下，統一海軍學制，建立永遠規模。[121]民國34年10月，海軍學校由桐梓遷往重慶，先安置海棠溪某小學，之後搬至戰時海軍總司令部舊址老鷹岩（或稱

---

[119] 海軍總司令部編，《海軍艦隊發展史》（一），頁95、96。
[120] 參閱一、國軍檔案：《海軍軍官學校沿革史》（八），〈海軍軍官學校校史概述〉，檔號：153.42/3815.3。二、海軍總司令部編印，《中華民國海軍之締造與發展》，頁204。三、吳守成，《海軍軍官學校校史》，第一輯，（高雄：海軍軍官學校，民國86年），頁66、67。
[121] 國軍檔案：《海軍軍官學校沿革史》（八），〈海軍軍官學校校史概述〉，檔號：153.42/3815.3。

山洞）復課，校務由黃錫麟負責。[122]12月，國民政府明令：「海軍學校著即改組為中央海軍軍官學校，並由軍政部負責。」35年3月7日，國民政府命令軍政部海軍處接收上海高昌廟前汪偽海軍學校，成立海軍軍官學校籌備處，以楊元忠擔任處長，積極整理校址，辦理招考新生，並準備仍在重慶之「海軍學校」遷校事宜。[123]

（左上）在上海成立的海軍軍官學校
（右上）海軍官校青島時期校景
（左下）海軍官校廈門時期校門
（右下）海軍官校廈門時期校景

---

[122] 參閱一、海軍總司令部編印，《中國海軍之締造與發展》，頁236。二、張力，〈徐學海先生訪問紀錄〉收錄在《海軍人物訪問紀錄》，第二輯，（臺北：中央研究院近代史研究所，民國91年），頁26、27。

[123] 參閱一、國軍檔案：《海軍軍官學校沿革史》（一），〈第一章組織遞嬗〉，檔號：153.42/3815.3。《海軍軍官學校沿革史》（八），〈海軍軍官學校校史概述〉。二、沈天羽，《海軍軍官教育一百四十年（1866-2006）》，下冊，（臺北：國防部海軍司令部，民國100年），頁656。

（上）上海時期新制海軍軍官學校第一屆學生
（下）民國36年3月海軍軍官學校第二學期開學合影

　　民國35年6月16日，中央海軍軍官學校正式成立（以下簡稱海軍軍官學校）。學校成立之初，由國民政府主席蔣中正兼首任校長，楊元忠任教育長，負責校務。建校之初，學校主要教學組織單位為教育長下轄教務處，教務處下設航海科、輪機科兩科。[124]學校成立後，於7月招生，按各省人比例，考選高中畢業程度學生，年齡在18歲至20歲之間的優秀青年。考試科除國文、數理、化學外，尤注重英文。學制方面則參考美國海軍軍官學校學制（4年學制），採用新的教育制度，改變以往英、日海軍教育航海、輪機分習，為航海、輪機兼習之通才教育，期以增加海軍軍官的深度修養，樹立海軍的堅實基礎。[125] 9月1日，第一屆首批新招學生206員入學，為海軍軍官學

---

[124] 沈天羽，《海軍官校六十年》（高雄：海軍軍官學校，民國96年），頁100。蘇小東《中華民國海軍史事日記（1912.1-1949.9）》，頁763記：海軍官校成立日期為36年4月25日。
[125] 參閱一、國軍檔案：《海軍軍官學校沿革史》（八），海軍軍官學校校史概述。二、海軍總司令部編印，《中華民國海軍之締造與發展》，頁204。三、吳守成，《海軍軍官學校校史》，第一輯，頁67。四、陳孝惇，〈抗戰勝利後海軍之教育與訓練〉收錄在《海軍歷史與戰史研究專輯》，頁289。

校正則（後改稱正期）39年班。[126]

留在重慶「海軍學校」的230名員生，因交通工具安排困難，遲至民國35年12月2日，始乘英山艦，由拖船拖至南京，暫住下關軍官總隊營房，並安排到海軍醫院上課。旋該校學生送至上海中央海軍軍官學校復課，暫時未併入「中央海軍軍官學校」，之後將「海軍學校」未畢業學生分派到海軍各艦實施艦訓後，再併入上海「中央海軍軍官學校」繼續肄業。[127]

民國36年春，國民政府決定建設青島為北方的永久海軍基地，加上中、美海軍合作之需要（時美國海軍西太平洋艦隊派艦駐防青島，我中央海軍訓練團設在青島，接受美援及訓練）。[128] 4月1日，海軍軍官學校北遷青島若鶴兵營房，並將中央海軍訓練團併入該校，成為政府培養海軍唯一軍官的教育養成機構。10月17日，國民政府主席兼校長蔣中正蒞校巡視，乃定是日為校慶。12月1日，蔣中正辭兼校長，改由魏濟民為校長。[129]同年學校教學單位航海、輪機兩科改為教官團。37年，教官團更名為訓練處；時訓練處轄航海通信系、輪機系、電工系、兵器機械系、文化系、數理系、軍訓系、體育系。[130]海軍官校在青島時，學校聘請山東大學的教授來開課，教授物理、化學、微積分、天文學、材料力學等一般課程。37年夏，39年班學生實施暑訓，派至中練、中鼎兩艦，實施2個月遠航行實習。[131]

---

[126] 沈天羽，《海軍軍官教育一百四十年（1866-2006）》，下冊，頁656。有關第三十九班錄取人數，吳守成，《海軍軍官學校校史》，第一輯，頁77記：錄取200人，其中高中畢業占20%，大學肄業占20%。根據畢業於海軍官校39年班的郭宗清將軍回憶：39班入伍新生為200人。參閱許瑞浩，《大風將軍：郭宗清先生訪談錄》（臺北：國史館，民國100年），頁128。

[127] 參閱一、張力，《徐學海先生訪問紀錄》，頁30、31。二、張力，〈從「四海」到「一家」國民政府統一海軍的再嘗試〉收錄在《海軍歷史與戰史研究專輯》，頁355。

[128] 吳守成，《海軍軍官學校校史》，第一輯，頁79-80。

[129] 參閱一、國軍檔案：《海軍軍官學校沿革史》（一），〈第一章組織遞嬗〉。二、海軍總司令部編印，《中華民國海軍之締造與發展》，頁204。三、沈天羽，《海軍官校五十年》（高雄：海軍軍官學校，民國86年），頁52-54。四、陳孝惇，〈抗戰勝利後海軍之教育與訓練〉收錄在《海軍歷史與戰史研究專輯》，頁289。36年4月25日，上海中央海軍軍官學校與青島中央海軍訓練團合併，改稱海軍軍官學校，至此我國海軍軍官教育始獲統一。

[130] 沈天羽，《海軍官校六十年》，頁100。

[131] 許瑞浩，《大風將軍：郭宗清先生訪談錄》，頁151、153。陳書麟，《中華民國海軍通史》，頁478記：實習艦艇有中訓、中練等大型登陸艦，驅潛艦3艘及太康艦護航驅逐艦1艘。

海軍軍官學校第一位
專任校長魏濟民

　　民國38年2月，膠東戰局吃緊，共軍進迫青島。2月12日，海軍軍官學校師生、教育器材及文卷開始搭艦南遷，遷駐廈門復華小學。[132]在廈門期間，海軍軍官學校和廈門大學磋商，商請廈門大學教授來校兼課，借用廈門大學的教學設備及圖書館。7月1日，學校有感戰事漸逼廈門，決定遷校臺灣。同月依官兵教育劃分辦法，將附設接艦訓練班併入海軍士兵學校。8月29日，學校人員及卷籍，開始搭艦海運左營。9月，共軍進犯閩南，廈門告急，海軍軍官學校師生奉命於9月11日搭艦海運臺灣，於12日抵達左營。[133]

（二）學制與課程內容

　　海軍軍官學校正期學生班學生在錄取後，必須先接受3個月的入伍訓練，始正式入學。學制4年，課程主要區分為大學教育、軍事訓練兩部分，早期全部課程區分為海軍專科、理工、政治、文史4大類。[134]以建校後首次招收39年班（航輪兼習第一屆）為例，其四學年教育課程如下：第一學年修習國文、英文、國父思想、領袖言行、球三角、微積分、化學與實驗、中國地理、工程畫、物理學及實驗、工廠實習。第二學年修習中國通史、世界通

---

[132] 許瑞浩，《大風將軍：郭宗清先生訪談錄》，頁163。37年3月27日，海軍總司令部決定在臺灣左營設立海軍官校。38年1月16日，海軍官校奉令由青島遷往廈門，24日抵達廈門。2月21日，最後一批學生抵達廈門，學校完成搬遷。參閱蘇小東，《中華民國海軍史事日記（1912.1-1949.9）》，頁776、786、787。

[133] 參閱一、海軍總司令部編印，《中國海軍之締造與發展》，頁204。二、吳守成，《海軍軍官學校校史》，第一輯，頁87、88、96。三、沈天羽，《海軍官校五十年》，頁58-60。

[134] 國軍檔案：《海軍軍官學校沿革史》（八），「教育訓練」。

史、世界地理、法學理論、管理學概論、材料力學、物理學及實驗、流體力學、應用力學、熱力學、冶金學、機動學、船藝、海洋學、統率心理學。第三學年修習海上國際法、統治學、海權史、電機工程及實驗、造船學、內燃機、兵器學、地文航海、船藝、氣象學、天文學。第四學年修習經濟學、哲學概論、電子學及實驗、國際組織與關係、鍋爐、汽機、輔機、彈道學、輪機管理、通信、海軍戰術、天文航海、戰情中心、電羅經。[135]

課程除了文史科目外，課本完全用原文，採用美國海軍軍官學校當時的教科書，連普通科學、球面三角等都是美國運來的全新教材。[136]學校在暑期有登艦實習艦訓及遠航，以歷練海上經驗，4年修業期滿畢業，以海軍少尉官階任官。

另外，抗戰時期海軍總司令招收的海軍學校舊制學生為因應四年學制航輪兼修新學制，航海班增加輪機課程，如主輔機、鍋爐、冶金、材料力學、船舶設計等。[137]

（三）附設教育班隊

中央海軍軍官學校自民國35年6月創校，開辦的教育訓練班次，除正期學生班外，其他計有軍官訓練班、接艦訓練班。[138]

1、軍官訓練班

民國36年4月1日，海軍軍官學校軍官訓練班正式成立，又稱軍官訓練隊。[139]軍官訓練班成立之目的，最初係為召訓抗戰時期東北（偽滿洲國）與

---

[135] 沈天羽，《海軍軍官教育一百四十年（1866-2006）》，下冊，頁728-729。
[136] 張力，〈馬順義先生訪問紀錄〉收錄在《海軍人物訪問紀錄，第二輯，頁165、166。
[137] 鄧克雄，《葉昌桐上將訪問紀錄》（臺北：國防部史政編譯室，民國99年），頁40。同書頁41記：海軍官校38年班總計授課時間是5年8個月，其中舊學制3年堂課，8個月艦訓，新學制航輪兼修2年，計修31門課。
[138] 劉傳標，《中國近代海軍職官表》，頁346記：海軍官校附設教育班次計有補充軍官訓練班、接艦訓練班及砲艇訓練班。
[139] 吳守成，《海軍軍官學校校史》，第一輯，頁168。曾尚智，《曾尚智回憶錄》（臺北：中央研究院近代史研究所，民國87年），頁17、18記：35年冬，（海軍部）海軍學校奉命返青島中央海軍軍官學校，繼續未完成學業，航海第十一、第十二屆及輪機第六屆學生與海軍軍官班（第一期）學生同時受訓，總稱軍官隊。37年4月27日，航海第十二屆學生與

（上）總統蔣中正向三十九年班畢業生點名
（下）軍官訓練班第七隊第二組畢業合影

（上）青島時期的海軍官校學生艦訓
（下）青島時期海軍官校學生艦訓，訓練艦即為甫自美海軍接收的登陸艦

上海（汪偽政權）海軍學校出身的軍官，以及未接受養成教育但具有高中畢業以上學歷，曾赴美、英接受艦訓的海軍初級軍官，施以短期補習教育（訓期長短各異，大約為1年），重點在航海或輪機相關知識，增強政治意識，以提高航海、輪機學術及素養。[140]

  2、接艦訓練班

　　接艦訓練前身為駐青島的中央海軍訓練團，民國36年4月1日，海軍軍官學校從上海遷至青島時，即將駐中央海軍訓練團改為接艦訓練班，主要訓練接收美、英贈艦的官兵，學習時間在1年以下者，則分別入軍官訓練班或接艦訓練班受訓。[141]接艦訓練班成立之初，與學生總隊、軍官訓練班同為海軍軍官學校校部所轄的三大學生（員）管理單位，接艦訓練班設有學員及士兵2個隊。37年11月1日，訓練班擴編為班本部，增設訓練大隊，擴充為4個中隊。38年2月，學校南遷廈門，接艦訓練班逕遷左營。7月1日，訓練班奉令撥交海軍士兵學校。[142]

二、海軍專業軍官養成教育機構──海軍機械學校

　　海軍為造就技術人才，於抗戰勝利之初，就上海江南造船所內設造船及造械兩速成班，招收學員30人，施以二年制的專科教育。嗣以修業時間過短，所學有限，乃參照海軍官校教育體制，於民國36年8月，創辦「海軍機械學校」，校址設在上海高昌廟，校長由國民政府主席蔣中正兼任校長，江南造船所所長馬德驥兼教育長主持校政，校內分為造船、造械、造機、電機4個學系，教育設施及採用課本均按國內大學工程專科教育為藍本，教育時間為4年6個月，並與海軍軍官學校聯合招生。[143]

　　軍官班第一期同學同時畢業。
[140] 海軍總司令部編印，《海軍建軍史》，下冊，頁453。海軍總司令部編印，《中國海軍之締造與發展》，頁238記：38年2月，設立軍官訓練班，選訓由赴美接艦返國優秀士兵。
[141] 陳孝惇，〈抗戰勝利後海軍之教育與訓練〉收錄在《海軍歷史與戰史研究專輯》，頁290。
[142] 吳守成，《海軍軍官學校校史》，第一輯，頁169-170。
[143] 參閱一、海軍總司令部編印，《中國海軍之締造與發展》，頁204、205。二、陳孝惇，

（上）海軍官校北遷青島後，海軍機械學校創辦時校址即設在官校上海舊址
（下）海軍機械學校左營校景

海軍機械學校每屆招生名額為100名，招考對象為具有高中學歷程度以上學生，考試科目與海軍軍官學校相同。[144]民國37年4月10日，機械學校第一期學生開學。同（37）年9月，為配合海軍各廠需要，開辦機械專修科，考取海軍預備出國深造大專學生19名，教育時間1年，後來續辦。

民國38年4月，戡亂戰局轉逆，京滬告急，海軍機械學校南遷福建馬尾，未幾再遷，初擬以澎湖馬公為校址，嗣以不適建校之需，於6月遷至左營。39年11月，附設技工幹部訓練班，技工長施以3個月訓練。[145]

三、海軍士官兵教育訓練機構——海軍軍士學校

抗戰勝利後，海軍為了養成專科士兵及造就基層士官幹部，於民國35年3月，分別在上海、馬尾、葫蘆島成立海軍練營。另外，在青島成立海軍訓練團，及在江陰成立海軍新兵第一、三大隊，做為士官兵教育訓練機構。35年底，馬尾練營裁撤，併入上海練營及青島海訓團。

民國37年1月，海軍為求士兵訓練完整統一起見，上海海軍練營、青島海訓團及江陰新兵大隊，於上海併編成立海軍軍士學校，俞柏生擔任校長，教育班隊設有軍士總隊、新兵大隊。海軍軍士學校成立不久即遷往左營，38年8月，學校更名為海軍士兵學校，[146]宋長志擔任校長，教育訓練班隊有2個軍士大隊及3個新兵大隊，10月增設學兵總隊。[147]

海軍軍士學校軍士總隊學員來源，以現役上等兵和下士為主，同時也招收部分初中以上學歷的學生，其任務是訓練能在艦艇上獨立執行各種勤務的

〈抗戰勝利後海軍之教育與訓練〉收錄在《海軍歷史與戰史研究專輯》，頁292。《中國海軍之締造與發展》，頁236記：36年6月，海軍機械學校成立於上海，以王先登為首任校長。

[144] 胡立人，《中國近代海軍史》（大連：大連出版社，1990年），頁523。
[145] 海軍總司令部編印，《中國海軍之締造與發展》，頁204-205。
[146] 海軍總司令部編印，《中國海軍之締造與發展》，頁205。陳孝惇，〈抗戰勝利後海軍之教育與訓練〉收錄在《海軍歷史與戰史研究專輯》，頁292記：37年1月，海軍士學校在南京成立，旋遷臺灣左營。蘇小東，《中華民國海軍史事日記（1912.1-1949.9）》，頁776記：37年3月，海軍士學校在上海吳淞成立。
[147] 陳孝惇，〈抗戰勝利後海軍之教育與訓練〉收錄在《海軍歷史與戰史研究專輯》，頁293。

業務幹部（軍士），內分電信、信號、雷達、聲納、司號、槍砲、帆纜、魚水雷、軍需、文書、輪機、電機、鍋爐、船工、電工等科。受訓學員可根據自己的學識程度和志趣，選擇一門專門，訓期約6個月，結訓後再回艦隊服務，可以升任下士或中士。[148]

新兵大隊招收具有高小畢業以上學歷，身體健康的青年，內分航海、輪機、信號3科，新兵經過約6個月的教育訓練，掌握最基本的海軍知識及技能後，分發到軍艦上充當三等兵（相當陸軍二等兵），在班長（軍士）的領導下，一面工作，一面練習，大約在1年後，一部分士兵可以被選送到軍士學校軍士總隊學習專業技術。[149]

四、接收美艦教育訓練機構──中央海訓團

抗戰勝利後，美國政府為保衛在西太平洋的權益，派遣海軍第七艦隊的艦艇駐泊青島海面，並以援華贈艦的名義派遣海軍顧問團駐青島，協助我國建設海軍。由於重建海軍和接收美贈艦艇，急需大量經過專業培練的海軍官兵，但原有的各海軍學校在抗戰時期大多已裁撤，因此美國建議我政府於青島成立「中央海軍訓練團」（CNTC），專門訓練我海軍官兵學習兩棲艦船技術，俾利接收美國移贈各型登陸艦艇。[150]

民國34年11月初，中央海軍訓練團在青島市海陽路成立，直屬國民政府軍事委員會，由國民政府主席蔣中正擔任團長，軍政部海軍處兼處長陳誠兼任副團長，海軍處副處長周憲章為教育長，原駐美國海軍武官林祥光上校為

---

[148] 參閱一、胡立人，《中國近代海軍史》，頁521。二、陳書麟，《中華民國海軍通史》，頁493、494。吳貞正，〈訪談王瑞榕先生〉收錄在《南疆屏障──南海駐防官兵訪問紀錄》（臺北：國防部，民國102年），頁90記：上海海軍軍士學校通訊班第一期修業1年。

[149] 參閱一、胡立人，《中國近代海軍史》，頁520-521。二、陳書麟，《中華民國海軍通史》，頁494。抗戰勝利後規定海軍官校每年招生有十分之一以上的名額，留給高中畢業程度以上的海軍士兵投考。彭大年，〈吳文義將軍訪問紀錄〉收錄在《塵封的作戰計畫──國光計畫口述歷史》（臺北：國防部史政編譯室，民國94年），頁78記：新兵大隊負責招考青年並加以訓練，補充艦隊與陸戰隊，新兵在江陰黃山崗實施入伍訓練。

[150] 參閱一、海軍總司令部編，《海軍艦隊發展史》（一），頁131。二、陳孝惇，〈抗戰勝利後海軍之教育與訓練〉收錄在《海軍歷史與戰史研究專輯》，頁278。

中央海軍訓練團帽徽

訓練團主任,以負專責。12月22日,舉行第一期開訓典禮。[151]35年5月,成立訓練團總隊部,負責受訓官兵一切管理訓導事宜。[152]

　　中央海軍訓練團的設備,除部分從日本接收外,其餘的通訊儀器、雷達、機械等教育器材及教學顧問一百二十餘人,均由美國海軍第七艦隊提供,一切經費均由國民政府直接撥給。登陸艦艇人員都按準備接收的艦艇編制人數,從我國海軍中挑選官兵入團參加訓練。[153]中央海軍訓練團為召集性質,係就原有海軍軍官中具有海上服務經驗者,或曾受海軍訓練之官兵,分別施予短期訓練,受訓官兵由海軍總司令部統籌調度召集,每個月派遣一期為原則。由於海軍整建伊始,需才孔急,因此調派抗戰期間分散在各地的原海軍人員,入中央海軍訓練團受訓,並於民國35年2月通令,凡已離軍之軍官志願回軍者,經審查合格後,准予錄用。因此中央海軍訓練團成為「全國召訓海軍各級幹部大本營」,被視為「訓練中國新海軍人才的搖籃」,並計畫「凡中國海軍之現有官兵均設法分期輪流參加本團之訓練」,且希望於「登陸艦訓完成以後,進而訓練其他艦種之技能」。[154]中央海軍訓練團受訓

---

[151] 參閱一、海軍總司令部編,《海軍艦隊發展史》(一),頁132。二、陳孝惇,〈抗戰勝利後海軍之教育與訓練〉收錄在《海軍歷史與戰史研究專輯》,頁279。有關中央海軍訓練團成立時間;海軍總司令部編印,《中國海軍之締造與發展》,頁236記:34年12月22日。蘇小東,《中華民國海軍史事日記(1912.1-1949.9)》,頁743記:34年12月18日。

[152] 陳孝惇,〈抗戰勝利後海軍之教育與訓練〉收錄在《海軍歷史與戰史研究專輯》,頁283。

[153] 陳庭椿,〈中央海軍訓練團真相〉收錄在《中華民國海軍史料》,下冊(北京:海潮出版社,1986年),頁978、979。

[154] 海軍總司令部編,《海軍艦隊發展史》(一),頁133。

1946年10月，海軍總司令桂永清陪同蔣中正視察青島海軍學校（原中央海訓團與上海海軍軍官學校合併組成）的接艦班訓練

官兵的來源計有：[155]
 1. 海軍處、海軍總司令部直屬官員自動請求者。
 2. 海軍總司令部所轄各機關官員冊報保送者。
 3. 各艦抽調或編餘士兵。
 4. 青島、上海、馬尾、江陰等練營及海軍教導總隊結業的士兵。
 5. 汪偽海軍改編士兵。

  中央海軍訓練團之訓練目的，係為使我海軍官兵於最短期間內，能夠接收並駕駛美國移贈的各型登陸艦艇，學習我國從未有的兩棲艦船技術。故歷屆陸訓員兵結業後，即按美方指定應接收艦艇種類之需要，雙方商洽配合派艦訓練，以期接艦順利進行。美國海軍顧問團對我海軍官兵採取「一對一」的訓練方法，在美艦原有官兵輔導教練下，實施相對職務的在職訓練，其英文差者，令由譯員翻譯之，團內各部分均有美軍顧問協同工作。除由美方官兵各個直接教授外，另採取登艦實地見習及遠航訓練，並由美籍顧問麥布萊爾（Mebulier）率領各美艦艦長，負責海上訓練的全責。[156]

  中央海軍訓練團之訓練內容主要為兩棲艦艇及護航、驅逐、布雷、防潛等技術，[157]並區分為陸訓及艦訓兩部分，調訓士兵入團後，就士兵原來的出

---

[155] 陳孝惇，〈抗戰勝利後海軍之教育與訓練〉收錄在《海軍歷史與戰史研究專輯》，頁281。
[156] 參閱一、海軍總司令部編，《海軍艦隊發展史》（一），頁133。二、陳孝惇，〈抗戰勝利後海軍之教育與訓練〉收錄在《海軍歷史與戰史研究專輯》，頁281、282。
[157] 蘇小東，《中華民國海軍史事日記（1912.1-1949.9）》，頁743。

粵桂江防布雷總隊水雷第八分隊送青島受訓士兵合影

身或需要,先在陸上施以登陸艦上各種設備及技術之初步訓練,學習艦上必須具備專業知識,以節省時間。陸訓分組計有:航海、輪機、槍砲、電機、帆纜、船藝、雷達、信號、無線電、電羅經、救火、堵漏等12科目,受訓士兵根據其個性、智慧及體格差異,予以分班訓練,每班有美方軍官及我方軍官一、二人擔任教授,美方及我方士兵二、三人擔任助教,訓期為8至12週。[158]

受訓官兵完成陸訓及分隊編配後,即登上美國登陸艦艇,先見習全艦裝置配備及各種機器,然後學習各種運用及保管技能,4週後練習航行,實際練習駕駛、靠泊碼頭浮標、靠灘登陸等項目及操作方法。最後為遠航訓練,以充實海上經驗,並作槍砲射擊演習。各艦在我沿海海域和內河航行,往返閩廈、臺灣各處,並進行登陸演習,最後經過獨立遠航考核結業,艦訓時期約2個月,訓練期滿並經美方認可,即負責接收該艘艦艇(美方贈艦)。[159]

---

[158] 陳孝惇,〈抗戰勝利後海軍之教育與訓練〉收錄在《海軍歷史與戰史研究專輯》,頁282。《中國近代海軍職官表》,頁348-349記:中央海訓團仿艦上各部門開設槍砲、航海、船藝、信號、電達、電訊、電機、機械、輪機、修理等10個專科班,對受訓官兵分科授。

[159] 參閱一、海軍總司令部編,《海軍艦隊發展史》(一),頁134、135。二、陳孝惇,〈抗戰勝利後海軍之教育與訓練〉收錄在《海軍歷史與戰史研究專輯》,頁282、283。

五、赴美接艦教育訓練

民國34年4月22日,我海軍接艦官兵進駐美國「邁阿密海軍訓練中心」（Miami Naval Training Center）。[160] 23日,邁阿密海軍訓練中心開訓;課程區分為半日操課,半日上英文課。[161]在美教育訓練區分兩階段:第一階段是共同科目訓練,有艙面水手當值、滅火、搶險堵漏、槍砲、軍艦識別、飛機及海上求生等訓練科目。第二階段為專業訓練,區分航海駕駛、艙面帆纜、輪機、電機、無線電收發報、無線電修理、雷達、聲納、旗語信號、槍砲、醫務、文書、軍需、炊事等專業。擔任各專業科目的教官均是具有豐富實際經驗的美國海軍軍官和資深軍士。[162]

民國34年8月底,基本課程完成。28日,我方簽字接收美援8艘軍艦,分派各艦的水兵及輪機兵,即日登艦擔任維護保養工作及艦上在職訓練。所有士官則留岸繼續接受專科訓練,全體士官派艦、授階、按階任職,繼續海上組合訓練,先由少數美軍教官從旁指導,中國官兵操縱新式軍艦,漸至能獨立操縱為止。[163] 35年1月2日,我海軍赴美接艦官兵登上美贈太康等8艦,前往古巴關達那摩（Guantanamo Bay）美國海軍基地,接受軍艦成軍訓練及編隊訓練,於4月1日訓練完成,起錨返國。[164]

民國37年2月9日,海軍軍官學校舉行赴美接收4艘護航驅逐艦第一批官兵開訓典禮,[165]訓期4個月,除了聽講船藝、輪機、槍砲各項科目外,每週有兩天登「太平艦」實習駕駛及輪機操作,美軍顧問團派員在艦上督課,作考評及鑑測。訓練結束,最後由美軍軍醫進行體格檢查,決定是否可以出國。[166]

---

[160] 我方於邁阿密成立駐美海軍訓練處,與美方經常保持連絡,協定訓練計畫。參閱宋鍔,〈戰後海軍重建初期之回憶〉收錄在《中國海軍的締造與發展》,頁133。

[161] 劉光輝,〈從軍赴美接艦日記〉收錄在《海軍學術月刊》,第21卷第7期,頁164、165。

[162] 海斌,《留美海軍風雲錄》（北京:海潮出版社,1992年）,頁76。

[163] 戴行釗,〈八艦接艦大事記〉收錄在《海軍學術月刊》,第21卷第7期,頁167。基本訓練為9週,科目為航海、船藝、通訊、防潛、槍砲及海軍行政。參閱徐學海,《1943-1986海軍典故縱橫談》,作者自刊,民國100年,頁31。

[164] 戴行釗,〈八艦接艦大事記〉收錄在《海軍學術月刊》,第21卷第7期,頁167。

[165] 蘇小東,《中華民國海軍史事日記（1912.1-1949.9）》,頁774。

[166] 何乃成,〈接收美援軍艦前後〉收錄在《中華民國海軍史料》,下冊,頁981。

360名赴美接艦官兵，於9月21日及10月下旬，分兩批離開青島，搭船前往美國諾福克海軍基地。[167]

在諾福克接艦的工作重點包括恢復封存艦之原有功能，由美方廠所檢修測試，及請美國大西洋艦隊艦訓部嚴格訓練。[168]我接兵艦官兵在諾福克接受1個月的成軍及演習訓練，由當地美國海軍基地人員來艦指導，結訓後舉行接艦典禮，接著實施短期成軍訓練後，起錨返國。[169]

六、赴英接艦教育訓練

民國34年6月，軍事委員會「海軍官兵選派委員會」第二次考選赴英接艦參戰官兵，計錄取軍官106名，士兵一千名。7月1日，成立「赴英接艦參戰海軍學兵總隊」，官兵集中分別編組，在出國前先實施短期訓練。隨後英國要求我國海軍官兵分三批派遣；第一批於計有軍官46員及士兵214名，自11月22日起，搭機至印度，於孟買候船期間，接受英式新兵訓練。

民國35年1月，我赴英接艦官兵搭英輪離印；2月，抵達英國樸茨茅斯，隨後受訓海軍學兵登上英國海軍除役戰鬥巡洋艦「榮譽」號（H.M.S. Renown），先行展開分組，接受生活輔導及基本訓練，基本訓練著重船藝、航海、槍砲等學科及艦上救火、堵漏、救生等災害管制課程與術科教育等，訓期12週。結訓前舉學術科總測驗，依據個人成績及性向測驗結果，並參考個人志願，由英方督訓小組依槍砲、輪機、魚雷、通信、電子、舵工等科別，逐一分科；然後依科別分編小組，分送至英國各海軍專科學校研習槍砲、航海、輪機、通信、雷達、反潛、補給等專門科目，專科教育課程一般分為初級、中級、高級3個階段，結訓後，受訓人員先後派往英國軍艦上實習，每次約2至3個月。

第二批赴英接艦受訓官兵28員，於第一批學兵接受分科專長訓練之際

---

[167] 參閱一、蘇小東，《中華民國海軍史事日記（1912.1-1949.9）》，頁780。二、海軍司令部編印，《太字春秋——太字號軍艦隊的故事》，民國100年，頁86。
[168] 海軍司令部編印，《太字春秋——太字號軍艦隊的故事》，頁88。
[169] 何乃成，〈接收美援軍艦前後〉收錄在《中華民國海軍史料》，下冊，頁982。

抵英;第三批赴英接艦官兵人員計600名(軍官16員及士兵584名),於民國35年11月9日,由上海搭英輪啟程;12月13日,抵達英國利物浦。接艦官兵分兩批,一批赴柴塘的一處英軍軍營報到,另一批則到停泊在樸茨茅斯港的榮譽艦接受基本訓練,結訓後再分送至英國海軍槍砲、輪機、航海、魚雷、通信等專科學校,接受專科訓練後,再登艦實習。[170]第二、三批接收英艦重慶艦、靈甫艦受訓官兵,在接艦前作為期8週的組合訓練,分別實施槍砲教練、艦船操縱指揮、艦砲實彈射擊、反潛與掃雷等各項演練。[171]

民國35年4月,海軍為接收英國贈我潛艇,在南京下關開辦潛艇訓練班,於京滬考選潛艇士兵120名(報到者105名,一說108名),區分軍士、學兵兩個班;5月開訓,授予陸操及海軍基本訓練(潛艇種類、性能各部和用途;海上避碰、航海規則,以及艇上甲板、輪機、槍砲及水魚雷的一般知識),12月結訓;接艦學兵及補充士兵,搭乘英國運輸艦赴英,是為第四批赴英接艦官兵。抵達英國後,在樸茨茅斯接受海軍基礎及分科訓練,結訓後,我潛艇訓練班人員本擬學習潛艇學科,但英方突然取消提供潛艇,因此全部改分配至重慶、靈甫兩艦見習。[172] 38年3月,英國政府以重慶艦官兵叛變投共為由,停止交付潛艇,在英學習的海軍官兵全部遣返回國。[173]

七、深造教育

抗戰勝利後,海軍為了培養海軍機械製造的高級專門人才,海軍總司令部定期考送出國留美學員,凡為大學理工科畢業生(包括機械、土木、天

---

[170] 參閱一、陳孝惇,〈抗戰勝利前後海軍艦艇接收英艦始末〉(下)收錄在《海軍學術月刊》,第39卷第11期,頁75。二、張力,《池孟彬先生訪問紀錄》(臺北:中央研究院近代史研究所,民國87年),頁69。三、王耀埏,〈重慶與靈甫兩艦接艦記〉收錄在《海軍學術月刊》,第21卷第7期,頁141-143。四、侯宏恩,〈伏波號艦的傳奇〉收錄在《海軍學術月刊》,第21卷第7期,頁149。

[171] 王耀埏,〈重慶與靈甫兩艦接艦記〉收錄在《海軍學術月刊》,第21卷第7期,頁144。

[172] 陳公淳,〈國民黨海軍潛艇訓練班紀實〉收錄在《舊中國海軍檔》(北京:中國文史出版社,2006年),頁237、238。蘇小東,《中華民國海軍史事日記(1912.1-1949.9)》,頁747記:離華赴英日期為11月19日。

[173] 高曉星,《民國海軍的興衰》(北京:中國文史出版社,1989年),頁240。

文、電機、物理、數學、航海、輪機、造船等學系）及高級商船學校畢業生，均可報考。錄取後，即被送往美國攻讀海軍機械、造船等專業，通過此深造教育方式，儲備一批科技人才，以因應海軍長期發展之需要。[174]

八、海軍陸戰隊軍士官的教育訓練

民國36年9月16日，海軍陸戰大隊成軍，即在南京挹江門成立「海軍陸戰大隊幹部訓練班」，作為培育未來陸戰隊新血之機構。[175]10月，陸戰大隊由南京移駐上海高昌廟營區，從事幹部整訓。[176]爾後陸戰大隊擴建為陸戰團，於馬尾梅園海軍舊營區成立「海軍陸戰大隊軍士隊」，從招募新兵（時稱學兵）中，甄選高中學歷優秀新兵192人，開始陸戰隊第一期士官教育。[177]

陸戰大隊軍士隊除實施入伍教育外，尤其注重射擊、操舟、游泳、手榴彈投擲、夜間教育、戰鬥訓練及營規等項目教育訓練，並不定時實施小部隊攻防等戰術訓練。軍士隊第一期訓期為18週，學兵於結業後分發各陸戰隊營、連擔任班長。軍士隊第二期的教育訓練則注重班、排戰鬥教練及艦上登陸的演習。[178]

民國37年8月1日，陸戰大隊擴編為海軍陸戰隊第一團，原陸戰大隊學兵分發該團充任軍士，並實施幹部集訓，集訓地由馬尾移駐定海。10月16日，陸戰隊第二團成軍，先就幹部編成軍官隊、軍士隊，施以短期集訓。[179]

民國38年1月24日，海軍陸戰隊司令部在上海成立，為因應陸戰隊擴編後，基層幹部不足，於南京挹江門成立軍士隊，甄選士兵送訓。軍士隊受訓

---

[174] 胡立人，《中國近代海軍史》，頁523。
[175] 羅張，〈豪氣千雲，永遠忠誠〉收錄在《薪傳：先進箴言——見賢思齊錄》（臺北：海軍總司令部編印，民國90年），頁62。彭大年，〈曹正樑先生訪問紀錄〉收錄在《海軍陸戰隊官兵口述歷史訪問紀錄》，頁277記：桂永清代總司令找舊屬萬用霖團長（原空軍特務旅旅長），挑選幹部成立「幹部訓練班」，營舍位於南京城外大光路。
[176] 宋斌丞，〈實事求是——談本隊建軍史實〉收錄在《桃子園月刊》，第89號。
[177] 陳器，《壯心懷舊錄》，頁79-81。軍士隊轄3個中隊。參閱宋斌丞，〈我所認識的首任司令楊厚綵將軍〉收錄在《首任司令——楊厚綵將軍》，頁52。
[178] 參閱一、海軍總司令部編印，《海軍陸戰隊歷史》，頁7之1。二、陳器，《雪泥鴻爪談往事》，頁96。三、宋斌丞，〈談海軍陸戰隊建軍憶往〉收錄在《陸戰薪傳》，頁393。
[179] 海軍總司令部編印，《海軍陸戰隊歷史》，頁6之5之1。

主要課目計有：跑步、臥倒、爬行、翻滾等戰鬥基礎動作，以及攻擊、防禦、遭遇、追擊、撤退等戰術教練，並實施行軍演習。[180]

民國38年6月10日，海軍陸戰隊第一師在舟山定海中學成立幹部訓練隊，召訓第一師現職之班長與排附。[181]同年冬，陸戰隊第一師幹部訓練隊在舟山青濱島擴編為幹部訓練班，[182]幹訓班轄軍官隊、特業隊、軍士隊3個隊；惟軍官隊因受限於人力與物力，未能召集。軍士隊係召訓陸戰隊第一師各團優秀上等兵及下士，預定施以6週訓練，嗣因戰事關係，提前結束。特業隊開辦無線電通信及海陸空通信連絡等訓練。[183]海軍陸戰隊第二師成軍後，特將原陸軍第八十七軍尉級與士官幹部派赴崇明島，暫借崇明中學成立「海軍陸戰隊第二師幹部訓練大隊」，召訓該師軍官及士官，教育訓練課目主要有政治教育與軍事課程，軍事課程以鍛鍊強健體魄與學習小部隊戰鬥指揮為主。[184]

九、海軍陸戰隊士兵與部隊教育訓練

民國37年2月，海軍陸戰大隊將招募386名新兵，集中山東長山島集訓；訓練課目以基本教練、體能訓練、軍人禮節及營規為重點。[185]爾後陸戰大隊招募新兵統一至馬尾海軍基地集訓，先行新兵入伍訓練，以軍紀、營規、體能與戰技為重點，特別重視游泳訓練與比賽，繼以各種專長訓練及戰鬥教練。[186]

陸戰大隊擴編為陸戰隊第一團、第二團後，所招募新兵分別集中舟山、長山島整訓。[187]另陸戰隊司令部成立後，派員至各地招募新兵，所招募的新

---

[180] 阮建文，〈憶南京入伍生活〉收錄在《海軍陸戰隊與我》，頁57。
[181] 參閱一、陳器，《血雪泥爪談往事》，頁268、269。二、王健，〈楊厚綵創建陸戰隊〉收錄在《中外雜誌》，第74卷，第3期，頁57。宋斌丞，〈談海軍陸戰隊建軍憶往〉收錄在《陸戰薪傳》，頁395記：隊名為初級幹部訓練隊。
[182] 宋斌丞，〈談海軍陸戰隊建軍憶往〉收錄在《陸戰薪傳》，頁395、396。
[183] 海軍總司令部編印，《海軍陸戰隊歷史》，頁7之3。宋斌丞，〈談海軍陸戰隊建軍憶往〉收錄在《陸戰薪傳》，頁396記：幹訓隊擴編為幹訓班後，幹訓班下轄幹訓隊及通信隊。
[184] 姚振民，〈悼念陸戰隊第二任司令周雨寰將軍〉收錄在《周雨寰將軍紀念集》，頁283。
[185] 宋斌丞，〈談海軍陸戰隊建軍憶往〉收錄在《陸戰薪傳》，頁392、393。
[186] 屠由信，〈楊厚綵將軍與陸戰隊〉收錄在《首任司令——楊厚綵將軍》，頁82。
[187] 海軍總司令部編印，《海軍陸戰隊歷史》，頁6之5之1。

兵先送南京下關草鞋峽營區,接受新兵入伍訓練,訓練主要課目有:徒手基本教練及戰鬥教練。[188]

海軍陸戰第一師、第二師部隊相繼成軍後,為加強部隊戰力,均對部隊官兵進行整訓,此時期整訓內容主要有下列五項:(一)班排連攻擊戰鬥、據點攻擊、海岸防禦、特種地形戰鬥。(二)登陸戰鬥。(三)操舟、游泳、短跑、爬山、攀登、手榴彈投擲、刺槍。(四)射擊教育及實彈射擊。(五)陸海空通信連絡。[189]

伍、重要戰績與功績

一、海軍受降與接收日本海軍

民國34年8月15日,日本正式宣布無條投降,八年對日抗戰勝利。9月10日,海軍奉令接收日本駐華艦隊,及越南北緯16度以北地區(香港除外)暨臺灣、澎湖列島的日本海軍艦船、兵器、器材、基地一切設備與守備隊、陸戰隊暨其他附屬設備等,由海軍總司令部參謀長曾以鼎負責統一接收。[190]

(一)接收臺澎

民國32年12月1日,中美英三國領袖共同發表「開羅宣言」,明確了戰後日本歸還臺灣、澎湖給中華民國。34年8月15日,日本正式向同盟國宣布無條件投降後,國民政府隨即設立「臺灣行政長官公署」及「臺灣警備總司令部」,任命陳儀為臺灣省行政長官兼警備總司令,統一領導接收臺灣的部署工作。10月13日,陸軍第七十軍在基隆登陸接收臺灣,海軍派第二艦隊司令李世甲為接收臺灣澎湖日本海軍專員兼臺澎要港司令。

10月16日,陸戰隊第四團團長戴錫余奉令率該團(欠第一營)、海軍布

---

[188] 阮建文,〈憶南京入伍生活〉收錄在《海軍陸戰隊與我》,頁56記:新兵教育訓練是由郭習樹上尉負責。
[189] 海軍總司令部編印,《海軍陸戰隊歷史》,頁6之5之2。
[190] 包遵彭,《中國海軍史》,下冊,頁1034、1035。

接收臺灣澎湖日本海軍專員李世甲（前左），與臺灣省行政長官兼警備總司令陳儀（前中）

雷中隊（隊長林斯昌）及收容海軍官兵共約一千五百人，奉令前往臺灣，接管日軍駐臺的軍事基地（李世甲則率參謀及特務排一行人，乘海平砲艇於19日晚先抵基隆，即設司令部於臺北教育公會堂）。時因海軍總司令部不欲借外輪來載運，故搭乘大帆船20艘，由馬江出發，於28日抵達基隆，負責接收臺灣之任務。陸戰隊第四團進駐臺灣後，除留置1個陸戰連配屬海軍駐基隆辦事處外，其餘官兵派往臺北和高雄。稍後李世甲司令率陸戰隊第四團直屬部隊、第二營（營長陳昌同）及海軍布雷隊等單位進駐左營軍港，令日軍駐左營軍港司令黑瀨賀少將悉數交出武器、物資，並將日本海軍官兵送入戰俘營，等待遣返。[191]

---

[191] 參閱一、李世甲，〈我在舊海軍親歷記〉（續），頁42、44。二、嚴壽華，〈抗戰勝利後接受臺灣日本海軍的經過〉收錄在《福建文史資料》，第11輯，頁66、67。蘇小東，《中華民國海軍史事日記（1912.1-1949.9）》，頁740記：陸戰隊於10月23日，抵達基隆。同書頁740記：10月25日，海軍第二艦隊司令李世甲代表海軍參加臺北中山堂舉行的中國戰區臺灣地區受降典禮。國防部史政編譯局編印，《抗日戰史》（受降）（二），民國71

11月15日，李世甲司令率海軍第二艦隊、陸戰隊第四團及海軍布雷隊，前往澎湖，接收馬公港及日軍澎湖守備隊。李世甲司令率部來臺灣，經過將近2個月，共接收日軍海軍俘虜一萬九千餘人，分別就地集中管理，逐批遣返，其餘軍械、彈藥、器材、倉庫、設施與船艇等，則由日方造冊移交，呈報海軍總司令部和臺灣行政長官公署，[192]至19日點收完畢。12月5日，中國海軍在臺灣省區接收完畢。[193]

（二）收復南海諸島

　　抗戰期間，日軍曾占領南海諸島，戰後南海諸島暫由臺灣省行政長官公署管轄，當南海諸島的日軍集中海南島榆林港候令遣返之際，法國趁機占領南海若干島嶼。民國35年8月，行政院訓令廣東省政府接管南海諸島，並派海軍協助接收，派兵進駐各島。陸軍整編第六十四師第一五九旅一排（欠一班）搭乘萬寧艦抵達東沙島西南2浬處遇險，香港英、美海軍聞警馳援獲救，萬寧艦沉沒，我員兵15人於8月15日抵島駐守。[194] 10月3日，國民政府主席蔣中正手令參謀總長陳誠，應派陸軍由海軍運輸前往進駐東沙、西沙群島。5日，陳誠呈報：東沙島已派兵進駐，目前極須派員進駐西沙及南沙群島，後者國防價值尤大，蔣主席批示：「西、南兩沙群島不論如何應先派兵各一排攜帳幕，限1個月內進駐勿誤，至前往巡視，自可同時並舉也。」[195]

　　10月26日，海軍派太平、永興、中業、中建4艘軍艦，集結於上海，由海軍總司令部上校附員林遵擔任指揮官，負責接收南海諸島。29日南航，經虎門、廣州、三亞；11月9日，移駐榆林，準備遠航西沙、南沙，及整補工

　　年，頁185、186記：海軍第二艦隊司令部率領陸戰隊第四團一部，由福州乘船，於11月12日分別在基隆、淡水兩港登陸，向臺北、高雄地區推進。
[192] （中共）海軍司令部編輯部編著，《近代中國海軍》（北京：海潮出版社，1994年），頁1004。國防部史政編譯局編印，《抗日戰史》（受降）（二），民國71年，附表記：海軍第二艦隊於民國34年11月15日至澎湖接收。35年1月13日，日軍駐澎湖守備隊繳械完畢。
[193] 蘇小東，《中華民國海軍史事日記（1912.1-1949.9）》，頁742。
[194] 參閱一、〈參謀總長陳誠呈報蔣中正主席進駐東、西、南沙群島情形〉（35年12月17日）收錄在《中華民國南疆史料選輯》，頁60。二、海軍總司令部編，《海軍艦隊發展史》（一），頁480、481。
[195] 〈參謀總長陳誠呈報蔣中正主席極須進駐西、南沙群島〉（35年10月5日）收錄在《中華民國南疆史料選輯》，頁57。

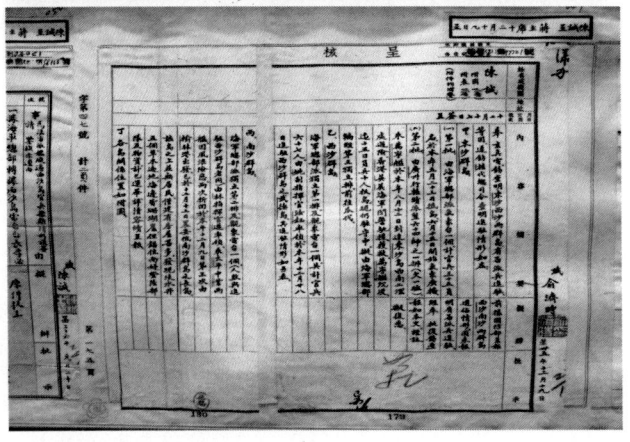

（上）中業軍艦
（中）中建軍艦
（下）派艦收復南沙文

作。28日,副指揮官姚汝鈺率永興、中建兩艦安抵西沙武德島。12月1日,姚汝鈺在武德島主持升旗及立碑典禮,並將武德島更名為永興島。[196]之後海軍派遣信號臺、氣象臺、電臺及陸戰隊人員駐防永興島。[197]

12月9日,林遵指揮官率太平、中業兩艦遠航南沙(第三次遠航,前兩次遠航失敗);12日晨,抵長島海面,隨即中業艦艦長李敦謙派遣武裝士兵分成2組,分乘2艘登陸艇登島搜索,獲悉無敵情後,開始展開運輸卸載作業,於14日完成。15日,太平、中業兩艦官兵同政府代表們,在島上舉行升旗及立碑典禮,同時將長島更名為太平島。16日晨,太平、中業兩艦離島北航,繼續巡弋其他島嶼,於17日返航榆林,至此海軍完成接收南海諸島之任務。[198]

我海軍接收進駐南海諸島引起法國關注,事實上早在民國35年10月5日,法國海軍已入侵南威島、太平島一帶。36年1月17日,法國海軍「東京人」(Tonkinois)軍艦企圖登陸占領永興島未成功,加以法國因越南戰事告緊,自動放棄對南海諸島的侵略。我政府有鑑於外國勢力對南海島嶼的覬覦,及對西沙、南沙的建設,遂於3月24日起,再派海軍對西沙、南沙實施第二次進駐;4月23日,中基艦抵永興島;5月21日中業、永興兩艦抵太平島,再次完成我對西沙及南沙群島的進駐任務。

民國36年12月1日,我內政部正式核定南海屬中華民國領土的4個群島,及其所屬每一個島嶼、暗沙和礁灘之名稱,共計有167個,均重歸我國版圖,並對國內外發布,以昭告世人。[199]

---

[196] 海軍總司令部編,《海軍艦隊發展史》(一),頁483、484。
[197] 吳貞正,〈訪談王瑞榕先生〉收錄在《南疆屏障──南海駐防官兵訪問紀錄》(臺北:國防部,民國102年),頁93。
[198] 參閱一、李敦謙,〈國軍收復南海諸島與重駐南沙群島紀實〉收錄在《南疆屏障──南海駐防官兵訪問紀錄》,頁44、46、49。二、海軍總司令部編,《海軍艦隊發展史》(一),頁484、485。
[199] 海軍總司令部編,《海軍艦隊發展史》(一),頁487、488。

二、封鎖關閉華北華東沿海及執行關閉政策

民國34年11月28日,國民政府主席蔣中正致電海軍總司令陳紹寬派長治等4艘軍艦到煙台、蓬萊一帶海面巡弋,嚴密堵塞山東與東北共軍往來運送兵員及槍械的船舶。[200]

民國35年12月13日,駐青島海軍第一艦隊司令陳宏泰率永翔、永績、長治、靖安、皦日等5艦,開赴渤海灣實施北方海域巡弋任務,以葫蘆島為基地,阻絕共軍在東北與山東間的海上活動。之後第一艦隊持續以任務編組方式,與東北、青島及海州各地陸軍密切連繫,協同擔任華北沿海巡弋及剿共任務。[201]

民國36年7月,為配合剿共軍事需要,海軍重新調整兵力部署,海防第一艦隊以青島、大沽基地,擔負肅清渤海灣共軍活動,斷絕其海上交通,協同陸軍清剿膠東共軍;海防第二艦隊移駐上海,控制華中海域,對冀魯沿海實施分區海上封鎖,以斷絕共軍海上運輸。江防艦隊以控制長江流域為主,杜絕共軍沿江活動及渡江企圖。海軍各砲艇隊分別配置渤海灣、膠東半島、蘇北沿海等綏靖區及閩粵海岸,協助對敵區之交通與經濟封鎖,以及支援陸上部隊作戰。[202]

隨著戡亂戰局逆轉,為加強對華北海岸澈底封鎖,同時在不違反國際法公約及不妨礙人民生計原則下,斷絕共軍海上生計,民國37年6月26日,海軍總司令部參照「匪區交通經濟封鎖辦法」、「蘇魯冀沿海分區關閉辦法」及考量各港口海岸情勢,提出「封鎖華北海岸及管制沿海船舶交通計畫案」,對長江口以北,至遼河口以西,除天津、秦皇島准予通商外,其餘港口均暫停開放。[203]

民國38年4月下旬,共軍渡江南犯。6月18日,行政院電令國防部轉飭

---

[200] 〈蔣中正致陳紹寬電〉(民國34年11月28日)收錄在《蔣中正總統文物》,典藏號:002-020400-00001-097。
[201] 海軍總司令部編,《海軍艦隊發展史》(一),頁457、550。
[202] 海軍總司令部編,《海軍艦隊發展史》(一),頁555、558。
[203] 參閱一、海軍總司令部編印,《中國海軍之締造與發展》,頁239。二、海軍總司令部編,《海軍艦隊發展史》(一),頁559。

海空軍總司令部加強對淪陷區海空交通封鎖，為了避免引起國際交涉，國防部採行外交部意見，對共軍「封鎖」改以「關閉」之用語。同時由外交部將關閉時間自6月26日零時起及區域照會各國，自此我關閉淪陷區海港海岸政策開始實施。對於外籍商船之處置，除在我關閉之水域得布設水雷，禁止外輪駛入外，對違令駛入關閉區域之外輪，給予警告驅離，不得在公海攔截及實施臨檢扣押或逕予攻擊。[204]自6月至12月底止，經派往長江口執行封鎖關閉之海軍艦艇約逾百餘艘次，截阻破壞關閉法令之外籍輪船共計41艘，多係英、美商船。[205]同年12月初，為了加強關閉效力，針對敵控制區海港海岸情勢，海軍各艦隊奉命實施布雷作戰，以阻絕共軍海上活動。至39年2月，因大陸淪陷，關閉區域實已包括整個大陸海岸。[206]

三、協同陸軍剿共及轉進作戰

民國35年10月8日，海軍第二砲艇隊協同友軍，進剿蘇北共軍，先後克復高郵、興化等地。[207]11月，海軍協同陸軍第八軍收復山東掖縣、虎頭崖，永順及永泰兩艦在龍洞、八角口，擊沉共軍汽船十餘艘，木船二十多艘，為抗戰勝利後，海陸軍第一次協同作戰的重大戰果。[208]

民國36年2月4日，海軍第二砲艇隊參謀王桂森率2艘砲艇，在蘇北西鮑剿共，因砲艇擱淺，王桂森與艇長王衡中陣亡殉職。[209]9月初，海軍總司令部奉國防部指示配合陸軍收復膠東作戰。23日，永泰、長治兩艦，協同整編第八師克復龍口、蓬萊。10月1日，掩護整編第四十五師進占煙台。5日拂曉，峨嵋、永泰、永寧、太康、永順5艦會同友軍克復劉公島，旋掩護整編第二十五師收復威海衛，陸戰隊亦登陸威海衛，旋因營口告急，陸戰隊撤離威海衛，隨艦馳援營口。23日，海軍攻克長山八島後，控制榮成海面，阻截

---

[204] 海軍總司令部編，《海軍艦隊發展史》（一），頁564、569。
[205] 劉廣凱，《劉廣凱將軍報國憶往》，頁61。
[206] 海軍總司令部編，《海軍艦隊發展史》（一），頁570。
[207] 海軍總司令部編印，《中國海軍之締造與發展》，頁236。
[208] 海軍總司令部新聞處編印，《中國海軍現況》，民國36年，頁40。
[209] 蘇小東，《中華民國海軍史事日記（1912.1-1949.9）》，頁759。

總統蔣中正嘉勉海軍協助陸軍轉進電稿

共軍海上活動,底定膠東海域。[210]

　　民國36年9月下旬,共軍侵抵錦西,欲進犯葫蘆島。10月2日,海防第一艦隊派艦駛抵遼西海域增援,解營口友軍之圍。[211]11月23日,海軍代總司令桂永清率太康等13艦艇,將在山東海陽被共軍圍困的整編第五十四師,安全從海上撤出。37年3月,桂代總司令率太平等12艘艦艇,將駐龍口、蓬萊、威海衛的陸軍第八軍由海上轉進,以集中固守煙台及葫蘆島。[212]37年秋,海軍第二軍區司令梁序昭率太康等8艦艇,協同陸軍第三十六師胡翼烜部,收復青島對岸膠州灣西岸及薛家島,對爾後青島的撤運,尤具戰略價值。[213]

---

[210] 參閱一、海軍總司令部編,《海軍艦隊發展史》(一),頁578、579。二、蘇小東,《中華民國海軍史事日記(1912.1-1949.9)》,頁770。

[211] 海軍總司令部編,《海軍艦隊發展史》(一),頁580。

[212] 參閱一、海軍總司令部編,《海軍艦隊發展史》(一),頁585。二、蘇小東,《中華民國海軍史事日記(1912.1-1949.9)》,頁771、775。

[213] 海軍總司令部編,《海軍艦隊發展史》(一),頁588。

民國37年9月，錦瀋會戰爆發，海軍永泰、太康、長治、逸仙4艦陸續駛抵葫蘆島、秦皇島海域，協助友軍作戰。10月上旬，東北戰局吃緊，海軍集中重慶艦等17艘艦艇及大小商船11艘，編成臨時運輸船隊，執行撤運煙台國軍至葫蘆島增援錦西外，桂永清總司令率重慶等艦巡弋葫蘆島海域。13日，會同太康、永泰等艦，砲擊盤據塔山的共軍。24日，重慶、永勝、永泰、永康4艦協同第五十二軍收復營口。26日，錦州失守，友軍在艦隊掩護下，退守葫蘆島。11月2日，瀋陽陷敵，駐營口的第五十二軍由海上轉進葫蘆島。錦州、瀋陽、營口相繼淪陷，葫蘆島已不具軍事價值，自11月3日起至10日止，錦西、葫蘆島兩地13萬陸軍由海軍負責撤離，由海上運往秦皇島；23日，再轉進塘沽。[214]

　　民國37年11月，東北淪陷，自此關內與關外共軍合流。12月中旬，共軍第四野戰軍以5個縱隊進犯塘沽、大沽。15日，海軍第一艦隊司令馬紀壯率艦抵大沽外海，協力第八十七軍固守大梁子、小梁子、萬年橋、紅樓等外圍據點之戰鬥。38年1月16日，天津淪陷，塘沽益形孤立，旋第一艦隊奉令掩護守軍撤運，除一部陸軍掩護部隊及交警部隊，被敵阻截或失去連絡外，國軍三萬六千餘人及裝備物資，安全順利由海上轉進，迄19日撤至青島。[215]

四、長江突圍作戰

　　民國38年1月上旬，國軍於徐蚌會戰失利，戡亂戰局轉逆，不久長江以北地區幾乎被赤化，國共隔長江對峙。海軍遵照三軍協同作戰之指示：「以擊滅渡江之敵船，阻斷共軍南渡為主，以支援北岸橋頭堡陣地之作戰為輔。」特將第二艦隊、第一艦隊一部及第一、二、三機動艇隊、第五巡防艇隊等計27艘軍艦及56艘砲艇，分段集中在安慶、銅陵、蕪湖、南京、鎮江、江陰等

---

[214] 參閱一、海軍總司令部編，《海軍艦隊發展史》（一），頁594、595、598。二、蘇小東，《中華民國海軍史事日記（1912.1-1949.9）》，頁782-784。三、劉廣凱，《劉廣凱將軍報國憶往》，頁39。

[215] 參閱一、國防部史政編譯局印，《戡亂戰史》，第六冊，華北地區作戰，民國70年，頁127、128。二、劉廣凱，《劉廣凱將軍報國憶往》，頁40。三、海軍總司令部編，《海軍艦隊發展史》（一），頁604。

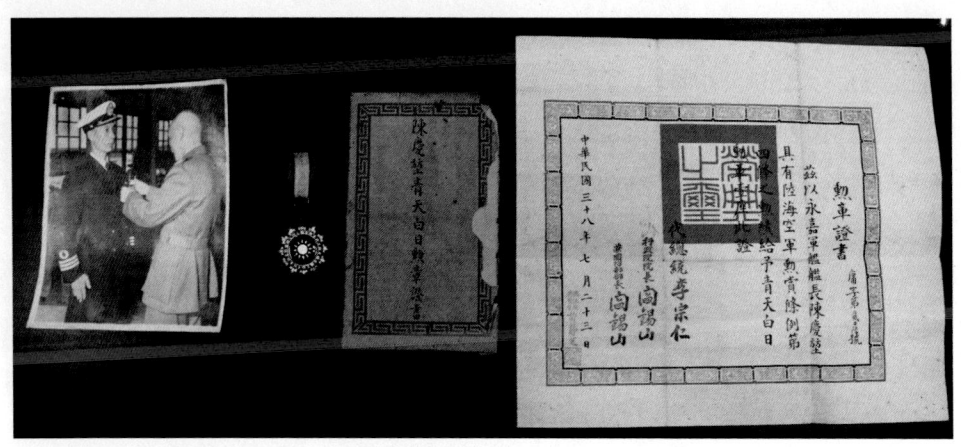

永嘉艦長陳慶堃少校榮獲之青天白日勳章及證書

江面,協力支援京滬杭警備總司令部陸上防區,以阻擊共軍渡江南犯。

　　民國38年4月20日夜,江陰要塞司令戴戎光叛變投共,共軍從荻港渡江,江陰以上至安慶江面駐防艦艇陷入重圍。22日深夜,南京上游各艦艇奉令突圍。23日拂曉,江浦方面已有敵砲對停泊下關艦艇射擊。23日7時,第二艦隊司令林遵召集18名艦(艇)長至永嘉艦,商討艦隊去留,最後採不記名投票,8票贊成投共,2票反對,6票空白,會後各艦(艇)長離去。15時30分,林遵率惠安等艦投共。

　　時自江陰以上至三江營七十餘里江面,均為共軍重砲火網封鎖,江防各艦陷入重圍之中。永嘉艦艦長陳慶堃採取英勇果決行動,將永嘉艦由下關駛往燕子磯,與停泊該地十餘艘艦艇會合,星夜冒險突圍,以永嘉、永定、永修3艦為前導,沿江下駛,經鎮江、三江營,通過江陰,沿途與渡江共軍激戰,且不斷遭共軍岸砲轟擊,最後安抵上海者計有逸仙、信陽、美樂、聯榮、營口、楚觀、聯勝、永勝、永修、永嘉、武陵、美亨等艦,英豪、崇寧兩艦自行毀壞,威海、興安兩艦因擱淺而陷敵,其餘惠安、永綏、江犀、美盛、聯光、吉安、安東、楚同、太原、永績等艦,被林遵所截留投共。長江中游各艦則上溯武漢,繼續支援華中友軍作戰。[216]4月28日,空軍派戰機炸

---

[216] 參閱一、國防部史政編譯局編印,《戡亂戰史》,第八冊,華東地區作戰,下冊,民國70年,頁327-357。二、海軍總司令部編,《海軍艦隊發展史》(一),頁657-661。林遵投共

射南京江面上投共的艦艇，惠安、楚同、永綏、吉安、太原、安東等叛艦被炸沉。[217]

五、掩護淞滬守軍轉進作戰

民國38年5月初，共軍進犯淞滬，海軍海防第一艦隊司令馬紀壯率長治等9艦與第一巡防艇隊，於5月12日配屬京滬杭警備總司令部，協同陸軍第五十二軍、空軍對犯敵作戰。24日，戰局轉逆，海軍艦艇掩護陸上友軍轉進，隨後於26日拂曉，依次由各分隊屬艦掩護撤運至長江口，轉進舟山，除永興艦受創，固安艦暫留長江口巡弋外，其餘均於27日安抵定海。[218]

六、協助青島駐軍轉進作戰

民國38年4月20日，共軍渡江後，國軍為縮短戰線，保存戰力，駐青島第十一綏靖區劉安祺部奉命轉進臺灣待命。5月10日，海軍第二軍區及第二巡防艇隊，受命協同青島國軍南撤準備，並控制青島港內外水域安全。因原訂撤退計畫洩露，故延後至5月20日行動，海軍總司令桂永清親率長治艦離滬駛往青島，並於上海徵調商船十餘艘，統一撤退事宜。在海軍全力支持掩護下，持續至6月2日21時，順乘完成敵前大部隊撤運任務，得以保存國軍主力一部，轉進於華南戰場。[219]

及永嘉艦長江突圍經過，參閱一、海軍艦隊司令部編印，《老戰役的故事》，民國91年，頁15、16。二、陳慶堃，〈長江風雲〉收錄在《中國海軍之締造與發展》，頁139-141。三、《解放戰爭時期國民黨海軍起義投誠──海軍》，頁14、15、16。蘇小東，《中華民國海軍史事日記（1912.1-1949.9）》，頁790記：反對林遵投共的海軍軍官率9艘軍艦啟航沿江東下，其中興安艦被長江北岸共軍岸砲擊沉，永績艦擱淺被俘，其餘7艦安抵上海。

[217] 蘇小東，《中華民國海軍史事日記（1912.1-1949.9）》，頁790。
[218] 參閱一、海軍總司令部編，《海軍艦隊發展史》（一），頁608-609。二、劉廣凱，《劉廣凱將軍報國憶往》，頁44、45。
[219] 參閱一、海軍總司令部編，《海軍艦隊發展史》（一），頁612、613。二、劉廣凱，《劉廣凱將軍報國憶往》，頁45。

七、閩粵沿海協防及掩護友軍作戰

民國38年4月、5月,共軍相繼攻陷京滬後,即揮兵進犯東南沿海,我海軍協同閩、粵陸軍對共軍作戰,或掩護陸軍從海上撤運,自38年8月至39年5月,先後參與馬尾、平潭、廈門、廣州、汕頭、陽江、欽防、湛江及榆林等主要協防及掩護撤運作戰。[220]

八、長山八島保衛戰

民國36年10月,陸軍整編第八師進駐長山八島。28日,海軍接防後,增設「長山島巡防處」,[221]派陸戰隊第一師第二團駐防。[222]38年8月初,盤據蓬萊的共軍開始砲擊南長山島,侵犯企圖益趨明顯。海防第二艦隊代司令黎玉璽於8月4日,率太湖、太昭兩艦自舟山北航。5日,抵南長山島。7日,太湖、太昭兩艦於蓬萊海峽,協力駐南長山島陸戰隊第二團砲兵,向蓬萊一帶共軍砲陣地及船隻猛烈轟擊。[223]

8月11日18時,共軍攻陷大、小黑山島。12日午夜,蓬萊一帶共軍,以密集砲火向南長山島猛烈轟擊。12日3時20分,共軍第七十二師第二一四、二一五團第一梯隊4個營,[224]在砲火掩護下,在南長山島強行登陸。我陸戰隊集中火砲,向海面共軍船團猛烈射擊,中權、掃雷203、海澄、海明等艦艇亦砲擊共軍船團,制壓蓬萊沿海敵砲,陸上守軍憑藉陣地工事,以火力反擊,拒止共軍突進。因敵砲火猛烈,敵我眾寡懸殊,6時20分,第一線陣地

---

[220] 參閱一、海軍總司令部編印,《閩廈協防戰海軍作戰紀實》,民國55年,頁7、16、31、32。二、海軍總司令部編印,《粵南沿海戡戰史》,民國57年,頁21、23、35、37、39、43、45、50。

[221] 參閱一、海軍總司令部編印,《中國海軍之締造與發展》,頁237。二、叢文英,〈長山島戰役綜述〉收錄在中共長島縣委黨史資料徵集研究委員會編,《長山島戰役》(北京:國防大學,1988年),頁4。海軍陸戰隊第二團與警衛第六營駐南長山島與砣磯島。

[222] 駐防長山八島海軍艦艇計有:中權、美宏、掃雷203、海澄、海明、冀平等砲8等艦艇,統歸海軍長山島巡防處指揮,按警戒部署輪流分駐指定哨所,加強監視警戒。參閱海軍總司令部編印,《海軍陸戰隊歷史》,頁5之2之2。

[223] 海軍總司令部辦公室編印,《長山島保衛戰》,民國52年,頁25、26。

[224] (中共)〈中國人民解放軍第二十四軍戰史〉收錄在《長山島戰役》,頁87。

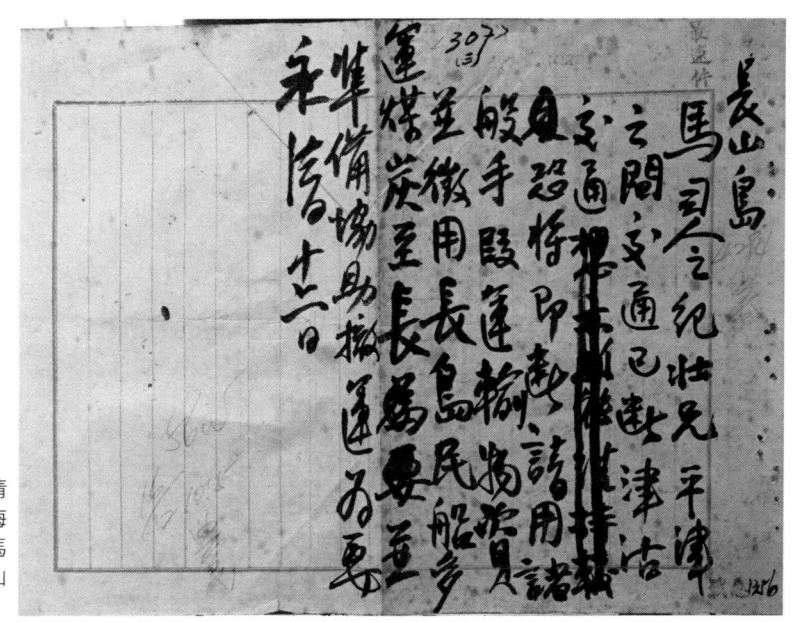

海軍總司令桂永清指示駐長山島的海防第一艦隊司令馬紀壯有關保衛長山島的作戰指示

先後為共軍突破，陸戰隊第三營營長江家燦，第八連連長單景雲、副連長裴中孚、排長陳剛、徐國堯，第九連連長孫承祖、副連長許武、排長許喜俊（許善俊）、陳志，機砲連排長曾先平，野砲排排長斯成，勤務排排長沈義文等壯烈成仁。

共軍突破我第一線陣地後，繼續突入。8月12日6時30分，陸戰隊第三營在副營長項希良指揮下，沿烽火山、大黃山、劉家大山、荻子溝高地之線，繼續抵抗。敵我激戰至8時，終因眾寡懸殊，拒敵不支，第八連排長吳煦麟在大黃山陣亡殉職，團部連連長解天才於劉家大山陣地自戕，官兵傷亡慘重，僅項希良副營長以下二十餘人，向長嶺山方面突圍轉進。戰鬥期間，中權、美宏、掃雷203、海澄等艦艇，相互呼應，以艦砲砲擊敵後續船團及岸上共軍，先後擊沉敵船艇多艘。

8月12日7時30分，陸戰隊第一營營長馬年楨率該營現存兵力守備猴山之線，收容突圍官兵占領長嶺山前線迄南城之線，固守陣地。敵我持續激戰至11時30分，第三連連長金耀清、副連長賈金盛、王金庭、排長唐照民、周筠、潘彪、吉祥、楊克良，機砲第一連連長宋超、排長李玉友、通信連連長

陳學貴先後犧牲殉職,馬年楨營長、吳繼賢副營長及第二連連長刁鴻俊負傷,士兵僅十餘名生還,敵我傷亡十分慘重。

共軍突破長嶺山陣地後,繼續進犯連城村,陸戰隊第二團副團長李繼明集結團直屬部隊、雜役官兵及收容突圍官兵,與共軍慘烈搏鬥,連城村工事悉被敵砲火摧毀,敵我展開逐屋巷戰,我殘餘部眾被迫侷限於灘頭據點,戰局已無力挽回,遂交替掩護,向北長山島泅水突圍。[225]

南長山島陸上戰鬥結束後,中權、掃雷203兩艦艇,於廟島西南海面,美宏、海澄兩艦艇在竹山島以南海面,警戒待命,相機阻斷共軍由海上增援,其餘艦艇於連城附近海面,接應突圍官兵及眷屬。稍早8月12日5時30分,海防第二艦隊代司令黎玉璽率太湖、太昭兩艦巡抵葫蘆島、營口附近海面時,獲悉長山島敵情,立即率兩艦疾航南返,於14時30分抵長山島,命太湖、太昭兩艦以交叉火力,控制蓬萊海峽,切斷共軍增援,並向南長山島砲擊,制壓敵勢。16時,陸戰隊第二團團長何相宸偕巡防處處長王正經登太湖艦,向黎代司令報告陸上戰況。黎代司令以陸上守軍犧牲殆盡,戰局無法挽救,遂遵照海軍總司令部電令指示,命令駐防長山八島國軍各部隊集中砣磯島待援,俟機轉移攻勢,所有陸戰部隊統歸何相宸團長指揮。[226]

8月14日,共軍糾集民船,並於大、小竹山島設置砲兵,企圖藉以掩護共軍進犯砣磯島。14日晚間,黎玉璽代司令率太湖、太昭兩艦,將大、小竹山島之敵砲擊毀,繼而將集結敵船團擊潰,共軍進犯砣磯島之企圖,遂告幻滅。[227]18日晨,黎代司令復奉桂永清總司令電飭立即撤退,決定於19日14時30分撤離,陸戰隊第二團官兵悉裝載於中權艦,在太湖、太昭兩艦掩護下,駛離砣磯島向舟山發航,繼於22日13時,駛抵定海。[228]

---

[225] 長山八島保衛戰陸上戰鬥經過,參閱一、海軍總司令部辦公室編印,《長山島保衛戰》,頁29-31。二、海軍總司令部編印,《海軍陸戰隊歷史》,頁5之2之4至5之2之6。海軍總司令部編印,《海軍陸戰隊歷史》作表(一)海軍陸戰隊第一師第二團長山島戰役人員傷亡統計表附記:長山南島突圍人數計官佐44員,士兵153名。

[226] 參閱一、海軍總司令部編印,《海軍陸戰隊歷史》,頁5之2之6至5之2之7。二、張力,《黎玉璽先生訪問紀錄》(臺北:中央研究院近代史研究所,民國80年),頁84。

[227] 海軍總司令部辦公室編印,《長山島保衛戰》,頁35。

[228] 參閱一、海軍總司令部編印,《海軍陸戰隊歷史》,頁5之2之7。二、《黎玉璽先生訪問紀錄》,頁84。

長山八島保衛戰我方擊沉敵汽艇二十餘艘，帆船二百餘艘，共軍傷亡約八千餘人。陸戰隊第二團參戰人數計有軍官109員，士兵1,226名，陣亡軍官59員，士兵59名；軍官3員及士兵295名負傷，204名官兵失蹤。[229]

九、支援金門古寧頭作戰

民國38年9月、10月，福州、廈門相繼陷共後，海軍第二艦隊奉命以馬祖、金門為基地，關閉閩江口、廈門、汕頭等港口，與馬公、溫台構成犄角，控制臺灣海峽，確保臺澎安全。海軍海防第二艦隊司令黎玉璽先將馬尾巡防處移駐馬祖，繼以廈門巡防處遷移金門，將楚觀艦、掃雷202艇、掃雷203艇、南安砲艇、砲15、砲16等各型艦艇，集中金廈海面佈防，兼任關閉泉州灣及廈門港口，相機支援陸軍作戰，掩護第十二兵團由汕頭海運金門、舟山。[230]

10月25日凌晨，共軍渡海進犯金門，海軍202掃雷艇及南安砲艇，適時在古寧頭以西及西北海面巡弋，當即投入戰鬥，猛轟敵船及登岸之敵。之後以戰局之蔓延，集中火力，指向古寧頭一帶。25日5時許，中榮艦艦長馬焱衡指揮該艦及驅潛101艇急駛至古寧頭以西海面，以艦砲火力，給予共軍重大打擊與海上阻絕。[231]

10月25日拂曉前，駐金門陸軍向觀音亭山、湖尾開始反擊作戰，海軍艦艇則在海上密切配合，終使共軍節節向西敗退。嗣因中榮艦奉命轉駁料羅灣外海，策應陸軍部隊登陸，南安砲艇及202掃雷艇仍留在原地，一面支援陸軍反擊，一面屏障金門海域，阻敵後續增援登陸。戰至25日晚，擊毀敵船及共軍甚眾。

---

[229] 我陸戰隊與共軍傷亡數字，參閱海軍總司令部編印，《海軍陸戰隊歷史》，頁5之2之4至5之2之7。及海軍陸戰隊第一師第二團長山島戰役人員傷亡統計表。國軍檔案：〈海軍陸戰隊沿革史〉（一），「海軍陸戰隊第一旅沿革表」記：陸戰第二團長山島戰役損耗士兵855名。檔號：153.43/3815.12。

[230] 黎玉璽，〈金門古寧頭作戰之追述〉收錄在《古寧頭大捷卅週年紀念特刊》，頁2。

[231] 馬焱衡，〈古寧頭大捷作戰之追述〉收錄在《古寧頭大捷卅週年紀念特刊》，頁71。同書頁2記：中榮艦係10月19日，由基隆出發駛往金門擔任駁運增防部隊任務，將從汕頭乘商船轉進到金門的第十九軍，由商船駁運到料羅灣灘頭登陸。24日將商船上的部隊安全駁運登陸後，中榮艦錨泊金門附近水域待命。

中榮軍艦

　　10月26日3時許，黎玉璽司令親率太平艦，強冒風浪，趕抵金門海域，與202掃雷艇及南安砲艇，合力協殲古寧頭之頑敵，竟日協同陸軍圍殲作戰。至26日黃昏，陸上戰鬥漸趨徐緩，海軍第202掃雷艇及南安砲艇，在古寧頭西北海面，徹夜巡弋，阻敵逃逸及增援。時太平艦駛進古寧頭西北海面，以主艦砲轟擊大嶝島、澳頭等處之共軍砲陣地與船泊地，摧毀敵渡犯增援之企圖。[232]

　　金門保衛戰初期，太平艦因風浪過大，未能即時馳赴戰場，僅賴中榮艦、南安砲艇及202掃雷艇投入戰鬥，其餘楚觀、聯錚、淮陰等6艘軍艦，因迭次作戰，機械損壞，未能參加戰鬥，對支援火力，殊多影響。直至太平艦駛抵，遂能發揮艦砲威力，有效控制海面，斷敵增援，使進犯古寧頭共軍腹背受敵，對金門保衛戰闕功至偉。[233]

---

[232] 黎玉璽，〈金門古寧頭作戰之追述〉《古寧頭大捷卅週年紀念特刊》，頁3。同頁記：太平艦以艦砲砲擊大嶝、小嶝等處共軍砲陣地。
[233] 有關海軍支援金門保衛戰經過，參閱國防部史政編譯局編印，《金門保衛戰》，民國86年，頁90-92。

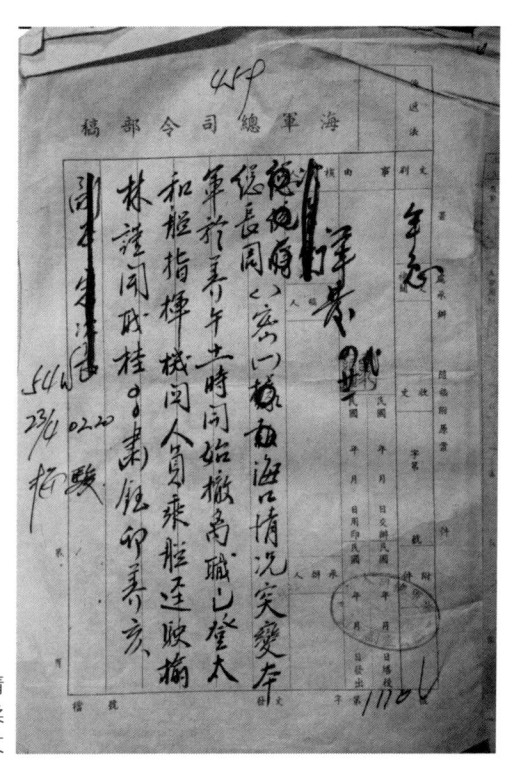

海軍總司令桂永清
向參謀總長周至柔
報告海南撤退電文

十、海南島戡亂作戰

民國39年3月6日起,共軍不斷以小批機帆船隻,載運部隊由雷州半島偷渡瓊州海峽,陸續登陸海南島各地。時海軍第三艦隊以太平艦為旗艦,指揮所有艦艇日夜巡弋,防敵渡犯,迄4月15日止,在瓊島北部反登陸作戰中,除少數共軍倖得滲入外,餘皆遭陸軍協同殲滅。

4月16日夜,共軍第四十、四十三軍主力約兩萬人,分乘大、小機帆船四百餘艘渡海進犯海南島,共軍與我太平、潮安、美宏艦及驅潛一號艇在海上遭遇,敵我激戰至17日清晨結束,太平艦、驅潛一號中彈,太平艦士兵黃克湘陣亡,官兵多人負傷。19日,正在巡弋瓊州海峽的太平艦發現雷州半島末端滔尾角海面聚集大批敵帆船,謝祝年艦長指揮太平艦前往敵帆船群,在距岸1萬2,000碼左右時,突然遭到共軍以岸砲射擊,太平艦中彈受創,艦務官羅俊鈞殉職,司令王恩華以下官兵多人負傷。王司令沉著應戰,指揮該艦

第一章　綏靖戡亂時期中國海軍的建軍發展(1945.9-1949.11)　75

脫離戰場，退返秀英港。[234]

4月22日，共軍攻陷瓊北，海口情勢危殆，國防部基於當前情況，決心撤守海南島，第三艦隊持續封鎖瓊州海峽，掩護友軍轉進至瓊東、瓊南海岸港口。旋地面部隊向榆林集中。5月2日，聯勤總司令部派出運輸船團駛往榆林、八所、烏場港。同日船團在太平、太和、永康、永寧、潮安等艦掩護下，待部隊裝載完畢，隨即陸續撤離榆林駛往臺灣。[235]

陸、綏靖戡亂時期海軍發展的成就及缺失檢討

一、海軍發建軍展的成就

（一）組織指揮系統靈活有效

民國35年6月，國民政府主席蔣中正組設海軍總司令部，並就我國海疆領域，劃分為4個軍區，復在軍區之下，設巡防處，自總部到巡防處，層層節制，有條不紊，使指揮系統靈活而有效。[236]

（二）接收美國贈艦增強戰力及提升官兵素質

抗戰勝利前後美國依據租借法案及國會「五一二號法案」轉讓我國海軍之贈艦，為爾後海軍建設與發展，奠定良好基礎，無論是參與綏靖戡亂、撤退轉進作戰，或是執行關閉大陸沿海任務，均扮演非常重要的角色，迄至政府遷臺初期，美國贈艦列入我海軍戰鬥序列者，計有五十餘艘，尤以6艘太

---

[234] 海軍瓊州海峽作戰經過，參閱一、海軍司令部編印，《太字春秋——太字號軍艦隊的故事》，頁61、62。二、彭大年，〈劉定邦先生訪問紀錄〉收錄在《塵封的作戰計畫——國光計畫口述歷史》，頁404-406。三、張力，〈徐學海先生訪問紀錄〉收錄在《海軍人物訪問紀錄》，第二輯，頁51、52。〈徐學海先生訪問紀錄〉，頁52記：太平艦在瓊州海峽作戰除羅俊鈞殉職外，另有4名士兵陣亡殉職。

[235] 海軍參與海南島戡亂作戰經過，參閱一、國防部史政編譯局編印，《戡亂戰史》，第十四冊，東南沿海地區作戰，頁203、210、246。二、海軍總司令部編印，《海軍大事記》，第三輯，頁65-68。三、海軍總司令部編，《海軍艦隊發展史》（一），頁689-690。

[236] 宋長志，〈有了領袖的培育海軍才有今天〉收錄在《中國海軍之締造與發展》，頁46。

字號型護航驅逐艦，是當時海軍主要的作戰軍艦，在遷臺初期臺海防衛作戰中，擔負鞏固海防，保障臺海安全之重任。[237]

抗戰勝利後，美國贈予我海軍的軍艦幾乎是戰後剩餘品，且大部分是中小型登陸艦艇，僅可在沿海活動，不適合遠洋行駛作戰；一部分艦艇亦不適用於海軍，改撥海關使用，雖然美方贈艦大多是汰除、老舊或退役艦艇，但艦艇上的武裝、炸彈、聲納及雷達等設備，有助於海軍官兵學習和操作，可提升其水平及素質。[238]

（三）接收日偽海軍或日本賠償艦增強海軍戰力

抗戰勝利後，我國海軍接收中國戰區日本海軍與汪精衛政權受降艦艇，數量雖多，但大部分艦體狀況甚差，未能及時整備遣用，船上機械亦未獲良好保養。然而部分成軍服役艦船，在執行綏靖戡亂及日後臺海防衛作戰方面，仍然不能否定其功績，就重建海軍而言，接收日偽艦艇，使海軍艦艇數量大增，至民國37年各型艦艇已達428艘，編入海軍戰鬥序列者有275艘，其中除英美贈艦外，大部分是日偽海軍艦艇，為戰後我海軍艦艇主要來源。[239]

我國以戰勝國接收日本賠償艦，對海軍而言實有特殊歷史意義，此為近百年來，中國在反帝國侵略戰爭後，第一次獲得侵略國的戰爭賠償，因此國人將日本賠償艦視為「海軍偉大的戰利品」。日本賠償艦經我海軍維修及重新武裝後，編隊成軍，加入海軍戰鬥序列，在戰後海軍重建與發展過程中，有一定的價值與作用。

日本賠償艦無論是參與綏靖戡亂，大陸撤退轉進作戰，或執行封鎖敵區港口，關閉大陸海沿海任務，及遷臺初期臺海防衛作戰，均發揮相當的功能。[240]相較抗戰時期的海軍，實力大為增強，在綏靖戡亂作戰中發揮重要作用，使海軍成為我國國防體系中重要之軍種。

---

[237] 海軍總司令部編，《海軍艦隊發展史》（一），頁171。
[238] 陳孝惇，〈抗戰勝利後海軍艦艇接收與艦隊重建〉收錄在《海軍歷史與戰史研究專輯》，頁248。
[239] 海軍總司令部編，《海軍艦隊發展史》（一），頁246-247。
[240] 海軍總司令部編，《海軍艦隊發展史》（一），頁327-328。

（四）執行關閉港口任務成效顯著

在綏靖戡亂初期，因共軍無水上或海上武力，故海軍少有對共軍直接戰鬥行動，除加強島嶼、港灣、內河、湖泊之防務及軍事措施外，並積極負責陸上友軍的運補及剿共任務。民國37年6月起，戡亂戰事變為嚴峻，海軍奉命配合東北、華北、華中剿共軍事之進展，於江蘇、山東、河北及遼寧海岸實施封鎖，管制沿海航行船隻，以斷共軍海上交通與接濟。38年6月26日，政府宣布關閉政策，海軍奉命執行關閉大陸沿海任務，以艦隊主力監控長江口、蘇浙沿海、舟山群島海域，截捕中外籍資敵船隻，斷絕海上交通。[241]已故海軍總司令宋長志曾著文寫到：海軍在戡亂戰役中，迭著戰績，尤以擔任關閉匪港口的任務，我海軍冒著極大的危險，不分晝夜，巡邏海洋，予共匪極大的打擊，成效特別顯著。[242]

（五）掩護友軍作戰圓滿完成各次撤運

綏靖戡亂期間，海軍擔負幅員遼闊江海防務，與支援友軍剿共作戰任務，期間任務每多艱鉅，但海軍官兵皆能發揮「同舟共濟」，不畏犧牲，戮力達成任務。尤海防艦隊執行關閉政策，發揮制海力量，不僅達成阻止共軍海上增援，與窒息其經濟活動效果，有助於戡亂作戰之執行。戡亂期間，海軍參與自遼東、膠東以南沿海大小戰役，掩護友軍作戰外，並圓滿完成各次撤運，及保衛臺海安全。此外，海軍除擔任海上支援任務及人員物資輸送外，並協助故宮古物、政府檔案及國庫黃金等重要物資的運送任務，以免資敵，對日後臺灣經濟發展，奠定穩定基礎及保證，貢獻良多。[243]

（六）改革海軍軍官教育體制

抗戰勝利後，海軍軍官的教育改革，將海軍由地區性改為全國性，自三十九年班招生開始，即按全國各省人口比例分配錄取名額，以後畢業軍官

---

[241] 海軍總司令部編，《海軍艦隊發展史》（一），頁367-370。
[242] 宋長志，〈有了領袖的培育海軍才有今天〉收錄在《中國海軍之締造與發展》，頁47。
[243] 海軍總司令部編，《海軍艦隊發展史》（一），頁703-705。

全無地域之分,成為國家的海軍人才。民國37年3月,海軍總司令部決議統一海軍官校畢業生學籍,將以往各海軍學校畢業學生的學歷,自官歷表中刪除,均統稱「海軍官校」,以「年班」區分畢業先後,並換發統一分年證書,逐漸消弭中國海軍數十年來,因出身學校不同所造成隔閡及傾軋,奠定海軍重建之基礎,並推動海軍建設進入一新的階段。[244]

(七)派遣官兵赴外受訓深造或利用美援提升官兵素質

綏靖戡亂時期,海軍選派優秀官兵透過國外海軍軍官訓練班的培養、出國接艦訓練與留學深造等途徑,學習歐美海軍先進科技及現代化海軍知識,為我海軍造就一批人才。赴美英接艦的海軍官兵不少人隨政府轉進來臺,擔任要職,成為在臺整軍備戰時期建設海軍的重要幹部。另外,抗戰勝利後,在美國援助下,在青島成立中央海訓團,訓練接收美艦我海軍官兵。民國35年2月7日,美國海軍第七艦隊司令柯克在上海舉行記者會聲稱:在青島受美國訓練之中國海軍軍官為600人(指中央海訓團),而在美國受訓者1,100人(指接美贈8艦官兵),即將訓練者1,500人。在美方協訓下,有助提升我海軍官兵素質。[245]

二、缺失檢討

(一)接收美英贈艦、日偽艦艇或日本賠償艦堪用者不多

抗戰勝利後,海軍接收美英贈艦、日偽艦艇或日本賠償艦,為數雖然不少,但大多歷經戰火,不是性能已舊,就是需要整修,甚至是無法修復報廢的艦艇。

例如駐泊菲律賓美國贈予我34艘艦艇,其中損壞過甚,未接收者有7艘。該批接收美贈掃雷艦8艘,經修復成軍者6艘,永仁、永明兩艦服勤不足1年即報廢除役;砲艦6艘,經修復成軍者3艘等。巡邏艦(PC)6艘,經修

---

[244] 陳孝惇,〈抗戰勝利後海軍之教育與訓練〉收錄在《海軍歷史與戰史研究專輯》,頁291。
[245] 蘇小東,《中華民國海軍史事日記(1912.1-1949.9)》,頁746。

復成軍服役者僅2艘。[246]

美國贈予4艘護航驅逐艦，因已除役，多年無人照顧，無水、無電、艦體鏽蝕、塵埃厚積、艙內更是灰暗破爛，霉氣沉重，好像是一堆毫無生氣的大鐵箱。[247]海軍接收美贈登陸小艇，包括機械化登陸艇（LCM）25艘，人員登陸小艇（LCVP）25艘，惟各艇之機件損壞程度甚為嚴重，配件缺乏，無法修復，僅10艘勉強應用。[248]

海軍接收日偽海軍大小艦艇計有2,169艘，總數量雖然驚人，品質卻很差，大多是航行內河小船，噸位甚小，且因戰時關係，歷久未修，武器裝備甚不完善。因此接收日偽海軍艦船大多已損壞或不堪使用，其中尚有許多雜務船隻、自殺艇與漁船，殘破不堪，無法利用。[249]至於34艘日本賠償艦，武器裝備均已拆卸，極待整修添裝，然而至民國36年底，僅裝配完成3艘。[250]

（二）艦艇因任務繁重或戰亂耗損報廢

原在內河湖沼擔任剿共的海軍各砲艇隊，因歷年作戰耗損，至民國37年海軍將各砲艇隊改編為5個巡防艇及2個機動艇隊，由各巡防艇隊所隸屬的軍區司令部指揮，各巡防處轄艇由各巡防處長指揮，各機動艇隊由海軍總司令部指揮。然因防區廣泛，任務繁重，加以經年巡弋，使用日久，難免損耗，或因廠所修理能力薄弱，或經費不足反零件缺乏等諸多因素，以致砲艇未能修復，陸續報廢除役。38年4月20日，共軍渡江，海軍各艇在長江突圍途中或被共軍擊沉，或因損壞不能航行陷困於敵區，或因報廢除役者，迄39年2月，海軍將其縮編為3個巡防艇隊及3個機動艇隊。[251]

---

[246] 參閱一、海軍總司令部編，《海軍艦隊發展史》（一），頁160-162。二、國軍檔案：〈美贈艦艇命名及編制案〉，檔號：584.2/8043。
[247] 海軍總司令部編印，《太字春秋──太字號軍艦隊的故事》，頁86。
[248] 海軍總司令部編，《海軍艦隊發展史》（一），頁168-169。
[249] 海軍總司令部編，《海軍艦隊發展史》（一），頁217。國防部史政編譯局編印，《國民革命建軍史》，第三部：八年抗戰與戡亂（一），頁307記：接收日偽艦艇船舶，可出海者僅3艘。
[250] 國防部史政編譯局編印，《國民革命建軍史》，第三部：八年抗戰與戡亂（一），頁308。
[251] 海軍總司令部編，《海軍艦隊發展史》（一），頁364-365。

（三）後勤薄弱經費不足及戰亂影響艦船修造

　　戰後我海軍接收的日偽艦艇大多是機件損壞或不全，亟待修理後才能服役，時我造船廠所修理能力薄弱，修理經費不足及零件配料缺乏等諸多困難，以致船艇損壞未能修復，終致予以報廢除役。再者即可以服役船艇，時常因由於年久失修，或接收復艦艇上機械人員技術欠於熟練，保養不善，以致各機械常告損壞，或因各艇經數年巡弋，使用日久而耗損。上述因素使得各砲艇隊所屬艇隻編制有變動，數量不斷銳減。[252]

　　海軍接收日本賠償艦時，艦上除了簡陋航電儀具外，既無雷達聲納，更無火砲射控裝置，是陽春型空船，所幸抗戰勝利後，海軍在我國沿海擄獲許多日本海軍殘存小型艦艇，艦艇上的通信器材大多堪用，海軍造船廠及修械所將其拆除，重新安裝在日本賠償艦，堪能使用，至於砲彈則利用日本海軍在馬公、左營及基隆彈藥庫裡的庫存彈藥。[253]

　　日本賠償艦因配件材料甚為缺乏，各造船廠所受戰事影響一再拆遷，修船設備甚差，復趕修作戰艦艇，各所廠技工不敷支配，尤以海軍修船經費支絀，各種不利因素不僅影響十餘艘日本賠償艦無法修復成軍，並限制已成軍服勤日艦之戰鬥能量，加上戰後接收大量美援艦艇，若其中間夾雜部分日本裝備，無論在訓練、管理或維修上都很不方便，因而日本賠償艦隻使用年限都不長。[254]

　　民國36年8月，馬尾造船正式恢復，張傳釧任所長，計畫將造船建成海軍兵艦修配廠，從上海運來日本賠償機器43部。次年計畫修復船塢及船槽，修建廠房，但經費不足，工程進行十分緩慢，艦船修造業務，始終未能正式恢復。38年7月，馬尾造船所部分機器拆運到馬公造船所。[255]

　　民國37年冬，因戰亂影響，大沽造船所部分機具拆運到長山島。[256] 38年4月20日，共軍渡江，江南造船所所內員工群情惶惶，所務已陷入半停頓

---

[252] 海軍總司令部編，《海軍艦隊發展史》（一），頁246。
[253] 鍾漢波，《駐外武官的使命：一位海軍軍官的回憶》，頁166。
[254] 海軍總司令部編，《海軍艦隊發展史》（一），頁331。
[255] 陳書麟，《中華民國海軍通史》，頁478。
[256] 陳書麟，《中華民國海軍通史》，頁479。

狀態。時江南造船所奉命實拆遷疏運臺灣工作,但因共諜早已滲入活動,暗中煽動員工,進行其「護廠、保產、求生存」運動,對於修造機件物質的拆遷疏運工作則儘量設法拖延阻撓,而停泊造船所檢修的軍艦奉命對所在地高昌廟地區江面警戒掩護外,一直都處在緊張備戰的狀態中。[257]

(四)師資與經費不足及美方態度影響教育訓練成果

海軍軍官學校北遷青島後,因校舍不敷使用,以致軍官隊全隊住在當時靠泊在海訓團前碼頭的中訓艦上。輪機班在進入高級數理及機械原理與構造課程,卻沒有實物引證,瞎子摸象,頗有模糊困惑之感。但因有見習在先,許多主輔機備,大同小異,將理論與見習對照,領會更多。[258]在中央海軍訓練團美軍訓練中國海軍官兵以技術科目為主,並採速成教育方式,對於海軍戰術科目特別是合成戰術科目並沒有實施,這對日後海軍之戰力有很大的影響。[259]

海軍軍士學校成立後,軍士總隊設立3個大隊,後因營房、師資、設備等限制,只先成立軍士第一大隊,主要訓練通訊軍士;軍士第三大隊訓練輪機軍士,分駐吳淞、上海;其他如槍砲、雷達、聲納、航務、電機、電子等科,暫時設在青島海軍官校附設接艦訓練班士兵隊中。[260]

抗戰後美國贈予我海軍的4艘護航驅逐艦,但因經費不足,只得要求各艦儘量節省,以致赴美接艦人員只有核准原編制的七成,人力明顯不足,受訓人員工作極為沉重,累得人仰馬翻。[261]

協助訓練我中央海軍訓練團官兵裡的美軍官兵多數是應召服役的後備軍人,由於第二次世界大戰已經結束,美方官兵絕大多數心切回國退伍,都急迫地希望受訓的中國海軍官兵能儘快學成結訓,讓他們早些移交該艦,返美

---

[257] 陳振夫,《滄海一粟》,作者自刊,民國84年,頁92、93。同書頁93記:海軍陸戰隊第二師師長周雨寰奉命一旦淞滬戰事轉逆時,將斷然對江南造船所毀廠炸塢,率部鎮壓應變,督導拆運機器物資。
[258] 曾尚志,《曾尚智回憶錄》,頁18。
[259] 高曉星,《民國海軍的興衰》,頁237。
[260] 陳書麟,《中華民國海軍通史》,頁494。
[261] 海軍總司令部編印,《太字春秋——太字號軍艦隊的故事》,頁88、89。

與家人團聚。因此訓練難免草率，情緒則過分熱情，加以語言及文字上的隔閡，生活文化習慣上的差異，海訓團裡的中美官兵難免常有誤會及隔膜；高級人員間個人的友好合作關係，卻未能推廣到全面和貫徹到各階層。尤其受訓的中國軍官兵們，身穿接收日軍所遺留的草綠工作服舊膠鞋，顯得衣衫襤褸，有如戰敗的日俘，心裡上已先自慚形穢。又在上艦艦訓後，膳食是由美艦代辦供應，品質卻沒有標準規定，官兵常飢餓不獲飽，面對美方官兵的華衣豐食，我方官兵自然漸生怨懟。因此不但處處感到美方氣焰凌人，更不滿團方的作風顢頇，雖然如此，我方官兵只能容忍以待，希望早日期滿結訓接艦。[262]

（五）待遇微薄影響軍紀

抗戰勝利之初，民國35年1月19日，海軍處副處長周憲章向軍政部部長兼海軍處處長陳誠陳情：1、海軍預算如照去年申算，僅供1個月之所需，應請增加。2、待遇海軍員兵生活均無法維持，較之招商局人員與民生公司人員，相差過遠，一般為生活所迫，均辭職他就，應增加。3、人事與編制均須調整。[263]

戡亂末期，政府推行「金圓券」貨幣改革失敗，當時海軍無法定期發薪餉，有錢才會發餉，且沒有定額。[264]由於金圓券嚴重貶值，物價飛漲，海軍許多軍官另找門路調工作，大批士兵紛紛逃亡或另謀出路，如民國37年冬，重慶艦從葫蘆島返滬後，艦上陸續開小差的士兵竟達二百多人，占全艦士兵人數約三分之一，迫使海軍總司令部不得不調軍士學校畢業的新兵及江南造船所的技工，補充該艦員的嚴重缺額。[265]

根據海軍耆宿鄭天杰的說法；重慶艦叛變投共問題出在士兵身上，接

---

[262] 陳振夫，《滄海一粟》，頁62、63。
[263] 陳誠，《陳誠先生日記》，第二冊（臺北：國史館，2015年），頁691。
[264] 許瑞浩，《大風將軍：郭宗清先生訪談錄》，頁162。張力〈劉定邦先生訪問紀錄〉，頁402記：大陸淪陷前「金圓券」、「銀圓」金融混亂潰敗時期，軍人待遇過於菲薄，任職的主官及一般官員都難得保持身家清白而不致弄到身敗名裂。
[265] 〈重慶艦在吳淞口衝破黎明前的黑暗〉收錄在《解放戰爭時期國民黨海軍起義投誠──海軍》，頁92、93。

艦士兵大多響應「知識青年從軍」號召而來，年紀輕教育水準高，但思想複雜。在英國受訓期間表現尚佳，未料返國後，因國內情勢大變，加以金圓券發行，使得原本待遇已經偏低的士兵們，頓時連微薄的積蓄也消失了，很可能因而出問題。[266]

（六）時局動亂不安引發多起叛變投共事件

自民國38年2月至12月，海軍官兵叛變投共事件計有21起，其中受到中共直接策動有15起。[267]海軍官兵重大叛變投共事件如下：

民國38年2月12日20時，黃安艦艦務官鞠慶珍、槍砲官劉增厚等中共黨員，利用艦長劉廣超離艦回家過元宵節，率眾拘禁副長及艦上其他人員，將該艦由青島駛出，於13日4時，駛抵中共解放區的連雲港。[268]

2月16日，駐泊南長山島的掃雷201艇，因艇長蔣德、輪機長張廣才離艇回家。17日午夜，艇上士兵李雲修、王文禮、萬成岐等人叛變，控置201艇，駛往中共解放區煙台投共。[269]

2月25日凌晨，停泊吳淞口的重慶艦，艦上中共地下組織「士兵解放委員會」成員叛變，切斷艦上對外通訊，拘禁全艦軍官及士官，艦長鄧兆祥事前並不知情，在重慶艦落入中共分子控制及與叛變者談判後，遂支持加入叛變行列。25日5時，重慶艦離滬。26日7時，駛抵中共解放區煙台。3月4日，由煙台駛抵葫蘆島。有鑑於重慶艦預謀叛變，對於海軍艦艇執行海上巡邏或運補任務將造成重大的威脅，故參謀本部決定將其炸沉，以免資敵，由空軍派重轟炸機飛往葫蘆島執行轟炸任務，於3月19日予以炸沉。[270]重慶艦投共

---

[266] 陸寶千、官曼莉，《鄭天杰先生訪問紀錄》，頁113。
[267] 《解放戰爭時期國民黨海軍起義投誠——海軍》，頁7。胡立人，《中國近代海軍史》，頁523記：海軍叛變有16起，投共艦艇73艘，官兵3,377人。
[268] 參閱一、〈黃安艦青島起義〉收錄在《解放戰爭時期國民黨海軍起義投誠——海軍》，頁81、82。二、蘇小東，《中華民國海軍史事日記（1912.1-1949.9）》，頁787。
[269] 參閱一、〈201號掃雷艇從長山駛向光明〉收錄在《解放戰爭時期國民黨海軍起義投誠——海軍》，頁83-87。二、蘇小東，《中華民國海軍史事日記（1912.1-1949.9）》，頁787。
[270] 參閱一、〈重慶艦在吳淞口衝破黎明前的黑暗〉收錄在《解放戰爭時期國民黨海軍起義投誠——海軍》，頁101-105。二、蘇小東，《中華民國海軍史事日記（1912.1-1949.9）》，頁787-788。三、海軍總司令部編，《海軍艦隊發展史》（一），頁198。呂芳上，《蔣中正先生年譜長編》，第九冊，（臺北：國史館，民國104年），頁250、251記：38年3月2

後，中共於38年5月16日，以重慶艦官兵為基礎，在安東成立共軍第一所海軍軍校，鄧兆祥擔任校長，重慶艦多數官兵在該校工作。重慶艦為戰後我國海軍最具威力的戰艦，歷經艱難，終於萬里歸國，海軍當局曾寄望甚殷，詎料該艦及大部分官兵投共，實為當初未意料到之憾事。[271]

4月20日，江陰要塞叛變，共軍大舉渡江。23日，南京淪陷，海軍在長江作戰艦艇奉命撤退與突圍。時海防第二艦隊司令林遵卻率旗艦惠安、吉安、安東、江犀、永綏、楚同、太原、美盛、聯光等9艦，以及第一機動艇隊所轄11艘砲艇，第五砲隊所轄5艘砲艇，合計25艘艦艇，於23日15時30分，在南京笆斗山江面投共。[272]

9月19日凌晨，長治艦正在長江口外的大戢山海域巡弋，陳仁珊為首數名中共分子叛變，殺害艦長胡敬端等官兵11人後，控制長治艦，將該艦駛往中共解放區上海。23日，長治艦在南京燕子磯，因遭我空軍重創後自沉。[273]

11月初，共軍進犯四川，時駐川的江防艦隊陷入絕境，進退兩難。29日，駐萬縣的郝穴艦艦長李世魯、永安艦艦長聶錫禹，利用兩艦到忠縣護送陸軍換防之機，駛往中共解放區的巴東投共。[274] 30日，江防艦隊司令葉裕和率民權、永安、常德、英德、英山等5艦，在重慶投共。[275]

12月7日，聯勤總部運輸署向海軍借用的運輸艦同心艦艦長江淦三在萬

日，蔣中正總統聞海軍旗艦重慶艦投共，在日記寫下：「此為我海軍之奇恥大辱，誠無顏以見世人，更無顏以對英國贈此艦之厚義也。預料敗事者桂永清，今果驗也。此責固在辭修（陳誠）知人不明，而余既知其不行，而又不早下決心撤換，今已悔莫及矣。惟亡羊補牢，應思有以防其後也。」

[271] 參閱一、陳書麟，《陳紹寬與中國近代海軍》（北京：海洋出版社，1989年），頁88。二、高曉星，《民國海軍的興衰》，頁262。

[272] 國軍檔案：〈長江作戰經過案〉（五），「海軍長江戰及突圍損失艦艇表」（二），檔號：543.64/713.2。《中華民國海軍史事日記（1912.1-1949.9）》，頁789。《解放戰爭時期國民黨海軍起義投誠——海軍》，頁14記：林遵率惠安9艘軍艦及各型艇21艘，官兵1,271人投共。

[273] 〈長治艦在長江外敲響武裝暴動的鐘聲〉收錄在《解放戰爭時期國民黨海軍起義投誠——海軍》，頁158、159。

[274] 程法硯，〈回憶我起義前後〉收錄在《解放戰爭時期國民黨海軍起義投誠——海軍》，頁708-710。

[275] 葉裕和，〈國民黨海軍江防艦隊起義前後〉收錄在《解放戰爭時期國民黨海軍起義投誠——海軍》，頁702-705。

縣投共，此為戡亂戰爭期間海軍在大陸最後投共的1艘軍艦。同日同心艦與4艘投共的民生公司商船奉中共命令駛往雲陽，搭載共軍第四十二軍一部進犯萬縣。8日，共軍攻陷萬縣。[276]

另外，民國38年4月4日，駐泊吳淞口的海軍運輸艦崑崙艦，及5月1日，駐泊太倉瀏河口外白茆沙的永興艦，兩艦均有部分官兵企圖叛變投共失敗，永興艦艦長陸維源不幸遇害。[277]

（七）外國援華贈艦態度的改變

英國對華的軍援，在抗戰勝利後起了變化，英方考量是否維持原議贈送我國艦艇，遲至民國37年春，始知會我海軍駐英訓練處，將原協議長期贈送改為短期租借。[278]爾後英國因財政支絀，英國海軍部提出價購辦法，以濟國庫。其次，英國軍艦不能如戰前自由在中國領海及內河航行，英方藉故報復，最後是伏波艦沉沒，英方對我國海軍印象不佳，於是英國首先是修改原先的贈艦計畫，尤其在重慶艦叛變投共後，英國依據修改後的協定，強力收回靈甫艦。[279]38年5月27日，靈甫艦於珠江口虎門海域交還英國。28日，鄭天杰艦長率四十餘名官兵由香港搭機前往臺灣。[280]

（八）海難意外

駐泊菲律賓美國贈予我海軍的34艘艦艇，其中驅潛五、驅潛六兩艇在由

---

[276] 參閱一、江淦三，〈認識形勢──同心起義〉收錄在《解放戰爭時期國民黨海軍起義投誠──海軍》，頁715-717。二、吳杰章，《中國近代海軍史》，頁437。
[277] 《解放戰爭時期國民黨海軍起義投誠──海軍》，頁13、16、17。
[278] 陳孝惇，〈抗戰勝利後海軍艦艇接收與艦隊重建〉收錄在《海軍歷史與戰史研究專輯》，頁252。
[279] 海軍總司令部編，《海軍艦隊發展史》（一），頁188、186。
[280] 參閱一、海軍總司令部編，《海軍艦隊發展史》（一），頁197。二、陸寶千、官曼莉，《鄭天杰先生訪問紀錄》，頁118、119記：靈甫艦艦長鄭天杰於5月12、19日，兩度到廣州與外交部部長葉公超商議英方要求收回靈甫艦之事。稍後葉公超與行政院院長何應欽商議，咸認在法理上，靈甫艦既然是英國租借我國者，如今英國提出還艦要求，我國理當還歸。38年4月上旬，海軍第四軍區司令楊元忠擬派靈甫艦出海試航，前往海南島各港視察，20日途經香港補充燃料時，為駐港英國海軍派拖船強行拖入海軍船廠停泊，並限制離港，不准出航。有關我國接收靈甫艦及歸還英國之經過，參閱楊元忠，〈靈甫艦風波的回憶與體驗〉收錄在《傳記文學》，卷43第3期，頁23-37。

菲律賓駛往臺灣途中，遭遇風浪沉擊或漂失。[281]民國36年3月19日凌晨，伏波艦於澎湖海域龜嶼島附近，與招商局商船海閩輪碰撞，伏波艦沉沒，全艦僅輪機長焦德孝1人獲救生還外，艦長姜瑜等134官兵全部罹難，是為我海軍史上罕見的慘劇。[282] 38年7月，固安艦在泗礁東北遭颱風襲擊擱淺，損壞嚴重，不久除役。[283]

柒、結語

八年抗戰期間，由於海軍無法發揚戰力，因此戰後重建現代化海軍為海軍建軍的目標，有鑑於昔日海軍內部派系分立，各自為政，中央又對海軍缺乏有效控制，故首重指揮系統的確立，統合領導中樞。民國34年9月1日，國民政府在軍政部設立海軍處，掌理海軍行政、教育、訓練、建造等事宜，籌劃戰後海軍的建軍發展。35年6月1日，國防體系全面改組；7月，成立海軍總司令部，隸屬國防部，至此新的海軍領導中樞終告確立。

抗戰勝利後，我海軍接收美、英兩國贈艦，日偽艦艇及日本賠償艦艇等，艦艇數量大幅增加，分別編成海防第一艦隊、第二艦隊、江防艦隊、運輸艦隊、10個砲艇隊及海岸巡防艇隊，作為綏靖戡亂時期，鞏固海疆重要力量。又依據地理形勢及國防戰略考量，劃定區界，設立海軍第一、二、三、四基地司令部，直隸海軍總司令部。因此戰後僅僅兩年，海軍的建軍發展已獲得卓越之成效；民國36年8月1日，海軍代總司令桂永清在南京以「中國海軍現狀」為題向全國廣播說：海軍員額已擴充為3萬4,500人。[284]至37年海軍擁有各型艦艇已達428艘，編入海軍戰鬥序列者有275艘。另外，有鑑於我國海岸綿長，島嶼羅列，為配合海軍作戰及基地警衛，36年9月16日，海軍陸戰大隊在南京成立。隨著陸戰隊日益茁壯，38年1月24日，海軍陸戰隊司令

---

[281] 海軍總司令部編，《海軍艦隊發展史》（一），頁159。
[282] 參閱一、海軍總司令部編，《海軍艦隊發展史》（一），頁197。二、蘇小東，《中華民國海軍史事日記（1912.1-1949.9）》，頁761。三、陸寶千、官曼莉，《鄭天杰先生訪問紀錄》，頁92。
[283] 海軍總司令部編，《海軍艦隊發展史》（一），頁314。
[284] 蘇小東，《中華民國海軍史事日記（1912.1-1949.9）》，頁767。

部在上海成立，轄兩個陸戰師及司令部直屬單位。

　　海軍在戰後接收的美、英贈艦，日偽艦艇或日本賠償艦，總數量龐大，但品質卻差，大多是歷經戰火除役或性能老舊需要整修，甚至是無法修復報廢的艦艇。然而我造船廠所的修整能力薄弱，修理經費不足，以及零件配料缺乏等諸多困難，以致許多艦艇損壞未能修復，最終予以報廢除役。再者即可以服役艦艇，亦時常由於年久失修，或接收復艦艇機械人員技術欠於熟練，保養不善，以致艦艇機械常告損壞，或因艦艇經數年巡弋及參與作戰，日久而耗損，加上部分艦艇官兵變節投共，上述種種因素，以致戡亂後期海軍所屬艦艇編制不但有所變動，且數量不斷銳減。

　　國民政府主席蔣中正有鑑於國家興亡，繫於海權盛衰，而海權盛衰，則以教育為根本，在「建國必先建軍，建軍必先建校」之前提下，統一海軍學制，建立永遠規模。民國35年6月16日，中央海軍軍官學校在上海正式成立，採行美國海軍軍官學校學制，以及航海、輪機兼習的通才教育。海軍軍官學校成立後，即進行教育改革，自39年班招生開始，即按全國各省人口比例分配錄取名額，以後畢業軍官全無地域之分，成為國家的海軍人才。37年3月，海軍總司令部統一海軍軍官學校畢業生學籍，逐漸消弭數十年來，海軍內部因出身學校不同，所造成隔閡及傾軋。

　　綏靖戡亂期間，海軍官兵的教育訓練方面；中央海軍軍官學校負責軍官基礎養成教育，海軍機械學校負責專業軍官養成教育，海軍軍士學校負責士官兵教育訓練外，海軍在國內藉由中央海軍訓練團的美方物資及人力，並派遣海軍官兵赴美、英兩國接艦受訓，以吸收歐美海軍的技術及現代化海軍的知識，有助提升海軍官兵整體素質。且赴美、英兩國接艦的海軍官兵不少人隨政府播遷轉進來臺，日後擔任要職，成為在臺整軍備戰時期建設海軍的重要幹部。

　　經過八年艱苦抗戰，民國34年8月15日，日本向同盟國宣布無條件投降，我國最終戰勝強敵日本，成為世界四強之一。35年6月8日，英國為慶祝同盟國取得第二次世界大戰勝利，特於在倫敦舉行勝利大遊行，中國駐英軍事代表團團長桂永清應邀參加，中國海軍派赴英國接艦學兵組成72人的方

隊,接受檢閱和遊行,此為中國海軍歷史上最光榮的一刻。[285]

戰後我海軍奉令接收在華的日本海軍艦隊,及越南北緯16度以北地區(香港除外)暨臺灣、澎湖列島的日本海軍艦船、兵器、器材、基地一切設備與守備隊、陸戰隊暨其他附屬設備等。海軍除依據「開羅宣言」收復被日本占領的臺灣及澎湖等失土外,海軍太平、永興、中業、中建4艘軍艦,於民國35年12月,遠航南中國海,先後在西沙群島永興島、南沙群島太平島登島立碑,宣示南中國海島嶼之主權。

抗戰勝利後,正當全國百廢待興之際,中共進行武裝叛亂,為此國軍對共軍先後實施綏靖與戡亂作戰。在綏靖戡亂期間,海軍主要戰績包括;封鎖關閉華北華東沿海及執行關閉政策、協同陸軍剿共及轉進作戰、長江突圍作戰、掩護淞滬守軍轉進作戰、協助青島駐軍轉進作戰、閩粵沿海協防及掩護友軍作戰、長山八島保衛戰、支援金門古寧頭及舟山登步島作戰、海南島戡亂作戰等等。其間海軍官兵均能發揮「同舟共濟」,不畏犧牲,戮力達成任務。尤以海防艦隊執行關閉政策,發揮制海力量,不僅達成阻止共軍海上增援,與窒息其經濟活動效果,有助於戡亂作戰之執行。海軍除擔任海上支援任務及人員物資輸送外,並協將政府重要物資運送來臺,以免資敵,對日後臺灣經濟發展,貢獻良多。也由於海軍在綏靖戡亂諸戰役中,迭著戰績,發揮重要作用,使海軍成為我國國防體系中重要之軍種。

1958年11月12日,海軍總司令梁序昭陪同美太平洋艦隊司令霍伍德上將參觀海軍機械學校

---

[285] 蘇小東,《中華民國海軍史事日記(1912.1-1949.9)》,頁748。

第一章　綏靖戡亂時期中國海軍的建軍發展(1945.9-1949.11)　89

第二章　遷臺初期
　　　　中華民國海軍的建軍發展
（1949.12-1958.8）

壹、前言

　　本文政府遷臺初期中華民國海軍的建軍發展，係指民國38年（西元1949年）12月，中央政府自成都播遷臺北，至47年（西元1958年）8月23日，共軍大規模砲擊金門，爆發「八二三戰役」，此期間，中華民國海軍在臺灣的建軍發展之歷程與成果。

　　民國38年底，戡亂失利，中國大陸遭中共赤化，我海軍除了少數官兵艦艇投共資敵，以及海軍陸戰隊在長山八島作戰有所損失外，海軍大多數忠貞官兵均相繼隨艦艇或隨部隊轉進來臺，成為臺整軍備戰期間，保衛臺海作戰我海軍之骨幹與中堅。

　　民國39年6月25日，韓戰爆發，美國為防範共軍乘機侵臺，先是派遣海軍第七艦隊巡弋臺灣海峽，繼於40年恢復對中華民國的軍援，並派遣軍事顧問團進駐臺灣。時我海軍在美援及美國軍事顧問團協助下，獲得大量美製艦艇及武器裝備，並且在組織編裝、後勤制度、海政、教育與訓練各方面，進行革新與精進，海軍官兵素質及整體戰力因而大幅提升，成為保衛臺海安全重要不可或缺的力量。

　　有關中央政府遷臺初期海軍的建軍發展，國內外相關研究專書或論文並不多見，現今有提及此時期海軍（含海軍陸戰隊）建軍發展之專書多為軍方出版品，具有學術參研價值者如；海軍總司令編著《海軍艦隊發展史》、孫建中編著《中華民國海軍陸戰隊發展史》兩書。《海軍艦隊發展史》對於政府遷臺初期海軍艦隊的組織編裝、艦隊官兵教育訓練及重要戰績等，作了較全面性之記載；《中華民國海軍陸戰隊發展史》則對此時期海軍陸戰隊的組

織編裝、教育訓練及重要戰績等，有十分詳細之論述。另外，國防部史政編譯局編印《國民革命建軍史：第四部：復興基地整軍備戰》、孫建中著《臺灣全志，卷六，國防志：遷臺後重要戰役篇》及《臺灣全志，卷六，國防志：軍事教育與訓練篇》；孫弘鑫著《臺灣全志，卷六，國防志：軍事組織與制度》及《臺灣全志，卷六，國防志：軍事後勤與裝備》等書，均為研究政府遷臺初期海軍的建軍發展，有關海軍組織與制度、教育與訓練、後勤與裝備，以及海軍在臺海作戰重要的參研書籍。

近年來國防部、中央研究院近代史研究所、國史館針對海軍退役將領及海軍耆宿，從事口述歷史或為其編印回憶錄，例如國防部編印《海軍陸戰隊官兵口述歷史訪問紀錄歷史》、《海上長城——海軍高階將領訪問紀錄》、張力編《海軍人物訪問紀錄》（中央研究院近代史研究所出版）；至於海軍退將之回憶錄、口述歷史或傳記方面，則有黎玉璽、劉廣凱、葉昌桐、郭宗清、周雨寰、池孟彬、徐學海、曾尚智、佘振興、楊厚綵、鄭天杰、陳振夫、黃宏基等海軍退役將領。

本文筆者就上述專書，並蒐整海軍相關檔案與論文，及參研海軍將領耆宿之回憶錄或口述歷史等，就政府遷臺初期，有關我海軍的組織制度、後勤海政、教育訓練與重要戰績等幾個面向，論述此時期海軍建軍發展之成果，並就其建軍發展的得失作一個檢討。

貳、遷臺初期海軍的組織與編裝

一、海軍總司令部的組織遞嬗與重要人事異動

民國39年3月1日，蔣中正總統在臺北復行視事，決定以臺灣為反共復興基地，重整革命大業，為保衛復興基地，確實控制臺灣海峽，海軍機構之設置與兵力配布，予以重新調整，在臺灣各重要港口及金馬外島設置巡防處，艦隊由3個增設為4個。又為便於行政及後勤支援，將同型艦隊編成艦艇隊，由各艦艇派遣兵力行任務編組，擔任作戰、運輸等任務。海軍陸戰隊由兩個師縮編為兩個旅，並經過多次改編，精簡一般機構，充實部隊編

員。[1]5月，海軍總司令部政工處擴編為政治部，下轄人事、政訓、監察、保防、民事，體育6組。40年10月，海軍總司令部增設法規委員會、作戰指揮室、軍眷管理處、連絡官室；通信處改編為第三署第三處，繼於第三署增編第四處，掌理防空事宜；第四署原有3處再增編1個處，分別掌管後勤計畫、技術補給、一般補給及預算財務。12月，原海軍總司令部第二署工程處改隸第六署；原第三署情報處改隸第二署，為第一處；原海事、港務兩處，改為第二、三兩處。[2]

民國41年4月，海軍總司令桂永清調升總統府參軍長。4月16日，海軍副總司令馬紀壯升任總司令。時海軍總司令部將原第六署第四處，改編為總部工程處。[3]同（4）月，海軍總司令部由高雄左營遷往臺北大直。[4] 11月11日，第一署成立人事資料、分類供求兩室。42年3月，將第四署第四處劃出，編為海軍總司令部預財處。10月，第二、三兩署各設空業組。43年3月，第一署成立經歷管理室，原分類供求室改稱分類研究室。第五署設動員計畫組，另將原屬第三、四、六署之通信業務劃出、設立通信處，隸屬總司令部管轄。[5]

民國43年7月1日，海軍總司令馬紀壯調任國防部參謀次長，遺缺由兩棲部隊司令梁序昭升任。[6] 44年2月1日起，海軍總司令部組織型態參考美國海軍軍政、軍令分立制度，全部改組為部本部、政治部諮議室、研究發展室、督察室、總司令辦公室、主計室、連絡室、法規委員會、人事副參謀長室、情報副參謀長室、作戰副參謀長室、後勤副參謀長室、計畫副參謀長室、人

---

[1] 國防部史政編譯局編印，《國民革命建軍史：第四部：復興基地整軍備戰》（一），民國76年，頁477。

[2] 國防部史政編譯局編印，《國民革命建軍史：第四部：復興基地整軍備戰》（一），頁477-478。

[3] 國防部史政編譯局編印，《國民革命建軍史：第四部：復興基地整軍備戰》（一），頁478。

[4] 海軍艦隊司令部編印，《碧海丹心忠義情──六二特遣部隊的故事》，民國94年，頁173。

[5] 國防部史政編譯局編印，《國民革命建軍史：第四部：復興基地整軍備戰》（一），頁478。

[6] 劉廣凱，《劉廣凱將軍報國憶往》（臺北：中央研究院近代史研究所，民國83年），頁94。

事署、補給署、艦政署、公工署、軍醫處、軍法處、通信處、海政處、總務處等單位。[7]

民國44年5月，海軍總司令部將海軍左營要港管理處撤銷，另成立海軍第一軍區司令部，設立政治部、人事處、作戰處、後勤處、行政處、督察室、連絡室、軍法組等單位；其他隸屬單位有港務隊、清港隊、工作隊。同（44）年8月成立診療所、看守所、消防隊。10月，海港防禦第一大隊、左營及高雄兩港口管制所成立。11月，左高區汽車管理處改編為汽車大隊，隸屬海軍第一軍區司令部。[8]

二、成立海軍艦隊指揮部

海軍艦隊方面，自民國38年轉進臺灣後，至39年春僅轄3個作戰艦隊，轄有軍艦35艘；1個登陸艦隊，轄有軍艦18艘；3個巡防艇隊及1個機動艇隊，轄有艦艇51艘。時各艦隊係採混合編組，因缺乏整訓，一般缺員頗多，戰力低弱。

海軍整建其立案著眼於統一各艦之管理，加強整訓，並爭取美援艦艇，逐漸充實海上戰力，確保高度戰備。建立兩棲訓練與作戰機構及其支援部隊，並充實陸戰隊以適應反攻登陸及突擊作戰之要求。另有關整建原則方面，海軍艦艇部隊採用美制，組設基本艦隊，將同型艦艇編成同一艦隊，並依作戰任務之需要，臨時抽派必要艦艇編組任務艦隊，以遂行作戰，任務完畢時歸建；為了便於艦隊的統一訓練與作戰，於海軍總司令部下成立艦隊指揮部，專司其責。[9]

---

[7] 國防部史政編譯局編印，《國民革命建軍史：第四部：復興基地整軍備戰》（一），頁478。鍾漢波，《海峽動盪的年代──一位海軍軍官服勤筆記》（臺北：麥田出版社，2000年），頁89記：一般幕僚群分為人事、情報、作戰、計畫、後勤5個副參謀長室，特業參謀群有主計署、補給署、艦政署、公共工程署及海政處、通信處、軍械處、軍醫處、軍法處、總務處等單位。政治作戰方面有政治作戰部。

[8] 國防部史政編譯局編印，《國民革命建軍史：第四部：復興基地整軍備戰》（一），頁497。

[9] 國防部史政編譯局編印，國防部史政編譯局編印，《國民革命建軍史：第四部：復興基地整軍備戰》（二），民國76年，頁928。

民國42年7月1日，撤銷海軍艦艇訓練司令部，成立海軍艦隊指揮部，以副總司令黎玉璽兼任艦隊指揮官，直隸海軍總司令部，其部內單位區分：政治部、辦公室、作戰與訓練兩處，下轄第一、二、三、四艦隊、登陸艦隊、後勤艦隊、登陸艇隊、快艇大隊。[10]此後，海軍各艦隊不再直隸海軍總司令部，而是改隸艦隊指揮指揮管轄。艦隊指揮部平時負責海軍各艦艇的整補、訓練及一般行政管理，戰時指揮作戰。[11]

　　民國43年4月1日，海軍艦艇訓練司令部復編，同時成立兩棲部隊司令部，均隸屬於艦隊指揮部。此時艦隊指揮部的幕僚單位及所屬部隊之指揮系統，分別如下：

　　（一）部內單位：設政治部、行政組、情報組、作戰計畫組、後勤組、通信組、保養修理組。

　　（二）所屬部隊：1、兩棲部隊司令部。[12] 2、第一、二、三、四艦隊司令部。3、後勤艦隊司令部。4、艦艇訓練司令部。5、特種任務艦隊司令部。[13]

三、遷臺初期海軍艦隊的整編

　　抗戰勝利後至大陸淪陷期間，海軍各艦隊均是混合編組。民國39年1月，海軍海防第一艦隊更名為海軍第一艦隊，駐馬公測天島，擔任臺灣海峽中線防務；海防第二艦隊更名為海軍第二艦隊，駐基隆，擔任臺灣海峽北區防務；海防第三艦隊更名為海軍第三艦隊，駐左營，擔任臺灣海峽南區防務。[14]

---

[10] 國防部史政編譯局編印，《國民革命建軍史：第四部：復興基地整軍備戰》（一），頁482-483。

[11] 海軍艦隊司令部編印，《碧海丹心忠義情——六二特遣部隊的故事》，民國94年，頁32。同書頁173記：42年9月5日，海軍艦隊指揮部正式接管艦隊作戰指揮權。

[12] 海軍艦隊指揮部編印，《老部隊的故事：威海護疆、錨鍊傳薪》，民國95年，頁4記：兩棲部隊司令部成立於43年3月1日。另同書同頁記：兩棲部隊司令部下轄登陸艦隊司令部、兩棲訓練司令部、兩棲作戰司令部、登陸艇隊部、海灘勤務隊及水中爆破隊。

[13] 國防部史政編譯局編印，《國民革命建軍史：第四部：復興基地整軍備戰》（一），頁483。

[14] 參閱一、劉廣凱，《劉廣凱將軍報國憶往》，頁72。二、海軍艦隊司令部編印，《碧海丹心忠義情——六二特遣部隊的故事》，頁11。

為因應防務需要，海軍各艦隊重新編組，並自民國39年2月1日起實施，第一、二、三艦隊及訓練艦隊仍採混合編組，各艦隊均轄有護航驅逐艦、掃布雷艦、巡邏砲艦等。時海軍總司令所轄屬軍艦合計86艘。6月1日，海軍各艦隊重新編組，所轄屬軍艦大幅異動如下：第一、二、三艦隊分別駐防馬公、基隆、高雄，各艦隊均轄4個分隊，各艦隊轄屬艦均為11艘。登陸艦隊駐左營，轄屬艦計18艘。訓練艦隊駐左營，轄屬艦計14艘，該艦隊所轄屬艦均是保管艦隻。海軍總司令部直轄軍艦計有15艘。另外，原「聯」字艦暫配屬軍區或巡防處，永翔、楚觀兩艦配屬第三軍區司令部，分別控置淡水、基隆。[15]

　　政府遷臺初期海軍兵力方面；自民國39年5月間，海南島、舟山群島相繼撤守後，海上防區縮小，海軍兵力部署復重新調整，並於6月初完成兵力調整部署如下：

（一）第一艦隊，駐馬公，擔任臺灣海峽中區防務，並支援金門作戰。

（二）第二艦隊，駐基隆，擔任臺灣海峽北區防務，並支援馬祖、大陳作戰。

（三）第三艦隊，駐高雄，擔任臺灣海峽南區及臺灣東南沿海防務。

　　另外，將大、中型登陸艦編成登陸艦隊，駐左營，平時以一部應付需要，協助各防區之防務，主力控置於左營，從事整訓，其餘各型勤務艦隻均直隸海軍總司令部。至於各型砲艇、巡艇，編成3個巡防艇隊及1個機動艇隊，分別隸屬各巡防處及要港司令部，擔任近海巡邏任務。[16]

　　民國41年7月，海軍實施基本同型艦隊之編組，計編成第一艦隊（護航驅逐艦）8艘，第二艦隊（砲艦）8艘，第三艦隊（掃雷艦）10艘，第四艦隊（海防砲艦）14艘，登陸艦隊（登陸艦）18艘，後勤艦隊（各種後勤補助艦）15艘；登陸艇隊（登陸艇）13艘，第一、二、三巡防隊（巡防艇及砲艇）共38艘。[17]

---

[15] 海軍總司令部編，《海軍艦隊發展史》（二）（臺北：國防部史政編譯局，民國90年），頁790、791、793、794、795。

[16] 海軍總司令部編，《海軍艦隊發展史》（二），頁796。

[17] 國防部史政編譯局編印，《國民革命建軍史：第四部：復興基地整軍備戰》（二），頁928-929。海軍艦隊司令部編印，《碧海丹心忠義情——六二特遣部隊的故事》，頁173

自民國38年12月政府播遷來臺之後，至47年8月「八二三戰役」爆發，在此期間，海軍艦隊曾實施兩次大幅度整編，其第一次整編之重點如下：

（一）成立海軍艦隊指揮部，以統一各艦隊之訓練與作戰。

（二）實施基本同型艦隊編組，並依作戰任務需要，另編組任務艦隊，以確立艦隊之行政體系與作戰指揮系統。[18]

　　民國42年10月1日，依據「浙海大陳作戰」的任務需要，成立海軍特種任務艦隊（又稱大陳任務艦隊）。[19]大陳任務艦隊係一混合艦隊，常轄有太字號護航驅逐艦2艘，永字號砲艦或江字號巡防艦共6艘，並依需要配署後勤艦艇數艘。大陳任務艦隊司令由海軍總司令部就各現任同型艦隊司令中，輪流調派兼任，任期6個月。艦隊主力保持於大陳港，經常派遣艦艇執行防區海域偵巡，並輪流駐防一江山、南麂山兩地區。[20]

　　民國44年1月1日，為加強艦艇之管理與運用，海軍所屬各艦隊均按同型艦艇重新編組；第一艦隊更名驅逐艦隊，第二艦隊更名巡防艦隊，第三艦隊更名掃布雷艦隊，第四艦隊更名巡邏艦隊。[21]另外，後勤艦隊與登陸艦隊的番號不變。2月10日，為加強艦艇的管理與運用，提高戰力艦隊編組，予以重新調整，區分為行政管理與作戰指揮兩大系統：

（一）部內單位：政治部、行政室、艦隊補給處、艦隊軍醫處、連絡組、空中連絡組、人事處、情報處、作戰處、後勤處、通信處、保養修護處12個單位。

（二）所屬部隊（行政管理）：按同型艦隊重行編組。[22]

記：41年9月1日，海軍第四艦隊、後勤艦隊司令部及登陸艇隊編成。

[18] 海軍總司令部編，《海軍艦隊發展史》（二），頁797。

[19] 國防部史政編譯局編印，《國民革命建軍史：第四部：復興基地整軍備戰》（二），頁929。

[20] 陳振夫，《滄海一粟》，作者自行出版，民國84年，頁153-154。

[21] 海軍艦隊司令部編印，《碧海丹心忠義情——六二特遣部隊的故事》，頁173。國防部史政編譯室編印，《國軍隊徽暨臂章圖誌沿革》，民國93年，頁266記：民國44年1月16日，海軍第一、二、三、四艦隊改編更名為驅逐艦隊、巡防艦隊、掃布雷艦隊、巡邏艦隊。

[22] 國防部史政編譯局編印，《國民革命建軍史：第四部：復興基地整軍備戰》（一），頁483。

民國44年3月，海軍艦隊指揮部緊縮行政艦隊，以加強艦隊指揮部之組織，專設戰隊部，6個艦隊總轄21個戰隊。[23]

（一）驅逐艦隊：轄第十一、十二、十三戰隊。

（二）巡防艦隊：轄第二十一、二十二、二十三、二十四戰隊。

（三）掃雷艦隊：轄第三十一、三十二、三十三戰隊。

（四）巡邏艦隊：轄第四十一、四十二、四十三、四十四戰隊。[24]

（五）登陸艦隊。

（六）後勤艦隊。

民國44年2月，大陳列島撤守後，海軍防區範圍縮小，專注於臺灣海峽防務，裁撤大陳任務艦隊，於艦隊指揮部內另成立特遣部隊，並仿效美國海軍制度，以「六二」番號稱呼海軍特遣部隊，負責臺灣海峽偵巡及作戰任務。時海軍總司令部有鑑於海軍艦隊指揮部兼負行政訓練及作戰指揮之雙重任務，業務浩繁，難以兼顧，仿效美國海軍部隊組織，於該年4月將艦隊指揮部任務劃出，成立「海軍六二特遣部隊指揮部」，該部隊下轄機動攻擊支隊（由驅逐艦隊所屬兩個戰隊編成）、閩海特遣支隊、浙海特遣支隊（兩特遣支隊均由巡防艦隊、巡邏艦隊各檢派1個戰隊編成）、水雷特遣支隊、兩棲特遣支隊。當時尚未成立特遣部隊指揮部，上述各部隊由海軍艦隊指揮部直接指揮，指揮官由海軍副總司令黎玉璽兼任。[25]

海軍六二特遣部隊專責臺灣海峽北起北緯27度，南迄北緯10度間一千餘浬海域之偵巡、作戰、運輸、護航、救難等任務，為海軍總司令部之下最高作戰指揮機構。此次調整為加強艦艇管理與運用，讓艦隊指揮部專責行政工作，作戰任務則全權交由六二特遣部隊，使得艦隊行政管理和戰備訓練成效能夠同步提升，大幅增強海軍戰力。民國44年7月1日，海軍因應任務區域的變更，浙海、閩海特遣支隊分別調整更名為海軍北區巡邏支隊（浙海）、南

---

[23] 國防部史政編譯局編印，《國民革命建軍史：第四部：復興基地整軍備戰》（二），頁947。

[24] 國防部史政編譯局編印，《國民革命建軍史：第四部：復興基地整軍備戰》（一），頁483-484。

[25] 海軍艦隊司令部編印，《碧海丹心忠義情──六二特遣部隊的故事》，頁18-19。

區巡邏支隊（閩海）。[26]45年6月1日，海軍六二特遣部隊指揮部正式編成，由海軍副總司令黎玉璽兼任指揮官，負責防衛臺澎，支援外島及配合中美海軍聯合作戰之任務，而艦指部僅負責訓練與後勤支援之責。46年5月，成立第二十五臨時戰隊，負責赴美接收PC艦5艘事宜。[27]

自此海軍各艦隊指揮部與艦隊之間，增設部隊階層，專掌所屬部隊之整備與行政之業務，經成立巡防部隊司令部，下轄驅逐艦隊、巡防艦隊、魚雷快艇隊各一，同時將原掃布雷艦隊、後勤艦隊分別改為水雷部隊司令部、後勤司令部，該兩部隊下不設艦隊。至於各艦隊司令部則縮編成為純粹戰術單位，常川駐艦，專責作戰指揮與戰術訓練。[28]

至民國46年6月，海軍艦隊編成如下：海軍總司令部下轄艦隊指揮部、六二特遣隊及第一、二、三、四軍區。艦隊指揮部下轄艦隊訓練司令部、驅逐艦隊、巡防艦隊、掃布雷艦隊、巡邏艦隊、後勤艦隊、兩棲部隊司令部。兩棲部隊司令部下轄登陸艦隊、登陸艇隊、兩棲訓練司令部、率真旗艦、海灘總隊。海灘總隊下轄後勤大隊、小艇大隊、水中爆破隊[29]、浮箱中隊、兩棲偵察分隊。六二特遣隊依任務編組下轄後勤支隊、運輸支隊、水雷支隊、機動攻擊支隊、南區巡邏支隊、北區巡邏支隊。[30]至47年8月「八二三戰役」爆發前，海軍驅逐艦隊、巡防艦隊、掃布雷艦隊、巡邏艦隊、後勤艦隊之編制與所屬艦艇如下：

（一）驅逐艦隊：轄第十一、十二、十四戰隊。

1. 第十一戰隊：轄洛陽、漢陽、咸陽、丹陽4艦。

---

[26] 海軍艦隊司令部編印，《碧海丹心忠義情──六二特遣部隊的故事》，頁19。

[27] 參閱一、國防部史政編譯局編印，《國民革命建軍史：第四部：復興基地整軍備戰》（二），頁947。二、海軍艦隊司令部編印，《碧海丹心忠義情──六二特遣部隊的故事》，頁19。

[28] 國防部史政編譯局編印，《國民革命建軍史：第四部：復興基地整軍備戰》（一），頁484。

[29] 民國43年3月1日，水中爆破隊成軍。參閱海軍艦隊指揮部編印，《老部隊的故事：威海護疆、錨鍊傳薪》，民國95年，頁91。

[30] 國防部史政編譯局編印，《國民革命建軍史：第四部：復興基地整軍備戰》（二），附表四。

2. 第十二戰隊：轄太康、太昭2艦。
3. 第十四戰艦：轄太倉、太湖、太和3艦。

（二）巡防艦隊：轄第二十一、二十二、二十三、二十四戰隊。

1. 第二十一戰隊：轄東江、西江、北江、柳江、韓江5艦。
2. 第二十二戰隊：轄清江、沱江、涪江、沅江、澧江艦5艘。
3. 第二十三戰隊：轄資江、鄱江、貢江、章江4艦。
4. 第二十四戰隊：轄湘江、昌江、甌江、珠江4艦。

（三）掃布雷艦隊：轄第三十一、三十二、三十三戰隊。

1. 第三十一戰隊：轄永勝、永定、永平、永安4艦。
2. 第三十二戰隊：轄永順、永嘉、永修3艦。
3. 第三十三戰隊：轄永豐、永靖2艦。

（四）巡邏艦隊：轄第四十一、四十二、四十三、四十四戰隊。

1. 第四十一戰隊：轄信陽、正安、臨安3艦。
2. 第四十二戰隊：轄泰安、成安、德安3艦。
3. 第四十三戰隊：轄永壽、永昌、永春、永康4艦。
4. 第四十四戰隊：轄永泰、永和、維源（永興）3艦。[31]

（五）海軍後勤艦隊

民國41年9月1日，海軍後勤艦隊成立，司令部最初駐峨嵋旗艦辦公，43年3月1日移駐高雄辦公。[32]後勤艦隊所轄艦艇型式各異，大部分艦隻徵用自交通部招商局或向其他機關購得。另外，海軍於42至43年間，先後截捕資敵的外籍商船，經裝修成軍後，編入後勤艦隊。至「八二三戰役」爆發前夕，海軍後勤艦隊轄屬艦計有16艘，分別為峨嵋、嵩山2艘修理艦；新高、玉

---

[31] 海軍總司令部編，《海軍艦隊發展史》（二），頁819、822、825、828。同書頁828記：巡邏艦隊之正安、泰安及成安3艦於47年8月1日停役。
[32] 海軍艦隊指揮部編印，《老部隊的故事：威海護疆、錨鍊傳薪》，頁150。

泉、四明、賀蘭、會稽、天竺6艘運油艦；大茂、大武、大洪、大明、大庾、大青6艘救難艦（拖船）；崑崙、武陵2艘運輸艦。[33]

（上）玉泉軍艦
（下）武陵軍艦

---

[33] 海軍總司令部編，《海軍艦隊發展史》（二），頁829、830、834。

（六）海軍登陸艦隊

民國39年7月1日，海軍登陸艦隊正式成立，直隸海軍總司令部，所屬艦隻主要來自美援之各型登陸艦，少數為接收交通部招商局商船，全盛時期轄各類兩棲艦艇共計44艘（中字型艦22艘、美字型艦13艘，聯字型艇9艘）。[34]嗣後海軍艦隊指揮部成立，登陸艦隊改隸艦隊指揮部，迄44年再改隸兩棲部隊司令部。[35]至47年「八二三戰役」爆發前，該艦隊轄屬艦30艘，編成7個戰隊。

1. 第五十一戰隊：轄中海、中鼎、中興、中建、中光5艦。
2. 第五十二戰隊：轄中基、中練、中榮、中肇、中熙5艦。
3. 第五十三戰隊：轄中訓、中勝、中有、中啟4艦。
4. 第五十四戰隊：轄美珍、美樂、美朋、美益、美堅5艦。
5. 第五十五戰隊：轄美頌、美亨、美宏、美和、美華5艦。
6. 第五十六戰隊：轄美成、美功、美平3艦。
7. 第五十七戰隊：轄聯智、聯仁、聯勇3艦。[36]

（七）海軍登陸艇隊

民國41年9月1日，海軍登陸艇隊成立，駐地左營，主要任務為支援外島兩棲作戰，並擔任金門、馬祖、花蓮等地區防務、兩棲訓練、海上運輸及港內駁運等。登陸艇隊成立之初直隸海軍總司令部。42年7月，改隸海軍艦隊指揮部。43年4月，再改隸兩棲部隊司令部。[37]至47年3月，登陸艇隊屬艇計有21艘，編成4個分隊。

1. 第六十一分隊：轄聯勝、聯利、聯華、聯錚、聯珠5艦。
2. 第六十二分隊：轄合群、合眾、合忠、合永、合堅5艇。
3. 第六十三分隊：轄合貞、合彰、合春、合城、合祺5艇。

---

[34] 國防部史政編譯室編印，《國軍隊徽暨臂章圖誌沿革》，頁282。
[35] 海軍艦隊指揮部編印，《老部隊的故事：威海護疆、錨鍊傳薪》，頁6。
[36] 海軍總司令部編，《海軍艦隊發展史》（二），頁839、840。
[37] 海軍艦隊指揮部編印，《老部隊的故事：威海護疆、錨鍊傳薪》，頁8。

4.第六十四分隊：轄合山、合川、合昇、合恆、合茂、合壽6艇。[38]

（八）魚雷快艇隊

民國46年12月16日，以美援魚雷快艇4艘（反攻、掃蕩、復國、建國）及新購日製魚雷快艇2艘（復仇、雪恥），編成海軍魚雷快艇隊，直屬海軍艦隊指揮部。[39]

四、海軍陸戰隊

民國38年冬，因戡亂失利，海軍陸戰隊奉命轉進臺灣。時中央有意縮編海軍陸戰隊，其理由為：目前海軍陸戰隊計有2個師6個團，官兵共計18,563員，兵力雖屬不少，惟一方面須擔任沿海各要處與護點之守備、突擊，一方面須分派各隊守衛各單位（軍區司令部、巡防處、供應站、電臺……），整訓補充指揮及統御既感不易，對於作戰任務更難圓滿完成。茲為遵行政府「裁軍減政」之決策，將陸戰隊裁減為13,713人，剩餘之員額，擬分別撥入海軍總司令部、警衛團及各軍區警衛營與勤務部隊。合計整編後陸戰部隊、海軍總司令部與勤務部隊之總員額較以前陸戰部隊總員額裁減，陸戰隊第一師、第二師撤銷，縮編海軍陸戰隊司令部。[40]

民國38年10月25日，海軍陸戰隊奉命進行縮編，陸戰隊第一師司令部及直屬部隊改編為陸戰隊司令部及直屬部隊，[41]以統一指揮海軍警衛及港口與

---

[38] 海軍總司令部編，《海軍艦隊發展史》（二），頁841-843。鍾堅，《驚濤駭浪中戰備航行──海軍艦艇誌》，頁490記：47年5月16日，聯強艦納編登陸艇隊第六十一分隊，47年3月16日，美國軍援我國之LSIL-1017艦由菲律賓蘇比克灣他拖返左營，由我國海軍接收，命名為聯強。

[39] 海軍總司令部編，《海軍艦隊發展史》（二），頁845。鍾堅，《驚濤駭浪中戰備航行──海軍艦艇誌》，頁559記：47年1月16日，雪恥納編海軍魚雷快艇隊。海軍艦隊司令部編印，《碧海丹心忠義情──六二特遣部隊的故事》，頁21記：海軍魚雷快艇隊於46年11月1日編成。

[40] 國軍檔案：《陸戰隊編制及整編案》（五），〈海軍陸上部隊番號主官姓名及駐地表〉、〈陸戰部隊配員人數〉，檔號：584.3/7421。

[41] 國軍檔案：《海軍陸戰隊沿革史》（一），〈海軍陸戰隊沿革表〉，檔號：153.43/3815.2。王健，〈楊厚綵創建陸戰隊〉收錄在《中外雜誌》，第74卷，第3期，頁

外島守備任務,並發展兩棲登陸作戰。11月1日,陸戰隊司令部在舟山正式編成,直隸海軍總司令部,以楊厚綵擔任司令。[42]陸戰隊縮編後其編制為轄部本部、本部連、特務連(警衛連)、砲兵營、通信連、輜重連、工程營、兩棲作戰訓練班及陸戰隊第一旅、第二旅等;總員額由整編前18,563人裁減為13,776員。[43]39年2月,陸戰隊司令部及直屬單位由舟山長塗島移駐左營桃子園。[44]

民國39年5月17日,陸戰隊第一旅第一團及第二團第三營由舟山轉進臺灣。[45]同(5)月,陸戰隊第二旅由海南島、萬山群島相繼轉進來臺,第二旅旅部暨直屬部隊、第三團、第四團第一營駐鳳山大埤湖營區,第四團(欠第一營)駐馬公,稍後第三團(欠第一營,駐馬公)移防大陳。[46]6月中旬,陸戰隊第一旅第二團增防大陳。[47]7月,陸戰隊司令部為簡化指揮機構,縮編勤務部隊,增設特種兵指揮組及旅砲兵營,並充實步兵營之戰力。[48]8月1日,

---

[57]記:陸戰隊自擴編為兩個師後,因互不隸屬,以致陸戰隊分而不能合作,楊厚綵為了陸戰隊運用不致窒礙,毅然向上級陳情成立陸戰隊司令部以統一指揮。

[42] 吳文義,〈周司令任內全程追隨〉收錄在《周雨寰將軍紀念集》(高雄:桃子園月刊社,民國92年),頁144記:38年10月5日,桂永清總司令偕周雨寰師長、人事署署長秦西華暨編裝主管幕僚至定海召開陸戰隊整編會議,由楊厚綵師長提出整編方案;經桂總司令裁示:兩師改編為兩旅,成立陸戰隊司令部統一指揮,司令由楊厚綵師長升任,周師長兼任第二旅旅長。

[43] 參閱一、國軍檔案:《陸戰隊編制及整編案》(五),〈海軍陸戰隊司令部編制表〉。二、國軍檔案:《海軍陸戰隊沿革史》(三)(43年度),〈海軍陸戰隊組織遞嬗〉,檔號:153.43/3815.12。三、海總司令部編印,《海軍陸戰隊歷史》,民國56年,頁2之2之2及2之2之3。四、陳器,《雪泥鴻爪談往事》,作者自刊,民國83年,頁154。

[44] 海總司令部編印,《海軍陸戰隊歷史》,頁9之1之2。

[45] 參閱一、國軍檔案:《海軍陸戰隊沿革史》(一),〈海軍陸戰隊旅司令部編制系統表〉。二、國軍檔案:《海軍陸戰隊沿革史》(四),〈海軍陸戰隊第一旅四十四年度沿革史〉,海軍陸戰隊第一旅組織遞嬗一覽表,檔號:153.43/3815.12。三、海總司令部編印,《海軍陸戰隊歷史》,頁9之1之2。陸戰隊第二團第三營由舟山轉進臺灣,於5月21日抵達左營。參閱陳器,《壯心懷舊錄》,頁133-139。

[46] 國軍檔案:《海軍陸戰隊旅沿革史》(二旅),〈海軍陸戰隊第二旅沿革簡史〉,前言,檔號:153.43/3815.14。

[47] 國軍檔案:《海軍陸戰隊沿革史》(三),〈陸戰隊四十二年度沿革史〉,陸戰隊第一旅沿革簡史,檔號:153.43/3815.12。

[48] 國防部史政編譯局編印,《國民革命建軍史:第四部:復興基地整軍備戰》(一),頁491。

楊厚綵司令調職,副司令周雨寰升任司令。[49]時陸戰隊司令部奉命部分單位整編與機構調整,縮減勤務部隊,增設旅屬砲兵營,充實步兵營戰力。[50]海軍陸戰隊於10月底整編完竣。11月,陸軍裝甲兵旅撥交海軍陸戰隊登陸運輸車1個大隊,陸戰隊將第二旅第四團第三營撥交陸軍裝甲兵旅。[51]

民國40年7月,政府為加強東沙島之防務,命令陸戰隊第二旅第三團第一營第一連(欠1個排)進駐東沙島。[52]41年2月,奉國防部參謀總長周至柔核定海軍陸戰隊四大任務為:登陸作戰、海軍基地警衛勤務、兩棲作戰研究發展及總統特別賦予之任務。[53]為了接收美援裝備及適應特賦任務,國防部參考美軍顧問卡尼少校(Carnery)之建議,對陸戰隊實施整編;除去團、營番號,代以大隊、中隊番號,並於該(41)年8月完成整編。[54]11月,陸戰隊第二旅步兵第五、六大隊移防大陳,直隸浙江反共救國軍總指揮部。[55]

海軍陸戰隊整編後,總員額略為增加為15,709員;[56]其編制為轄隊司令部、陸戰隊第一旅、第二旅、登陸戰車第一大隊、第二大隊、[57]砲兵第三大隊、工兵大隊、岸勤大隊、保養大隊、衛生大隊、戰車中隊、供應中隊、隊部中隊、軍樂隊、偵察隊、警衛總隊等直屬部隊;海軍警衛團改編為陸戰隊警衛總隊。此外,陸戰隊整編後,一時兵員短缺,由臺灣省保安司令部撥來

---

[49] 參閱一、國軍檔案:《海軍陸戰隊沿革史》(二),〈海軍陸戰隊組織遞嬗〉,檔號:153.43/3815.12。二、吳文義,〈紀念周雨寰將軍〉收錄在《陸戰薪傳》(高雄:海軍陸戰隊司令部,民國94年),頁105。

[50] 參閱一、國軍檔案:《海軍陸戰隊沿革史》(一),〈海軍陸戰隊旅司令部編制系統表〉。二、海總司令部編印,《海軍陸戰隊歷史》,頁2之2之3。

[51] 國防部史政編譯局編印,《國民革命建軍史:第四部:復興基地整軍備戰》(一),頁491。

[52] 國軍檔案:《海軍陸戰隊旅沿革史》(二旅),〈海軍陸戰隊第二旅沿革簡史〉,前言,檔號:153.43/3815.14。

[53] 國防部史政編譯局編印,《國民革命建軍史:第四部:復興基地整軍備戰》(一),頁492。

[54] 國軍檔案:《海軍陸戰隊沿革史》(二),〈海軍陸戰隊組織遞嬗〉,檔號:153.43/3815.12。

[55] 國軍檔案:《海軍陸戰隊沿革史》(三),〈海軍陸戰隊第二旅四十二年度沿革簡史〉,前言。

[56] 國軍檔案:《海軍陸戰隊沿革史》(二),〈海軍陸戰隊組織系統表〉。

[57] 徐正冶,〈陸戰勁旅〉收錄在《陸戰薪傳》,頁124記:登陸戰車大隊轄4個中隊;各每中隊配賦17輛LVT登陸運輸車。

新兵334員，以補充部隊的缺額。[58]

民國42年6月，陸戰隊奉命對部分單位進行編遣，將陸戰隊第一旅、第二旅第四、六大隊撥充陸戰隊其他各部隊或單位，原番號缺員由自越南富國島歸國之「富臺部隊」官兵2,791員分別抵補編成。[59]同（42）年8月18日，駐大陳的陸戰隊奉命歸建，返防臺灣。[60]

民國44年1月26日，政府為強化國軍兩棲登陸作戰力量，陸戰隊奉令實施擴編，將陸軍第四十五師撥併陸戰隊第二旅及司令部直屬單位，於左營擴編為陸戰隊第一師，由原陸戰隊第二旅旅長蘇揚志升任師長。[61]陸戰隊第一師編成後，恢復團、營編制，但陸戰隊第一旅仍維持大隊、中隊編制。[62]陸戰隊擴編後仍以周雨寰擔任司令，時陸戰隊司令部之編制為轄陸戰隊學校、陸戰隊第一師、陸戰隊第二旅、警衛指揮部、軍樂隊、檢診所、兩個戰車營、補充兵訓練營、作戰勤務團、隊部營、憲兵第五營等隊直屬各部隊。[63]3月1日，周雨寰司令病故。[64]16日，唐守治調任陸戰隊司令。[65]11月，陸軍第七八〇搜索團5個營3,100名官兵，以21個連為單位，分撥陸戰

---

[58] 參閱一、海總司令部編印，《海軍陸戰隊歷史》，頁2之2之3。二、孫建中，《中華民國海軍陸戰隊發展史》（臺北：國防部史政編譯室，民國99年），頁78。

[59] 黃翔瑜，《富國島留越國軍史料彙編》（三）（運издел編撥）（臺北：國史館，2007年），頁442記：富台部隊撥入海軍陸戰隊為：第一管訓處部、直屬部隊、第二總隊及第三總隊第3大隊，計軍官383員，士官兵2,408人，總計2,791員。

[60] 國軍檔案：《海軍陸戰隊沿革史》（三），〈海軍陸戰隊第二旅四十二年度沿革簡史〉，前言。

[61] 參閱一、國軍檔案：《海軍陸戰隊沿革史》（四），〈海軍陸戰隊四十四年度沿革史〉，海軍陸戰隊沿革簡史，檔號：153.43/3815.12。二、國防部史政編譯局編印，《國軍建軍備戰工作紀要》，民國69年，頁102。海軍總司令部總司令辦公室編印，《海軍陸戰隊第一師簡史》，民國54年，頁6（1）之1記：陸戰隊第一師改編日期為44年6月26日。

[62] 于豪章，《七十回顧》，頁148。王紫雲，〈黃端先將軍訪問紀錄〉收錄在《海軍陸戰隊官兵口述歷史訪問紀錄》，頁329記：43年初，國軍採行徵兵制度，加以陸軍第四十五師撥編陸戰隊，使得兵員不虞匱乏，更者配合美軍陸戰隊編制，將易於獲得美援武器裝備，遂在44年春，將陸戰隊編裝恢復為師團營之編制。

[63] 國軍檔案：《海軍陸戰隊沿革史》（四），〈海軍陸戰隊組織系統表〉。

[64] 參閱一、周康美，〈我的父親〉收錄在《周雨寰將軍紀念集》，頁341。二、〈周雨寰中將生平大事年表〉收錄在《周雨寰將軍紀念集》，頁66。三、國軍檔案：《海軍陸戰隊沿革史》（四），〈海軍陸戰隊44年度沿革史〉，海軍陸戰隊沿革簡史。

[65] 國軍檔案：《海軍陸戰隊沿革史》（四），〈海軍陸戰隊44年度沿革史〉，海軍陸戰隊沿革簡史。

各部隊。[66]

　　民國46年3月1日,陸戰隊第一師師長蘇揚志調職,由袁國徵調任師長,[67]並移駐高雄林園。[68]3月31日,唐守治司令調職,羅友倫調任陸戰隊司令。羅司令上任後,創立「永遠忠誠」之陸戰隊隊訓,並在致力建立陸戰隊官科,制定服制與旗制,以展現陸戰隊之特色。5月15日,遵奉蔣中正總統指示:准予設立海軍陸戰隊官科。[69]

　　民國46年7月1日,陸戰隊第一旅旅長何恩廷調任海軍陸戰隊學校校長,遺缺由副旅長耿繼文升任。47年8月,陸戰隊第一旅因原編制上無勤務支援部隊,不適合獨立作戰,奉命改編,[70]廢除大隊、中隊編制,改為營、連建制。[71]陸戰隊第一旅改編後,其編制為轄旅部、步兵第四團、榴彈砲兵營及旅直屬單位。[72]

參、海軍後勤海政單位與裝備

　　民國35年6月1日,聯合勤務總司令部成立,綜理陸海空三軍後勤事宜,成為國軍勤務最高執行機關,惟專屬海軍的非三軍通用性之補給、修護等後勤體制仍由海軍負責掌理。

---

[66] 參閱一、國軍檔案:《海軍陸戰隊沿革史》(四)(四十四年度),海軍陸戰隊沿革簡史。二、陳器,〈對陸戰隊建軍擴大二倍之懷念〉收錄在《桃子園月刊》,第10號。
[67] 海總司令部編印,《海軍陸戰隊歷史》,頁4之30。
[68] 孫建中,《中華民國海軍陸戰隊發展史》,頁100。
[69] 參閱一、海總司令部編印,《海軍陸戰隊歷史》,頁2之2之5。二、孫建中,《中華民國海軍陸戰隊發展史》,頁80。另陳器,〈海軍陸戰隊官科與陸戰隊司令〉收錄在《桃子園月刊》,第22號。陳器,《雪泥鴻爪談往事》,頁80記:美國海軍陸戰隊司令派特上將,曾於45年10月3日,來臺訪問期間,曾向蔣中正總統提出海軍陸戰隊應即設立官科之建議。47年1月,奉國防部(47)註浩字第256號令設立海軍陸戰隊官科,自此陸戰隊體制於焉奠定。
[70] 國防部史政局編印,《海軍陸戰隊第一旅簡史》,頁1之1。
[71] 參閱一、國防部史政編譯局編印,《國軍建軍備戰工作紀要》,頁103。二、海總司令部編印,《海軍陸戰隊歷史》,頁3之8。
[72] 參閱一、國防部史政局編印,《海軍陸戰隊第一旅簡史》,頁2之4。二、海總司令部編印,《海軍陸戰隊歷史》,頁2之2之5及3之8。

一、海軍補給制度——成立海軍供應司令部

戡亂後期，海軍各單位相繼轉進來臺，由於支援任務與範圍的擴大，遂於民國38年8月1日，以左營的「海軍第三補給總站」擴編為「海軍供應總處」。[73] 40年8月1日，開始接受美援後，國軍補給制度必須改採美制，為了統一補給權，海軍供應總處改編為「海軍供應司令部」，李連墀任司令，綜管全軍補給業務。[74]

民國43年3月12日，為求確實明瞭各艦艇對軍品供應需求上實際需要情形，海軍總司令部公布「海軍艦艇補給訪問辦法」，規定由各基地組成艦艇補給訪問組，於艦艇抵港時登艦訪問，藉此瞭解艦艇補給作業狀況，指導改進作業疏失，並將艦艇反映意見轉交各主管部門，按權責範圍核辦。[75] 該辦法規定：當各艦艇於巡航或作戰，返港抵達左高、基隆、澎湖基地時，由當地最高指揮機構會同供應機構組織補給訪問組，登艦訪問。各基地艦艇補給訪問組織編組如下：[76]

（一）左高區：由海軍第一軍區司令部負責召集，艦隊指揮部及供應司令部各1員兼任。

（二）基隆區：由海軍第三軍區司令部負責召集，及第三造船所各派1員兼任。

（三）澎湖區：由第二軍區司令部負責召集。

同時，各艦艇於返港途中，應自行對該艦艇各項軍品之供給需求預作檢討，如需要補充某項軍品時，並應按規定填具申請單，以便於抵港接受訪問時適時提出改進意見及軍品申請。同時，各基地艦艇補給訪問組於訪問後，應立即將意見表與艦艇交與之申請單轉交各主管部門按權責範圍核辦。[77]

---

[73] 國防部史政編譯室編印，《國軍隊徽暨臂章圖誌沿革》，頁241。
[74] 張力，〈李連墀先生訪問紀錄〉，《海軍人物訪問紀錄》，第一輯（臺北：中央研究院近代史研究所，民國87年），頁42。
[75] 國防部史政編譯局編印，《國軍後勤史》，第六冊，民國81年，頁262。
[76] 「海軍艦艇補給訪問辦法」，民國43年3月12日海軍總司令部（43）通字第072號令公布，民國45年1月17日海軍總司令部（45）通字第011號修正，第二及第三條。
[77] 「海軍艦艇補給訪問辦法」，第八及第九條。

民國43年3月17日,為使各級後勤單位對各類軍品補給能適時、適地、適質、適量管制實施,海軍總司令部公布「海軍軍品管制規則」,明訂軍品申請核發、核銷之要領,及軍品補給與使用責任之劃分。[78]

二、艦艇保修制度

民國43年6月1日,海軍總司令部公布「海軍艦艇船舶勘驗規則」,規定海軍艦艇船舶勘驗區分為定期、修船及臨時勘驗3種,其中定期勘驗每年舉行1次,修造勘驗分新造及修理完竣後艦船各項性能之勘驗、艦船裝修前之檢驗及修竣後之參加驗收與監交兩項,臨時勘驗分為接收艦船各項性能之勘驗、艦船作戰及遭遇意外損傷之勘驗、艦船停役報廢及復役前之勘驗、艦船標售前之勘驗、不定期之保養檢查及其他之臨時勘驗6項。[79]

民國46年9月15日,為使海軍各級艦艇之修護作業能獲得固定修護機構之支援,及便利艦艇資料之建立與物資之儲備,海軍總司令部公布「海軍艦艇船籍作業辦法」。[80]海軍艦艇之船籍區分,係依據海軍現役艦艇之任務編組及造船廠之作業能量編配,由海軍總司令部以命令行之,各船籍廠依照本辦法對配籍之艦艇負修護支援之責。在各級單位對實施之船籍廠作業任務及權責方面,海軍總司令部負責船籍之核定、編配及督導船籍廠建立有關各種資料,艦隊指揮部及各軍區司令部負責隸屬艦艇船籍編配與更改之建議及督導隸屬艦艇執行船籍作業辦法規定之任務與權責,各艦艇隊部負責督導隸屬艦艇執行該辦法規定之任務與權責及有關資料之提供,艦艇負責船籍廠應備資料之提供與校正,供應司令部負責各船籍廠物資儲備與支援。[81]另外,建

---

[78] 國防部史政編譯局編印,《國軍後勤史》,第六冊,頁263。
[79] 參閱一、海軍總司令部編印,《海軍建軍史》,下冊,民國60年,頁436。二、國防部史政編譯局編印,《國軍後勤史》,第六冊,頁270;「海軍艦艇船舶勘驗規則」,民國42年6月1日海軍總司令部(42)鼓枚字第1692號令公布,第二至五條。
[80] 參閱一、海軍總司令部編印,《海軍建軍史》,下冊,頁436。二、國防部史政編譯局編印,《國軍後勤史》,第六冊,頁270-271。
[81] 「海軍艦艇船籍廠作業辦法」,民國46年9月15日海軍總司令部(46)樵波字1710號令公布,51年8月28日海軍總司令部(51)把舫字第1070號令修正,53年12月31日(53)通甲(法28)字第105號令修正,第四、五條。

立船籍廠制度可使各船籍廠妥善保存籍內艦艇之各類資料，在資料建立與艦艇修護上，可收事半功倍之效果。[82]

海軍船籍廠區分為第一造船廠、第二造船廠、第三造船廠、第四造船廠、小艇第一大隊修理中隊、第二大隊修理中隊。[83]

（一）海軍第一造船廠

民國38年，海軍左營造船所接收江南、青島兩造船所遷臺部分人員及裝備，擴編更名為海軍第一造船所。46年，該造船所擴編更名為海軍第一造船廠。[84]

（二）海軍第二造船廠

民國38年5月，海軍總司令部因修護需求及能量增加，擴充員工，增添設備，取消海軍左營造船所馬公分廠名義，恢復「海軍馬公造船所」編制名稱。7月，馬公造船所因接收上海浦東分廠及大沽造船部分員工、器材，及原9個修護工場擴編為15個，更名為「海軍第二造船所」。46年5月1日，模仿美軍修護作業編組，並更名為「海軍第二造船廠」。[85]

（三）海軍第三造船廠

海軍第三造船廠前身為日據時期之「基隆船渠會社」，民國34年抗戰勝利後，由資源委員會接收，改為「臺灣造船廠公司第一分廠」。38年，海軍艦艇相繼轉進來臺後，臺灣北部需要有海軍艦艇修護機構，以增強戰力，同（38）年8月，海軍接收臺灣造船廠公司第一分廠，於9月1日正式改編為「海軍第四造船所」，隸屬海軍總司令部。39年1月，改編更名為「海軍第三造船所」，46年3月1日，再改編更名為「海軍第三造船廠」。[86]

---

[82] 孫弘鑫，《臺灣全志，卷六，國防志：軍事後勤與裝備篇》（南投：國史館臺灣文獻館，2015年），頁122-124。
[83] 「海軍艦艇船籍廠作業辦法」，第二條。
[84] 國防部史政編譯室編印，《國軍隊徽暨臂章圖誌沿革》，頁320。
[85] 國防部史政編譯室編印，《國民徽暨臂章圖誌沿革》，頁325。
[86] 國防部史政編譯室編印，《國軍隊徽暨臂章圖誌沿革》，頁327。

（四）海軍第四造船廠

民國38年初，上海浦東海軍工廠遷至舟山定海，併入定海海軍工廠，並於7月更名為海軍第一工廠。10月，海軍第一工廠區分兩隊；一隊遷往長塗島倭井另設分廠，一隊遷至高雄旗津復廠。39年5月，長塗分廠人員及裝備遷臺，併入旗津海軍第一工廠。46年，海軍第一工廠擴編更名為海軍第四造船廠。海軍第一、二、三、四造船廠由海軍總司令部同時改隸海軍後勤司令部。[87]

民國40年12月1日，為使海軍各造船所對僱用的技工、臨時工的管理有所依據，海軍總司令部公布「海軍造船廠技工服務規則」，此後並經過數次修正，對技工等級及工別、僱用及解僱、服務、待遇、考績及升遷、請假、缺勤、獎懲、撫卹、臨時工等，做出詳細之服勤規定。[88]「海軍造船廠技工服務規則」將各廠僱用技工劃分為領班、技工長、班長、技工、技徒，其中領班、技工長、班長均各自分為3級，技工則分為6等，每等分3級，其中列6等3級者為技徒。各廠僱用技工等級應受下列編制規定限制：以工場為單位，技工每3至5人設班長1人，班長每3至4人設技工長1人；技工長每3至4人設領班1人，若為人數不足以設立技工長或領班之工場，如擔任特殊工作者得視需要報請海軍總司令部設立技工長或領班。[89]

三、海軍通信制度

民國45年4月1日，海軍於臺北、左營、基隆、馬公4地區各自建立通信中心，並成為正式編制，分別納入通信第一、二、三中隊建制之內，配屬海

---

[87] 參閱一、國防部史政編譯室編印，《國軍隊徽暨臂章圖誌沿革》，頁320、325。二、曾尚智，《曾尚智回憶錄》（臺北：中央研究院近代史研究所，民國87年），頁41-42。

[88] 參閱一、海軍總司令部編印，《海軍建軍史》，下冊，頁436。二、《國軍後勤史》，第六冊，頁269-270。

[89] 「海軍造船廠技工服務規則」，民國40年12月1日海軍總司令部（40）技泰掊字第5856號令公布，44年1月1日海軍總司令部（44）鑄鍊字第337號令、54年6月28日海軍總司令部（54）通法字第010號令、56年8月4日海軍總司令部（56）通法字第017號令修正，第2、5、6條。

軍總司令部及各軍區司令部，依據通信安全要求建立密切聯繫，掌握管制各種通信工具，以最安全及經濟有效之方式傳送文電。11月1日及12月1日，分別建立臺澎及金馬地區港區通信網，以利港區艦艇指揮、情報傳遞及一般行政規定與港務事項下達。

民國46年1月26日，海軍總司令部令頒「海軍參加國軍分區聯合作戰通信演練聯絡辦法」，通令所屬各單位遵照實施。3月1日，海軍總司令部頒布「海軍艦隊廣播艦岸通信現行作業程序」。4月9日，海軍總司令部令示所屬各單位啟用海空通信UHF主波道FB-10，同時將FB-5改為備用波道。5月28日，海軍總司令部令示研擬金馬區OCC之LAS與駐南（北）巡支隊空軍前進管制官（FAC）間之通信問題，經轉知六二特遣部隊研究，並於7月建立南（北）巡支隊旗艦空軍前進管制官與金馬OCC空軍聯絡組間之直通網路。

民國47年，依照海軍現行作業與組織體系，並參照美國海軍通信制度，海軍總司令部編訂「海軍基本運用規程」，提供海軍通信作業規範及通信發展之依據。[90]

四、其他後勤支援單位

（一）海灘總隊

海軍在建立兩棲支援部隊方面，於民國44年10月1日成立海灘總隊，[91]下轄灘勤大隊及棧橋分隊。[92]45年7月，海灘總隊擴編，將水中爆破隊納入建制。[93]至此海灘總隊轄小艇大隊、灘艇大隊、水中爆破隊、浮箱中隊。[94]

---

[90] 孫弘鑫，《臺灣全志，卷六，國防志：軍事後勤與裝備篇》，頁140。
[91] 海軍艦隊指揮部編印，《老部隊的故事：威海護疆、錨鍊傳薪》，頁122。
[92] 國防部史政編譯局編印，《國民革命建軍史：第四部：復興基地整軍備戰》（二），頁947。
[93] 海軍艦隊指揮部編印，《老部隊的故事：威海護疆、錨鍊傳薪》，頁123。
[94] 陳振夫，《滄海一粟》，頁216。

海灘總隊成立後,已奠定兩棲部隊之基礎,如美援裝備到達,將逐漸成立工程大隊及充實現有各單位,以因應兩棲作戰之需要。[95]

(二)海軍彈藥總庫

民國44年9月1日,海軍供應司令部第一倉庫改編為「海軍彈藥總庫」,下轄馬公、基隆、花蓮3個彈藥補給分庫。47年7月,因業務需要,增設水雷工場。[96]

五、海軍陸戰隊的後勤保養

民國44年3月16日,唐守治出任陸戰隊司令,參謀長于豪章有鑑於陸戰隊武器裝備種類項目繁多,除一般武器外,另有小型偵察飛機、水陸戰車及兩棲岸勤裝備等,若無健全保養及管理制度,戰力難以維持。針對此一觀點,該年7月,由陸戰隊司令部兵工組組長王化棠,負責各項裝備之保養與建立完善之後勤制度。王化棠組長首先重視陸戰隊LVT登陸運輸車及砲車之整理,時陸戰隊雖擁有250輛LVT,均為第二次世界大戰美軍汰舊之軍品,然依當時情勢而言,LVT為我陸戰隊作戰不可或缺之主要裝備。LVT因年久失修,所需之料件或配件已無來源,連基本的防鏽油漆亦缺乏,故妥善率不及一半,即使勉強服勤之LVT其車況性能欠佳,更甚者是負責保修履帶車輛單位官兵僅七十餘人,維修機械器具不敷使用。王組長遂向陸軍兵工署、空軍臺中清水發動機械修理工廠等單位商請支援,解決配件、油漆及引擎維修等後備補給與技術問題。歷時3年,成效顯著,尤以LVT車輛堪用率能經常維持在八成以上,使部隊士氣信心得以大幅提升,更使陸戰隊LVT部隊在日後的「八二三戰役」中締造佳績。[97]

---

[95] 國防部史政編譯局編印,《國民革命建軍史:第四部:復興基地整軍備戰》(二),頁949。
[96] 國防部史政編譯室編印,《國軍隊徽暨臂章圖誌沿革》,頁335、337。
[97] 王化棠,〈海軍陸戰隊後勤作業管理〉收錄在《陸戰薪傳》,頁344。

六、海政單位

（一）海軍海道測量局

　　民國38年5月，海軍海道測量局由上海遷往澎湖馬公測天島，當地水電不理想，無法開展工作，經請准於39年1月遷往臺北圓山。43年1月，設立海軍製圖人訓練班，由海道測量局局長兼主任，招訓學生9員，訓期1年，結訓以准尉留局服務。9月，海道測量局遷往左營軍區。45年2月，海寧砲艇改為測量艇，撥屬海道測量局。12月，海道測量局移駐左營海軍電工廠舊址。46年3月10日，海靖艇改裝為測量艇，撥屬海道測量局。[98]海軍測量局自臺北南遷左營後，僅留印刷廠於左營，因一再播遷，不但業務上不能收指臂之效，在管理方面，亦深感鞭長莫及，核對海圖印樣書刊，全賴派遣人員往來南北，經濟損失，業務滯緩，卻無補救方法。[99]

（二）海軍氣象臺

　　民國38年12月1日，海洋氣象總臺在左營成立，39年7月1日整編為海軍氣象臺，直屬單位全部裁撤，改為調管制單位。40年9月，恢復馬公氣象臺。43年7月1日，成立新港暨海口灣氣象站。[100]

七、美國軍援我海軍艦艇及外購艦艇

　　政府遷臺初期，我海軍艦艇數量不足，艦艇的性能多已陳舊過時，就捍衛臺海安全，頗感吃力。民國42年2月2日，海軍總司令馬紀壯率團抵達美國

---

[98] 參閱一、崔怡楓，《海軍大氣海洋局90周年局慶特刊》（高雄：海軍大氣海洋局，民國101年），頁120、121、126、127。二、國防部史政編譯室編印，《國軍隊徽暨臂章圖誌沿革》，頁257。三、海軍總司令部編印，《中國海軍之締造與發展》，頁113。

[99] 顧維翰，〈主持海道測量局十有二年憶述〉收錄在海軍總司令部編印，《中國海軍之締造與發展》，頁113。

[100] 參閱一、崔怡楓，《海軍大氣海洋局90周年局慶特刊》，頁120-121。二、海軍總司令部編印，《中國海軍之締造與發展》，頁212記：45年7月26日，海軍於南沙太平島設裝設電臺及氣象臺，轉播氣象報告。

訪問，考察美國海軍，適值美國總統艾森豪對臺政策方有轉變，馬總司令與美國海軍軍令部長費區特勒洽商贈撥我國海軍艦艇案，美方以按當時實際情形答應我國承接2,200噸之驅逐艦（DD）4艘及其他各型艦艇共計27艘。後經參議員柯爾向費區特勒建議以6艘驅逐艦移贈，費區特勒當即同意，並請柯爾提請國會通過。茲值美國國會行將討論該項贈艦之際，我方允宜急速從事準備。[101]

6月，中共決定結束對韓國軍事行動，以集中軍力，處理臺灣問題，臺海情勢緊張；美國基於「中美共同防禦」之原則，美國國會於7月通過「艦艇租借法案」（第一八八號法案），以美軍尚堪服役之艦艇，以租借之方式供盟國使用，租借期滿後，續借或轉贈，惟須經美方同意後實施。因此政府遷臺初期，海軍艦艇幾全為向美方租借或贈予方式獲得。[102]

依美國軍援計畫，美方自民國43年至47年間大幅增強我國海軍戰力，使海軍能肩負金馬一線35座戍守外島水域之偵巡、運補、截擊、反封鎖等任務。在此期間，海軍所籌獲的美援艦艇包含3艘驅逐艦、巡邏艦5艘、近岸掃雷艇2艘、戰車登陸艦10艘、中型登陸艦5艘、大型步兵登陸艇8艘、通用登陸艇5艘。[103]至「八二三戰役」爆發前夕，海軍接收美國贈予或租借之艦艇，就以艦艇種類分述如下：

（一）驅逐艦

民國43年1月13日，美國政府同意出借兩艘本生級（Benson）驅逐艦（DD）給予我國。2月26日，駐美大使顧維鈞先生代表簽收，分別命名為洛陽、漢陽。兩艦於8月8日返國服勤。[104] 44年5月1日，我海軍赴美接收「羅德門」號（Rodman）驅逐艦1艘，命名為咸陽，咸陽艦於45年3月1日駛抵左

---

[101] 國史館編印，〈馬紀壯呈蔣中正美贈艦案我方海軍接艦步驟計畫草案概要（42年5月14日）〉收錄在《中華民國政府遷臺初期重要史料彙編：中美協防》（一），民國102年，頁50。
[102] 國防部史政編譯局編印，《美軍在華工作紀實（顧問團之部）》，民國70年，頁102。
[103] 鍾堅，《驚濤駭浪中戰備航行──海軍艦艇誌》，頁100-101。
[104] 參閱一、海軍總司令部編印，《風華與榮耀──台海守護神》，民國94年，頁32、36。二、國防部史政編譯室編印，《國軍隊徽暨臂章圖誌沿革》，頁266-267。三、鍾堅，《驚濤駭浪中戰備航行──海軍艦艇誌》，頁35。

洛陽與漢陽接艦成軍典禮

營。咸陽、洛陽、漢陽3艦共同擔負護航巡弋、防潛與攻潛、艦砲攻擊等任務。[105]

（二）巡防艦

美國依中美共同防禦協定，於民國43年贈予我國10艘巡防艦（PC），海軍接收成軍後，分別命名沅江、灃江、資江、清江、貢江、鄱江、昌江、章江、珠江、湘江。46年7月，美方復撥借我國5艘巡防艦，海軍接收成軍後，分別命名東江、西江、北江、柳江、韓江，合計15艘，均編隸海軍巡防艦隊服役，擔任臺海巡弋、護航及外島駐防等任務。[106]

（三）淺水掃雷艦

民國44年6月4日，我海軍在菲律賓蘇比克灣美國海軍基地接收美方贈與兩艘淺水掃雷艦（MSC），命名永平、永安，兩艦於9月30日駛抵左營，編隸海軍掃布雷艦隊服役。[107]

（四）火箭支援登陸艦

民國42年間美國撥贈我國3艘火箭支援登陸艦（LSSL），43年2月19日，在日本橫須賀美國海軍基地交艦，該3艦分別命名聯智、聯仁、聯勇，4月5日駛抵基隆，5月5日正式成軍服役，編隸海軍登陸艦隊，是為中美共同防禦協定簽訂後，我國最早接收的美援軍艦。[108]

（五）戰車登陸艦

民國44年間，美國依據中美共同防禦協定，及第一八八號法案之規定，贈與我國戰車登陸艦（LST）。9月28日，第一艘美贈戰車登陸艦中光艦自美國聖地牙哥，駛抵左營。至47年8月15日，美國再贈予我國7艘戰車登陸

---

[105] 海軍總司令部編，《海軍艦隊發展史》（二），頁751-752。
[106] 海軍司令部編印，《江海歲月：江字號軍艦的故事》，民國104年，頁10、17。
[107] 海軍總司令部編，《海軍艦隊發展史》（二），頁761-762。
[108] 海軍總司令部編，《海軍艦隊發展史》（二），頁762。

艦，分別命名中光、中肇、中啟、中熙、中富、中程、中強，均編入海軍登陸艦隊，負責執行人員、裝備、車輛運送及外島運補等任務。[109]

（六）中型登陸艦

民國45年，美國依據中美共同防禦條約，將3艘中型登陸艦（LSM）以借貸方式，於11月15日在日本橫須賀美國海軍基地移交我國，分別命名美成、美功、美平。12月25日，美成、美功、美平3艦駛抵左營，並於46年1月1日編隸海軍登陸艦隊服役。[110]

（七）登陸修理艦

民國46年9日5日，美國於菲律賓蘇比克美國海軍基地移交我海軍登陸修理艦（ARL）1艘，海軍接收復命名為嵩山，並於9月29日駛抵左營，11月1日，編隸海軍後勤艦隊服役，擔任艦艇的海上機動三級修理工程。47年4月1日，嵩山艦改隸兩棲部隊司令部。[111]

（八）通用登陸艇

民國44年，美國贈送我海軍第一批通用登陸艇（LCU）6艘，由日本運抵高雄後，於3月7日在高雄舉交接典禮，分別命名為合山、合川、合昇、合恆、合茂、合壽。之後美國贈送我海軍第二批通用登陸艇（LCU）5艘，由菲律賓運抵左營後，依次命名合春、合永、合堅、合城、合祺，並於47年2月26日，在左營舉行交接典禮。美援兩批適用登陸艇成軍，均隸屬海軍登陸艇隊，執行運送戰車及人員登陸之任務。[112]

---

[109] 海軍總司令部編，《海軍艦隊發展史》（二），頁763-764。鍾堅，《驚濤駭浪中戰備航行──海軍艦艇誌》，頁476記：海軍徵用之中字號商輪艦機情況差劣不堪使用，不符作戰需求，故美國軍援3艘戰車登陸艦予以補償，分別命名為中有、中肇、中啟艦。

[110] 海軍總司令部編，《海軍艦隊發展史》（二），頁769-771。

[111] 海軍總司令部編，《海軍艦隊發展史》（二），頁772。

[112] 參閱一、海軍總司令部編，《海軍艦隊發展史》（二），頁773-774。二、鍾堅，《驚濤駭浪中戰備航行──海軍艦艇誌》，頁488。海軍總司令部編，《海軍艦隊發展史》（二），頁842記：47年3月接收自菲律賓之美贈登陸艇成軍，分別命名為合永、合堅、合城、合祺。

（九）海岸巡防快艇

民國44年8月，我海軍在菲律賓接收美國贈予海岸巡防快艇（COVB）4艘，分別編為第一〇一、第一〇二、第一〇三、第一〇四號巡邏艇，並於10月1日服役，隸屬登陸艇隊部。第一〇一、一〇二號艇駐防馬祖；第一〇三、一〇四號艇，駐防金門，擔任島嶼間之交通，駐防外島期間暫受各該地巡防處管理調遣。45年11月1日，美國復移贈3艘快艇給我國海軍，編為第一〇五、一〇六、一〇七號巡邏艇，隸屬第一巡防艇隊，負責美軍顧問團人員在馬祖地區各島間的交通與郵件之傳遞等任務。[113]

（十）魚雷快艇

民國43年11月，海軍太平艦遭共軍魚雷快艇襲擊重創沉沒，國人激於義憤，捐款集資建造魚雷快艇，海軍於45年委託日本三菱造船所訂造魚雷快艇兩艘，分別命名復仇、雪恥，兩艇分別於46年3月及12月建造完成，均由中興艦載運返臺。復仇、雪恥兩魚雷快艇分別於46年4月及47年1月正式服役。[114]委由日本建造的魚雷快艇建造完工後，卻發現無魚雷可用，於是用左營彈藥庫裡日軍遺留下的飛機用魚雷，將此批魚雷委託日本造船公司進行改裝，使其可以在魚雷快艇上發射。[115]46年8月16日，海軍在基隆接收美國中情局所屬海軍太平洋輔導通信中心（NAC/USN）贈予魚雷快艇（PF）4艘，分別命名反攻、掃蕩、復國、建國，並於12月16日編隸海軍魚雷快艇隊服役，負責「載運魚雷，偷襲敵艦，警戒海防」之任務。[116]

---

[113] 海軍總司令部編，《海軍艦隊發展史》（二），頁774-775。鍾堅，《驚濤駭浪中戰備航行——海軍艦艇誌》，頁558記：44年8月1日，美國贈予我國4艘巡防艇自菲律賓蘇比克美軍基地，分別由中訓及中勝艦運回臺灣，海軍接收成軍後，分別納編金門、馬祖巡防處。

[114] 參閱一、海軍總司令部編，《海軍艦隊發展史》（二），頁843-844。二、鍾堅，《驚濤駭浪中戰備航行——海軍艦艇誌》，頁559。

[115] 許瑞浩、周維朋，《大風將軍：郭宗清先生訪談錄》（臺北：國史館，2011年），頁288。

[116] 參閱一、海軍總司令部編，《海軍艦隊發展史》（二），頁775-776。二、鍾堅，《驚濤駭浪中戰備航行——海軍艦艇誌》，頁559。

（上）復仇號快艇
（下）復國號快艇

(十一) 其他各型小艇

1、戰車登陸小艇

　　民國43年8月23日至9月1日，及46年11月21日，海軍在基隆、高雄接收美國租借戰車登陸小艇（LCM），合計接收33艘。

2、人員登陸小艇

民國43年，美國軍援贈予我海軍人員登陸小艇（LCVP）100艘，於10月10日在臺北舉行交接，44年2月編入海軍小艇大隊服役。

3、步兵登陸艇

民國47年3月16日，我國海軍接收美國撥贈由菲律賓拖抵左營之步兵登陸艇（LSIL）3艘，其中兩艘因性能惡劣，不堪服役報廢，僅有1艘成軍命名聯強，隸屬海軍登陸隊。[117]

政府遷臺初期，海軍執行關閉大陸沿海任務，以截捕中外資敵船隻，對敵區實施經濟封鎖。民國42年10月4日，丹陽、太倉兩艦在蘭嶼外海截獲資敵之波蘭籍油輪「柏拉沙」（Praca）。43年5月13日，丹陽、太倉、太湖3艦在臺灣海峽截捕波蘭籍貨輪「高德瓦」（Gottwald）；6月23日，丹陽、太康、太昭3艦在巴士海峽截獲資敵之蘇俄籍油輪「陶甫斯」（Touapse）。以上3艘外輪經海軍接收裝修編隊，分別命名賀蘭、天竺、會稽，均編隸後勤艦隊建制，擔任補給及運輸任務。[118]

肆、遷臺初期海軍的教育與訓練

一、基礎養成教育機構——海軍軍官學校

民國38年8月，共軍進犯閩南，廈門告急，在廈門的海軍軍官學校師生

---

[117] 海軍總司令部編，《海軍艦隊發展史》（二），頁778。
[118] 參閱一、海軍總司令部編，《海軍艦隊發展史》（一），頁329-330。二、鄧克雄，《葉昌桐上將訪問紀錄》（臺北：國防部史政編譯室，民國99年），頁92。海軍司令部編印，《太字春秋：太字號軍艦的故事》，民國100年，頁127及鍾堅，《驚濤駭浪中戰備航行——海軍艦艇誌》，頁479均記：波蘭籍貨輪「高德瓦」輪係丹陽、太倉、太湖3艦在臺灣東岸外海緝獲。鄧克雄，《葉昌桐上將訪問紀錄》，頁92記：遷臺初期，海軍截獲俄國及東歐商船之情報來源可能是透過美國中央情報局提供，和在臺灣活動的「西方公司」有關。有關截獲資敵之蘇俄籍油輪「陶甫斯」經過可參閱張力，《池孟彬先生訪問紀錄》（臺北：中央研究院近代史研究所，民國87年），頁99。

東南行政長官公署長官陳誠蒞臨海軍官校主持官校38年班學生的畢業典禮，本班也是海軍官校在臺灣畢業的第一個年班

奉命於8月29日及9月12日分兩梯次搭乘中海、中練兩艦海運臺灣左營，[119]學校暫駐左營海軍醫院旁之日遺倉庫，時非常克難簡陋。11月21日，東南行政長官公署長官陳誠蒞校主持「海軍軍官學校38年班」學生的畢業典禮。[120]

民國40年7月初，海軍軍官學校與機械學校舉辦聯合招生，考試採體檢、口試、筆試三段淘汰制。[121]海軍軍官學校正期學生班（正則班）學制及教育時間：自39年班起定為4年3個月，教育時間與一般大學相同。海軍軍官學校遷至左營後，一、二年級的普通課程常外聘教授（臺南工學院教授）授課，三、四年級的海軍專業課程由海軍軍官學校教官授課。[122]

---

[119] 參閱一、吳守成，《海軍軍官學校校史》，第一輯（高雄：海軍軍官學校，民國86年），頁87,88,96。二、沈天羽，《海軍官校五十年》（高雄：海軍軍官學校，民國86年），頁58-60。三、國防部史政編譯室編印，《國軍隊徽暨臂章圖誌沿革》，頁251。

[120] 鄧克雄，《葉昌桐上將訪問紀錄》，頁45。

[121] 曾瓊葉〈訪談伍世文上將〉收錄在《海上長城——海軍高階將領訪問紀錄》（臺北：國防部，民國105年），頁102-103。

[122] 許瑞浩、周維朋，《大風將軍：郭宗清先生訪談錄》，頁186。

民國43年12月24日，海軍軍官學校畢業生（自四十三年班起）奉准由教育部授予理學士學位，並自46年起採用學分計分法計算成績（之前採百分法），自此學校正期班的教育制度，由軍官養成教育演進為文武合一的大學教育。[123]

海軍軍官學校正期班（正則班）為海軍軍官基礎教育，以奠定學生科學基礎，注意學生體能訓練及軍事訓練為重點，以政治思想教育為主，正期學生班課程主要區分為大學教育、軍事訓練兩部分，早期全部課程區分為海軍專科（海軍作戰、船藝、航海、通信、兵器等知識與技術）、理工、政治、文史4大類。[124]另外，海軍軍官學校自民國44年起，對畢業生開始實施「反共抗俄鬥爭教育」，同時「術科班」實施分科教育。[125]

海軍軍官學校教育除了教授學生專業學科知識外，學生利用每年寒暑假，接受海軍專業訓練，使理論與實作相結合。暑訓有艦艇訓練、小艇訓練、游泳訓練與工廠實習等4項。在軍事教育方面則區分為入伍訓練、艦艇訓練。

（一）入伍訓練（教育）

入伍訓練內容主要分為政治訓練、生活訓練、軍事訓練3大範疇。軍事訓練包括：基本教練、一般課程、兵器訓練、戰鬥教練、體能戰技等項目。[126]

（二）艦艇訓練

海軍軍官學校學生於第四學年實施暑期艦艇訓練，區分為兩個階段；第一階段為國內航訓又稱環島訓練，第二階段為遠航訓練。國內航訓的要求，除艦艇本身裝備、性能、人員、技術，必使學生從航訓中認識外，亦須使學

---

[123] 沈天羽，《海軍官校六十年》（高雄：海軍軍官學校，民國96年），頁133、552。海軍官校創校初期用正則班，至民國46年開始用正期班之名稱。
[124] 國軍檔案：《海軍軍官學校沿革史》（八），教育訓練，檔號：153.42/3815.3。
[125] 黃宏基，《黃金歲月五十年──黃宏基將軍憶往》（臺北：國防部部長辦長室，民國96年），頁143。
[126] 吳守成，《海軍軍官學校校史》，第一輯，頁480-484。

生熟悉所歷港口的地理環境、港灣狀況，同時展現海軍的裝備、戰力、歷史。前者有助於學生畢業後登艦服務，即可瞭解諸港自然環境，利於工作；後者可使各地廣大民眾，瞭解海軍精良裝備及戰力，增進對海軍之認識。

民國42年8月17日，由丹陽、太昭、太湖3艦組成訪菲艦隊，搭載海軍官校42年班學生，由高雄啟航，駛往菲律賓，進行10天的「敦睦遠航訪問」。19日，訪菲艦隊駛抵馬尼拉，訪菲艦隊在菲律賓期間，除宣慰僑胞外，亦駛抵蘇比克灣美國海軍基地，參觀美軍裝備。[127]

二、海軍軍官學校短期教育班（次）隊

遷臺初期，海軍軍官學校開辦若干短期教育班（次）隊，以培訓基層（初級）軍官，主要短期教育班（次）隊如下：

（一）軍官訓練隊班（隊）

民國36年4月1日，海軍軍官學校軍官訓練班正式成立。39年7月1日，軍官訓練班改稱軍官訓練隊，至46年3月1日，更名為軍官隊。[128]軍官訓練班主要召訓未接受養成教育而具有高中畢業以上學歷，曾赴美、英接受艦訓的海軍初級軍官，施以短期補習教育，重點在航海或輪機相關知識，增強政治意識，以提高航海、輪機學術及素養。[129]軍官訓練班共開辦8期（隊），於45年6月5日，最後一期畢業後停辦。[130]

（二）業科學生班

海軍軍官學校業科學生班包括軍需、氣象、海道測量3個科別，僅開辦

---

[127] 參閱一、劉廣凱，《劉廣凱將軍報國憶往》，頁75-77。二、鍾漢波，《海峽動盪的年代——一位海軍軍官服勤筆記》，2000年，頁54-56。三、海軍總司令部編印，《老戰友的故事》，頁20-21。
[128] 吳守成，《海軍軍官學校校史》，第一輯，頁168。
[129] 海軍總司令部編印，《海軍建軍史》，下冊，頁453。
[130] 沈天羽，《海軍軍官教育一百四十年（1866-2006）》，下冊（臺北：國防部海軍司令部，民國100年），頁792-793。

1期；招考高中畢業學生，施以1年9個月教育訓練；包括入伍訓練3個月，校課15個月。校課分為兩個學期，第一學期以海軍軍事課程為主，專業課程為輔；暑訓5週，派艦見習；第二學期以專業課程為主，校課結束後見習3個月。[131]

（三）預備軍官班

國軍預備軍官制度實施後，分配海軍服役的預備軍官從第三期到第五期止共計3期，民國43年9月12日，由海軍軍官學校開班施訓，教育時間長短不一，至46年5月12日，第五期結訓後停辦。預備軍官班區分航海、輪機兩班，專門教授海軍科技，結業後視其適應能力分派，能適應艦艇工作者，則派往艦艇艙面或艙下擔任軍官職務，不適應者即派陸地單位工作。[132]

三、海軍軍官的專業與進修教育訓練

政府遷臺後，海軍軍官專業與進修的教育訓練，主要由海軍機械學校、海軍術科訓練班、海軍專科學院負責。

（一）海軍機械學校

民國38年4月，戡亂戰局轉逆，京滬告急，海軍機械學校由上海南遷馬尾，未幾再遷左營。[133]機械學校係以培育海軍技術軍官，造就海軍建設人才為目的。教育方面開設造船、造械、造機、電機（分電力、電訊兩組）4學系，考選高中畢業生，各系教育時間為4年6個月，區分為入伍教育訓練（3個月）、本科教育（4年）、派艦見習（3個月）等3個階段實施。[134]學校在教授方面，只有少數幾位專任教授，多為兼任教授，分別來自海軍軍官學

---

[131] 海軍總司令部編印，《海軍建軍史》，下冊，頁435。
[132] 吳守成，《海軍軍官學校校史》，第一輯，頁172。另預備軍官第四、五期學生為海事專門學校畢業，故著重海軍軍事教育。參閱國軍檔案：《海軍軍官學校沿革史》（八），教育訓練。
[133] 海軍總司令部編印，《中國海軍之締造與發展》，頁204-205。
[134] 海軍總司令部編印，《海軍建軍史》，下冊，頁454。

海軍機械學校校長楊珍

校、空軍通信學校、臺南工學院（成功大學前身）及陸軍兵工學校。[135]學校教育方式，以講授與實作一致為原則，按照國立大學工學院之課程標準施教，各種課程皆配以充分之習題與實驗，每年寒暑假安排到工廠實習課程。學校畢業生可獲得海軍機械少尉，並自43年起獲得教育部工學士學位之雙重資格。[136]

（二）海軍術科訓練班

為配合海軍教育針對建軍需要，於民國41年4月1日，在海軍士兵學校內成立「海軍術科訓練班」，比照英國海軍的「上尉班」，將海軍所有課程分門別類及專精化。[137]6月9日，槍砲軍官訓練班正式開訓，調訓海軍艦艇槍砲軍官或將派任槍砲官的海軍中、少尉軍官。該班第一期召訓海軍軍官學校

---

[135] 韓光渭，《學習的人生——韓光渭先生回憶錄》（臺北：中央研究院近代史研究所，民國99年），頁280。
[136] 海軍總司令部編印，《海軍建軍史》，下冊，頁454。
[137] 鄧克雄，《葉昌桐上將訪問紀錄》，頁106。

1958年10月14日，參謀總長王叔銘、海軍總司令梁序昭陪同美駐華大使藍欽參觀海軍機械學校

38、39、40年班畢業軍官，訓期8週。[138]42年8月，海軍術科訓練班兼辦海軍預備軍官訓練。術科訓練班召訓曾受海軍養成教育之尉級分科軍官及未受養成教育之優秀青年軍官，使能適任艦艇各部門主管之職務。訓練班召訓班次計有正科班、特科班、預訓班、特修班4種班隊；其中正科班開設有航海、艦務、槍砲、魚雷、通信、輪機6班，教育時間為10至15週。特科班開設有戰情、聲納、電子3班，教育時間為16週。預訓班開設有航海、輪機兩班，教育時間為24週。特修班亦開設航海、輪機兩班，教育時間為8個月。教育方法區分準備、講解、示範、實習、測驗、檢討6個步驟。45年7月，訓練班撤銷與海軍機械學校合併，編成海軍專科學院。[139]

（三）海軍專科學院

民國45年7月，海軍配合美制，經美軍顧問建議，將海軍機械學校與海軍術科訓練班裁撤，仿照美國蒙特婁（Monterey）海軍研究院，設立海軍專

---

[138] 張力，《池孟彬先生訪問紀錄》，頁84。
[139] 海軍總司令部編印，《海軍建軍史》，下冊，頁454-455。

科學院。[140]海軍專科學院所負教育任務一為初級軍官教育，一為海軍軍官轉為專才限職軍官深造教育。[141]海軍專科學院教育區分兵學部、工學部兩大系統；兵學部賡續術科訓練班之教育，召集海軍初級、中級軍官，予以6個月之訓練，以增進其學識、技能與指揮能力，使其勝任更高層之職務。兵學部教育班隊則區分為正則班（正規班）、代訓班；正則班開設有兵學、輪機、通信、補給4班，教育時間為6個月，代訓班有後勤、預訓、補給業務3班，教育時間為4至16週。工學部為賡續機械學校的教育，並依建軍需要，設造船、兵器、電機、電子、機械5個工程學系，及海洋學系、基本科學系等。海軍專科學院各工程學系皆以考選海軍尉級軍官，教育時間為3年。至於海洋學系、基本科學系所附設各班，則召訓海軍初級、中級軍官，施予1年或6個月的教育訓練，以充實其專門學識及技能，使成為專才軍官。[142]此外，還開辦6個月的短期班次，如基本科學研修班、預備軍官訓練班等。[143]

四、海軍士官兵的教育訓練

（一）士官的教育訓練

民國37年1月，海軍將上海、青島練營及江陰新兵大隊陸續遷至臺灣左營，合併成為海軍軍士學校，轄軍士及新兵各3個大隊。同（37）年8月，海軍軍士學校更名為海軍士兵學校。[144]

民國44年8月1日，為配合政府實施士官制度及常備兵徵召，海軍士兵學校改制為海軍士官學校。改制後士官學校增設各科士官專長班隊，並兼負現職軍官、預備軍官、短期專長訓練。[145]

---

[140] 鄧克雄，《葉昌桐上將訪問紀錄》，頁106。
[141] 海軍總司令部編印，《中國海軍之締造與發展》，頁205。
[142] 海軍總司令部編印，《海軍建軍史》，下冊，頁455-456。
[143] 海軍總司令部編印，《中國海軍之締造與發展》，頁55。
[144] 海軍總司令部編印，《中國海軍之締造與發展》，頁205。國防部史政編譯室編印，《國軍隊徽暨臂章圖誌沿革》，頁339記：37年1月1日，海軍軍士學校立於南京，並於同年8月遷往左營。38年7月16日，海軍軍士學校修編，改稱「海軍士兵學校」。
[145] 海軍總司令部編印，《中國海軍之締造與發展》，頁205。

海軍士官學校成立之目的係擔任海軍各（兵）科士官基礎、專長及深造教育為主，並兼辦海軍新兵訓練及臨時短期班隊訓練。學校教育班隊開設有航海、信號、氣象、測量、槍砲、砲儀、魚雷、電信、譯電、電工、雷達、聲納、油機、汽機、鍋爐、機械、損害管制、水中機械、補給、醫務、文書、帆纜等士官班隊，各科士官班隊的教育時間不一。[146]

（二）新兵的教育訓練

政府遷臺初期，海軍新兵的入伍教育訓練係由海軍士兵學校負責。海軍士兵學校於民國44年8月1日更名為「海軍士官學校」後，新兵改稱學兵。45年5月，士兵總隊改稱學兵總隊。[147]海軍士官學校有關士兵的教育訓練方面；計開設有輪機、事務、駕駛、灘勤4個訓練班次。[148]

五、海軍艦隊的教育訓練

（一）海軍艦艇訓練司令部的成立

民國38年冬，因戡亂戰局失利，大陸淪陷，海軍為協助陸軍部隊作戰，鞏固海南島防務，除原有的海防第一、二艦隊外，於38年11月成立海軍海防第三艦隊。另外，稍早該（38）年10月1日，海軍加強各保管艦之整修，及整訓成軍，充實艦隊戰力，將原成立的登陸艦隊司令部撤銷，改編成立海軍訓練艦隊司令部。[149] 39年7月1日，海軍登陸艦隊復編，駐防左營。8月1日，海軍訓練艦隊司令部擴編為海軍艦艇訓練司令部。[150]

---

[146] 孫建中，《臺灣全志，卷六，國防志：軍事教育與訓練篇》（南投：國史館臺灣文獻館，2015年），頁267-268。

[147] 參閱一、海軍總司令部編印，《海軍建軍史》，下冊，頁457。二、海軍總司令部編印，《中國海軍之締造與發展》，頁205。

[148] 參閱一、海軍總司令部編印，《海軍建軍史》，下冊，頁458。二、孫建中，《臺灣全志，卷六，國防志：軍事教育與訓練篇》，頁312。

[149] 國防部史政編譯局編印，《國民革命建軍史：第四部：復興基地整軍備戰》（一），頁482。

[150] 海軍艦隊司令部編印，《碧海丹心忠義情——六二特遣部隊的故事》，頁11。

（二）海軍艦隊訓練司令部的成立

民國42年7月，海軍艦隊指揮部成立，為統一事權，海軍艦艇訓練司令部番號撤銷，任務由海軍艦隊指揮部接辦。嗣因艦艇訓練業務日趨繁重，於43年4月10日，正式恢復編組，專責執行艦隊航行作戰與接艦成軍訓練之任務，成為獨立之訓練機構，隸屬海軍艦隊指揮部。[151]

民國44年12月1日，海軍艦艇訓練司令部擴編為「海軍艦隊訓練司令部」，此為海軍艦隊的教育訓練機構，負責對海軍各艦艇實施成軍、複習訓練、艦隊編隊各項訓練外，另設有航訓中心、岸訓中心。航訓中心負責實施接艦官兵集訓，與艦艇服役前之成軍訓練、艦艇大修後之複習訓練，及中美海軍混合訓練，俾提升艦艇戰力，加強與友邦聯合作戰能力。岸訓中心設立槍砲、戰情、反潛、通信、輪機、航海船藝、損害管制、水雷戰術等班次，負責實施官兵之個別訓練、分科訓練與組合訓練。

自民國46年7月起，海軍艦艇部隊訓練依據艦艇使用週期計畫實施，除完成編隊、遠航、反潛、掃布雷、單艦及複訓等訓練外，並利用機會實施夜間及惡劣氣候下訓練。[152]

（三）艦艇訓練制度──建立艦艇訓練週期

海軍艦隊指揮部為使艦艇兼顧作戰（服勤）與訓練，參考美軍顧問團海軍組每季艦艇使用計畫之範例，自民國44年3月開始策訂「艦艇使用計畫」，建立艦艇的訓練週期制度，按服勤、訓練、修護各占三分之一為原則，以管制艦艇使用，使各艦艇輪流進入基地訓練，提高作戰能力。45年6月起，由艦隊指揮部、各艦隊、各戰隊，逐級分層擬訂年度、季、月之艦艇使用計畫。至47年1月起，海軍每年度艦艇使用計畫改由海軍總司令部訂頒，艦隊指揮部及所屬負責季、月、週使用計畫之擬訂。自該計畫實施以來，艦艇之訓練、服勤、修理均以此為準據，奠定海軍部隊整建之規範。

---

[151] 國防部史政編譯室編印，《國軍隊徽暨臂章圖誌沿革》，頁246。
[152] 國防部史政編譯局編印，《國民革命建軍史：第四部：復興基地整軍備戰》（二），頁1077。

海軍各艦艇部隊配合「艦艇使用計畫」，採行週期訓練辦法，實施基本訓練（包括航海、輪機、艦務、槍砲、通信等）、特種技術訓練（包括攻防潛、掃布雷訓練）、夜間作戰訓練（包括夜間進出港、夜間航行、燈火管制、照明與雷達射擊、夜間編隊訓練）。

　　此外，海軍艦隊訓練司令部於民國44年12月增設艦隊訓練班，調訓艦艇各部門人員受訓，以統一艦艇操作標準，加強艦隊訓練。同時督導各艦隊依所屬艦艇性能，擬訂各型艦戰備及操演標準規程案，俾確立各型艦艇之週期訓練，促使艦艇訓練制度步入正軌。[153]

　　依據新制教令，海軍艦艇各部循單艦及編隊訓練程序，並依駐防、修艦、集訓各三分之一艦艇定期輪調原則，於海軍基地集中施訓，訓練科目主要為單艦、編隊、航行等訓練。另抽調艦艇實施布雷之訓練。[154]

（四）艦隊教育訓練內容

　　民國38年政府遷臺後，海軍艦隊接受美援裝備與技術，採取美式訓練程序與方式，實施整編訓練。由於訓練程序與方式科學化，訓練內容與標準統一化，已樹立一套完整的訓練制度。

1、訓練方針

　　海軍艦隊為統一訓練，確立訓練程序，採行美式訓練方式，也就是採用階段訓練、實施基地輪流集訓辦法，以提高訓練標準。

2、訓練主旨

　　概以採用美軍典範與教學方法，使海軍艦隊訓練均依循一定程序，由基本訓練及艦隊戰術訓練，進而至聯合作戰訓練。其訓練主旨係針對當時作戰需要，加強艦艇訓練，以提高官兵戰鬥技能與意志，發揮全般戰力，並培養

---

[153] 參閱一、海軍總司令部編，《海軍艦隊發展史》（二），頁852-853。二、孫建中，《臺灣全志，卷六，國防志：軍事教育與訓練篇》，頁319。
[154] 國防部史政編譯局編印，《國民革命建軍史：第四部：復興基地整軍備戰》（二），頁1067。

幹部素質，增進專長學能，奠定新海軍建軍之基礎。

3、訓練程序

艦艇的訓練程序，首以單艦為單位，對海軍新成軍艦艇或大修後艦艇，施以成軍或複習訓練，使艦艇人員能充分應用其裝備，達到應具有之戰備標準。各艦均需要接受成軍及複習訓練，艦艇成軍後即撥歸各艦隊司令部建制，由各艦隊司令部給予以單艦訓練；各艦隊司令部所轄各艦艇訓練完成後，舉行整個艦隊運動訓練，最後由海軍總司令會同友軍舉行聯合作戰訓練。

4、單艦及艦隊運動訓練

單艦訓練由海軍總司令部頒布訓練綱要及預定進度，各艦艇參照其本身之實際需要，按週期排定訓練課程，由各艦隊司令（艇隊長）督導實施，並將每週訓練之預定課程表及實施對照表報部憑核。艦隊運動訓練由各艦隊司令（艇隊長）依照海軍總司令部頒布訓練計畫綱要，擬具計畫，並儘量利用遠航或巡弋等時機，實施艦隊編隊運動訓練，演習各種隊形、方向變換、占位、入列及運動法等，以統一戰術訓練，加強艦隊整體之作戰效能，增進艦隊全般戰力。

5、聯合作戰訓練

為使陸海空三軍能相互密切連繫，以發揮統合戰力，國軍採用美軍聯合作戰各種手冊與教範，作為三軍部隊聯合作戰訓練之準據，並策訂海空、陸海及海陸空三軍聯合訓練諸計畫。為了加強海空協同作戰訓練，凡是海軍部隊實施訓練及演習時，應按空援申請程序，請空軍派機予以適切的空中支援。海空聯合訓練之實施科目包括：艦機識別、對空防禦、對空射擊、海空偵測、海空通信、海空救難、海上護航、海上搜索與攔截等，以奠定海空聯合作戰訓練之基礎。[155]

---

[155] 參閱一、海軍總司令部編，《海軍艦隊發展史》（二），頁846-852。二、孫建中，《臺灣全志，卷六，國防志：軍事教育與訓練篇》，頁318-319。

老洛陽艦進行雙艦科目訓練

6、見習訓練（選派軍官赴美艦見學）

　　為使我海軍軍官熟習美艦的裝備性能及新式武器之運用，並增進學識技能，接受美軍顧問團建議，利用美國海軍第七艦隊船隻在臺灣各港停泊機會，派遣軍官赴美艦見學，並隨同美艦出海實施短期訓練，增加海勤經驗，俾能學習諸般新技術，藉收觀摩之效。見學訓練方式分港內見學、海上見學兩種。[156]民國40年，海軍總部採納美軍顧問團建議，選派官兵赴美軍艦隊作分科技術訓練，每期3至4週，並經常出海訓練，且由空軍派機協訓，或者利用美艦停泊機會，選派官兵赴艦見習。此外，海軍亦由單艦派官兵赴美艦見習。[157]

---

[156] 海軍總司令部編，《海軍艦隊發展史》（二），頁854-855。
[157] 國防部史政處，《國防部年鑑》（40-41年），頁229。

7、軍援訓練

民國40年，美國對中華民國軍援法案實施後，我國以軍援計畫款項的經費，逐年遴選海軍軍官、士官派赴美國各軍事院校及海外美國軍事基地，接受短期之班次教育或長期之研究深造，學習各種專業技術訓練，以配合美援武器裝備之使用及運用。國軍為使軍援訓練項目及班次員額，均能適合我建軍需要，其主要訓練目標為：建立並維持國軍的戰力及訓練之高度水準，並對軍援裝備之使用與維護等訓練，及學習美國現行軍事準則、戰術與戰技。軍援訓練種類包括：（1）正規訓練[158]。（2）在職訓練。（3）海外基地訓練。（4）觀測員訓練。（5）參訪訓練。[159]

六、兩棲訓練

為了反攻大陸作戰之需要，民國43年3月，海軍兩棲訓練司令部成立，馮啟聰任司令，司令部內組織內部仿效美軍，主要下轄海軍兩棲訓練班、艦艇訓練班、部隊訓練班3個單位。[160]海軍兩棲訓練班係召集海陸空勤各軍種之現役軍官、海軍兩棲作戰艦艇，以及在兩棲作戰中與海軍有關之陸空單位，施予兩棲全盤要則訓練暨特業訓練，使其獲致高度之協調效率。該班訓練計畫係採取美軍兩棲訓練課程及方式為藍本，並參酌國軍需要予以編訂，訓練方面採取示範啟發及作業方式，在技術方面著重實習及演練。該班計分水中爆破訓練班、海灘勤務班、兩棲參謀計畫班、艦砲支援連絡官班、兩棲要則班等22個特業訓練班（科），除兩棲要則班外，均係採取分科訓練制度，各科訓練期限，最長為6週，最短為4天半。另外兩棲艦艇訓練班負責實施各型艦艇之兩棲作戰訓練，及有關搶灘登陸的戰技訓練。兩棲艦艇作戰訓

---

[158] 正規訓練即學校訓練；此項訓練為遴派送美國本土或海外基地間之軍事學校或軍事設施接受正規課程之訓練

[159] 參閱一、海軍總司令部編，《海軍艦隊發展史》（二），頁855-856。二、孫建中，《臺灣全志，卷六，國防志：軍事教育與訓練篇》，頁320。

[160] 張力，〈劉定邦先生訪問紀錄〉收錄在《海軍人物訪問紀錄》，第一輯（臺北：中央研究院近代史研究所，民國87年），頁170。

練之重點計有：夜間及惡劣天候下搶灘、各型兩棲艦艇於兩棲作戰中之戰術及技術、特殊地形與惡劣氣候中之海上操作戰術與技術、艤裝商船之兩棲作戰。[161]

七、海軍陸戰隊軍官的教育訓練

民國38年12月，陸戰隊司令部歸併各師旅幹訓班，設置「海軍陸戰隊兩棲作戰幹部訓練班」。[162]訓練班轄班本部、軍官隊、軍士隊及特業隊，召集陸戰隊下級幹部，施以短期訓練。[163] 39年5月，海軍陸戰隊兩棲作戰幹部訓練班改編為「海軍陸戰隊幹部訓練班」，[164]並奉國防部核定軍官養成教育學籍，教育時間為1年4個月。訓練班招訓學員係由陸戰隊隊內招生，先經陸戰隊各團初試，再由陸戰隊司令部複試。

陸戰隊幹部訓練班的教育階段與內容區分4個階段；第一階段是入伍訓練，教育訓練時間4週，內容包括基本教練、兵器操作、戰技體能等為主。第二階段進駐海軍軍官學校，以4週時間學習航海與輪機等常識，並赴海軍士官學校，學習旗藝與操舟等技術。第三階段主要學習課程，包括兩棲作戰基礎教育、排連戰鬥教練、營團師戰術。第四階段主要加強基本教練、部隊指揮與領導統御、戰技與體能訓練。[165]

由於陸戰隊幹部訓練班設備簡陋，已不符陸戰隊從事教育訓練之需求，民國41年8月1日，海軍陸戰隊幹部訓練班與海軍軍官學校兩棲軍官訓練班合併成立「海軍陸戰隊學校」，隸屬海軍總司令部，負責陸戰隊幹部之培訓與深造。[166]陸戰隊學校成立之初，由於師資、教學器材與場地的缺乏，僅辦理

---

[161] 海軍總司令部編，《海軍艦隊發展史》（二），頁863-865。
[162] 參閱一、海總司令部編印，《海軍陸戰隊歷史》，頁7之3。二、孫淑文，〈戰後國軍海軍陸戰隊的重建與遷台初期建軍發展之研究〉收錄在《軍事史評論》，頁186。
[163] 國軍檔案：《海軍陸戰隊沿革史》（一）（39年度），海軍陸戰隊沿革史提要表。
[164] 國軍檔案：《陸戰隊編制及整編案》（六），頁60〈海軍陸戰隊幹部訓練班班本部及軍官隊編制表〉，檔號：584.3/7421。海總司令部編印，《海軍陸戰隊歷史》，頁7之5記：民國39年11月，陸戰隊兩棲作戰幹部訓練班改編為陸戰隊幹部訓練班。
[165] 彭雨龍，〈陸戰隊幹訓班第一期畢業五十年〉收錄在《桃子園月刊》，第111號。
[166] 參閱一、國軍檔案：《海軍陸戰隊學校沿革史》（一）（41年度），檔號：

召集教育，召訓陸戰隊校級與尉級軍官。其次甄選陸戰隊優秀軍士官，施以軍官基礎教育，以培養陸戰隊連級幹部，遂漸發展為陸戰隊基層幹部補充之主要來源。[167]遲至42年12月16日，陸戰隊學校正式隸屬海軍陸戰隊司令部。[168]

陸戰隊學校在建校初期，因校舍不足，師資缺乏，經費有限，教學設備與材料不夠完善，以致有關軍官教育開設班隊不多，開辦的教育班隊主要有：

（一）基礎教育班隊──候補軍官隊（班）

候補軍官隊係培養海軍陸戰隊排、連級幹部之基礎教育班隊，[169]教育期限約6個月。候補軍官隊第一期於民國42年2月1日開學，自第七期起，更名為候補軍官班。[170]

（二）專科教育班隊

1、初級班

初級班係召訓海軍陸戰隊、海軍各單位或陸軍出身之尉級軍官，施以連營級以下兩棲登陸，及陸上作戰戰術及技術，熟悉步兵團內各項武器及支援武器之運用，磨練連級以下指揮官領導統御才能，培養成為陸戰隊連級幹部及營級幕僚。[171]初級班第一期於民國42年5月25日開學，教育時間為4個月。第三期起增至22週。[172]第九期起，教育時間延長為6個月。[173]

153.42/3815.6，海軍陸戰隊學校組織遞嬗。二、孫淑文，〈戰後國軍海軍陸戰隊的重建與遷台初期建軍發展之研究〉收錄在《軍事史評論》，第十三期，頁187。

[167] 參閱一、國軍檔案：《海軍陸戰隊學校歷史》，頁6之1之1。二、孫淑文，〈戰後國軍海軍陸戰隊的重建與遷台初期建軍發展之研究〉收錄在《軍事史評論》，第十三期，頁187。

[168] 國軍檔案：《海軍陸戰隊沿革史》（三）（42年度），〈海軍陸戰隊組織遞嬗〉。

[169] 《海軍陸戰隊學校候補軍官隊第七期同學通信錄》，本校教育宗旨。

[170] 海總司令部編印，《海軍陸戰隊歷史》，頁6之1之1。

[171] 國軍檔案：《海軍陸戰隊學校沿革史》（二），〈海軍陸戰隊學校沿革史（53年度）〉，教育訓練，檔號：153.42/3815.6。

[172] 國軍檔案：《海軍陸戰隊學校沿革史》（一），〈海軍陸戰隊學校沿革史（44年度）〉，二、教育概況。

[173] 有關初級班之成立與教育概況參閱海總司令部編印，《海軍陸戰隊歷史》，頁6之1之2。

2、高級班

高級班係召訓海軍陸戰隊或陸軍、海軍、空軍、聯勤必要之校級、尉級軍官,授以營、團級登陸戰術及諸兵種協同作戰訓練,熟悉兩棲作戰海、空軍支援及各種支援武器之運用,磨練營級指揮官領導統御才能,培養為陸戰隊營級指揮官及營團級幕僚。教育重點以陸戰隊營團(含師)級兩棲作戰戰術技術與參謀業務為主。[174]

3、通信軍官訓練班

通信軍官訓練班前身為特科訓練班,該訓練班係召訓海軍陸戰隊各級與國軍各軍種通信人員,授予通信軍官專業學識技能、兩棲登陸作戰聯合通信戰術與運用之訓練,熟悉通信技術與營團通信作業,培養為陸戰隊通信軍官。[175]民國43年通信軍官訓練班更名為通信軍官班。[176]

八、海軍陸戰隊士官的教育訓練

海軍陸戰隊轉進來臺初期,有關士官幹部的教育訓練由兩個陸戰隊旅自行負責,成立幹訓班(軍士隊)負責召訓現役士官,施以3個月的訓練,培養士官領導能力。[177]

民國46年3月20日,陸戰隊士官學校於左營半屏山勝利營區成立。4月15日,第一期學生開學。[178]學校建校初期,受限於校舍不足,僅能經常保持兩

---

[174] 有關高級班之成立與教育概況參閱海總司令部編印,《海軍陸戰隊歷史》,頁6之1之2。
[175] 參閱一、國軍檔案:《海軍陸戰隊學校沿革史》(一),〈海軍陸戰隊學校沿革史(43年度)〉,教育概況,檔號:153.42/3815.6。二、孫建中,《中華民國海軍陸戰隊發展史》,頁173。另《中華民國海軍陸戰隊發展史》,頁173註579記:通信軍官訓練班第一期開訓前,該訓練班負責代訓候補軍官班一期;另於42年12月14日代訓特務長訓練班。
[176] 國軍檔案:《海軍陸戰隊學校沿革史》(二),〈海軍陸戰隊學校沿革史(45年度)〉,教育概況。
[177] 海總司令部編印,《海軍陸戰隊歷史》,頁6之5之3。
[178] 參閱一、國軍檔案:《海軍陸戰隊士官學校沿革史》(一),〈海軍陸戰隊士官學校校史(48年度)〉,概述,檔號:153.42/3815.16。二、海總司令部編印,《海軍陸戰隊歷史》,頁2之2之4。

個班隊的步兵士官訓練,及陸戰隊司令部臨時賦予代訓之短期班隊、報務士官隊、劈刺訓練班。[179]

陸戰隊士官學校教育訓練之重點:熟練陸戰隊步兵營連編制武器之性能與使用方法,澈底瞭解與嫻熟兩棲作戰之戰術與技術,並磨練其伍班排等小部隊指揮統御能力為主要目的。教育內容區分為基礎教育、輔助教育、進修教育。[180]

九、海軍陸戰隊士兵與部隊的教育訓練

民國43年8月,海軍陸戰隊開始在臺灣徵召補充兵入伍,以補充兵員,強化戰力。國防部配撥陸戰隊特種補充兵400名。9月1日,海軍陸戰隊補充兵訓練大隊在於左營半屏山成立。[181]補充兵的訓練時間約24週;包括入伍訓練8週、分科教育12週。[182]入伍教育以養成軍人基本儀態,習得步兵必要技能為著眼。分科教育以修得兵科之必要專長,完成各項作業為目的。[183]

民國44年1月1日,海軍陸戰隊補充兵訓練大隊改番號為海軍陸戰隊補充兵訓練營;負責訓練通信、戰車、衛生、工兵4個兵科之補充兵。[184]補充兵訓練營每期召訓400名補充兵;[185]時第一期及第二期召訓的補充兵幾乎全為

---

[179] 國軍檔案:《海軍陸戰隊士官學校沿革史》(一),〈海軍陸戰隊士官學校校史(48年度)〉,概述及教育訓練。
[180] 海總司令部編印,《海軍陸戰隊歷史》,頁6之2之1。
[181] 參閱一、國軍檔案:《海軍陸戰隊新兵訓練中心沿革史》(一),〈海軍陸戰隊新兵訓練中心沿革史歷史(52年度)〉,概述,檔號:153.42/3815.9。二、冀生,〈海軍陸戰新兵訓練──由補充兵大隊開始〉收錄在《桃子園月刊》,第53號。
[182] 參閱一、國軍檔案:《海軍陸戰隊沿革史》(四),〈海軍陸戰隊補充兵訓練營沿革史〉,四、訓練,檔號:153.43/3815.12。二、國軍檔案:《海軍陸戰隊新兵訓練中心沿革史》(一),〈海軍陸戰隊新兵訓練中心沿革史歷史(49年度)〉,組織遞嬗。
[183] 國軍檔案:《海軍陸戰隊沿革史》(四),〈海軍陸戰隊補充兵訓練營沿革史〉,四、訓練。
[184] 參閱一、國軍檔案:《海軍陸戰隊沿革史》(四),〈海軍陸戰隊補充兵訓練營沿革史〉,海軍陸戰隊補充兵訓練營沿革史提要表。二、《海軍陸戰隊新兵訓練中心沿革史》(一),〈海軍陸戰隊新兵訓練中心沿革史歷史(52年度)〉,海軍陸戰隊補充兵訓練營編制表。三、孫淑文,〈戰後國軍海軍陸戰隊的重建與遷台初期建軍發展之研究〉收錄在《軍事史評論》,第十三期,頁194。
[185] 國軍檔案:《海軍陸戰隊沿革史》(四),〈海軍陸戰隊補充兵訓練營沿革史〉,四、

臺籍補充兵。[186]

民國46年4月1日，為因應國軍在臺灣開始實施全面徵兵制度，海軍陸戰隊補充兵訓練營改編為海軍陸戰隊新兵訓練營，專責陸戰隊常備兵的新兵入伍訓練。[187]新兵訓練營教育訓練時間為16週；教育重點為體能、基本教練、射擊、班以下戰鬥教練，結訓前則實施戰鬥體能測驗。[188]

依據美軍兩棲訓練之法則與觀念，海軍陸戰隊循各個班、排、連、營、團、旅程序，實施基本與戰鬥訓練，並以1個旅實施全期的基地集中訓練。[189]在部隊整編訓練方面，至「八二三戰役」前夕，陸戰隊第一師及第一旅均已完成師級、旅級的陸上與兩棲作戰訓練及各種演習。[190]

十、海軍軍官的指參深造教育

我國海軍早期教育向來側重於軍官及士兵的基礎教育，海軍軍官自軍官學校畢業後，只有短期的專科訓練，並沒有深造教育機構。雖然海軍軍官薦送出國留學的很多，但都是學習或接受技術層面的校班。[191]抗戰勝利前後，中央雖然有籌設海軍大學及海軍參謀班之議，但未果成行。民國39年，海軍總司令部參謀長黎玉璽，深深體會總部的幕僚作業不佳，乃向總司令桂永清報告設置參謀學校之議，桂總司令立即飭令積極籌設。40年1月，海軍參謀

訓練。
[186] 國軍檔案：《海軍陸戰隊沿革史》（四），〈海軍陸戰隊補充兵訓練營沿革史〉，海軍陸戰隊補充兵訓練營第一、二期補充兵籍貫統計表。
[187] 海總司令部編印，《海軍陸戰隊歷史》，頁6之3之1。傅竹傳，〈參加戰隊五十週年後隊友回憶錄回憶〉收錄在《榮耀再現──海軍陸戰隊六十一週年隊慶》，頁179記：陸戰隊常備兵第一梯次入伍時間為44年2月2日。
[188] 參閱一、海總司令部編印，《海軍陸戰隊歷史》，頁6之3之1。二、孫淑文，〈戰後國軍海軍陸戰隊的重建與遷台初期建軍發展之研究〉收錄在《軍事史評論》，第十三期，頁194。
[189] 國防部史政編譯局編印，《國民革命建軍史：第四部：復興基地整軍備戰》（二），頁1067。
[190] 國防部史政編譯局編印，《國民革命建軍史：第四部：復興基地整軍備戰》（二），頁1074。
[191] 張力，《黎玉璽先生訪問紀錄》（臺北：中央研究院近代史研究所，民國80年），頁182-183。

研究班在左營成立，由黎玉璽兼任班主任，籌備一切。[192]

海軍參謀研究班第一期召訓學員於民國40年4月16日開課。41年3月1日，海軍參謀研究班改編為海軍指揮參謀學校，錢懷源為首任校長。時受訓的原參謀研究班第一期改名為正規班第一期。教育方式及內容創建之始，聘請數名圓山軍官訓練團日籍教官兼課，因此第一、二期均採日制，自第三期起採用改用美制。[193]

海軍指揮參謀學校的教育班次除了研究班屬於戰略深造教育層級外，有關指參教育的班次計開辦有正規班、初級參謀班；正規班召訓海軍校級之優秀軍官，第一期學員皆現任艦長、科長、參謀長等校級官員。自第二期開始，為了配合三軍聯合作戰需要，特地招收部分陸軍、空軍的學員。[194]正規班各期教育區分為兩個階段；第一階段為兵學理論、後勤業務、兩棲作戰；第二階段為海軍作戰問題之研究。[195]初級參謀班於民國41年春開辦，召訓海軍各科尉級軍官，使瞭解海軍作戰要則，熟練參謀作業之程序與處理方法。[196]

海軍陸戰隊學校於民國46年4月1日成立指揮參謀班，其教育目的在培養陸戰隊、陸海空聯勤總司令部、各軍種團級以上指揮人員，與師級以上參謀人員，使兩棲登陸作戰教育成為一完整體系。指揮參謀班創辦之初，教育設施欠缺，營舍簡陋，師資除從原任高級班教官中甄選外，僅有少數留美返國軍官調任教職。教材與教案多半蒐集美國陸戰隊學校指揮參謀班所用，並參照我國國情予以譯編施教。旋經嚴格實施教官考選制度，及選派赴美受訓學官相繼返國擔任教職；並不斷吸收軍事知識，革新及充實教材與教案，由是師資水準提高，內容充實。[197]

---

[192] 張力，《黎玉璽先生訪問紀錄》，頁182。
[193] 海軍總司令部編印，《中國海軍之締造與發展》，頁206。
[194] 陸寶千，《鄭天杰先生訪問紀錄》（臺北：中央研究院近代史研究所，民國79年），頁130-131。
[195] 中華民國軍官深造教育年鑑編輯委員會，《中華民國軍官深造教育年鑑》（第一次：沿革及民國五十九年）（臺北：國防部史政局，民國62年），頁45。
[196] 國軍檔案：《中華民國軍官深造教育年鑑》（第一次：沿革及民國五十九年），頁46。海軍總司令部編印，《中國海軍之締造與發展》，頁206記：初級參謀班於45年12月設立。
[197] 海軍總司令部編印，《中華民國軍官深造教育年鑑》（第一次：沿革及民國五十九年），

十一、派赴美國進修與深造教育

我國自民國40年接受美援後，美國海軍每年提供我國海軍一些赴美受訓名額，供我國海軍人員報考。這些名額中，訓期最長的是到美國海軍研究院進修兩年，短則是兩、三個月的專業（或術科）訓練班。[198]

伍、重要戰績

一、突擊南日島

民國38年底，中央政府自成都播遷臺北後，臺灣海峽對岸閩粵沿岸島嶼甚多，除金門、馬祖為國軍駐守外，其餘為中共據有。國軍為爭取主動，達成以攻為守之戰略目的，故進行不斷之海上突擊，利用中共海軍勢力薄弱，海島應援不易之狀況下，使共軍深感置少兵有被我擊滅之慮，置重兵則有兵力不足之苦，而窮於應付，藉以確保臺澎本島之安全。其次，打擊共軍士氣，鼓舞匪區民眾抗暴，並以提高國際上對我國之認識，促使友邦對我聲援。另外，牽制大陸共軍，減少共軍對韓國戰場之增援，俾使韓戰和談趨於有利。[199]因此蔣中正總統於41年10月10日慶祝雙十節國慶，及中國國民黨第七屆全國黨代表大會開幕日；指示國軍突擊占領南日島7天，直到中國國民黨第七屆全國黨代表大會閉幕始撤兵。此次作戰代號為「慶祝國慶計畫」。[200]

10月10日19時，海軍中興、美頌、美樂3艦於金門料羅灣搭載陸軍四千餘人，在泰安、瑞安、永春3艦掩護下啟航，於11日5時駛抵南日島海域，5

頁45-46。
[198] 韓光渭，《學習的人生──韓光渭先生回憶錄》，頁385。
[199] 國防部史政編譯局編印，《國民革命建軍史：第四部：復興基地整軍備戰》（三），頁1855。
[200] 參閱一、國防部史政編譯局編印，《國民革命建軍史：第四部：復興基地整軍備戰》（三），頁1855。二、柯遠芬，《暴風雨──大陸撤守與胡璉兵團轉戰紀實》，作者自行出版，民國72年，頁130-131。

在金門料羅搶灘登陸的中興軍艦

時40分進入泊地。惟陸軍先遣部隊所需的機帆船，未能依計畫需要的數量及時到達，加上海象欠佳，無法按時搶灘，故臨時變更計畫，實施強襲登陸。

11日7時許，永春、瑞安、泰安3艦駛抵南日島海域；旋永春艦砲擊南日島西部主登陸灘頭167高地，瑞安艦砲擊南日島東部，支援東部攻擊軍之登陸，泰安艦於正面砲擊南日島萬湖山167高地、土地坪、岩下、塔山溪、南角、象城等處，共軍陣地大多遭我摧毀。

11日10時16分，美頌、中興兩艦在艦砲制壓敵砲火下實施搶灘，卸下部隊及彈藥，至中午大部卸畢。各艦於卸載後，即退離灘頭，負責目標區近海之警戒。[201]國軍突擊南日島經過3晝夜之連續戰鬥，在達成所負任務後，決

---

[201] 南日島海軍作戰經過，參閱一、海軍總司令部總司令辦公室編印，《南日島戰鬥海軍作戰紀實》，民國54年，頁27-30。二、國防部史政編譯局編印，《國民革命建軍史：第四部：復興基地整軍備戰》（三），頁1864-1870。

定於13日17時開始撤退。中興、美頌兩艦相繼搶灘，於14日午夜完成再裝載任務後返航。[202] 14日7時30分，泰安、瑞安、永春、德安3艦以艦砲砲擊南日島上追躡之共軍，掩護運輸船隊脫離戰場。[203]中興、美頌兩艦於是（14）日10時，返抵金門。[204]

二、突襲東山島

　　國軍自突擊南日島獲得豐碩戰果後，除加強戰備，積極整訓，提高戰力外，並伺機再給予共軍打擊。民國42年7月初，國防部策定突襲東山島之「粉碎計畫」。7月7日，成立聯合任務指揮部，由金門防衛司令部司令官胡璉負責執行該項計畫。[205]海軍第四艦隊以永春、永和、維源、成安、高安等艦組成護航及支援艦隊，由艦隊司令黃震白兼任海上指揮官指揮。中基、中榮、中建、中程、美和、美珍、美益及大洪等艦組成登陸艦隊，總計共有13艘艦艇支援本次作戰。[206]海軍陸戰隊第一旅步兵第三大隊、步兵第一大隊第三中隊、砲兵第一大隊第一中隊、登陸運輸戰車第一大隊第二中隊及第二大隊第一中隊，配備LVT水陸兩用戰車34輛，另轄有岸勤隊、通信隊、手術組、偵察分隊等編成「河北支隊」，由陸戰隊第一旅旅長何恩廷擔任支隊長，歸胡璉司令官指揮。[207]

---

[202] 海軍總司令部總司令辦公室編印，《南日島戰鬥海軍作戰紀實》，頁33-35。

[203] 海軍總司令部總司令辦公室編印，《南日島戰鬥海軍作戰紀實》，頁35。7月13日17時30分，永春艦駛赴南日島東北海面，配合瑞安艦、泰安在海面施行警戒。13日20時，陸上部隊全部撤退登船完畢，駛向集結會合區後，泰安、瑞安兩艦即會合永春艦，在空軍掩護下，返航金門。參閱一、國防部史政處編印，《南日戰鬥》，民國46年，頁41。二、國防部史政編譯局編印，《國民革命建軍史：第四部：復興基地整軍備戰》（三），頁1870。

[204] 海軍總司令部總司令辦公室編印，《南日島戰鬥海軍作戰紀實》，頁33-35。

[205] 參閱一、國防部史政處編印，《東山戰鬥》，民國46年，頁8。二、國防部史政編譯局編印，《國民革命建軍史：第四部：復興基地整軍備戰》（三），頁1879。

[206] 海軍總司令部編，《海軍艦隊發展史》（二），頁1036。

[207] 參閱一、海總司令部編印，《海軍陸戰隊歷史》，頁5之10之1至5之10之2。二、彭大年，〈楊友三將軍訪問紀錄〉收錄在《海軍陸戰隊官兵口述歷史訪問紀錄歷史》（臺北：國防部史政編譯室，民國94年），頁349。〈楊友三將軍訪問紀錄〉，頁349記：河北支隊又區分為左、右2個突擊隊，左突擊隊由步兵第三大隊大隊長江虎臣率領，右突擊隊由步兵第三大隊副大隊長屠由信率領。

民國42年7月12日20時，海軍第四艦隊司令黃震白率領高安、成安、永和、永春、維源、中基、中榮、中建、中程、美和、美益、美珍、大洪13艦搭載陸戰隊，自左營發航，於13日駛抵金門海面，與陸軍第十九軍軍長陸靜澄協調登陸部隊裝載事宜，並於當晚將所有作戰軍需品，連夜裝載完畢。[208]

　　7月16日4時50分，中程、中榮兩艦接近東山島海面。5時42分，陸戰隊換乘LVT在蘇尖峰附近灘頭登陸。美和、美益兩艦載運突擊第一大隊、第二大隊同時換乘，向蘇尖峰附近灘頭攻擊前進。[209]陸戰隊登島後於6時30分占領東沈高地，取得灘頭立足點。[210]

　　陸軍第四十五師第一三五團第三營協同陸戰隊登陸東山島後，擊退共軍海岸警戒部隊後，於16日7時相繼攻占蘇峰尖及親營高地，主力鞏固灘頭，以掩護師主力登陸。[211]第四十五師第一三四團登陸後，沿湖尾、山前、西坑、南山、霞湖等地攻擊，擊潰共軍之抵抗，向北挺進。第一三五團（欠第三營）登陸東山島後，即經東沈、五里亭向東山縣城急進。[212]至16日9時，我陸戰隊突擊部隊先後攻克康美、湖尾、南埔、山前諸高地。占領東沈高地之陸戰隊，分兵向清官山推進搜索，未料遭到共軍堅強抵抗。時第一三五團接替陸戰隊任務，展開對共軍攻擊，陸戰隊突擊隊乃以火力掩護友軍順利攻占清官山陣地。[213]

　　7月16日11時許，陸軍第四十五師各部隊擊潰共軍之抵抗後，挺進至南山、石壇、283高地之線。此時共軍第八十團主力已集結於410高地、西山

---

[208] 國防部史政處編印，《東山戰鬥》，頁28。
[209] 參閱一、海總司令部編印，《海軍陸戰隊歷史》，頁5之10之4。二、國防部史政處編印，《東山戰鬥》，頁31-32。
[210] 參閱一、孫建中，《中華民國海軍陸戰隊發展史》，頁324。二、海總司令部編印，《海軍陸戰隊歷史》，頁5之10之4。三、國防部史政處編印，《東山戰鬥》，頁32-33。
[211] 參閱一、國防部史政處編印，《東山戰鬥》，頁35。二、〈陸靜澄將軍口述──戡亂時期──東山島作戰〉收錄在國防部史政編譯局編印，《口述戰史彙編》，第二集，民國79年，頁170。
[212] 參閱一、國防部史政處編印，《東山戰鬥》，頁35。二、〈陸靜澄將軍口述──戡亂時期──東山島作戰〉收錄在國防部史政編譯局編印，《口述戰史彙編》，第二集，頁170、172、173。三、劉台貴，〈張先耘將軍訪問紀錄〉收錄在《海軍陸戰隊官兵口述歷史訪問紀錄歷史》，頁191。
[213] 參閱一、海總司令部編印，《東山島作戰》，頁5-6。二、海總司令部編印，《海軍陸戰隊歷史》，頁5之10之4至5之10之5。

岩、坑北等重要據點,憑藉有利地形及坑道工事,據險頑抗待援。[214]共軍得知國軍突擊東山島,即從各地不斷抽調兵力增援東山島。16日9時,共軍第九十一師第二七二團先遣營抵達陳岱。[215]接著共軍陸續由陳岱渡海,在八尺門登陸,加入戰鬥。[216]17日凌晨,共軍對我軍反擊;以島上公路為界;公路以西由廣東增援之共軍負責,公路以東由福建當地共軍負責,公安第八十團留守島上牽制國軍。[217]

　　7月16日上午,因第四十五師第一三四團未攜帶重型攻堅武器,以致攻擊410高地與西山岩,遭遇敵頑抗,攻擊受挫,自身遭受重大傷亡。[218]我陸戰隊攜帶有火箭筒、火焰噴射器、75山砲、無座力砲座與登陸戰車砲等攻堅武器,在獲悉上述戰況後,曾要求協助友軍攻打410高地,但未獲得第十九軍軍長陸靜澄同意,因而坐失戰機。[219]

　　7月16日深夜,負責此次作戰的國軍聯合任務總指揮胡璉有鑑於當前戰況對我不利,若繼續戀戰,勢必逸失時機,違背突擊作戰之意義,遂決心撤退。[220]17日8時30分,陸戰隊第一旅旅長何恩廷先是奉胡璉總指揮指示:除留置4輛LVT掩護部隊撤退外,將防務移交陸軍第一三五團後,撤離登艦。旋奉第十九軍軍長陸靜澄電令:陸戰隊第一旅將湖尾、南埔、親營、山前、東沈等防地移交第一三五團後,即行再裝載。9時,海軍各登陸艦開始在指定地點搶灘,準備掩護陸軍轉進。11時,陸戰隊與第一三五團交接完畢,即按預定之裝載計畫,開始再裝載。此時,共軍轟擊我灘頭陣地,部隊稍呈紊亂,各

---

[214] 參閱一、國防部史政處編印,《東山戰鬥》,頁39。二、〈陸靜澄將軍口述——戡亂時期——東山島作戰〉收錄在國防部史政編譯局編印,《口述戰史彙編》,第二集,頁173。
[215] 中國人民解放軍軍事學院訓練部編印,《東山島防禦戰例》,1978年,頁7。
[216] 參閱一、國防部史政處編印,《東山戰鬥》,頁42。二、〈陸靜澄將軍口述——戡亂時期——東山島作戰〉收錄在國防部史政編譯局編印,《口述戰史彙編》,第二集,頁175。
[217] 游梅耀,〈東山保衛戰〉收錄在《公安部隊——回憶史料》(北京:解放軍出版社,1997年),頁547。
[218] 根據孔令晟說法:第一三四團因對東山島海灘狀況掌握不確實,登陸已呈前後分離狀態,加上沒有做好攻堅準備,410高地始終攻不來。參閱《中國時報》,民國100年9月19日,A3版。
[219] 參閱一、孫建中,〈屠由信將軍訪問紀錄〉收錄在《海軍陸戰隊官兵口述歷史訪問紀錄歷史》,頁142。二、陳器,《雪泥鴻爪談往事》,頁260。
[220] 國防部史政處編印,《東山戰鬥》,頁42。

級部隊長則力求掌握與維持秩序，依LVT之駁運，於13時前全部安全登艦。[221]

17日11時，在東山島國軍各部隊轉進部署完畢，時410高地的共軍以山砲，對我軍猛烈射擊，並遂次向南山、山前及灘頭延伸射程，企圖截斷我後方通路，以遲滯我軍行動。[222]第一三四團官兵到達海灘後，因無小艇駁運，敵砲火又不時向海灘射擊，官兵被迫泅水登艦，損失較重。[223]

17日14時，陸戰隊LVT再裝載登艦完畢，登陸艦因敵砲猛烈射擊，乃撤離碼頭。陸軍主力逐次在灘岸集結，以LVT急運。LVT部隊在裝載完畢後，即行返航。此時灘頭有大批人員聚集，滯留岸上者為擔任掩護部隊的第一三五團官兵，因通訊設施損壞，連絡中斷，未能及時撤離，至18時許，方始取得連絡，在海軍艦砲掩護下脫離戰場，於24時始乘LVT搶運登船。[224]迄18日2時20分，第一三五團全部撤運完畢，完成陸戰隊LVT部隊自成軍以來最艱鉅之任務。[225]

三、浙海海戰

民國43年3月起，共軍開始加強在浙東海域活動，利用臺州灣、三門灣外貓頭洋漁汛到來之際，開始攻擊我海軍、空軍及反共救國軍。此為共

---

[221] 參閱一、海總司令部編印，《東山島作戰》，頁6。二、海總司令部編印，《海軍陸戰隊歷史》，頁5之10之5。
[222] 參閱一、國防部史政處編印，《東山戰鬥》，頁43。二、〈陸靜澄將軍口述——戡亂時期——東山島作戰〉收錄在國防部史政編譯局編印，《口述戰史彙編》，第二集，頁177。
[223] 參閱一、國防部史政處編印，《東山戰鬥》，頁43-44。二、〈陸靜澄將軍口述——戡亂時期——東山島作戰〉收錄在國防部史政編譯局編印，《口述戰史彙編》，第二集，頁177。
[224] 參閱一、海總司令部編印，《東山島作戰》，頁6。二、海總司令部編印，《海軍陸戰隊歷史》，頁5之10之6。三、國防部史政處編印，《東山戰鬥》，頁44。孔令晟，《孔令晟先生訪談錄》（臺北：國史館，民國91年），頁62-63記：船隻起錨時，陸戰隊第一旅參謀長孔令晟用望遠鏡發現有國軍滯留在岸上，立即請示何恩廷旅長來看，並以旗語向上級報告。不久周雨寰司令前來與何旅長討論後，始知是第一三五團袁國徵的部隊尚未撤退，周司令當即命令LVT再回海灘撤運袁國徵的部隊。
[225] 參閱一、海總司令部編印，《東山島作戰》，頁7。二、海總司令部編印，《海軍陸戰隊歷史》，頁5之10之6。有關東山島戰鬥結束時間；游梅耀，〈東山保衛戰〉收錄在《公安部隊——回憶史料》，頁547記：17日17時，國軍搭船離去，19時戰鬥結束。

軍進犯大陳列島之前哨戰，即先對大陳列島較孤立之小島，進行「實戰試驗」。[226]此時共軍海軍採用的戰術為近海決戰；大多利用岸砲掩護，以砲艇為餌，誘我艦深入，再依空軍之協力，行近海決戰，並以優勢艦艇，潛伏岸邊島嶼間，期收伏擊圍殲之效。[227]3月18日，中共海軍延安、興國兩艦，在其航空兵支援下，於三門灣首次與我海軍交手。[228]4月25日，共軍攻占田岙、頭門山，配合其海軍執行「貓頭洋護漁作戰」，準備侵占東磯列島。[229]

（一）東磯列島海戰

1、頭門海戰

民國43年5月15日，共軍侵犯東磯列島。16日3時54分，我海軍永定、永順、嘉陵3艦，巡弋一江山西南時，發現頭門山海域有敵艦艇活動，似有突擊我艦企圖，遂備戰高度接敵。4時15分，我艦開始全力轟擊，旋敵艦1艘中彈受創甚重，敵我激戰十餘分鐘後，敵艦不支，急向磨盤山方向潰退。我艦隊因夜暗水淺，且受白沙山敵岸砲射擊，未予尾追。[230]

5月16日4時，永定、永順、嘉陵3艦與共軍艦艇在腰橫山附近海面交戰，太康、寶應兩艦由大陳出航，前往支援。5時30分，太康、寶應兩艦與永定等艦會合，時腰橫山附近海戰已結束，遂往頭門山、鯁門島方面追蹤。

16日6時18分，太康艦發現頭門山海域有共軍砲艇兩艘，即航向鯁門島，轟擊敵砲艇。6時22分，太康艦中彈1枚，艦身受創，經急行堵漏，繼續戰鬥。6時25分，太和艦加入戰鬥，擊傷敵艦1艘。6時33分，敵艦藉岸砲有效掩護，隱入鯁門水道。我艦隊以地形狹窄，鯁門、頭門山各島嶼間敵情不明，未予追擊，返航大陳整補。[231]

---

[226] 張愛萍，〈張愛萍將軍談三軍攻佔一江山島〉收錄在《解放一江山》（北京：長征出版社，2003年），頁5。
[227] 國防部史政局編印，《浙海海戰》，民國46年，頁6。
[228] 馬冠三，〈鏖戰東海憶當年〉收錄在《三軍揮戈戰東海》，頁28。
[229] 南京軍區《第三野戰軍戰史》編輯室，《中國人民解放軍第三野戰軍戰史》（北京：解放軍出版社，1996年），頁438。
[230] 腰橫山附近海戰經過，參閱國防部史政局編印，《浙海海戰》，頁11。
[231] 頭門海戰經過，參閱一、國防部史政局編印，《浙海海戰》，頁11-12。二、劉廣凱，

5月16日7時31分,雅龍、寶應、嘉陵3艦於一江山西北海面搜索時,發現磨盤山西北有中共軍艦4艘,正向西南航行,即駛向腰橫山西北截擊。7時40分,我艦隊開始向敵艦猛烈砲擊,敵艦還擊,敵我砲戰約5分鐘,敵艦1艘受創逃逸。我艦隊以該地水道水淺,並未追擊。[232]

2、漁山海戰

民國43年5月16日11時50分,太和艦巡弋至漁山西南海域時,發現菜花岐以東海面,有共軍砲艦兩艘,當即備戰,並向敵接近。12時38分,我艦開始射擊,擊中敵艦1艘。敵艦受創隨即逃逸,並未還擊。12時47分,太和艦又發現敵驅逐艦兩艘,由三門灣方向駛來,連前敵艦共計3艘。13時,敵艦對太和艦左右夾擊。太和艦以眾寡懸殊,轉航增速避戰,未幾中彈數發,艦上裝備損失頗鉅。13時18分,敵砲停止射擊。13時30分,敵艦隊自動撤退,太和艦則返航大陳。[233]

(二)鯾門海戰

民國43年5月15日深夜,共軍攻占鯾門島後,我方與美方情報工作人員,未來得及撤離,潛藏島上。大陳防衛司令部收到彼等發出之無線電信號呼救甚急,處境頗危。[234]5月16日午夜,海軍浙海特種任務艦隊指揮官劉廣凱飭令雅龍艦艦長梁天价率反共救國軍海上突擊總隊八十號工作艇(附舢舨兩隻),於22時由大陳啟航,潛入敵後鯾門島,掩護我方及美方工作人員撤運。[235]

17日2時,雅龍艦駛抵鯾門島與高島之間海面,掩護八十號艇登陸鯾門島。3時53分,雅龍艦雷達發現共軍砲艇4艘,正位於鯾門島以東海面(小鵝

《劉廣凱將軍報國憶往》,頁84-85。
[232] 腰橫山磨盤山附近海戰經過,參閱國防部史政局編印,《浙海海戰》,頁13。
[233] 漁山西北海戰參閱一、國防部史政局編印,《浙海海戰》,頁13-14。二、劉廣凱,《劉廣凱將軍報國憶往》,頁85-86。馬冠三,〈鏖戰東海憶當年〉收錄在《三軍揮戈戰東海》,頁28記:共軍南昌、廣州、開封、長沙等4艘護衛艦,掩護陸軍攻占東磯列島後,接著此4共軍艦艇於漁山與東磯之間海域菜花岐附近擊傷太和艦。
[234] 劉廣凱,《劉廣凱將軍報國憶往》,頁87。
[235] 國防部史政編譯局編印,《國民革命建軍史:第四部:復興基地整軍備戰》(三),頁1559。

在碼頭歡迎雅龍軍艦海戰歸來的場面

冠東北方），距離兩千碼，圍繞雅龍艦，情勢險惡。4時15分，共軍砲艇3艘向雅龍艦射擊。雅龍艦以有任務在身，未予還擊，暫時航向白菱灣，藉高島山影隱蔽。4時40分，八十號工作艇由登陸處駛回，告以舢舨未歸。時敵以3艘砲艇正向雅龍艦成包圍之態勢。5時5分，八十號工作艇在登陸處仍未發現舢舨，且遭敵砲艇射擊，請求支援。雅龍艦乃駛往掩護，並使急速脫離。時逢潮潮，研判舢舨已駛離鯁門，遂護送八十號工作艇返航大陳。

　　17日5時12分，雅龍艦遭到共軍兩艘大型軍艦及7艘砲艇包圍，梁天价艦長利用視界不明，艦身目標小，轉動靈活，於敵陣中，縱橫襲擊。此時敵艦艇雖多，火力礙難發揮。雅龍艦先後擊傷、擊沉敵砲艇各1艘，嗣奉令突圍，敵艦艇尾隨追擊雅龍艦。雅龍艦一方面應戰，一方面突圍，交戰約二十分鐘後，方脫離戰鬥返航。[236]17日7時45分，雅龍艦返抵大陳，始獲悉擔任接運人員的兩隻舢舨，已安全歸來；八十號工作艇亦隨後抵達大陳，於是接運鯁門島上中美情報人員任務圓滿順利達成。[237]

　　東磯列島海戰自民國43年5月16日3時45分，至17日15時20分止，歷時近2日，共軍艦艇被我方擊沉2艘，擊傷3艘；我方有太康、太和、雅龍3艦被擊傷，負傷者10員。[238]

四、突擊銅山港

　　民國43年8月9日2時50分，海軍第四艦隊司令黃震白率德安、永泰、永康、聯智、聯仁5艦，自金門航抵古雷頭以南海面六千碼之處預定位置，德

---

[236] 鯁門島（高島以東）海戰經過，參閱一、國防部史政局編印，《浙海海戰》，頁14-16。二、海軍總司令部編印，《中國海軍之締造與發展》，頁222。三、劉廣凱，《劉廣凱將軍報國憶往》，頁87-91。四、國防部史政編譯局編印，《國民革命建軍史：第四部：復興基地整軍備戰》（三），頁1560。五、祝康明，《青天白日勳章列傳——浙海之龍》（臺北：電視大學出版有限公司，民國75年）。

[237] 國防部史政編譯局編印，《國民革命建軍史：第四部：復興基地整軍備戰》（三），頁1560。鄧克雄，《葉昌桐上將訪問紀錄》，頁79記：鯁門海戰共軍之失利係因其艦艇係由各處抽調組成，各艦的通信與識別有問題，且夜暗狀況不明，深怕打到自己人。「雅龍艦」則不然，他明白除了自己外，其餘都是敵艦，沒有敵我識別的顧慮，還擊時可無所顧慮。

[238] 國防部史政局編印，《浙海海戰》，頁17。

安、永泰、永康3艦隨即就掩護部位。3時25分,聯智(艦長馮國輔)、聯仁(艦長汪希苓)兩艦向敵港口低速前進,於駛抵古雷頭水道時,陸續發現敵艇數艘自惠嶼南沃魚貫出港,旋復有敵艇兩艘自塔嶼後方駛來,聯智艦即以火箭準備對敵艇發射,但此時共軍各艇向我形成包圍態勢。

9日3時42分,聯智艦駛近距離敵艇約一千一百碼處,把握戰機對敵發射火箭10發,擊沉敵艇;同時各艦所有砲火均分別對準包圍各敵艇全速齊發,敵艇倉促還擊。此時我艦火力已吞沒敵全數艦艇,古雷頭及東山之共軍岸砲雖見我艦射擊,但在我支援艦全力還擊制壓下,旋即沉沒。

此役聯智擊沉共軍大型砲艇1艘及輕型砲艇4艘;聯仁艦擊沉擊傷敵艇各1艘。聯智、聯仁兩艦見水陸威脅已減,遂協力轟擊、追擊敵艇。時敵艇3艘自惠嶼、南沃東南駛出增援,同時塔嶼及惠嶼岸上敵機槍亦向我艦射擊。聯智艦一面壓制岸上敵火力,一面追擊擊沉敵艇,聯仁艦集中火力向敵艇射擊,敵艇遭重創不久沉沒。

3時52分,聯智艦再次發現敵艇,正向塔嶼東沃沙聯疾駛,聯智艦將其重創。至3時56分港內各敵艇已沉沒或重創。聯智、聯仁兩艦因任務已達成,遂全速轉航出港,加入艦隊序列,隨旗艦東返。本次海戰我艦擊沉敵艇8艘,重創敵艇4艘,我艦隊無損失。[239]

五、大陳海戰

民國43年5月,東磯列島海戰結束後,共軍逐漸取得大陳列島制空及制海權,敵海軍加強對大陳列島之侵犯。7月29日,共軍華東海軍軍區發布「襲擊大陳島」的預先號令;命令第一、三十一快艇大隊以高島為依托,開設臨時基地,利用夜間高潮時,對停泊在大陳、一江山附近海面,或在海面巡弋的國軍艦艇,伺機實施魚雷攻擊。[240]

---

[239] 突襲銅山港經過,參閱一、國防部史政編譯局編印,《國民革命建軍史:第四部:復興基地整軍備戰》(三),頁1561-1562。二、汪士淳,《忠與過:情治首長汪希苓的起落》(上海:天下遠見出版股份有限公司,1999年),頁48。

[240] 紀智良,〈擊沉敵「太平」、「寶應」號〉收錄在《戰爭親歷者說──一江山島之戰》(上海:上海文藝出版社,2005年),頁270-271。

11月1日，共軍依據雷達偵察情資得知；連日我海軍太平艦每日18時至19時，都會從大陳出航，航至一江山外海，轉向頭門山，再右繞駛向漁山列島巡弋，至拂曉前返大陳。敵遂以4艘魚快艇於14日深夜，埋伏在頭門海域。[241]

　　11月13日22時30分，太平艦自大陳出發，執行例行偵巡任務。14日午夜0時5分，共軍在高島雷達站發現太平艦正駛往漁山列島方向。敵4艘魚雷快艇利用夜色高速接近太平艦。[242]1時35分，敵魚雷快艇接近太平艦僅有兩百公尺左右之距離，接著梯次發射8枚魚雷後，迅速返航。[243]

　　太平艦遭受敵魚雷重創後，主機暫時喪失動力，我艦上官兵除迅速搶修堵漏外，太和、永春、衡山等艦陸續奉命趕赴支援，於大陳以東15浬會合。惟太平艦因機艙大量進水，於14日7時15分在大陳島正東10浬處沉沒，[244]艦上宋季晃副艦長以下28名官兵不幸殉職。[245]

　　太平艦遇襲沉沒暴露大陳地區敵我態勢消長，國軍日趨居於劣勢，補給線太長，空軍遠程支援亦力難從心，海軍在缺乏有效的空中掩護下，長期巡弋海上，任務繁忙，且整補不正常，官兵疲憊過度等困境。[246]此外，海軍在

---

[241] 張愛萍，〈張愛萍談一江山島登陸戰（紀要）〉收錄在《戰爭親歷者說──一江山島之戰》，頁9。

[242] 海軍總司令部編，《海軍艦隊發展史》（二），頁1053。張力，〈馬順義先生訪問紀錄〉收錄在《海軍人物訪問紀錄》（第二輯）（臺北：中央研究院近代史研究所，民國91年），頁170記：11月14日1時30分，太平艦雷達發現有4個快速目標後，該艦即進入備戰狀態。

[243] 有關共軍擊沉太平艦經過，參閱一、孫建中，《臺灣全志，卷六，國防志：遷臺後重要戰役役篇》（南投：國史館臺灣文獻館，2013年），頁161-163。二、陸其明，〈奇襲太平號──人民海軍魚雷快艇首次海戰紀實〉收錄在《三軍揮戈戰東海》，頁202。三、紀智良，〈擊沉敵「太平」、「寶應」號〉收錄在《戰爭親歷者說──一江山島之戰》，頁273-274。四、朱洪禧，〈擊沉國民黨海軍太平艦〉收錄在《海軍──回憶史料》（北京：解放軍出版社，1999年），頁210-213。

[244] 參閱一、海軍總司令部編，《海軍艦隊發展史》（二），頁1054-1055。二、張力，〈馬順義先生訪問紀錄〉收錄在《海軍人物訪問紀錄》（第二輯），頁178-179。

[245] 「忠烈將士題名」收錄在海軍艦隊司令部，《老戰役的故事》，頁219。海軍司令部編印，《太字春秋：太字號軍艦的故事》，頁55、75記：43年11月14日7時15分，太平艦在上大陳外海15浬處沉沒，官兵29人殉職，146人獲救。

[246] 張力，〈馬順義先生訪問紀錄〉收錄在《海軍人物訪問紀錄》（第二輯），頁179。鍾堅，《海峽動盪的年代》，頁81記：海軍在大陳地區一成不變地維持一條東向西的巡弋軸線十分不智，共軍觀察幾個月之後，便知道如何採行前置量，準確命中海上目標。

太平軍艦沉沒的報導

大陳列島原以太康、太平、太和3艘太字號護航艦編成的戰隊,因太平艦喪失,戰力大減。是時大陳局勢日趨緊張,共軍先是獲得大陳列島制空權,待國軍空優喪失,制海權頓失憑依,至此我海軍在大陳的活動受到限制。[247]

六、洛嶼海戰

民國44年1月10日,共軍空襲大陳,海軍中權艦被擊毀,衡山、中海、太和3艦受創。海軍為避免無謂之損害,於當日黃昏後,將駐大陳艦艇向南迴避外。另以靈江、甌江兩艦,自上大陳向南巡弋警戒。旋甌江艦因燃料不足,返回大陳補給,僅以靈江艦執行巡弋任務。10日23時24分,靈江艦巡弋至積穀山東南海域時,遭遇共軍魚雷快艇襲擊,中雷受創。[248]

---

[247] 張力,《池孟彬先生訪問紀錄》,頁105。
[248] 陸其明,〈單艇獨雷沉洞庭〉收錄在《三軍揮戈戰東海》,頁208。

特種任務艦隊指揮官楊元忠獲悉，急令永壽、甌江兩艦駛往救援，靈江艦在友艦救援下，拖回大陳途中，因艦體受創嚴重，於11日4時25分在洛嶼海面沉沒，艦上官兵42人獲救，張時達通信員以下官兵共31人殉職。[249]

洛嶼海戰靈江艦沉沒後，駐防大陳地區海軍的戰力更趨轉弱，自此駐大陳列島的國軍，在失去海軍、空軍支援下，獨力孤守。[250]隨著共軍進犯大陳列島企圖日趨明顯，國防部部長俞大維為此向美國要求增加4艘驅逐艦、15艘登陸艇援助我國。蔣中正總統則要求美方協助我海軍建立1支多用途的小型海軍，但美方未有增加軍援我國艦艇之意願。[251]

七、大陳轉進作戰

民國44年1月21日，共軍攻陷一江山，大陳門戶洞開，時國軍已喪失大陳列島制空權與制海權，大陳列島作為國軍立足浙東反攻大陸橋頭堡之戰略地位已失。為避免大陳軍民陷於孤立苦守，重蹈一江山之悲劇，我政府同意美方之建議將大陳軍民轉進臺灣。1月21日，國防部部長俞大維與美軍顧問團團長蔡斯完成撤運初步協議。國防部旋於1月23日分令大陳防衛司令

---

[249] 靈江艦遇襲經過，參閱一、國防部史政編譯局編印，《戡亂戰史》，第十四冊，東南沿海地區作戰，民國72年，頁333-334。二、國防部史政編譯局編印，《戡亂時期東南沿海島嶼爭奪史》（二），民國86年，頁179。三、海軍艦隊司令部編印，《老軍艦的故事》，民國90年，頁70。四、國防部編印，《一江山戰鬥檢討》，頁4。共軍方面記載靈江艦沉沒時間及地點為：1月11日2時27分，在洛嶼東南4海里處沉沒。參閱紀智良，〈擊沉敵「太平」、「寶應」號〉收錄在《戰爭親歷者說——一江山島之戰》，頁274。有關靈江艦殉職官兵人數眾說紛紜；軍方記載為通信員張時達中尉以下官兵共31人，參閱海軍艦隊司令部，《老戰役的故事》，頁219。鍾漢波，《海峽動盪的年代》頁84-85記：副長張世達上尉等33員殉職。陳振夫，《滄海一粟》，頁188-189記：靈江艦艦長王名城等官兵43人遇救，副長張世達等官兵32人隨艦殉職。

[250] 國防部史政編譯局編印，《戡亂戰史》，第十四冊，東南沿海地區作戰，頁334。陳振夫，《滄海一粟》，頁189記：洛嶼海戰後，大陳特種任務艦隊僅剩下永壽、永嘉、甌江等3艦。大陳對一江山、漁山、披山各地區間運補，由反共救國軍海上突擊總隊所屬機艇，獨力擔任。

[251] 顧維鈞，《顧維鈞回憶錄》第12冊（北京：中華書局，1993年），頁57記：美軍參謀長聯席會議主席雷德福上將對於此事則十分冷淡。雷德福認為：臺灣海軍所有經過充分訓練的人員僅夠配備2艘新增加的驅逐艦，臺灣沒有足夠的人員去配備例如1艘輕巡洋艦或更多的驅逐艦。此外，他覺得維持較多的艦艇會使臺灣政府出現財政困難。

部、陸軍、海軍、聯勤總司令部立即祕密策劃大陳轉進作戰,限期完成。同(23)日美軍第七艦隊司令蒲萊德及其所屬兩棲支隊司令塞賓(Sabin)抵達臺北,商議大陳轉進事宜,並與國軍高層會商大陳作戰協定。由於大陳轉進計畫當時屬於機密,故以「金剛計畫」為代名,此為中美海軍歷史性的第一次重大軍事行動之合作。[252]

依據「金剛計畫」,美軍第七艦隊海空部隊負責掩護包括漁山、上下大陳及披山島上國軍部隊及軍品之轉進,並擔任北緯27度以北之海空支援與掩護行動,北緯27度以南之空中掩護,由國軍空軍擔任。美軍船團只負責上下大陳陸軍第四十六師之撤運;漁山及披山陸上部隊之撤運,由國軍自行負責。[253]

1月24日,鄞江艦於大陳東南20浬處遭共軍重創,後經永康艦拖回,因損害嚴重無法修護除役。[254]30日,我方接獲共軍下達攻占大陳列島之預令,大陳局勢日趨緊張。同(30)日共軍空襲下大陳海軍碼頭,造成軍民五十多人傷亡。[255]2月5日下午,美國總統艾森豪宣布:美國海、空軍將掩護撤退大陳軍民。[256]國軍開始向大陳居民宣布撤退,聽其自由選擇來臺與否,「金剛計畫」之實施準備工作,進展至完成階段。

針對「金剛計畫」內容,海軍派出大小艦艇52艘及1個陸戰隊岸勤中隊組成任務編組,定名為「海軍第八五特遣艦隊」,由兩棲部隊司令劉廣凱擔任總指揮官,開始實施。[257]我方艦隊船團於2月6日18時,自基隆港依序發航,於8日7時按預定計畫抵達大陳,即飭令各部隊迅速就指定部位及地點,開始執行任務。時美軍第七艦隊已先期抵達指定位置,美國海軍此次參與大陳轉

---

[252] 劉廣凱,《劉廣凱將軍報國憶往》,頁99-100。《黎玉璽先生訪問紀錄》,頁167記:有關編組與美國海軍合作之計畫,由海軍副總司令黎玉璽草擬。
[253] 國防部史政編譯局編印,《戡亂戰史》,第十四冊,東南沿海地區作戰,頁344。
[254] 海軍司令部編印,《江海歲月:江字號軍艦的故事》,頁25。
[255] 胡炘,《大陳回憶》,頁70。劉毅夫,《風雨十年:一個戰地記者的見證》(臺北:黎明文化事業公司,民國81年),頁70記:據趙霞司令官說法;44年1月30日,共軍轟炸大陳,炸死平民九十多人。
[256] 汪士淳,《漂移歲月——將軍大使胡炘的戰爭紀事》(臺北:聯合文學出版社,2006年),頁84-85。
[257] 參閱一、海軍總司令部編,《海軍艦隊發展史》(二),頁1073-1075。二、劉廣凱,《劉廣凱將軍報國憶往》,頁102。

進戰役之作戰艦艇及各型後勤艦艇等總計有38艘，為該艦隊主力所在。[258]

2月8日，大陳軍民撤運開始，至13日11時20分，大陳軍民已全部登船完畢。[259]大陳轉進費時4天，共使用中美各型運輸船艦達31艘（計美方19艘、我方12艘），運回大陳義民（含政府機關人員10,213人）、反共救國軍（4,243人）、軍眷（264人）、大陳防衛司令部、陸軍第四十六師官兵，於2月9日至14日，先後駛抵基隆，金剛計畫於是大功告成。[260]

關於大陳地區漁山、披山軍民之轉進，由海軍第八五特遣艦隊自撤運大陳之船艦中，分兵一部，另編成漁山、披山撤運支隊來執行。[261]

漁山、披山兩島軍民，於民國44年2月8日前，已完成一切撤運準備。原海軍負責撤運漁山之運輸艦，因灘岸暗礁重重，搶灘不易，改用4艘LCVP，及漁山提供的帆船、機帆船12艘，改行駁運，於9日15時30分許，完成一切裝載與登船。漁山撤運支隊於完成裝載後，先南駛大陳以東待命區，繼續依特遣部隊指揮官之命令，於2月10日17時49分駛抵基隆港。[262]

披山位居大陳以南，敵情顧慮較小，僅由海軍警衛支隊派出第二區隊（太湖、太倉、太康3艘護航驅逐艦及兩艘驅潛艦）先駛披山海域警戒。另外，派出中建、中練兩艘戰車登陸運輸艦（LST），隨後由待命區駛往披山。民國44年2月9日3時，披山撤運開始實施裝載，於16時許完成全部撤運作業。9日16時45分，在太湖、太康兩艦掩護下，啟定回航，至10日12時20分，駛抵基隆。[263]

---

[258] 計有重巡洋艦（CA）3艘、航空母艦（CVA10,33,9,18）4艘、驅逐艦（DD）14艘、火箭艦（LSMR）2艘；兩棲後勤艦隻計有人員運輸艦（APA）4艘、物資運輸艦（AKA）1艘、快速人員運輸艦（APD）1艘、戰車登陸艦（LST）2艘、船塢登陸艦（LSD）2艘及兩棲旗艦（GC）1艘。引自劉廣凱，《劉廣凱將軍報國憶往》，頁103。

[259] 孫建中，《臺灣全志，卷六，國防志：遷臺後重要戰役役篇》，頁194。

[260] 參閱一、國防部史政編譯局編印，《戡亂戰史》，第十四冊，東南沿海地區作戰，頁353。二、國防部史政編譯局編印，《戡亂時期東南沿海島嶼爭奪史》（二），頁185。國防部聯合後勤司令部編印，《榮耀與傳承——聯勤創制66週年專輯》，民國101年，頁267記：金剛計畫自民國44年2月9日實施，截至2月13日止，國軍運輸艦艇12艘次。接運返臺正規部隊11,285人、游擊部隊3,685人，其他單位1,063人、義民16,166人（含軍眷）。

[261] 國防部史政編譯局編印，《戡亂時期東南沿海島嶼爭奪史》（二），頁186。

[262] 有關漁山撤運經過，參閱《戡亂戰史》，第十四冊，東南沿海地區作戰，頁354-355。

[263] 有關披山撤運經過，參閱《戡亂戰史》，第十四冊，東南沿海地區作戰，頁355-356。

此次大陳轉進，共軍並未加以任何阻擾，主要是為了避免與美國發生衝突。美國國務卿杜勒斯（John Foster Dulles）曾透過蘇俄外交部長莫洛托夫（Vyacheslav Mikhaylovich Molotov）暗示：希望共軍在國軍大陳轉進時不要加以攻擊。[264]民國44年2月2日，毛澤東對於共軍海軍司令部上呈有關共軍海岸砲兵在國軍從大陳撤退時，是否向大陳港口一帶射擊問題上，毛批示如下：「在蔣軍（國軍）撤退時，無論有無美艦，均不向港口及靠近港口一帶射擊，即是說，讓敵人安全撤走，不要貪這點小便宜。」就實力上而言；以當時共軍海空軍力量，要對抗美國第七艦隊，可謂是力有未逮，為此應是中共不敢輕舉妄動之真正原因。總之，大陳軍民成功轉進臺灣，全有賴中美兩國間之互信與合作，因而圓滿完成此次任務。[265]

八、台山列島海戰

　　民國44年2月13日，大陳軍民轉進臺灣後，共軍海空軍主力逐次南移，企圖逐島攻略，以澈底排除國軍在浙江，甚至向南延伸至福建沿海之武力。2月15日，共軍攻占北麂山，為切斷駐南麂山國軍之補給線，將作戰目標鎖定在於海上交通線上的台山列島。

　　2月17日傍晚，我海軍接獲空軍偵察敵情情報顯示；於台山列島以西海面發現有共軍艦艇活動。另外，共軍在台山島上有構工活動。為制機先，使南麂山軍民堅守或轉進均獲安全，艦隊指揮部指揮官黎玉璽接獲敵情報告後，當晚即親率太湖、太倉兩艦自基隆港出港，北駛台山列島截擊敵艦艇。另電令在烏坵海域巡弋的太康、太昭兩艦立即北駛會合，搜剿共軍艦船，摧毀台山列島敵軍事設施。

　　18日7時，太湖、太倉兩艦距離台山列島僅6浬處，黎玉璽指揮官當即發出戰備命令，旋發現敵海軍溫州大隊所屬的艦艇，組成增援船團，自沙埕港向台山列島駛進。7時35分，共軍艦船向我艦隊攻擊。7時42分，我旗艦太湖艦左舷中彈。此時敵砲艇已進入我艦砲有效程距離。太湖、太倉兩艦火力全

---

[264] 盧如春等，《海軍史》（北京：解放軍出版社，1989年），頁132。
[265] 孫建中，《臺灣全志，卷六，國防志：遷臺後重要戰役役篇》，頁198。

開向敵砲艇猛烈射擊。8時17分,太康、太昭兩艦適時抵達,加入戰鬥。敵我交火僅數分鐘,共軍砲艇不支,竟忘其掩護8艘登陸艇任務,急於脫離戰場。

18日8時19分,我艦把握時機,以高速繞至共軍登陸艇後方殲敵。時我太湖艦機艙遭敵砲命中1發,造成1名士官重傷,但機件無損害,我艦隊駛往距台山列島約一千五百碼處。時台山列島敵岸砲雖然熾烈,我軍艦集中艦砲射擊敵8艘滿載的登陸艇,敵登陸艇被我擊沉兩艘,另6艘為躲避我艦攻擊,漂向布滿暗礁的海面,結果觸礁,陸續沉沒。[266]

共軍登陸艇遭我重創後,我艦再相機捕殲敵大型砲艇,其中3艘中彈沉沒。時台山列島上敵岸砲仍向我艦隊射擊,以掩護其艦船脫離戰場。太湖、太倉兩艦雖先後中彈,仍持續追擊。經過1個多小時激烈的海戰後,企圖增援台山列島的共軍船艇全軍覆沒。2月18日8時31分,我艦停止射擊,繼續在台山列島附近海域巡弋,至11時55分脫離戰場南航,海戰結束。

台山列島海戰我方總計擊沉共軍大型砲艇3艘,登陸艇8艘,機帆船1艘,重創敵大型砲艇1艘,共軍傷亡慘重,數目不詳。是役我方計陣亡殉職1員,輕傷2員,重傷2員。[267]台山列島海戰我海軍重創中共海軍,有效嚇阻共軍逐島南侵態勢,為稍後的南麂山轉進奠定較為穩定之局勢。[268]

九、南麂山轉進作戰

民國44年2月9日,國防部部長俞大維繼大陳軍民轉進臺灣後,陸續與駐臺美軍顧問團團長蔡斯會談,略以大陳列島問題已獲解決,日前尚待研究

---

[266] 張力,《黎玉璽先生訪問紀錄》,頁103-105。

[267] 參閱一、國防部史政編譯局編印,《大陳轉進與砲轟黃岐》,民國69年,頁16。二、國防部史政編譯局編印,《國民革命建軍史:第四部:復興基地整軍備戰》(三),頁1587。海軍艦隊司令部,《老戰役的故事》,頁118-119記:台山列島海戰太湖艦戰士胡鳴生殉職,中士宋心蘭重傷,薛景森、周崇信兩人輕傷。張力,《黎玉璽先生訪問紀錄》,頁105-106記:我方陣亡胡鳴聲(應為胡鳴生)1員,宋心蘭、薛景森、周崇信3人受傷,共軍死傷當在兩千人以上。

[268] 台山海戰經過,參閱一、國防部史政編譯局編印,《大陳轉進與砲轟黃岐》,頁35-37。二、國防部史政編譯局編印,《國民革命建軍史:第四部:復興基地整軍備戰》(三),頁1586-1587。

者為南麂山之問題。[269]惟依據《中美共同防禦條約》,美軍對南麂山無任何協防責任,以致我在浙東臺州列島僅存之南麂山,形勢益為孤單。[270]時因國軍自大陳轉進臺灣後,共軍海軍艦艇南下,其海空軍活動活躍,並於2月15日,攻占南麂山附近北龍山、北麂山,企圖再奪取南麂山。[271]

由於南麂山距離臺灣遙遠,我海空軍無法作有效之支援,為集中兵力,確保臺澎,積極準備待機反攻,蔣中正總統乃決心以海空軍掩護,自力撤運南麂山軍民。[272]2月21日,蔣中正總統下令準備將南麂山軍民轉進臺灣,是(21)日9時國防部召開南麂山轉進作戰協調會,代號為「飛龍計畫」。同時成立「海軍第九五特遣部隊指揮部」,任劉廣凱為指揮官,負責策畫飛龍計畫及執行南麂山地區轉進的裝載、海上運輸及護航計畫。[273]

海軍第九五特遣部隊之編組計有:打擊、警衛、運輸3個支隊,掩護、行政、灘勤3個區隊,以太昭艦為旗艦;崔之道擔任打擊支隊指揮官,轄洛陽、太康、太倉、太湖4艦;林溥擔任運輸支隊指揮官,轄中榮、中勝、美宏、大庾4艦;馬焱衡擔任警衛支隊指揮官,轄章江、貢江、清江、珠江4艦;雷樹昌擔任掩護區隊指揮官,轄永康、永壽兩艦,總計15艘軍艦,官兵一千八百餘人,由參謀長宋長志綜理全般參謀業務。[274]關於南麂山轉進,由各島撤運南麂山集中的海上突擊總隊及修船所,待命在海軍護送下,利用本身小艇,逕撤東引島。中央直屬單位及義民,概撤運基隆,其他部隊及軍用

---

[269] 國防部史政編譯局編印,《國軍建軍備戰工作紀要》,頁31。
[270] 國防部史政編譯局編印,《戡亂時期東南沿海島嶼爭奪史》(二),頁187。
[271] 國防部史政編譯局編印,《俞大維先生年譜資料初編》(一),民國85年,頁456。解放一江山島戰鬥回憶錄編委會,《解放一江山島》(北京:長征出版社,2003年),頁282記:2月9日至13日,共軍進占北麂山、北龍山、台山諸島。
[272] 參閱一、國防部史政編譯局編印,《國民革命建軍史:第四部:復興基地整軍備戰》(三),頁1589。二、劉廣凱,《劉廣凱將軍報國憶往》,頁109。
[273] 參閱一、國防部史政編譯局編印,《俞大維先生年譜資料初編》(一),頁461、462、465、466。二、劉廣凱,《劉廣凱將軍報國憶往》,頁110。國防部史政編譯局編印,《戡亂戰史》,第十四冊,東南沿海地區作戰,頁357記:台山列島海戰我雖以全勝告終,然究無補於大局,為了拯救南麂山軍民,迅速撤守,勢在必行。國防部於2月19日,令飭海軍總部,限於2月21日編成「九五特遣部隊」,準備執行南麂山撤運,並以「飛龍計畫」為代名。
[274] 參閱一、海軍總司令部編,《海軍艦隊發展史》(二),頁1080。二、劉廣凱,《劉廣凱將軍報國憶往》,頁110-111。

物資則撤運澎湖。[275]

2月22日,中共空軍突襲轟炸南麂山,南麂山局勢告急,[276]同(22)日共軍艦艇出現在南麂山附近。[277]22日至23日夜,我艦隊於基隆集結整補。23日,飛龍計畫開始實施。24日17時,中榮、中勝、美宏3艦駛抵南麂山大沙岙,各艦同時搶灘,連夜開始裝載,至25日7時30分完畢。[278]南麂山義民與撤運臺灣部隊及攜帶物資撤往澎湖,江浙反共救國軍轉進東引,擔任防務。[279]至25日16時止,海軍第九五特遣部隊各艦均安全返抵基隆,飛龍計畫於是圓滿完成。[280]

十、規復南沙群島

民國45年初,菲律賓政府宣稱擁有南沙群島之主權,我政府立即宣示中華民國擁有南沙群島之主權,並責成海軍派艦威力巡弋,彰顯維護領土主權決心。6月2日,海軍以太和、太倉兩艦編成「立威艦隊」,編配陸戰隊偵察排官兵30人,自左營啟航,執行南沙群島威力巡弋。5日,立威艦隊駛抵太平島。6日晨,登島立碑、升旗設標語,於8日13時39分離島。9日8時30分,駛抵南威島,經偵察測繪、立碑及升旗後,於10日正午離島。11日11時30分,駛抵西月島,經偵察測繪、立碑及升旗後,於15時30分離島。立威艦隊於14日11時返抵左營港。[281]

---

[275] 國防部史政編譯局編印,《戡亂時期東南沿海島嶼爭奪史》(二),頁187-188。
[276] 參閱一、《中國人民解放軍第三野戰軍戰史》,頁444。二、解放一江山島戰鬥回憶錄編委會,《解放一江山島》,頁282。
[277] 國防部史政編譯局編印,《俞大維先生年譜資料初編》(一),頁462。
[278] 國防部史政編譯局編印,《戡亂戰史》,第十四冊,東南沿海地區作戰,頁361-362。國防部史政編譯局編印,《國民革命建軍史:第四部:復興基地整軍備戰》(三),頁1590記:南麂撤運第四十六師一團及浙江反共救國軍1個大隊,計2,887人,公教人員48人,民眾1,070人。劉廣凱,《劉廣凱將軍報國憶往》,頁111記:南麂撤運各運輸艦船共搭裝載:國軍3,608人,反共救國軍819人,行政機關48人,義民1,070人。
[279] 國防部史政編譯局編印,《俞大維先生年譜資料初編》(一),頁466。
[280] 參閱一、國防部史政編譯局編印,《戡亂戰史》,第十四冊,東南沿海地區作戰,頁360。二、國防部史政編譯局編印,《戡亂時期東南沿海島嶼爭奪史》(二),頁188-189。三、劉廣凱,《劉廣凱將軍報國憶往》,頁111。
[281] 參閱一、姚汝鈺,《海軍立威部隊南沙偵巡報告》,民國45年6月,影印本。二、林天

涪江軍艦

十一、閩江口海戰

　　民國47年2月19日晨，海軍北區支隊於馬祖沃起錨，實施威力搜索，巡弋閩江口及馬祖海峽一帶海面。8時19分，發現閩江口外七星礁約四千碼處，有共軍布雷快艇8艘分成兩梯次，高速向我疾駛，企圖突襲，支隊長李敦謙立即下達作戰命令，全隊備戰出擊。

　　8時20分，李敦謙支隊長命令旗艦德安艦加速航進，以主砲向距離約一萬碼之敵魚雷快艇先頭梯隊射擊，先後擊中魚雷快艇兩艘於半洋礁南兩千碼處，兩艘敵魚雷快艇先後沉沒，其他兩艘向閩江口梅花高速逃逸。

　　8時25分，李支隊長命令沱江、涪江、清江3艦以高速疾駛，截擊並相機捕捉共軍魚雷快艇後續梯隊，旋於七星礁西北約四千碼處，擊沉敵魚雷快艇1艘，重創3艘，受創敵艇逃往閩江口梅花方向。時川石島、梅花等敵岸砲

量，《陸戰隊的榮耀》（左營：海軍陸戰隊司令部，93年），頁96。

向我艦猛烈射擊。所幸我艦無傷亡,並以任務已達成,乃撤離戰場,安全返航。[282]是役海軍德安等艦雖然遭到共軍魚雷快艇多艘突襲,但我官兵奮勇卻敵,擊沉重創敵魚雷快艇各3艘。[283]

陸、遷臺初期海軍建軍發展的優缺檢討

一、優點

(一)艦艇常能保持高度作戰整備

民國38年底政府遷臺後,有關海軍的整建方面,先是在42年7月成立海軍艦隊指揮部,海軍艦隊得以統一整備,使海軍總司令部能集中精力從事海軍建設與發展。基本同型艦隊編成後,在管理訓練上收效至鉅,尤其以補給保養便利頗多。至於任務編組艦隊,因其艦艇係由各基本艦隊中抽派混合編成,不但能適應任務之遂行,即在作戰整備與休息上,獲得輪替機會,因之若干艦艇常能保持其高度之作戰整備。[284]

(二)軍艦作戰與訓練提升至編隊作戰與訓練之新階段

海軍自民國44年3月著手艦艇的改編後,全部行政事宜由艦艇指揮部辦理,六二特遣部隊擔任作戰指揮,各艦隊司令部專負訓練及保養之責,在艦隊訓練與保養上,確有顯著之進步,尤以專設戰隊部後,作戰訓練均以戰隊為單位,在編隊訓練及作戰運用上收效至鉅。歷來年我海軍軍艦的作戰與訓練,已提升至編隊作戰與訓練之新階段,海軍戰力因此大為增強。[285]

---

[282] 國防部史政編譯局編印,《國民革命建軍史:第四部:復興基地整軍備戰》(三),頁1612。
[283] 海軍總司令部編印,《中國海軍之締造與發展》,頁48。
[284] 國防部史政編譯局編印,《國民革命建軍史:第四部:復興基地整軍備戰》(二),頁930。
[285] 國防部史政編譯局編印,《國民革命建軍史:第四部:復興基地整軍備戰》(二),頁949。

（三）海軍陸戰隊裝備火力及人員素質大幅提升

陸戰隊第一師編成後，其最大特色為接收源源到來的美援武器裝備，火力變得十分強大，例如陸戰隊第一師砲兵團編制轄4個營及1個團部連；以第一、二、三營直接支援各步兵團作戰，第四營擔任師一般火力支援。砲兵團各連各擁有6門火砲，較陸軍同型連火力增強百分之五十。各直接支援營火砲係美造M2A1型105公釐口徑榴彈砲，一般支援營火砲為M114A1型155公釐口徑榴彈砲。砲兵團火砲共計72門。火砲牽引車為十輪重型載重車，牽引力強大，可以野行；全團車輛連同指揮、勤務及通信車輛計一百六十餘輛，乃為摩托化砲兵團。[286]在美援協助下，陸戰隊第一師成立空中觀測隊，配賦有觀察機12架，負責空中偵察及砲兵射擊觀測任務，是為國軍師級單位，擁有輕型飛機之濫殤。[287]周雨寰擔任陸戰隊司令後，有鑑於陸戰隊在民國37至39年間擴編迅速，導致中級幹部與指參人才缺乏，現有幹部素質良莠不齊。於是在周司令竭思精慮下，徵召于豪章擔任參謀長，並相繼徵調三軍大學正二十二、二十三期先後畢業軍官，及國軍其他部隊精英才俊到陸戰隊服務，以提升陸戰隊中級幹部及指參人員之素質。[288]

（四）建立兩棲作戰與訓練完整系統

自政府遷臺後，我海軍致力於兩棲之作戰、訓練，乃至研究發展，已建立完整系統，兩棲部隊已發展為可以支援1個師登陸作戰之完整部隊。在任務執行方面，歷經大陳、漁山、披山島諸戰役，尤以爾後「八二三戰役」執行「鴻運計畫」，突破共軍岸砲封鎖，完成兩棲作戰運補任務，鞏固金門前線防務，安定後方人心，贏得臺海戰爭第一回合勝利。[289]

---

[286] 楊友三，《楊友三的成長故事》，作者自刊，民國97年，頁131。
[287] 宋儒生，〈陸戰隊今昔觀〉收錄在《陸戰薪傳》，頁220-221。
[288] 屠由信，〈司令周雨寰公對海軍陸戰隊的三大傑出建樹〉收錄在《海軍陸戰隊官兵口述歷史訪問紀錄》，頁116。
[289] 海軍總司令部編，《海軍艦隊發展史》（二），頁865。

（五）利用美援提升中低級軍官專業技術訓練

民國40年美軍顧問團駐臺後，我海軍在美軍顧問團海軍組積極援助下，各方面有顯著進步，在許多援助事業中，有一項強基固本的長遠計畫最為突出重要，即是在每年軍援經費中，選派許多年輕優秀中低級軍官，赴美參加各階層學校或訓練班，接受專業技術訓練。科目十分廣泛，從參謀大學、專業學校，至專業技術訓練。[290]

（六）改進後勤進修補給制度及擴展修護補給技術能量

海軍在美軍顧問團的協助下，對人員專業技術訓練，改進後勤進修補給制度，擴展修護補給技術能量，效果十分豐碩，隨著美援艦艇數量增加，零配件物質之供應及工廠修護能量的迅速建立等最為顯著。在民國42年之前，各海軍廠所之設備多係日本海軍所遺留者，設備簡陋，技術不精，修護能力低。當時必須將部分主力軍艦分批駛赴日本造船廠或菲律賓蘇比克灣美國海軍工廠定期大修。至46年各造船所改制為造船廠後，其體制與美國海軍修護廠組織相似，各造船廠之各工場技術能量迅速進步，可以擔任全軍軍艦大修定保任務，不必再送往國外修理。[291]

二、缺點

（一）組織編制不適合我國國情及兵力部署不當

民國44年2月，海軍改行新編制，總司令部內區分軍令、軍政兩大部門，在職掌與作業上，頗有彼此重複與相互衝突之處。在艦隊指揮部下區分驅逐、巡邏、掃布雷、後勤等同型艦隊，並成立六二特遣部隊及其所屬各任務支隊，以執行臺灣海峽地區作戰與運輸指揮任務，在權責上兩者似亦有混淆之弊。此乃當時海軍為澈底仿效美國海軍的一項措施，然而我國海軍規模

---

[290] 曾尚智，《曾尚智回憶錄》，頁54。
[291] 曾尚智，《曾尚智回憶錄》，頁42、52。

小,防衛臺灣海峽此一小海域,似無須要仿效採行美軍龐大複雜的編制。[292] 政府遷臺初期,雖然對海軍陸戰隊進行整編、改編,且因美援裝備陸續到達,戰力業已加強,惟在未來反攻大陸突擊作戰需求上,其組織與裝備尚待加強。海軍成立兩棲部隊司令部為未來聯合部隊指揮作戰之基礎,戰時負責指揮作戰,平時負責計畫研訂及演習訓練,惟以甫經成立,此項機構人員及設備尚待充實。[293]另外,太平艦遭共軍重創沉沒之原因,並非該艦官兵表現不佳,而是兵力部署不當。此時美國海軍第七艦隊雖然協防臺灣海峽,但中美海軍採取分段巡邏臺灣海峽,即將臺灣海峽分為7段,並平均分配將雙方飛機艦艇,以定點、定時的方式巡弋。此種固定路線的偵巡方式,非常僵硬呆板,容易造成敵人可乘之機,太平艦便是在大陳海域最北端偵巡時,遭共軍預先埋伏,給予襲擊重創。[294]

(二)部分艦艇老舊維修困難

政府遷臺初期,日本賠償艦艇在臺海防衛作戰仍扮演重要角色,迄民國42年海軍4支作戰艦隊轄屬艦合計39艘,其中日本賠償艦艇即占11艘。然而日本賠償艦艇的配件材料甚為缺乏,海軍各所廠受到戰事影響一再拆遷,修船設備甚差,復起修作戰艦艇,各所廠不敷支配,尤以修船經費支絀,各種不利因素不僅影響十餘艘日本賠償艦艇無法修復成軍,並限制已成軍服勤日艦的戰鬥能量,加上抗戰勝利後接收了大量美援艦艇,若其中間夾雜部分日本裝備,無論在訓練、管理或維修上,都很不方便,因此日本賠償艦艇的使用年限都不長。至43年以後,美援「陽」字型驅逐艦、「江」字型巡邏艦相繼成軍服役,日本賠償艦艇便退居第二線,並自海軍戰鬥序列中陸續解編除役。[295]即使是美援軍艦亦有狀況惡劣無法服役者;例如46年12月22日,美方

---

[292] 陳振夫,《滄海一粟》,頁205。
[293] 國防部史政編譯局編印,《國民革命建軍史:第四部:復興基地整軍備戰》(二),頁930。
[294] 鄧克雄,《葉昌桐上將訪問紀錄》,頁86。
[295] 海軍總司令部編,《海軍艦隊發展史》(一),頁330-331。曾瓊葉〈訪談夏甸上將〉收錄在《海上長城——海軍高階將領訪問紀錄》,頁25記:日本賠償艦「安字號」巡邏艦,裝備老舊且保養不良,經常停靠碼頭,無法出航。

將停泊菲律賓馬尼拉兩艘火箭支援登陸艇（LSSL），以拖船拖抵左營移交我海軍，惟其性能過於劣惡，未予成軍。47年3月16日，海軍接收美國撥贈由菲律賓拖抵左營之步兵登陸艇（LSIL）3艘，其中兩艘因性能惡劣，不堪服役而報廢。[296]海軍後勤艦隊所轄艦艇型式各異，多屬逾齡老舊，許多艦艇因艦體狀況甚差，在海軍服役數年即報廢除役。[297]另外，海軍徵用的中字號商船，其輪機情況差劣不堪使用，不符作戰需求者，如中有、中功、中業3艦，均因艦體腐爛或銹蝕，加以艦機損壞，安全堪虞，且無修復價值，遂報廢除役。[298]

（三）後勤修護能力不足及與料件短缺

民國43年1月，美國租借我國海軍兩艘本生級驅逐艦，洛陽、漢陽兩艦自美國接艦回國後，其MK-37砲火指揮系統裝備較好，但海軍第一造船廠只能維修槍砲，未具備維修射控系統之能力，且國內無專業人員可以修理，因此洛陽、漢陽兩艦的砲火指揮系統維修，必須到日本或菲律賓的美國海軍工廠進行大修。[299]遷臺初期，海軍陸戰隊的裝備多已陳舊，勉強使用，時陸戰隊採購的LVT兩棲登陸運輸車，均為39年陸續向菲律賓外購之美軍第二次世界大戰剩餘物資；由於該裝備在菲國已閒置多年，以致所有的LVT兩棲登陸運輸車在服役前，都必須經過整修。然而陸戰隊倉庫經常因材料與零件短缺不足，車輛被迫列為「待修」，此料件短缺的困境，直到美援到來後，才大為改善。[300]

（四）經費及師資不足影響教育訓練

海軍參謀研究班初創時，師資方面十分缺乏，主要科目教官方面；海軍戰術由圓山軍官訓練團的日籍教官鄒敏三兼任，參謀業務此科在海軍中遍索無人可勝任，只得請由陸軍第三署副署長黎天曙兼任（海軍與陸軍雖然軍種不

---

[296] 海軍總司令部編，《海軍艦隊發展史》（二），頁777、778。
[297] 海軍總司令部編，《海軍艦隊發展史》（二），頁830、831。
[298] 鍾堅，《驚濤駭浪中戰備航行——海軍艦艇誌》，頁474-476。
[299] 鄧克雄，《葉昌桐上將訪問紀錄》，頁107。
[300] 王琛，〈英雄中的英雄〉收錄在《陸戰薪傳》，頁174。

同,但邏輯推理程序則一致,所以參謀作業的理論部分則一致),海軍戰略此科由輪機科出身的楊珍出擔任(楊氏曾翻譯馬漢所著的《海軍戰略論》)。[301] 陸戰隊學校初級班第四期曾奉令增授汽車駕駛及通信保養課程80小時;因教材準備不足及油料無著落被迫取消,經奉准改由第五期起開始實施。陸戰隊學校高級班第一期因校舍限制,遲至民國42年12月14日開學,每期召訓名額原定為60員,因校舍容量有限及營具不敷分配,乃縮減為50員。[302]海軍陸戰隊通信軍官訓練班更因師資缺乏、教育器材與房舍未臻完善,該訓練班第一期遲至陸戰隊學校成立將近1年後,才得於42年6月28日開訓。[303] 44年1月31日,海軍陸戰隊補充兵訓練營補充兵開始進行分科教育,在前階段均能按計畫實施,惟因裝備缺乏,教育器材不足,訓練油料及特科教育場地取得困難,使訓練工作遭遇莫大困難,且因當時徵召的補充兵因素質不高,亦影響教育成效。[304]至於47年美國以借撥方式移交我國3艘戰車登陸艦,分別命為中富、中程、中強,海軍接收中程、中強兩艦後,適值「八二三戰役」開始,因戰事需要,海軍總司令部電令提前返國,原訂之成軍訓練、兩棲作戰訓練及整補被迫縮短。[305]另外,海軍軍官學校遷臺後,只能在臺灣招生,素質不如以往,很多學生因為戰亂,讀中學時半途輟學,因此學生程度參差不齊,甚至部分學生係官宦子弟,仗著關係或特權進入官校。[306]

---

[301] 張力,《黎玉璽先生訪問紀錄》,頁184。
[302] 國軍檔案:《海軍陸戰隊學校沿革史》(一),〈海軍陸戰隊學校沿革史(44年度)〉,二、教育概況。
[303] 參閱一、國軍檔案:《海軍陸戰隊學校沿革史》(一),〈海軍陸戰隊學校沿革史(43年度)〉,教育概況。二、「海軍陸戰隊學校」提供之資料。通信軍官訓練班第1期開訓前,該訓練班負責代訓候補軍官班一期。另於民國42年12月14日代訓特務長訓練班。
[304] 參閱一、國軍檔案:《海軍陸戰隊沿革史》(四),〈海軍陸戰隊補充兵訓練營沿革史〉,四、訓練及五、後勤。二、海總司令部編印,《海軍陸戰隊歷史》,頁6之3之1。補充兵因素資不高,多不諳國語(當時補充兵幾乎為臺籍),以致接受教育訓練較為困難。例如補充新兵訓練營第一、二期補充兵,小學(含)學歷及不識字者偏高,約占85%以上,其中補充兵開訓時不諳國語者第一期為42%,第二期更高達60%。參閱一、國軍檔案:〈海軍陸戰隊補充兵訓練營沿革史〉,海軍陸戰隊補充兵訓練營第一、二期補充兵國語領悟成度成績比較表。二、孫淑文,〈戰後國軍海軍陸戰隊的重建與遷台初期建軍發展之研究〉收錄在《軍事史評論》,第十三期,頁196。
[305] 海軍總司令部編,《海軍艦隊發展史》(二),頁767-768。
[306] 許瑞浩、周維朋,《大風將軍:郭宗清先生訪談錄》,頁193、197。

（五）海難意外的損壞

曾任中勝艦艦長劉定邦回憶；政府遷臺初期，海軍艦艇的航海儀器設備很差，像中字號戰車登陸艦沒有雷達設備，航行必須靠肉眼去觀察，以判斷船位。[307]由於航海儀器設備差，加上海象不佳，往往造成海難意外事件。民國43年8月14日，中訓艦在南麂山擱淺，艦體損壞嚴重，難以修復，報廢除役。[308] 9月25日，潮安艦在澎湖海域，遭風襲擱淺，雖經拖救出險，但損害甚劇，難以修復，不久除役。[309] 10月30日，大明艦在馬公白沙嶼附近觸礁沉沒。[310] 46年8月26日，中程艦參加祥雲演習時，於屏東平埔海灘外觸礁擱淺，損壞嚴重，無法修復，報廢除役。[311] 47年1月，永寧艦在綠島觸礁損壞，無法修復，報廢除役。[312]

（六）待遇微薄生活條件差不少官兵另謀出路

政府遷臺初期，軍人待遇微薄，尤其是隻身逃難到臺灣的軍人，很難靠自己微薄的薪餉成家。[313]民國39年任職於海軍永嘉艦的王業鈞回憶；艦上生活非常苦，每人每天發一鋼杯的水，洗臉、漱口、飲水，都由這一一鋼杯中取用。當時他是中尉薪餉新臺幣78元，新樂園牌香煙1包要價3塊半，以他的薪水1天抽1包新樂園都不夠。[314]劉和謙回憶當年艦隊的實際生活，有兩項嚴重又無奈的難題；艦隊官兵副食費太少，難以維持正常的營養；太字號以下艦船沒有空調設備，官兵難以適應南臺灣的炎夏生活。[315]自美國開始軍援我國後，陸續有很多海軍軍官在美國各學校進修碩士或博士學位，但因為國內的軍人待遇微薄，而且研究工作的環境差，軍官們取得學位後，幾乎都不

---

[307] 海軍艦隊指揮部編印，《艦隊之山中傳奇》，民國96年，頁158。
[308] 海軍艦隊指揮部編印，《艦隊之山中傳奇》，頁120。
[309] 海軍艦隊司令部編印，《老軍艦的故事》，頁165。
[310] 海軍艦隊指揮部編印，《老部隊的故事：威海護疆、錨鍊傳薪》，頁149。
[311] 海軍艦隊指揮部編印，《艦隊之山中傳奇》，頁166。
[312] 海軍總司令部編，《海軍艦隊發展史》（二），頁825。
[313] 許瑞浩、周維朋，《大風將軍：郭宗清先生訪談錄》，頁207。
[314] 張力，〈王業鈞先生訪問紀錄〉收錄在《海軍人物訪問紀錄》，第一輯，頁253。
[315] 海軍司令部編印，《太字春秋：太字號軍艦的故事》，頁91。

願意回國,甚至用海軍公費出國的留學生也有不回國的,造成了海軍長官們不少的困擾。[316]民國40、50年代期間,國軍待遇微薄,生活條件差,許多官兵受不了苦,或為家庭生計所迫,見到商船船員待遇優沃,遂不惜以「泡病號」或故意怠忽職守,千方百計尋求退役之道。當時商船船長、輪機長每月可賺數萬元,而國軍中校、上校不過每月千餘元,相差十分懸殊。一旦退役後,上商船即當船長、輪機長,甚至低階船員,都一躍而飛黃騰達,住高樓,錦衣玉衣,出入以車代步,表現闊綽,實在令人嚮往羨慕。海軍在此狀況中損失了很多年輕優秀的軍官及士官人才,正值建軍需人之時,甚為可惜。[317]

(七)海軍主政者用人的偏差與政治迫害

曾任海軍總司令劉廣凱對於抗戰勝利後至政府遷臺初期主掌海軍的總司令桂永清在建軍方面評價如下:桂將軍主政海軍5年半,建設獨多,培養新進,使中國新海軍確立堅強的基礎,成為革命武力重要的一環,實屬功不可沒。尤其時值大陸沉淪,政府播遷烽火連天、兵荒馬亂之際,能將絕大多數艦艇及官兵眷屬撤退來臺,安定軍心,照顧生活,乃使海軍官兵畏威懷德,長懷去思。唯伊因係出身陸軍,對於海軍軍種之特性、海軍用兵之原則,及海軍發展之構想等殊不甚了解,故決策方面,每常有嚴重錯誤之發生。又用人方面,因材器使者固然很多,但用非其才者,亦不乏其今例。且以陸制海,致使陸軍出身之人員,每獲海軍之重要高位,不僅對於海軍之整建,毫無補益,反足以紊亂海軍之紀律與士氣。此外,伊更使海軍系派分立,是非不明,遺害匪淺。故桂將軍對新海軍在整軍時期可謂居功厥偉,但在建軍方面,當屬功過參半。[318]另外,政府遷臺初期「海軍白色恐怖」的政治迫害,

---

[316] 韓光渭,《學習的人生——韓光渭先生回憶錄》,頁477。張力,〈馬順義先生訪問紀錄〉收錄在《海軍人物訪問紀錄》(第二輯),頁181記:民國43年海軍中尉月薪150元臺幣折合美金3元多,但到美國受訓8週,節省可餘500美元,利之所趨,官兵考留美的反而志不在學習,若有12週或30週的訓練,大家競相爭取訓期較長的科目,而不計志趣。而未出國者頻頻討好美軍顧問團教官,以便留美,賺取美元,讓海軍官士兵的志氣都沒有了。留美政策的錯誤,不但浪費公帑,也讓美國人瞧不起。

[317] 曾尚智,《曾尚智回憶錄》,頁55。

[318] 劉廣凱,《劉廣凱將軍報國回憶往》,頁74。桂永清以為凡是閩籍官兵與馬尾海校的畢業一

多少造成海軍官兵心理不安及士氣上的影響。[319]

三、美國軍事顧問團對我國海軍的建樹及影響

　　政府遷臺初期，經由多方的努力，至民國39年5月30日，始有美國非官方的特種技術顧問團來臺協助，使得我海軍艦艇的裝備保養和人員訓練，甚至戰術之精進，均能獲得美方持續之援助。然而特種技術顧問團人員因為在臺生活孤寂，往往3個月合同屆滿，即行歸去，因此人事異動頻繁，不易發揮所長。也有少部分顧問學識淺陋，經驗欠佳，甚至影響到其他認真之顧問無法與其共事而求去，以致耗費寶貴外匯。[320]

　　民國39年6月，韓戰爆發後，美國基於本身之利害交關，決定派遣軍援顧問團來臺灣，以協助訓練國軍。由美國駐華代辦藍欽（Karl Lott Rankin）先後於40年1月30日及2月9日，兩次向我外交部提出軍援照會。我外交部於2月9日，接受美方軍援照會完成正式換文。先前中美雙方曾於民國38年擬定《中美共同互助協定草案》。40年，中美雙方正式宣布為《中美共同互助協定》，並於5月1日，成立「駐臺軍事援助顧問團」，由蔡斯少將擔任首任團長。團本部暫設臺北總統府內，後遷往信義路，其任務為協助中華民國加強戰力，保衛臺海戰略地區，而執行共同安全方案之軍事援助。[321]

　　律有問題。另桂氏對前海軍總部的海軍軍官多感有可疑，並陳誠所物色的人員，亦不例外。參閱陸寶千，《鄭天杰先生訪問紀錄》，頁124-125。

[319] 有關海軍白色恐怖可參閱徐學海，〈臺灣省文獻會華辦「50年代白色恐怖口述歷史座談會——海軍之部」紀實〉收錄在《1943-1984海軍典故縱橫談》，下冊，頁657-672。曾瓊葉〈訪談夏甸上將〉收錄在《海上長城——海軍高階將領訪問紀錄》，頁23、24記：海軍官校39年班區分「甲、乙班」及「丙、丁班」。39年夏，甲乙班學生提前離校分派至艦艇自習，丙丁班繼續留校上課。12月9日，甲、乙班及丙、丁班之學生，同時舉行畢業典禮。丙丁班學生晚了半年才任官及分發部隊。許瑞浩、周維朋，《大風將軍：郭宗清先生訪談錄》，頁190記：海軍官校39年班被認為思想有問題的學生分在丙、丁班；後來這批學生畢業分配到各單位時，公然受到歧視，有的單位甚至不接受。臨汾艦艦長鄭天杰因「白色恐怖」被囚禁9個月，因長期的營養不良，全身浮腫。出獄後休養好一段時間，始漸康復。參閱陸寶千，《鄭天杰先生訪問紀錄》，頁124。

[320] 參閱一、海軍總司令部編印，《美軍在華工作紀實（海軍顧問組）》，民國70年，頁606-607。二、海軍總司令部編，《海軍艦隊發展史》（二），頁742。

[321] 國防部史政編譯局編印，《美軍在華工作紀實（顧問團之部）》，頁3-5。

美軍顧問團在臺北成立之同日,該團海軍組在海軍左營基地成立,並設立正副組長各1人。組長承顧問團團長之命令,於軍援範圍內建議、協助、指導我國海軍(含陸戰隊),以發展並增進其戰力,負責向上級提供對我國海軍(含陸戰隊)支援之建議,並督導其軍援裝備及支援之最終用途。民國40年7月,海軍組內增設海軍陸戰隊顧問小組。[322]

海軍遷臺初期,各型艦艇共約八十餘艘,總噸位約在十萬噸左右,對於修造能力與補給能力感到不足,基地設施亦缺乏,因此對於艦艇的作戰支援能力十分有限。自從美國恢復軍援我國後,物料配件彈藥立感充裕,修護能力日益增強,岸上建築物增添不少。更重要的是美援艦艇陸續增加。另外,軍援訓練人才的培育,海軍每年派到美國各海軍基地接受各科各項專業訓練的官兵很多,以及每次赴美在接艦之前在職訓練等,對於海軍學術提升與技術引進,均有莫大貢獻和助益。對於海軍之整建與革新關係至為重大而深遠。[323]

美軍顧問團改進我國海軍各造船廠修艦能力與建立水雷裝配營建廠,協助第一造船廠與興建電工廠1座,提供各型艦艇裝備及說明書、規範、藍圖,建立艦艇大修時間間隔制度,提供各型艦艇定期大修時間間隔週期,支援實施艦艇裝備各項計畫。[324]

民國38年12月,政府播遷來臺,至47年8月「八二三戰役」爆發前,此期間可謂在臺海軍建軍備戰最艱苦、最重要之關鍵時期,亦為海軍在臺建設奠定堅實基礎之黃金時段。在此期間海軍積極爭取美援裝備,以「整建為美國第七艦隊之輔助部隊為原則」之構想,並以部隊訓練為整建之基本要務。在訓練方面,海軍艦均依循成軍訓練、複習訓練、艦隊訓練、艦隊運動、聯合作戰之順序實施,使海軍由單艦作戰,演進為艦隊之整體作戰,對海軍戰力之提升甚有助益。要言之,海軍本諸加強戰備,待機反攻大陸之國防軍事政策,致力於艦隊之整編訓練,俾增強海軍戰力,確保臺灣海峽制海權,防

---

[322] 海軍總司令部編印,《美軍在華工作紀實(海軍顧問組)》,頁9。
[323] 劉廣凱,《劉廣凱將軍報國憶往》,頁73。
[324] 國防部史政編譯局編印,《國民革命建軍史:第四部:復興基地整軍備戰》(三),頁1992。

美軍顧問團駐華期間，我海軍高層與顧問團團員或是來訪的美軍人員聯誼，是維繫雙方關係相當重要的社交活動。

1：海軍副總司令黎玉璽伉儷與美軍顧問合影。
2：海軍總司令梁序昭與美海軍顧問合影。
3：海軍少將劉廣凱（右一）、梁序昭（右三）與美軍顧問合影。
黎玉璽、梁序昭及劉廣凱，均先後擔任海軍總司令之要職。
4：1959年9月6日美軍顧問團團長鮑文將軍聽取簡報，前排左為陸軍上將胡宗南。

1	2
	3
4	

第二章　遷臺初期中華民國海軍的建軍發展（1949.12-1958.8）　171

衛復興基地安全。[325]

　　雖然美軍顧問團對我國海軍建樹頗多，但亦有一些缺失，例如駐臺美國顧問海軍組組長為美軍上校，顧問只是中校、少校，因階級低，在美國海軍職務亦低，其視野有限。一般而言，他們對於艦艇戰技熟知應無問題，但對於戰術、戰略則甚少涉獵，尤其是海軍的戰略更從未予我國海軍任何「指導」。雖然有我留美海軍軍官曾私錄美國海軍兩冊「教令」帶回國內，並翻譯令頒艦隊使用，但美國海軍教令並非能為我國海軍全盤接受及使用。[326]另外，政府遷臺初期，就海軍的整建方面，在民國46年以前，雖曾訂有「鯨魚計畫」、「AJ計畫」，但均因未能獲得在臺美軍顧問團的支持，而告擱置。[327]

柒、結語

　　民國38年12月8日，因戡亂戰事失利，中央政府由四川成都播遷臺灣臺北，海軍大多數之忠貞官兵，隨艦艇、部隊或機關輾轉來臺。39年3月1日，蔣中正總統在臺復行視事，決定以臺灣為復興基地，重整反共復國之革命大業。時海軍為確保臺灣海峽之安全，配合反共復國之國策，以及在美國軍援助與美軍顧問團協助下，對於兵力與組織結構進行調整，其重要調整係將原先3個艦隊擴編為4個艦隊，並將兩個海軍陸戰師整編為兩個陸戰旅。42年7月1日，海軍便於艦隊之統一訓練與作戰，在海軍總司令部下成立艦隊指揮部專司其職。44年1月，海軍將所屬各艦隊同型艦艇重新編組，加強艦艇管理及運用，增強戰力。同（44）年2月1日，海軍總司令部組織型態參考美國海軍軍政、軍令分立制度全部進行改組。

　　民國40年，美國恢復對中華民國之援助，派遣軍事顧問團進駐臺灣。42年7月，美國國會通過「艦艇租借法案」，將美國海軍尚堪服役之艦艇，以

---

[325] 海軍總司令部編，《海軍艦隊發展史》（二），頁746-747。
[326] 徐學海，《1943-1984海軍典故縱橫談》，下冊，頁348。
[327] 國防部史政編譯局編印，《國民革命建軍史：第四部：復興基地整軍備戰》（二），頁964。

租借方式提供中華民國使用,租借期滿後,續借或轉贈給我國。因此政府遷臺初期,海軍的艦艇幾乎以此方式向美國租借或贈予獲得。自42年7月至47年8月「八二三戰役」爆發前,我國海軍接收美國軍援贈予或租借之大、小艦艇,合計約一百九十艘,除少數屬於正式作戰軍艦外,絕大部分是輔助艦艇及各種小型登陸艇隻,惟部分作戰軍艦,如「陽字」型驅逐艦、「江」字型巡防艦等具備較強之火砲射控系統,是為當時臺海防衛作戰中,海軍重要的主戰兵力。[328]另外,海軍的後勤制度、後勤保修與海政單位,在美國軍事援助及美軍顧問團建議與協助下,亦有重大的革新與建樹。

政府遷臺初期,海軍軍官的基礎養成教育主要由海軍軍官學校負責。時海軍軍官學校的學制與教育時間與一般國內大學相同,海軍軍官學校正期學生班自43年班起,其畢業生獲得教育部授予理學士學位。海軍軍官學校自民國46年起,採用學分計算方法計算成績,自此正期班的教育制度,由軍官養成教育演進為文武合一的大學教育。至於海軍軍官的專業與進修教育訓練,主要責由海軍機械學校、海軍術科訓練班,及後來成立的海軍專科學院負責。而海軍專科學院係仿照美國海軍研究院成立,區分兵學部、工學部兩大系統,以培訓海軍專才軍官為目標。

有鑑於大陸戡亂失敗之教訓,為此海軍加強艦隊的教育訓練,民國38年10月,成立海軍訓練艦隊司令部。39年8月,擴編為海軍艦艇訓練司令部。44年12月,海軍艦艇訓練司令部擴編為海軍艦隊訓練司令部。除了負責海軍艦艇成軍、複習訓練及艦隊編隊等各項訓練外,並設有航訓中心、岸訓中心,負責實施接艦官兵之集訓。此外,海軍利用美援派遣官兵赴美深造,學習海軍新知,或與美軍進行軍事演習,此均有助於提升海軍官兵的素質及本職學能,強化海軍整體之戰力。

自中共赤化中國大陸後,中共即積極圖謀以武力「解放」臺灣。國軍則為實踐中央反共復國之國策,不斷派兵對閩、浙沿海島嶼進行突擊,除了驗證國軍訓練與作戰能力外,並打擊共軍士氣,因此海軍協同友軍,先後於民國41年10月突擊福建南日島,以及42年7月突擊東山島,均獲得不錯之戰

---

[328] 海軍總司令部編,《海軍艦隊發展史》(二),頁779。

果。42年7月，韓戰結束，共軍將重心由朝鮮半島轉移至閩、浙沿海。自43年起，共軍開始積極進犯國軍據守的浙東島嶼，我海軍先後與共軍海軍在東磯列島的頭門山、漁山、鯁門島海域發生海戰，戰果豐碩。海軍為打擊共軍，於43年8月主動突擊福建銅山港，摧毀敵艦艇數艘，而我艦全數安全返航，暫時挫阻了共軍囂張之氣焰。

然而浙東諸島嶼遠離臺灣復興基地，我空軍戰機無法對該地區進行遠距離支援，以致共軍掌握浙東之制空權，進而攻擊國軍據守的大陳列島，民國43年11月14日，太平艦在大陳海域巡弋時，遭到共軍多艘快艇利用暗夜襲擊，太平艦因受創嚴重沉沒，共軍進而掌控大陳海域制海權。44年1月18日，共軍陸海空三軍協同大舉進犯一江山，我守軍在與敵力戰後，一江山失守，自此大陳列島門戶洞開。時因共軍掌制大陳地區制空、制海權，為此我政府高層決定將大陳軍民轉進來臺。2月，大陳軍民在我海軍與美國海軍第七艦隊協力合作下，成功轉進來臺。同（2）月我海軍自力圓滿完成浙東漁山、披山、南麂山的軍民轉進來臺之任務。

政府遷臺初期，因中共從不放棄以武力犯臺，其陳兵大陸東南沿海，臺海處於風聲鶴唳與動盪不安之中。時我海軍在美國軍援協助下，獲得大量美製艦艇及裝備，官兵素質與整體戰力大幅提升，因此在數次臺海戰役中，均能痛擊共軍，屢建戰功，成為保衛臺海安全之重要力量。

第三章　在臺整軍備戰時期
　　　　中華民國海軍的建軍發展
（1958.8-1978.12）

壹、前言

　　本文〈在臺整軍備戰時期中華民國海軍的建軍發展〉係指民國47年（西元1958年）8月，八二三戰役爆發，至68年（西元1979年）1月1日，中共與美國「建交」，在此20年間，中華民國海軍在臺灣的建軍發展之歷程與成果。在臺整軍備戰時期，國軍在美國軍援及協助下，積極整軍備戰；一方面準備反攻大陸，另一面防範共軍侵臺，臺澎金馬歷經20年的建設，已成為反共復國的堅強堡壘。同一時期，我海軍依國家建軍的需要，革興制度，調整組織，精減人事，並依據《中美共同防禦條約》，藉由美國贈予、租借及價購等方式，獲得美製艦艇及武器裝備，以提升戰鬥力。在教育與訓練方面，精進軍官基礎養教育，開辦兵科學校，厲行精實訓練，提升海軍官兵的素質，海軍整體戰力因而大幅提升。八二三戰役海軍締造輝煌的戰績，成為保衛臺海安全重要不可或缺的力量。

　　有關在臺整軍備戰時期，我海軍的建軍發展，國內外相關研究專書或論文並不多見，現今有提及此時期海軍（含海軍陸戰隊）建軍發展之專書大多為軍方出版品，具有參研價值者如：海軍總司令部（海軍司令部）編印《海軍建軍史》、《老陽字號故事》、《太字春秋：太字號軍艦的故事》，海軍艦隊司令部編印《碧海丹心忠義情——六二特遣部隊的故事》，海軍艦隊指揮部編印《老部隊的故事：威海護疆、錨鍊傳薪》、《艦隊之山中傳奇》，孫建中著《中華民國海軍陸戰隊發展史》等書。其中《海軍建軍史》對於在臺整軍備戰時期有關海軍的組織編裝、教育訓練及歷次臺海戰役等，作了較全面性的記載。《中華民國海軍陸戰隊發展史》則對此時期陸戰隊的組織編

裝、教育訓練及重要戰績等,有詳細之論述。

另外,國防部史政編譯局編印《國民革命建軍史:第四部:復興基地整軍備戰》、《國軍隊徽暨臂章圖誌沿革》,國防部軍務局編印《八二三台海戰役》,孫弘鑫著《臺灣全志,卷六,國防志:軍事組織與制度》、孫建中著《臺灣全志,卷六,國防志:遷臺後重要戰役役篇》及《臺灣全志,卷六,國防志:軍事教育與訓練篇》,吳守成著《海軍軍官學校校史》,沈天羽著《海軍軍官教育一百四十年(1866-2006)》及《海軍官校六十年》,徐學海著《1943-1984海軍典故縱橫談》,鍾堅著《驚濤駭浪中戰備航行——海軍艦艇誌》等書,亦是研究在臺整軍備戰時期,有關我海軍的建軍發展之組織沿革遞嬗、後勤裝備、教育與訓練及歷次臺海戰役重要的參研書籍。

近年來國防部、中央研究院近代史研究所、國史館針對海軍退役將領及海軍耆宿從事口述歷史,或者為其編印回憶錄,例如國防部編印《海軍陸戰隊官兵口述歷史訪問紀錄歷史》、《海上長城——海軍高階將領訪問紀錄》、張力編《海軍人物訪問紀錄》(中央研究院近代史研究所出版);至於海軍退將之回憶錄、口述歷史或傳記方面,則有黎玉璽、劉廣凱、葉昌桐、郭宗清、伍世文、顧崇廉、苗永慶、周雨寰、池孟彬、劉溢川、徐學海、曾尚智、劉定邦、馬立維、陳振夫、鄭本基、李連墀、黃宏基等海軍退役將領。

本文筆者就上述專書,並蒐整海軍相關檔案及論文,以及參研海軍退役將領耆宿的回憶錄或口述歷史等,就在臺整軍備戰時期,有關我海軍的組織制度、教育訓練、重要戰績等幾個面向,論述此時期海軍建軍發展的成果,並就其建軍發展的得失作一個檢討。

貳、海軍的組織與編裝

一、海軍總司令部的組織遞嬗與重要人事異動

民國48年2月1日,海軍總司令梁序昭調升國防部副部長,遺缺由「六二

（上）副總統陳誠視察海軍艦隊操演，在其側者分別是國防部長俞大維與海軍總司令梁序昭
（下）副總統陳誠聽取海軍簡報，左起梁序昭、陳誠、黎玉璽、馮啟聰

特遣部隊」指揮官黎玉璽升任。[1] 49年2月，海軍總司令部的編制及單位名稱進行調整；諮議室改為作戰計畫委員會，原有各副參謀長室改為助理參謀長室，主計室擴編為署，艦政署軍械組擴編為軍械處，直屬總部，國防部國軍聯合作戰中心之海軍組，改隸總部，海政處撤銷，總務處改編為臺北勤務處，列為部外單位。50年5月1日，為加強軍援業務，於後勤助理參謀長室，增設軍援組。52年8月，總政治部改為總政治作戰部，組織仍舊。[2] 54年1月25日，海軍總司令黎玉璽升任國防部副參謀總長，海軍副總司令劉廣凱升任總司令。[3] 8月16日，劉廣凱總司令因「八六海戰」失利調職，由副總司令馮啟聰升任總司令。[4]

民國55年9月，海軍總司令奉國防部命令實施精減組織，撤銷各助理副參謀長室，改編為署，並併編部分單位。計部內一級幕僚單位，由原23個減為政治作戰部、作戰研究督察委員會、聯合作戰計畫室、總司令辦公室、人事署、情報署、作戰署、後勤署、計畫署、主計署、艦政署、補給署、公工署、通信處、軍械處、軍醫處、軍法處17個單位。57年1月1日，聯合作戰計畫室改編為作戰計畫作業室。3月1日，撤銷人事署眷管組，編成總部軍眷管理處，部內幕僚單位由17個調整為18個。9月1日，撤銷公工署，補給署納入後勤署。同時裁撤軍械處，改編為軍械組，隸屬艦政署，使部內一級幕僚單位由18個減為15個。[5]

---

[1] 參閱一、張力，《黎玉璽先生訪問紀錄》（臺北：中央研究院近代史研究所，民國80年），頁319。二、國防部史政編譯局編印，《中國戰史大辭典：人物之部》，民國81年，頁890。

[2] 國防部史政編譯局編印，《國民革命建軍史：第四部：復興基地整軍備戰》（一），民國76年，頁479。

[3] 參閱一、劉廣凱，《劉廣凱將軍報國憶往》（臺北：中央研究院近代史研究所，民國83年），頁217。二、張力，《黎玉璽先生訪問紀錄》，頁320。

[4] 國防部史政編譯局編印，《國民革命建軍史：第四部：復興基地整軍備戰》（一），頁505。

[5] 參閱一、國軍檔案：《海軍總司令部沿革史》（四），〈海軍總司令部沿革史〉（55年度），組織沿革，檔號：153.41/3815。二、國軍檔案：《海軍總司令部沿革史》（五），〈海軍總司令部沿革史〉（56年度）、〈海軍總司令部沿革史〉（57年度），組織沿革。三、國防部史政編譯局編印，《國民革命建軍史：第四部：復興基地整軍備戰》（一），頁479-480。四、海軍總司令部編印，《海軍建軍史》，下冊，民國60年，頁397。新編組在型態上，大致恢復到與民國44年梁序昭總司令實施「仿美式」改制前相同。參閱陳振

（上）海軍總司令馮啟聰與已升任陽字號艦長的八二四海戰中海艦長鄭本基合影
（下）蔣經國與海軍總司令宋長志

至民國58年7月1日，海軍總司令部組織編制為；總司令轄政治作戰部、參謀長、作戰研究督察委員會、陸戰隊司令部、總司令辦公室、艦政署、軍法處、軍醫處、眷管處、作戰計畫作業室、人事署、情報署、作戰署、後勤署、計畫署、主計署、通信處、艦隊司令部、海軍官校、海軍專科學校、海軍士官學校、供應司令部、海道測量局、雷達大隊、軍事情報工作處、臺北勤務處、第一軍區司令部、第二軍區司令部、第三軍區司令部、藝術工作大隊、反情報隊、海軍出版社、福利處、印製廠、金門基地指揮部、第一造船廠、第二造船廠、第三造船廠、第四造船廠、魚雷工廠、海軍總醫院、海軍第一醫院、海軍第二醫院、基隆基地醫院、左營通信站、臺北通信站、基隆通信站、馬公通信站、電信監察臺、聯戰中心電臺、金門無線電臺、馬祖無線電臺、花蓮無線電臺、東沙無線電臺、醫防隊、氣象中心。[6]

　　民國58年10月1日，原直屬海軍總司令部的武昌艇隊，撥隸艦隊司令部。59年7月1日，馮啟聰總司令調職，由副總司令宋長志升任總司令。9月1日，原隸總部的海軍艇隊，納入艦艇指揮體系，改隸艦隊司令部。[7] 60年4月起，海軍總司令部直屬部隊單位進行部分調整；眷管處改隸總治作戰部。海軍總醫院、醫防隊、第一醫院改隸第一軍區，第二醫院改隸第二軍區，基隆基地醫院改隸第三軍區部。海軍第一、二、三、四造船廠、魚雷工廠及印製廠，撥隸海軍後勤司令部。同時裁撤艦政署，併入後勤署。5月16日，藝工大隊、出版社、反情報隊、福利處改隸總政治作戰部。6日1日，海軍各通信站臺及雷達大隊等11個單位，改隸通信電子處。

　　至民國60年7月，海軍總司令部的編組編制為：總司令轄參謀長、政治作戰部、作戰研究督察委員會、艦隊司令部、陸戰隊司令部、後勤司令部、海軍官校，第一、二、三軍區司令部、臺北勤務處、測量氣象局、金門基地

　　　夫，《滄海一粟》，作者自刊，民國84年，頁262。
[6]　參閱一、參閱一、國軍檔案：《海軍總司令部沿革史》（五），〈海軍總司令部沿革史〉（58年度），組織沿革。二、國防部史政編譯局編印，《國民革命建軍史：第四部：復興基地整軍備戰》（一），附表一。三、海軍總司令部編印，《海軍建軍史》，下冊，附件七八。
[7]　國防部史政編譯局編印，《國民革命建軍史：第四部：復興基地整軍備戰》（一），頁480、505。

海軍總司令馮啟聰上將主持武昌艇成軍典禮

指揮部、烏坵守備指揮部、蘇澳港灣工程處。9月1日，成立海軍作戰中心，隸屬作戰署。61年1月1日，裁撤軍事情報工作處，其業務與原屬該處的情報臺及通信研究室等單位，併入情報署。7月1日，原隸屬作戰研究督察委員會的督察長室升格為總部一級幕僚單位，同時將作戰研究督察委員會改編為作戰計畫委員會。8月1日，原隸屬各軍區司令部總醫院、澎湖基地醫院、臺中醫院、衛材供應中心，改隸總部軍醫處。10月1日，作業計畫作業室裁撤，業務併入作戰署。[8]

民國63年3月1日，海軍總部各幕僚單位實施精簡緊縮，全面裁減員額。65年6月30日，宋長志總司令調升國防部參謀總長，副總司令鄒堅升任總司令。[9]時因執行驅逐艦武器革新，海軍總部後勤署兵器組業務急劇增加，遂

---

[8] 參閱一、國軍檔案：《海軍總司令部沿革史》（六），〈海軍總司令部沿革史〉（60年度）、〈海軍總司令部沿革史〉（61年度），組織沿革。二、國防部史政編譯局編印，《國民革命建軍史：第四部：復興基地整軍備戰》（一），頁481。

[9] 參閱一、國防部史政編譯局編印，《國民革命建軍史：第四部：復興基地整軍備戰》

於67年5月1日擴編為兵器處，為總部一級幕僚單位。[10]至67年12月，海軍總司令部組織編制為：總司令轄參謀長、政治作戰部、作戰計畫委員會、艦隊司令部、陸戰隊司令部、後勤司令部、海軍軍官學校、第一軍區司令部、第二軍區司令部、第三軍區司令部、研究發展中心、臺北勤務處、海洋測量局、金門基地指揮部、烏坵守備區指揮部、蘇澳基地工程處；一級幕僚單位計有人事署、情報署、作戰署、後勤署、計畫署、主計署、總司令辦公室、督察長室、通信電子處、軍醫處、軍法處、兵器處。[11]

二、海軍艦隊司令部的組織編制與遞嬗

民國47年8月，八二三戰役爆發前夕，海軍艦隊編成如下：海軍總司令部轄艦隊指揮部、六二特遣隊及第一、二、三、四軍區。艦隊指揮部轄艦隊訓練司令部、驅逐艦隊、巡防艦隊、掃布雷艦隊、巡邏艦隊、後勤艦隊、兩棲部隊司令部。兩棲部隊司令部轄登陸艦隊、登陸艇隊、兩棲訓練司令部、率真旗艦、海灘總隊。海灘總隊轄後勤大隊、小艇大隊、水中爆破隊、[12]浮箱中隊、兩棲偵察分隊。六二特遣隊依任務編組轄後勤支隊、運輸支隊、水雷支隊、機動攻擊支隊、南區巡邏支隊、北區巡邏支隊。[13]

民國50年4月起，為了加強艦隊之編組於艦隊指揮部及艦隊之間，增設部隊階層，專掌所屬部隊之整備與行政業務，經成立驅逐巡防部隊司令部，下轄1個驅逐艦隊、2個巡防艦隊、1個魚雷快艇隊。同時將掃布雷隊、後勤艦隊分別改編為水雷部隊司令部、後勤部隊司令部，該兩部隊下不設艦隊。

（一），頁481、482、505、506。二、國防部史政編譯局編印，《中國戰史大辭典：人物之部》，頁712。

[10] 參閱一、張力，《伍世文先生訪問紀錄》（臺北：中央研究院近代史研究所，民國106年），頁179。二、孫弘鑫著，《臺灣全志，卷六，國防志：軍事組織與制度》（南投：國史館臺灣文獻館，2013年），頁106。

[11] 國軍檔案：《海軍總司令部沿革史》（七），〈海軍總司令部沿革史〉（67年度），組織沿革。

[12] 43年3月1日，水中爆破隊成軍。參閱海軍艦隊指揮部編印，《老部隊的故事：威海護疆、錨鍊傳薪》，民國95年，頁91。

[13] 國防部史政編譯局編印，《國民革命建軍史：第四部：復興基地整軍備戰》（二），附表四。

至於各艦隊司令部則縮編成純粹戰術單位，常川駐艦，專責作戰指揮和戰術訓練。另外，擴編兩棲、水雷、後勤等部隊。[14]

民國57年9月1日，海軍將艦隊各層級名稱予以更改，海軍艦隊指揮部更名為「海軍艦隊司令部」，所轄之驅逐巡防、兩棲、水雷、後勤各部隊司令部更名為指揮部，艦隊訓練司令部更名為艦隊訓練指揮部，兩棲訓練司令部更名為兩棲訓練中心，巡防各部隊司令部更名為艦隊部，同時裁撤兩棲作戰司令部。[15]

民國58年10月1日，武昌艇隊由海軍總司令部改隸艦隊司令部。[16]至此，海軍艦隊司令部所轄作戰及支援部隊計有：艦艇訓練指揮部、驅巡部隊指揮部、後勤部隊指揮部、兩棲部隊指揮部、水雷部隊指揮部、武昌艇隊、海昌艇隊。驅巡部隊指揮部轄驅逐艦隊、巡防第一艦隊、巡防第二艦隊、魚雷快艇隊。[17]

民國60年3月1日，水雷部隊、後勤部隊指揮部更名為水雷艦隊、勤務艦隊。5月1日，原隸屬巡防部隊的魚雷快艇隊撤銷，擴編成立為快艇大隊，改隸艦隊司令部。至此艦隊司令部組編制為，司令部所轄作戰及勤務部隊計有：驅逐巡防部隊指揮部、兩棲部隊指揮部、水雷艦隊部、勤務艦隊部、艦隊訓練指揮部、武昌艇隊、快艇大隊。[18]

民國62年9月1日，為統一權責，減化指揮層次，撤銷驅逐巡防部隊指揮部，其所管轄之各艦艇同時改隸艦隊司令部。63年1月1日，驅逐艦隊、巡防第一艦隊、巡防第二艦隊所屬兵力作局部調整。至67年12月，海軍艦隊司令部組織編制為，司令部轄第一二四艦隊、第一四六艦隊、第一三一艦隊、外島連絡組（金門、馬祖、烏坵）、反潛作戰情報連絡組、電子作戰隊、艦隊直升機隊、兩棲部隊指揮部、第一九二艦隊、第一四二艦隊（救難大隊配

---

[14] 海軍總司令部編印，《海軍建軍史》，下冊，頁399-400。
[15] 海軍總司令部編印，《海軍建軍史》，下冊，頁400。
[16] 海軍總司令部編印，《海軍建軍史》，下冊，頁400。
[17] 參閱一、海軍總司令部編印，《海軍建軍史》，下冊，附件七八。二、海軍艦隊司令部編印，《碧海丹心忠義情──六二特遣部隊的故事》，民國94年，頁34。
[18] 國防部史政編譯局編印，《國民革命建軍史：第四部：復興基地整軍備戰》（一），頁485-486。附表八。同書頁486記：60年5月1日，5艘PB-3、PB-5、PB-6、PB-7、PB-8艇成軍，編隸快艇大隊。

編)、艦隊訓練指揮部、第二五六戰隊(編配潛水艦支援隊)、海蛟大隊。另外,艦隊司令部任務編組部隊計有攻擊支隊、南區巡邏支隊、北區巡邏支隊、南區運輸支隊、北區運輸支隊、水雷支隊。[19]

三、海軍艦隊司令部所屬各司令部之沿革與編制

(一)海軍驅逐巡防部隊司令部

民國50年4月16日,海軍驅逐巡防部隊司令部成立,駐左營,隸屬艦隊指揮部,[20]負責所屬艦艇暨各艦的整備、後勤、行政等支援,及技術管制。司令部轄行政、作戰、維護3處。作戰單位轄驅逐艦隊、巡防第一、二艦隊及魚雷快艇隊。另直屬單位有外島連絡組(金門、馬祖、東引、烏坵)。55年10月,為使行政編制與任務編組一元化,並將修護權責下授各艦隊,使戰訓整合為一,特將六二特遣部隊指揮部撤銷。[21]

(二)海軍驅逐巡防部隊指揮部

民國57年9月1日,海軍驅逐巡防部隊司令部更名為「海軍驅逐巡防部隊指揮部」,轄政治作戰部,行政、情報、作戰、後勤、通信、連絡6組,及主計室、診療所。作戰單位轄驅逐艦隊、巡防第一、二艦隊及魚雷快艇隊。另直屬單位有外島連絡組(金門、馬祖、東引、烏坵)。[22]

(三)海軍驅逐艦隊

海軍驅逐艦隊司令部於民國44年1月16日成立,駐左營,轄第十一、

---

[19] 國防部史政編譯局編印,《國民革命建軍史:第四部:復興基地整軍備戰》(一),頁486-489及附表九。

[20] 海軍艦隊司令部編印,《碧海丹心忠義情——六二特遣部隊的故事》,頁24。

[21] 參閱一、海軍總司令部編印,《海軍建軍史》,下冊,頁400。二、國防部史政局編印,《海軍艦隊司令部簡史》,民國59年,頁2之6。50年2月,巡防艦隊更名為巡防第一艦隊。3月,巡邏艦隊更名為巡防第二艦隊。參閱海軍艦隊司令部編印,《碧海丹心忠義情——六二特遣部隊的故事》,頁24。

[22] 海軍總司令部編印,《海軍建軍史》,下冊,附件八二。

十二、十四戰隊。55年10月1日，增編第十五戰隊。57年3月1日，第十五戰隊PF型艦撥交巡防第一、二艦隊。²³ 9月1日，該部更名為「海軍驅逐艦隊部」。至59年3月1日，驅逐艦隊部轄第十一、十二兩個戰隊。第十一戰隊轄洛陽、漢陽、咸陽、南陽、安陽、昆陽、襄陽、華陽、衡陽9艦；第十二戰隊轄太康、太和、太倉、太湖、太昭、太原6艦。²⁴

（四）海軍巡防第一艦隊

民國50年4月，海軍海防巡防艦隊改編，成立海軍巡防第一艦隊司令部，隸屬海軍驅逐巡防部隊司令部，轄第二十一、二十二、二十三、二十四、二十五戰隊。57年9月1日，海軍巡防第一艦隊司令部更名為「海軍巡防第一艦隊」，同時裁撤第二十四、二十五戰隊。至59年12月，巡防第一艦隊轄第二十一、二十二、二十三戰隊。第二十一戰隊轄華山、文山、福山、壽山、恆山5艦；第二十二戰隊轄武勝、平靖2艦；第二十三戰隊轄東江、西江、北江、韓江4艦。²⁵

（五）海軍巡防第二艦隊

民國50年4月，海軍巡邏艦隊司令部改編更名為「海軍巡防第二艦司令部」，隸屬驅逐巡防部隊司令部，轄第三十一、三十二、三十三、三十四戰隊。第三十一戰隊轄永泰、維源、永壽、永昌4艦；第三十二戰隊轄永春、永和、永康3艦；第三十三戰隊轄昌江、清江、章江3艦；第三十四戰隊轄涪江、珠江2艦。²⁶ 57年9月1日，巡防第二艦隊司令部更名為「海軍巡防第二艦隊」，同時裁撤第三十四戰隊。至59年12月，巡防第二艦隊轄第三十一、三十二、三十三戰隊。第三十一戰隊轄玉山、泰山、廬山、岡山、鍾山、龍山6艦；第三十二戰隊轄維源、山海（原名永泰）、居庸3艦；第三十三戰隊

---

²³ 國防部史政局編印，《海軍驅逐艦隊簡史》，民國59年，頁2之7、2之9。
²⁴ 參閱一、海軍總司令部編印，《海軍建軍史》，下冊，頁401及附件八四。二、海軍司令部編印，《太字春秋：太字號軍艦的故事》，民國100年，頁15、85、155。
²⁵ 海軍總司令部編印，《海軍建軍史》，下冊，頁401-402及附件八六。
²⁶ 國防部史政編譯室編印，國防部史政編譯室編印，《國軍隊徽暨臂章圖誌沿革》，民國93年，頁271。

轄資江、沱江2艦。[27]

(六) 海軍驅逐第一艦隊 (海軍第一二四艦隊)

民國63年10月1日,因美援驅逐艦陸續返國加入海軍戰鬥序列,海軍依艦型成立2個驅逐艦隊,海軍巡防第一艦隊奉命與海軍驅逐艦隊整編成立「海軍驅逐第一艦隊」,隸屬艦隊司令部,轄第十一、十二戰隊。65年1月1日,驅逐第一艦隊更名為「海軍第一二四艦隊」,駐左營,原第十一、十二戰隊分別更名為第二六四、二四二戰隊。[28]

(七) 海軍驅逐第二艦隊 (海軍第一四六艦隊)

民國63年10月1日,因美援驅逐艦陸續返國編入作戰序列,海軍巡防第二艦隊奉命與海軍驅逐艦隊整編成立「海軍驅逐第二艦隊」,隸屬艦隊司令部,轄第二十一、二十二戰隊。65年1月1日,驅逐第二艦隊更名為「海軍第一四六艦隊」,駐馬公;原第二十一、二十二戰隊分別更名為第二二六、二二八戰隊。[29]

(八) 海軍巡防艦隊 (海軍第一三一艦隊)

民國63年10月1日,海軍巡防艦隊司令部更名為「海軍巡防艦隊」,並兼任海軍「六二、二支隊」,擔負臺灣海峽北區防務,轄第三十一、三十二戰隊。第三十一戰隊轄玉山、華山、文山、福山、太和、太湖、太原7艦;第三十二戰隊轄廬山、壽山、泰山、鍾山、武勝、居庸、平靖7艦。65年1月1日,巡防艦隊更名為「海軍第一三一艦隊」,駐基隆,原轄第三十一、三

---

[27] 海軍總司令部編印,《海軍建軍史》,下冊,頁402-403及附件八八。

[28] 國防部史政編譯局編印,《國民革命建軍史:第四部:復興基地整軍備戰》(一),頁489。驅逐第一艦隊轄有12艘驅逐艦。參閱國防部史政編譯室編印,《國軍隊徽暨臂章圖誌沿革》,頁267。

[29] 國防部史政編譯局編印,《國民革命建軍史:第四部:復興基地整軍備戰》(一),頁490。國防部史政編譯室編印,《國軍隊徽暨臂章圖誌沿革》,頁271記:第二二六戰隊轄衡陽、惠陽、貴陽、鄱陽、安陽5艦。第二二八戰隊轄建陽、漢陽、洛陽、萊陽4艦。66年8月31日,開陽艦成軍;66年10月1日,瀋陽艦成軍,分別隸屬海軍第一四六艦隊第二六八、二二六戰隊。參閱海軍總司令部編印,《老陽字號故事》,民國93年,頁142、196。

十二戰隊更名為第二一二、二五二戰隊。[30]

四、海軍登陸艦隊司令部

　　民國39年7月，海軍登陸艦隊司令部於左營成立，歷經整編，至48年6月，該司令部轄8個戰隊及中、美、聯字型軍艦共計37艘及嵩山艦，其編配如下：第五十一戰隊轄中海、中鼎、中興、中光、中富5艦；第五十二戰隊轄中訓、中練、中榮、中肇、中肅5艦；第五十三戰隊轄中基、中勝、中萬、中啟、中程5艦；第五十四戰隊轄中建、中強、中權、中邦、中熙5艦；第五十五戰隊轄美珍、美益、美朋、美堅4艦；第五十六戰隊轄美亨、美宏、美頌、美和、美華5艦；第五十七戰隊轄美成、美功、美平、美文、美漢5艦；第五十八戰隊轄聯智、聯仁、聯勇、嵩山4艦。50年5月1日，海軍登陸艦隊改編為登陸第一、二艦隊。[31]登陸第一、二艦隊以4個月為一期，輪流納入「六二、四」及「六二、五」支隊，分駐高雄、基隆（蘇澳），負責對南、北區及外島之運補，並以每年1月、5月、9月為移駐交接時間。[32]

五、海軍兩棲部隊指揮部

　　民國50年5月1日，海軍兩棲部隊司令部成立，並將原登陸艦隊劃分為第一、二艦隊司令部。同日，海軍兩棲作戰司令部成立，隸屬兩棲部隊司令部，負責兩棲作戰演習等計畫之擬定、協調及執行。57年9月1日，海軍兩棲部隊司令部更名為「海軍兩棲部隊指揮部」，同時裁撤兩棲作戰司令部。[33]

---

[30] 參閱一、國防部史政編譯局編印，《國民革命建軍史：第四部：復興基地整軍備戰》（一），頁489-490。二、國防部史政編譯室編印，《國軍隊徽暨臂章圖誌沿革》，頁275。第一三一艦隊轄太原、玉山、華山、文山、福山、盧山、壽山、泰山、鍾山、武勝、居庸、平靖12艦，分屬第二一二、二五二戰隊。67年4月16日，原隸屬第一三六艦隊第二五八戰隊天山艦改隸第一三一艦隊第二一二戰隊。

[31] 國防部史政局編印，《海軍登陸第一艦隊簡史》，民國59年，頁1之1及頁2之13。

[32] 參閱一、國防部史政局編印，《海軍登陸第二艦隊簡史》，民國59年，頁1之2。二、海軍艦隊指揮部編印，《老部隊的故事：威海護疆、錨鍊傳薪》，頁7。

[33] 海軍總司令部編印，《海軍建軍史》，下冊，頁406、408。

兩棲部隊指揮旗鑑高雄艦

兩棲部隊指揮部編成後，至59年7月，其編制主要轄兩棲訓練中心、登陸第一、二艦隊、登陸艇部隊、海灘總隊、水中爆破大隊及直屬艦（天山艦、東海船塢登陸艦、高雄旗艦、五臺修理艦）。[34]至67年，兩棲部隊指揮部編制為轄兩棲訓練中心、第一五四艦隊、第一三六艦隊、登陸艇隊、海灘總隊、水中爆破大隊、商船連絡組。[35]

（一）海軍登陸第一艦隊（海軍第一五四艦隊）

民國50年5月1日，海軍登陸第一艦隊司令部成立，駐左營，隸屬海軍兩棲部隊司令部，轄第五十一、五十二、五十三、五十四戰隊；第五十一戰隊轄中興、中榮、中光、中程、中權、中強6艦；第五十二戰隊轄中鼎、中

---

[34] 海軍艦隊指揮部編印，《老部隊的故事：威海護疆、錨鍊傳薪》，頁11。
[35] 國防部史政編譯局編印，《國民革命建軍史：第四部：復興基地整軍備戰》（一），附表九。

治、中萬、中邦、中業（51年納編）5艦；第五十三戰隊轄美珍、美益、美亨、美宏、美頌5艦；第五十四戰隊轄美堅、美華、美成、美文4艦。57年9月1日，海軍登陸第一艦隊司令部改編為「海軍登陸第一艦隊」，主官司令修訂為艦隊長，轄第五十一、五十二、五十三戰隊，原第五十四戰隊併入第五十三戰隊。[36] 65年1月1日，海軍登陸第一艦隊改編更名為「海軍第一五四艦隊」，所屬第五十一、五十二戰隊更名為第二八五、二三二戰隊。[37]

（二）海軍登陸第二艦隊（海軍第一三六艦隊）

民國50年5月1日，海軍登陸第二艦隊司令部成立，隸屬海軍兩棲部隊司令部，轄第六十一、六十二、六十三、六十四等4個戰隊。第六十戰隊轄中基、中練、中肇、中啟、中勝、中肅6艦；第六十二戰隊轄中海、中富、中建、中訓、中明、中熙6艦；第六十三戰隊轄美和、美功、美平、美漢、美朋5艦；第六十四戰隊轄聯智、聯仁、聯勇3艦。8月12日，中熙艦改裝為兩棲旗艦，直隸兩棲部隊司令部。12月1日，美和艦改隸水雷部隊。[38] 51年2月28日，中富艦在執行金門運補途中於福建鎮海角附近海域，遭到共軍砲擊，該艦汪仁芝、葛嗣燦、沙成先、劉文乾、陳昭明、王茂盛6名士兵陣亡殉職。[39] 51年5月，美樂艦納編至第六十三戰隊。[40] 58年10月、11月，聯智、聯仁、聯勇等3艦先後除役，第六十四戰隊裁撤。[41] 65年1月1日，海軍登陸第二艦隊改編更名為「海軍第一三六艦隊」，原轄第六十一、六十二戰隊更名為第二二四、二五八戰隊。[42]

---

[36] 參閱一、國防部史政局編印，《海軍登陸第一艦隊簡史》，民國59年，頁2之14及2之15。二、海軍總司令部編印，《海軍建軍史》，下冊，頁407-408。三、國防部史政編譯室編印，《國軍隊徽暨臂章圖誌沿革》，頁282。

[37] 參閱一、國防部史政編譯局編印，《國民革命建軍史：第四部：復興基地整軍備戰》（一），頁489。二、國防部史政編譯室編印，《國軍隊徽暨臂章圖誌沿革》，頁282-283。

[38] 國防部史政局編印，《海軍登陸第二艦隊簡史》，頁1之1、1之2、2之15。

[39] 參閱一、國防部史政局編印，《海軍登陸第二艦隊簡史》，頁1之2、7乙之3、7乙之4。二、海軍艦隊司令部，《老戰役的故事》（臺北：海軍總司令部，民國91年），頁220。

[40] 國防部史政局編印，《海軍登陸第二艦隊簡史》，頁2之2、2之15。

[41] 海軍總司令部編印，《海軍建軍史》，下冊，頁408。

[42] 參閱一、國防部史政編譯局編印，《國民革命建軍史：第四部：復興基地整軍備戰》（一），頁489。二、國防部史政編譯室編印，《國軍隊徽暨臂章圖誌沿革》，頁282-283。

（上）美成軍艦
（下）美和軍艦

（三）海軍後勤艦隊（海軍第一四二艦隊）

海軍後勤艦隊司令部於民國41年9月1日成立。50年4月，海軍後勤艦隊司令部擴編為「海軍後勤部隊司令部」。57年9月1日，後勤部隊司令部更名為「海軍後勤艦隊指揮部」。至59年5月1日，該指揮部主要艦艇計轄：會稽、長白、新高、四明、戴雲、萬壽6艘運油艦，大同、大雪、大武、大明、大庚、大青6艘救難艦，陽明、九連、聯強3艘測量艦。另直屬部隊有救難大隊。[43] 60年3月1日，海軍後勤艦隊指揮部更名為「海軍勤務艦隊」。65年1月5日，海軍勤務艦隊更名為「海軍第一四二艦隊」，駐高雄新濱營區，主要任務為交通運輸、海上拖救、海上修護及支援作戰等。[44]該艦隊主要艦艇計有：長白、萬壽、龍泉、興龍4艘運油艦，五臺、雲台、太武、凌雲4艘人員運輸艦，大庚、大雪、大同、大鵬、大安、大萬、大湖、大漢8艘救難艦，聯強、武康、九華3艘海測船及玉台修理艦等。[45]

（四）海軍水雷艦隊（海軍第一九二艦隊）

民國50年4月16日，海軍掃布雷艦隊司令部改編更名為「海軍水雷部隊司令部」，隸屬海軍艦隊指揮部，轄第四十一、四十二、四十三戰隊，及永勝、永順、永修、永嘉、永豐、永定、永平、永安、永年、永川10艦。57年9月1日，海軍水雷部隊司令部更名為「海軍水雷部隊指揮部」，同時裁撤第四十三戰隊。[46]時水雷部隊指揮部轄第四十一、四十二戰隊。第四十一戰隊轄永新、永吉、永樂、永福、永清、永善、永濟7艦；第四十二戰隊轄永平、永安、永川、永城、永仁、永綏6艦。[47] 60年3月1日，海軍水雷部隊指

---

[43] 參閱一、海軍總司令部編印，《海軍建軍史》，下冊，附件九四。二、國防部史政編譯室編印，《國軍隊徽暨臂章圖誌沿革》，頁286。
[44] 海軍艦隊指揮部編印，《老部隊的故事：威海護疆、錨鍊傳薪》，頁150。
[45] 國防部史政編譯室編印，《國軍隊徽暨臂章圖誌沿革》，頁287-288。郭宗清於64年9月1日就任第一四二艦隊艦隊長，時該艦隊轄18艘軍艦及1個救難大隊。參閱許瑞浩、周維朋，《大風將軍：郭宗清先生訪談錄》，下冊（臺北：國史館，2011年），頁507。
[46] 海軍總司令部編印，《海軍建軍史》，下冊，頁403-404。
[47] 參閱一、海軍總司令部編印，《海軍建軍史》，下冊，附件九二。二、國防部史政編譯室編印，《國軍隊徽暨臂章圖誌沿革》，頁291。

揮部更名為「海軍水雷艦隊」，隸屬海軍艦隊司令部。65年1月1日，海軍水雷艦隊更名為「海軍第一九二艦隊」，駐左營，轄第二三六、二四八等2個戰隊。第二三六戰隊轄永安、永年、永仁、永綏、永川5艦；第二四八戰隊轄永城、永新、永樂、永福、永善5艦。[48]

（五）海軍潛水艦戰隊（海軍第二五六戰隊）

民國58年10月8日，武昌艇隊在左營成軍，轄海蛟、海龍兩艘義大利製造的袖珍潛艇（SX-404），隸屬海軍艦隊司令部。[49] 62年4月1日，海獅潛艦成軍。8月1日，為建立海軍潛艦兵力，成立潛艦戰隊，並裁撤武昌艇隊，所屬海蛟、海龍兩艘潛艇，同時改隸潛艦戰隊。[50] 65年1月1日，海軍潛水艦戰隊更名為「海軍第二五六戰隊」，駐左營，轄海獅、海豹2艘潛艦。[51]

（六）海軍登陸艇隊

海軍登陸艇隊於民國41年9月10日成立，至55年12月，其編制為轄第一、二、三分隊。第一分隊轄合祺、合輝、合耀、合登、合風、合潮、合騰7艘登陸艇，第二分隊轄合山、合川、合昇、合恆、合茂、合壽6艘登陸艇，第三分隊轄合群、合眾、合忠、合彰、合貞、合春、合永、合堅8艘登陸艇。[52]

（七）海軍飛彈快艇大隊

民國60年5月1日，海軍魚雷艇隊編制撤銷，另擴編成立「海軍快艇大隊」，主要裝備為5艘PB快艇。61年5月1日，增編修護中隊。[53] 65年5月1

---

[48] 國防部史政編譯室編印，《國軍隊徽暨臂章圖誌沿革》，頁233、291。國防部史政編譯局編印，《國民革命建軍史：第四部：復興基地整軍備戰》（一），頁489記：64年12月24日，水雷艦隊更名為海軍第一九二艦隊。

[49] 關振清，《下潛！下潛！——中華民國海軍潛艦部隊之創建》（新北：老戰友工作室，2011年），頁112。

[50] 國防部史政編譯局編印，《國民革命建軍史：第四部：復興基地整軍備戰》（一），頁487。國防部史政編譯室編印，《國軍隊徽暨臂章圖誌沿革》，頁295記：海蛟及海龍兩潛艇於62年11月1日除役。

[51] 國防部史政編譯室編印，《國軍隊徽暨臂章圖誌沿革》，頁233。

[52] 海軍總司令部編印，《海軍建軍史》，下冊，附件110。

[53] 國防部史政編譯局編印，《國民革命建軍史：第四部：復興基地整軍備戰》（一），頁

（上）保存於海軍官校的海龍潛艇
（下）海獅艦接艦典禮

日,魚雷快艇隊擴編為「海軍飛彈快艇大隊」,隸屬海軍艦隊司令部。[54]

(八)海昌艇隊

八二三戰役結束後,國軍為因應滲透特攻作戰成立一支特種部隊,民國49年以「海昌計畫」向義大利訂購4艘潛爆艇(CE2F;由蛙人操作的袖珍潛艇)為基礎,運送返國後,再由海軍仿製3艘。49年7月16日,國防部特種軍事情報室於高雄壽山與左營間的「水射堡」(原為日軍特攻潛艇基地)成立「海昌隊」。60年2月1日,海昌艇隊撤銷員額併編於水中爆破大隊,成立「海昌中隊」隸屬兩棲部隊指揮部。62年4月1日,海昌中隊被裁撤。[55]

六、海軍陸上機構

(一)海軍第一軍區司令部

海軍第一軍區司令部於民國44年5月成立,駐左營,司令部轄政治部、總醫院、臺中醫院、港務隊、海港防禦第一大隊、汽車隊、工程隊、東沙守備區指揮部、南沙守備區指揮部。[56]

(二)海軍第二軍區司令部

民國44年6月,澎湖要港司令部改番號為海軍第二軍區司令部,駐馬公,司令部轄政治部、澎湖基地醫院、海港防禦第二大隊、港務隊、汽車隊及工程隊。[57]

486。
[54] 國防部史政編譯室編印,《國軍隊徽暨臂章圖誌沿革》,頁233。
[55] 參閱一、海軍艦隊指揮部編印,《老部隊的故事:威海護疆、錨鍊傳薪》,頁92、93、113。二、海軍艦隊指揮部編印,《海軍無名英雄——艦隊老蛙的故事》,民國98年,頁8、15、16。有關向義大利購買潛爆艇的經過。可參閱汪士淳,《忠與過:情治首長汪希苓的起落》(臺北:天下遠見出版股份有限公司,1999年),頁63-67。
[56] 國防部史政編譯局編印,《國民革命建軍史:第四部:復興基地整軍備戰》(一),附表十八。
[57] 國防部史政編譯局編印,《國民革命建軍史:第四部:復興基地整軍備戰》(一),附表

（三）海軍第三軍區司令部

民國37年5月，海軍第三基地司令部改編為海軍第三軍區司令部。38年5月，由左營移駐基隆，其司令部轄政治部、馬祖巡防處、花蓮巡防處、淡水巡防處、海港防禦第三大隊、港務隊、軍樂隊、汽車隊、勤務隊、看守所。[58] 61年7月1日，馬祖、花蓮、淡水、蘇澳（60年9月1日成立）4個巡防處，改編為基地指揮部。64年2月1日，裁撤淡水基地指揮部。11月16日，蘇澳基地指揮部併入蘇澳基地工程處。67年9月1日，蘇澳基地指揮部復編，隸屬第三軍區司令部。[59]

七、海軍後勤及海政單位

（一）海軍供應司令部

民國40年8月1日，海軍供應總處改編為「海軍供應司令部」，綜管全軍補給業務。[60]供應司令部組織編制幾經變革，至59年5月，其編制為司令部轄政治作戰部，主計、技術、補給、存量管制、計畫、行政6處，直屬單位計有運輸站、燃料管理所、衛生材料供應所、彈藥總庫、經理品儲備總庫、料配件儲備總庫。[61]

（二）海軍後勤司令部

民國60年4月1日，海軍供應司令部裁撤，另以海軍第一、二軍區基地公工處及第一造船廠設計中心合併編成「海軍後勤司令部」，使海軍修護與

十九。
[58] 國防部史政編譯局編印，《國民革命建軍史：第四部：復興基地整軍備戰》（一），頁500及附表二十一。
[59] 國防部史政編譯局編印，《國民革命建軍史：第四部：復興基地整軍備戰》（一），頁500、502、503。
[60] 張力，〈李連墀先生訪問紀錄〉，《海軍人物訪問紀錄》，第一輯（臺北：中央研究院近代史研究所，民國87年），頁42。
[61] 海軍總司令部編印，《海軍建軍史》，下冊，附件124。

補給一元化。簡化組織，統一事權，增進效率，遵循「兩合四管」（修補合一、艦廠合作、修費管制、修期管制、品質管制、材料管制）之目標，配合建軍發展，加強戰備，使海軍後勤獲致一元化之管理制度。[62]

海軍後勤司令部成立後，負責指揮監督海軍後勤修補與工程作業。該部內設政治作戰部及計畫、艦政、補給、公工、兵器、電子、主計、行政8處，以及後勤管制中心等單位。司令部轄第一、二、三、四造船廠，汽車修理廠、印製廠、蘇澳港灣工程處、料配件總庫、經理品總庫、彈藥總庫、燃料管理所、衛生器材供應所、運輸站。[63]

（三）海軍造船廠

1、海軍第一造船廠

民國46年，海軍第一造船所擴編更名為「海軍第一造船廠」，廠址在左營。[64] 47年2月，第一造船廠改隸海軍第一軍區。49年11月，第一造船廠改編，擴大生產單位，縮小行政部門。第一造船廠生產單位計有15個工場、兩座浮塢、1個實驗室及校磁站。[65]

2、海軍第二造船廠

民國46年5月1日，海軍第二造船所更名為「海軍第二造船廠」，廠址在馬公。[66] 47年2月，第二造船廠改隸海軍第二軍區。50年3月，第二造船廠進

---

[62] 參閱一、國防部史政編譯局編印，《國民革命建軍史：第四部：復興基地整軍備戰》（一），頁499-500。二、曾尚智，《曾尚智回憶錄》（臺北：中央研究院近代史研究所，民國87年），頁122。
[63] 國防部史政編譯局編印，《國民革命建軍史：第四部：復興基地整軍備戰》（一），附表二十二。孫弘鑫，《臺灣全志，卷六，國防志：軍事後勤與裝備篇》（南投：國史館臺灣文獻館，2015年），頁118記：後勤司令部編制為5個造船廠、1個兵器工廠，及料、經、油、彈4個總庫、運輸站及汽修廠等12個一級單位。
[64] 國防部史政編譯室編印，《國軍隊徽暨臂章圖誌沿革》，頁320。
[65] 海軍總司令部編印，《海軍建軍史》，下冊，頁417及附件131。另外，為了維修海獅、海豹兩潛艇，第一造船廠成立「潛艦修護處」。參閱鄧克雄，《葉昌桐上將訪問紀錄》（臺北：國防部史政編譯室，民國99年），頁269。
[66] 國防部史政編譯室編印，《國軍隊徽暨臂章圖誌沿革》，頁325。

行行政部門整編,其餘單位依舊,其生產單位計有14個工場。[67]

3、海軍第三造船廠

民國46年3月1日,海軍第三造船所改編更名為「海軍第三造船廠」,廠址在基隆。[68]第三造船廠生產單位計有14個工場,其所屬淡水分廠於54年6月1日裁撤。[69]

4、海軍第四造船廠

民國46年,海軍第一工廠擴編更名為「海軍第四造船廠」,廠址在高雄旗津。[70] 52年9月1日,第四造船廠進行整編,整編後生產單位計有14個工場及1座浮塢。[71] 60年4月1日,海軍第一、二、三、四造船廠及魚雷工廠由海軍總司令部改隸海軍後勤司令部。[72]

5、海軍蘇澳造船廠

為了配合艦隊進駐需要及發揮建港最大效益,使「中正港」(蘇澳港)確能於戰時取代左營軍港,成為海軍作戰指揮及後勤支援中心,民國67年7月19日成立「蘇澳造船廠籌備處」。[73] 8月1日,海軍蘇澳造船廠成立。9月1日,蘇澳基地工程處裁撤。10月6日,任務編組蘇澳工程處,直隸海軍總部後勤署業務督導管制。[74]

---

[67] 海軍總司令部編印,《海軍建軍史》,下冊,頁418及附件133。
[68] 國防部史政編譯室編印,《國軍隊徽暨臂章圖誌沿革》,頁327。
[69] 海軍總司令部編印,《海軍建軍史》,下冊,頁419及附件135。
[70] 參閱一、國防部史政編譯室編印,《國軍隊徽暨臂章圖誌沿革》,頁320、325。二、曾尚智,《曾尚智回憶錄》,頁41-42。
[71] 海軍總司令部編印,《海軍建軍史》,下冊,頁419及附件137。
[72] 國防部史政編譯局編印,《國民革命建軍史:第四部:復興基地整軍備戰》(一),頁480。
[73] 國防部史政編譯室編印,《國軍隊徽暨臂章圖誌沿革》,頁323。
[74] 國防部史政編譯局編印,《國民革命建軍史:第四部:復興基地整軍備戰》(一),頁501-503。

（四）海軍研究發展中心

民國66年4月1日，海軍研究發展中心成立，駐左營原美軍顧問團園區之海友新村，轄政治作戰部、綜計、船體、船機、電子、兵器5組，負責海軍各項研究工作、新艦艇籌獲工作。[75]

（五）海軍料配件總庫

民國56年，海軍合併輪電、料件、軍械、車材等庫，改編成立「海軍供應司令部料配件總庫」。60年4月1日，因應國軍後勤改制，更名為「海軍料配件總庫」，隸屬海軍後勤司令部。該總庫職司海軍裝備總成零附件之接收、撥發、儲存、保養及廢品處理等作業，除適時支援後勤單位修艦使用外，並執行左營、高雄地區艦岸（含外島）單位供補任務，以達成各項戰備整備。[76]

（六）海灘總隊

民國44年10月1日，海軍海灘總隊成立。[77]海灘總隊成立後，所轄單位幾經變動或擴編，至67年其編制為轄灘勤大隊、小艇第一大隊、小艇第二大隊、兩棲工程大隊。[78]

（七）海軍艦隊直升機隊

民國66年9月1日，海軍艦隊直升機隊成立，隸屬海軍艦隊司令部，駐左營海鷹基地，配備500MD型直升機12架，隸屬海軍艦隊司令部。[79]

---

[75] 陳昌蔚，《海軍造船發展中心──40週年回顧紀念冊》（高雄：海軍造船展中心，民國106年），頁24。海軍研究發展中心於71年8月更名為「海軍造船發展中心」。

[76] 國防部史政編譯室編印，《國軍隊徽暨臂章圖誌沿革》，頁335。

[77] 海軍艦隊指揮部編印，《老部隊的故事：威海護疆、錨鍊傳薪》，頁122。

[78] 參閱一、海軍總司令部編印，《海軍建軍史》，下冊，頁408-409及附件108。二、國防部史政編譯局編印，《國民革命建軍史：第四部：復興基地整軍備戰》（一），附表九。

[79] 國防部史政編譯室編印，《國軍隊徽暨臂章圖誌沿革》，頁233。

（八）海軍雷達大隊

民國58年4月1日，陸軍雷達作業隊奉國防部令改隸海軍總司令部，並編成「海軍雷達作業隊」。59年2月1日，因任務之需要，擴編為「海軍雷達大隊」。[80]

（九）海軍海洋測量局

民國60年10月1日，海軍海道測量局更名為「海軍測量氣象局」，海軍氣象中心（48年12月1日成立於左營）改隸海軍測量氣象局。63年6月1日，海軍測量氣象局更名為「海軍海洋測量局」，海軍氣象中心恢復番號，改隸海軍總令部情報署。65年7月，氣象中心調整編組後，轄臺北、馬公、蘇澳、花蓮、東沙、南沙6個氣象臺。[81]

八、海軍陸戰隊

民國48年6月1日，海軍陸戰隊艦隊陸戰部隊司令部成立，該司令部平時負責部隊訓練，戰時受艦隊指揮管制指揮兩棲登陸作戰。[82]至此海軍陸戰隊司令部編制轄：隊司令部、陸戰隊第一師、陸戰隊第二旅、新兵訓練中心、陸戰隊學校、陸戰隊士官學校、作戰勤務團、艦隊陸戰部隊、隊部營、軍樂隊、檢診所、登陸砲車營、登陸運輸車營等直屬部隊。[83]

民國40、50年代，政府籌劃反攻大陸作戰計畫期間，考慮陸戰隊僅有一師一旅兵力，在初期突擊登陸戰力不足，乃指派陸軍第八十一師撥配陸戰隊督導訓練，以加強陸戰隊戰力。55年9月1日，陸軍第八十一師與陸戰隊第一

---

[80] 國防部史政編譯室編印，《國軍隊徽暨臂章圖誌沿革》，頁301。
[81] 崔怡楓，《海軍大氣海洋局90周年局慶特刊》（高雄：海軍大氣海洋局，民國101年），頁148、162。
[82] 海軍總司令部編印，《海軍陸戰隊歷史》，頁2之2-5。
[83] 國軍檔案：《海軍陸戰隊沿革史》（五），〈海軍陸戰隊司令部沿革史〉（48年度），概述、組織遞嬗、海軍陸戰隊編制表，檔號：153.43/3815.12。

旅併編為「海軍陸戰隊第二師」。[84] 56年9月1日，海軍陸戰隊戰車指揮部於左營成立，隸屬陸戰隊司令部。[85]

民國57年9月1日，因應國軍「精簡政策」，撤銷艦隊陸戰隊司令部、海軍總司令部戰車組、海軍總司令部及陸戰師政策計畫組等單位，新訓中心與後備軍人訓練中心合併為「海軍陸戰隊訓練中心」；同時成立恆春訓練基地指揮部、隊司令部通信營、隊部營警衛連、海軍總司令部兩棲作戰計畫組等新單位。[86] 10月1日，陸戰隊戰車指揮部撤銷，成立陸戰隊登陸戰車團，隸屬陸戰隊司令部。[87]

陸戰隊第二師成軍之初，駐高雄仁武。民國56年3月，第二師由仁武移防高雄林園清水岩。57年10月，陸戰隊第二師實施「鎮疆演習」與駐澎湖陸戰隊第一師換防，駐澎湖菜園營區，改隸澎湖防衛司令部。58年9月，陸戰隊舉行「鎮疆演習」，陸戰隊第一師與第二師互調駐防區；第一師移防澎湖，第二師調返高雄林園清水岩，並歸建隸屬海軍陸戰隊司令部。[88]翌（59）年11月，陸戰隊第一師由澎湖移防高雄旗山，擔任臺灣南部地區防衛。[89]

民國64年7月15日，海軍陸戰隊第一、二師分別改番號為第三十六師、第五十四師。翌（65）年8月15日，再奉令改番號為第六十六師、第九十九師。[90]更改番號後，陸戰隊第六十六師、第九十九師之編制均為轄3個步兵團、砲兵團、戰車營、偵搜營、工兵營、岸勤營、通信營、輸汽營、勤務營、衛生營8個師直屬營及師部連、警衛連、防砲連、化學兵連4個師直屬

---

[84] 孫建中，《中華民國海軍陸戰隊發展史》（臺北：國防部史政編譯室，民國99年），頁103。
[85] 孫建中，《中華民國海軍陸戰隊發展史》，頁85。
[86] 國軍檔案：《海軍陸戰隊沿革史》（九），〈海軍陸戰隊司令部歷史（57年度）〉，組織遞嬗。
[87] 孫建中，《中華民國海軍陸戰隊發展史》，頁85。
[88] 參閱一、孫建中，《中華民國海軍陸戰隊發展史》，頁104-105。二、林天量，《陸戰隊的榮耀》（左營：海軍陸戰隊司令部，93年），頁70。三、國防部史政編譯室編印，《國軍隊徽暨臂章圖誌沿革》，頁312。四、國防部史政局編印，《海軍陸戰隊第二師簡史》，頁2之2。
[89] 孫建中，《中華民國海軍陸戰隊發展史》，頁103。
[90] 孫建中，《中華民國海軍陸戰隊發展史》，頁105、107。

連。步兵團編制為轄3個步兵營及4個直屬連。砲兵團編制為轄團部連及4個砲兵營。[91] 67年12月16日，依據國軍整體攻防作戰構想及調整兵力結構兼任戰備任務，海軍陸戰隊訓練中心與恆春三軍聯訓基地指揮部擴編為「海軍陸戰隊第七十七師」（擴編案於68年2月1日生效）。[92]

參、教育與訓練

一、軍官基礎養成教育機構——海軍軍官學校

民國49年10月16日，海軍軍官學校為求組織靈活運用，增進教學效率，參照美國海軍軍官學校編制，修訂學校組織架構、人員編制。此次組織修編之重點在教學組織，將各系分隸3個學部；原航海系、船藝系、通信系、行政系合併為作戰系，與輪機系、兵器系組成海軍科學部。原理化系、電機系合併理化電機系，與數學系、外文系組成一般科學部。文史系、政治系、體育系組成社會科學部，此為學校教學組織統籌管理的起始。之後學校此一組織沿用30年，期間雖曾作些微調整，但皆無影響於整體組織架構。[93]另外，為配合海軍建軍需求，自56年起開始招訓專修學生班。[94]

民國58年4月3日，海軍軍官學校精簡組織編制，精簡後學校編制為校長下設副校長、教育長及政治作戰部、教育處、行政處、海軍科學部（轄作戰系、兵器系、輪機系、體育系）、一般科學部（轄數學、理化電機系、外文系）、學生總隊、專修學生班、預備學生班、主計室、海軍史蹟館10個單

---

[91] 參閱一、國軍檔案：《海軍陸戰隊師沿革史》（66師），〈海軍陸戰隊第66師歷史（65年度）〉，海軍陸戰隊第66師司令部組織系統表，檔號：153.43/3815.13。二、國軍檔案：《海軍陸戰隊沿革史》（十四），〈海軍陸戰隊司令部歷史（68年度）〉，海軍組織系統表，檔號：153.43/3815.12。

[92] 參閱一、國軍檔案：《海軍陸戰隊沿革史》（十四），〈海軍陸戰隊司令部歷史（67年度）〉，組織遞嬗、重要人事。二、孫建中，《中華民國海軍陸戰隊發展史》，頁109。

[93] 參閱一、國軍檔案：《海軍軍官學校沿革史》（八），四十九年度，概述，檔號：153.42/3815.3。二、海軍總司令部編印，《海軍建軍史》，下冊，頁452。三、吳守成，《海軍軍官學校校史》，第一輯（高雄：海軍軍官學校，民國86年），頁97、132。

[94] 陳清茂，《迎向海洋逐夢啟航——海軍軍官學校70年》（高雄：海軍軍官學校，民國106年），頁30。

位。[95] 59年7月1日，奉國防部核定三軍官校四年制正期班畢業生，以中尉起敘。[96] 61年，專修學生班改制為專科學生班。[97] 66年3月10日，海軍軍官學校海軍科學部增設企管組。6月1日，海軍科學部所屬各系改稱為組，系主任教官改稱組長，一般科學部總教官改稱部主任，各系主任教官改稱系主任。7月1日，成立電視教學製作中心。[98]

海軍軍官學校正期學生班（正則班）學制及教育時間：自39年班起定為4年3個月，由於教育時間與一般大學相同，民國43年12月24日，海軍軍官學校畢業生（自43年班起）奉准由教育部授予理學士學位，並自46年起採用學分計分法計算成績（之前採百分法），自此正期班的教育制度，由軍官養成教育演進為文武合一的大學教育。[99] 49年，學生教育時間計畫縮短為4年，並自52年班起實施。[100]

國防部有鑑於三軍官校正期學生教育時間4年，分8個學期完成一般大學課程，軍事課程則分別於4年寒暑假中完成，以致成績不佳，而且課程不如民間大學。為改進上述缺點，於民國63年令頒「三軍官校正期學生班教育革

---

[95] 吳守成，《海軍軍官學校校史》，第一輯，頁98。
[96] 沈天羽，《海軍官校六十年》（高雄：海軍軍官學校，民國96年），頁557。
[97] 陳清茂，《迎向海洋逐夢啟航——海軍軍官學校70年》，頁30。
[98] 吳守成，《海軍軍官學校校史》，第一輯，頁98。
[99] 沈天羽，《海軍官校六十年》，頁133、552。海軍官校創校初期用正則班，至民國46年開始用正期班之名稱。
[100] 參閱一、吳守成，《海軍軍官學校校史》，第一輯，頁230-231。二、海軍總司令部編印，《海軍建軍史》，下冊，頁453。

（上）海軍官校39年班畢業合照
（下）海軍官校正期班從43年班開始授予理學士學位

新方案」，自64年7月1日起開始實施，延長教育時間為4年3個月，並調整時間配當，於前3年完成一般大學課程，將軍事課程集中於第四年實施，使能一氣呵成，增進教育成效。[101]海軍軍官學校遵奉命令自67年班起修訂教育時間為4年3個月。[102]

　　海軍軍官學校正期學生班為了取得大學學位，其教育以一般大學理工教育與海軍專業教育課程並行，學制為「航輪兼習」。海軍軍官學校在設立學系之前，教育部所授與之學位證書上所載為「航輪組（科）」，其間為因應海軍所需人才與科技進步，課程教材內容有所更替，然而以航海、輪機為主系之學制並未改變，多為必修科目。正期班學生教育內容包含社會及人

---

[101] 國防部史政編譯局編印，國防部史政編譯局編印，《國民革命建軍史：第四部：復興基地整軍備戰》（二），民國76年，頁1046。
[102] 孫建中，《臺灣全志，卷六，國防志：軍事教育與訓練篇》（南投：國史館臺灣文獻館，2015年），頁64。

文科學教育（含政治及文史兩系）、自然科學教育（含數學、理化電機、輪機三系）、海軍科學（含作戰及兵器兩系）、生活教育及暑期訓練（含入伍教育、海軍基本課程、廠訓、兩棲訓練及航空訓練）等。[103]另外，為了使學生以歷練艦上各部門職務及參訪與各種戰技操演，對海上生活有進一步之體認，自民國55年起，恢復中斷13年的應屆畢業生敦睦遠航訓練。[104]

二、海軍軍官學校正期班以外開辦之教育班隊

海軍軍官學校自民國35年6月創校後，開辦的班隊很多，除正期學生班外，自47年8月至67年12月期間開辦其他培訓軍官的班次，主要有候補軍官班、專修學生班、專科學生班、預備軍官班等班次。

（一）候補軍官班

民國47年6月1日，海軍軍官學校軍官隊及預備軍官隊裁撤，增設候補軍官班，隸屬學生總隊。該班招訓海軍上士、士官長及未接受養成教育的尉官，招考科別區分為航海、輪機、補給、測量、氣象5科。[105]候補軍官班教育時間為2年4個月，校課內容分為社會與人文科學、自然科學、海軍專科3大部分；前3學期修習社會與人文科學、自然科學等一般基本學科的教學，後3學期為專科訓練。[106]學生畢業後，授予少尉官階。

（二）專修學生班

由於海軍軍官學校正期班的畢業生有限，無法解決基層幹部缺員問題，遂於民國55年成立專修學生班。56年7月，招考具有高中學歷的海軍優秀士

---

[103] 海軍總司令部編印，《海軍建軍史》，下冊，頁452。
[104] 海軍艦隊司令部編印，《老戰友的故事》，民國92年，頁34。
[105] 參閱一、吳守成，《海軍軍官學校校史》，第一輯，頁172。二、國軍檔案：《海軍軍官學校沿革史》（八），教育訓練。三、沈天羽，《海軍官校六十年》，頁175。
[106] 沈天羽，《海軍軍官教育一百四十年（1866-2006）》，下冊（臺北：國防部海軍司令部，民國100年），頁800-801。沈天羽，《海軍官校六十年》，頁175。海軍官校候補軍官班直到51年6月，最後1個班次畢業（候補軍官班醫勤科）才停辦。參閱吳守成，《海軍軍官學校校史》，第一輯，頁234。

官兵，及一般高中、高職與同等學歷的社會青年。專修學生班先後開辦航海、輪機、測量、補給、醫勤、氣象、補給、電信（電訊）、電子、行政等科（組）。在學制上，候補軍官班列為專修班第一期，56年招生入學者為第二期，至61年5月29日，專修班第六期畢業，第七期改制為專科班。[107]專修班各期班的修業時間不一致，最長者為專修第一期2年4個月，短者為專修第三期1年4個月。專修班全程教育訓練可區分三個階段：入伍教育訓練、普修教育各一學期，分科教育為兩學期。[108]學生畢業後，授予少尉官階，服役期滿退伍者，其成績優者爭取留營，予以計畫教育，用以補充初級軍官缺員。由於專修班畢業之軍官大多在尉級階段退伍，故兼可消除校級軍官擁擠現象。[109]

（三）專科學生班

民國61年5月，海軍軍官學校專修學生班改制為專科學生班，當時學校尚有專修學生班航海、輪機、電信3科學生，隨同改為專科班第一期甲班。62年8月26日，招考錄取航海、輪機、補給、通信電子、氣象5科學生，編為專科第一期乙班。自66年起，專科班畢業學生廢除以期編序，改以年班稱呼。專科班修業時間為兩年半，學生畢業後，授予少尉官階及二年專科學資。[110]專科班教育區分為入伍教育（10週）、學校教育（4個學期，每學期18週），第五學年為分科實習（25週）。[111]

---

[107] 參閱一、沈天羽，《海軍官校六十年》，頁177。二、吳守成，《海軍軍官學校校史》，第一輯，頁175-176。三、沈天羽，《海軍軍官教育一百四十年（1866-2006）》，下冊，頁940。

[108] 沈天羽，《海軍軍官教育一百四十年（1866-2006）》，下冊，頁800。海軍總司令部編印，《海軍建軍史》，下冊，頁453-545記：專修班入伍教育及普修教育各4個月，本科教育8個月。

[109] 海軍總司令部編印，《海軍建軍史》，下冊，頁454。

[110] 參閱一、沈天羽，《海軍官校六十年》，頁178。二、沈天羽，《海軍軍官教育一百四十年（1866-2006）》，下冊，頁940。

[111] 吳守成，《海軍軍官學校校史》，第一輯，頁233。

（四）預備軍官班

民國43年9月，海軍軍官學校開辦預備軍官班，區分航海、輪機兩科，至46年5月，第五期結訓後停辦。[112] 51年，復辦預備軍官班第十一期，區分補給、槍砲、電子工程3科。次（52）年招訓第十二期，區分補給、電子兩科，第十二期結訓後又停辦。[113]

三、海軍軍官的專業與進修教育訓練

在臺整軍備戰時期，海軍軍官專業與進修教育訓練，主要由海軍專科學院、海軍工程學院、海軍專科學校、海軍兵器學校、海軍航海學校、海軍輪機學校、海軍通信學校等學校負責。

（一）海軍專科學院

民國45年7月1日，海軍術科訓練班與海軍機械學校併編成立「海軍專科學院」，教育區分兵學部、工學部兩大系統；兵學部賡續海軍術科訓練班之教育，召訓海軍初級、中級軍官，予以6個月訓練，以增進其學識、技能與指揮能力，使其勝任更高層之職務。兵學部教育班隊區分為正規班、代訓班；正規班開設兵學、輪機、通信、補給4班，教育時間6個月，代訓班有後勤、預訓、補給業務3班，教育時間4至16週。工學部為賡續機械學校之教育，並依建軍需要，設立造船、兵器、電機、電子、機械5個工程學系，及海洋學系、基本科學系等。工程學系以考選海軍尉級軍官，教育時間為3年；海洋學系及基本科學系所附設各班，召訓海軍初級、中級軍官，施予1年或6個月的教育訓練，以充實其專門學識及技能，使成為專才軍官。[114]

---

[112] 吳守成，《海軍軍官學校校史》，第一輯，頁172。
[113] 沈天羽，《海軍軍官教育一百四十年（1866-2006）》，下冊，頁826。
[114] 海軍總司令部編印，《海軍建軍史》，下冊，頁455-456。

（二）海軍工程學院

民國53年5月1日，按海軍教育改制方案，將海軍專科學院兵學部改為海軍專科學校，並隸屬海軍訓練司令部，以原工學部為基礎改編，另外成立「海軍工程學院」。海軍工程學院成立後，開設造船、機械、電子、電機、海洋、基本科學、兵器、土木、建築9個學系，及電子、電機2個研究所。55年8月，海洋系改為兵學系。57年9月，海軍工程學院併入中正理工學院。

海軍工程學院學制區分為四年制、三年制、二年制及短期班隊。學制方面：自53年起，招收高中畢業生，教育時間4年3個月，區分造船、機械、電機、電子、兵器5個工程學系，學生畢業後，授予工學士學位，並以海軍少尉任用。三年學制：考選海軍官校畢業尉級軍官，施以3年教育，視同大學轉院，分習造船、電機、電子、機械、兵器等系，畢業後授予工學士學位。二年學制：電子、電機研究所考選海軍軍官學校、海軍工程學院（含海軍專科學院）各系畢業之軍官，施以2年研究生教育，畢業後授予碩士學位。另外，海軍工程學院開設的短期班次計有海洋學系的氣象與測量班，基本科學系的研修班與工業管理班，教育時間為1年或6個月之班次，召訓海軍現職軍官，畢業後酌予學分，不授予學位。[115]

（三）海軍專科學校

民國53年5月1日，海軍專科學院兵學部成立「海軍專科學校」，隸屬海軍訓練司令部，時為海軍各專業技術教育訓練唯一單位，負責艦隊換裝訓練、各部門研究發展與改進之責。[116] 57年9月1日，實施教育改制，撤銷海軍訓練司令部，專科學校獨立，直隸海軍總司令部。[117]海軍專科學校開設有軍官專長教育班次的初級班，及軍官進修教育班次的高級班。初級班為銜接軍官養成教育，召訓海軍少尉學員（後改稱分科班）。高級班召訓海軍中尉、上尉軍官，結訓後方可晉級為校級軍官（後改稱正規班）。學校成立

---

[115] 海軍總司令部編印，《海軍建軍史》，下冊，頁456-457。
[116] 海軍總司令部編印，《中國海軍之締造與發展》，頁205。
[117] 海軍總司令部編印，《海軍建軍史》，下冊，頁459。

（上）候補軍官班第一期紀念照
（下）專科學生班第一期甲班畢業合影

（上）專修學生班第二期畢業合影
（下）預備軍官班結業合影

（上）海軍工程學院57年班新生入學典禮
（下）海軍專科學校新制初級班第一期56年班畢業合影

後開辦的主要教育班次計有：作戰指揮高級班、輪機高級班、兵器高級班、通信高級班、補給高級班、行政高級班、海軍初級班（區分通信、兵器、輪機、補給）。[118]其次，海軍專科學校開辦有軍官專長訓練、新兵訓練、官士

---

[118] 參閱一、海軍總司令部編印，《海軍建軍史》，下冊，頁459。二、鍾漢波，《海峽動盪年代：一位海軍軍官服勤記》（臺北：麥田出版社，2000年），頁182。

210　海上長城──戰後中華民國海軍發展史

兵組（混合）合訓練。[119]比較特別的是自56年起，為了配合國軍軍政交流政策，海軍專科學校開辦政戰軍官（政工幹校畢業生）調任初級班，該班先後開辦3期。59年4月14日，第三期學員畢業後即停辦。[120]

民國44年8月1日，海軍士兵學校改制為海軍士官學校，改制後士官學校兼負現職軍官、預備軍官及短期專長訓練。[121] 60年4月1日，為了配合海軍教育訓練改制，裁撤海軍專科學校及士官學校，分別成立航海學校、輪機學校、兵器學校、通信電子學校、新兵訓練中心5個單位，均隸屬艦隊訓練指揮部。[122]航海學校、輪機學校、兵器學校、通信電子學校亦開辦海軍軍官的專業及進修的教育班次。

四、海軍軍官的深造教育

（一）海軍指揮參謀大學的指參教育

民國49年9月1日，海軍指揮參謀學校改編為「海軍指揮參謀大學」，56年12月21日，學校由高雄左營遷往臺北大直。58年12月1日，海軍指揮參謀大學奉國防部令併入三軍指揮參謀大學。海軍指揮參謀大學成立之初，開辦有關指參教育的班次計有：正規班、初級參謀班、函授教育等班次。正規班招訓海軍校級優秀軍官，教育時間為36週至41週，教育內容主要有：兵學理論、後勤業務、兩棲作戰、海軍作戰戰題之研究等。初級參謀班招訓海軍尉級軍官，教育時間為5至12週，教育重點為使學員瞭解海軍作戰要則，熟練參謀作業之程序及處理方法。另外，海軍指揮參謀大學於50年7月，開辦屬於戰略深造教育層級的「研究班」，招訓海軍上校以上優秀軍官，教育時間為6個月，教育重點為精研大軍運用學，及海軍建軍發展有關之學術。57年2

---

[119] 海軍總司令部編印，《中國海軍之締造與發展》，頁205。
[120] 海軍總司令部編印，《海軍建軍史》，下冊，頁1314。政戰軍官調任初級班第一期畢業生計有何定成等15員；第二期計有田常生等16員，第三期計有尹十億等18員。
[121] 海軍總司令部編印，《中國海軍之締造與發展》，頁205。
[122] 國防部史政編譯局編印，《國民革命建軍史：第四部：復興基地整軍備戰》（一），頁485。

月,增設召訓班(屬指參教育)。[123]

(二)函授(深造)教育

民國58年5月12日令頒「海軍函授(深造)教育實施計畫」,以函授方式選優培養因學校能量及個人職務之限制,無法入學接受深造教育之現職軍官,完成必備之學識。教育期限為18個月,每期實施集訓1至2次,授以機密課程、戰題推演、問題解答及期終考試等。函授課目含海軍指揮參謀大學正規班之主要課程,及實施未來反攻作戰有關課程為重點。[124]

(三)國外進修及深造教育

為鼓勵並選拔海軍優秀官兵進修,培植師資及科學技術人才,並加強對就讀國外海軍官兵之連繫,於民國52年9月20日公布海軍官兵進修國外校院考選及連繫辦法,規定報考公費或獎學金,擬就讀於國外民間大學研究所,或美國海軍研究所院者之選拔標準、程序及優待辦法,以及在學期間之連繫方法。[125]

五、海軍士官兵的教育訓練

(一)海軍士官學校

民國44年8月1日,海軍士兵學校改制為海軍士官學校,改制後士官學校增設各科士官專長班隊。[126] 53年5月1日,海軍教育改革,海軍士官學校改隸海軍訓練司令部,學校設立士官班及新兵訓練中心,並兼海軍官校學生入伍教育訓練。[127] 57年9月1日,海軍士官學校恢復獨立,直隸海軍總司令部。

---

[123] 海軍總司令部編印,《海軍建軍史》,下冊,頁450-451。
[124] 海軍總司令部編印,《海軍建軍史》,下冊,頁423。
[125] 海軍總司令部編印,《海軍建軍史》,下冊,頁430-431。
[126] 海軍總司令部編印,《中國海軍之締造與發展》,頁205。
[127] 海軍總司令部編印,《中國海軍之締造與發展》,頁205。

海軍士官學校成立之目的為擔任海軍各（兵）科士官基礎、專長及深造教育為主，並兼辦海軍新兵訓練及臨時短期班隊訓練。學校教育班隊開設有航海、信號、氣象、測量、槍砲、砲儀、魚雷、電信、譯電、電工、雷達、聲納、油機、汽機、鍋爐、電機、機械、損害管制、水中機械、補給、醫務、文書、帆纜等23個士官班隊。

為了充實海軍基層士官幹部，海軍士官學校於民國51年開設甲、乙組常備士官班，招考16歲至30歲的社會青年與學生；甲組士官班考選高中肄業或初中畢業者，施以2年教育，乙組士官班考選初中肄業或同等學歷者，施以1年教育，甲、乙兩組士官班學生畢業後，分發海軍各單位服役10年。58年，海軍總司令部針對士官教育訓練進行3項改革：1、增加常備士官班各班隊一般高中普通教育課程。2、將常備士官班2年教育時間，全部改為在校教育，並加強基本課程及本科專精教育訓練，以提高學生素質。3、將預備士官班各班次，依據艦艇裝備型式，實施分組教學，求專求精，以節約訓練時間。[128]

（二）海軍航海學校

民國60年4月1日，海軍全軍教育訓練單位重新改制，將海軍專科學校、海軍士官學校及艦訓部岸訓中心的航海班、船藝班撥編成立「海軍航海學校」。[129]

航海學校開辦軍官及士官兵有關航海方面的專長或進修教育班次。[130]

（三）海軍輪機學校

民國60年4月1日，海軍艦隊訓練指揮部岸訓中心輪機組及損管組、海軍專科學校輪機組及補給組、海軍士官學校輪機組及一般組等單位撥編成立「海軍輪機學校」。輪機學校開辦軍官及士官兵有關於輪機方面的專長或進修教育班次。[131]

---

[128] 海軍總司令部編印，《海軍建軍史》，下冊，頁457-458。
[129] 海軍航海學校編印，《海軍航海學校八十五度沿革史》，民國86年，一、概述。
[130] 海軍航海學校編印，《海軍航海學校八十五度沿革史》，四、教育訓練。
[131] 海軍輪機學校編印，《海軍輪機學校沿革史》（八十五度），民國86年，四、教育訓練。

（四）海軍兵器學校

民國60年4月1日成立，海軍專科學校兵器組、海軍士官學校兵器組，及海軍艦訓部岸訓中心槍砲班、水雷班、反潛班等單位撥編成立「海軍兵器學校」。[132]兵器學校開辦軍官及士官兵有關兵器方面的專長或進修教育班次。[133]

（五）海軍通信電子學校

民國60年4月1日，以海軍士官學校、海軍專科學校、海軍艦訓部岸訓中心等有關通信、電子教育訓練單位撥編成立「海軍通信電子學校」。通信電子學校開辦軍官及士官兵有關通信及電子方面的專長或進修教育班次。[134]

至於後勤技工教育方面，為長期及有計畫培養海軍基層技藝人員，民國59年9月16日，成立海軍技工學校，隸屬海軍第一造船廠。63年1月1日，海軍技工學校更名為「海軍修護技術學校」。[135]

六、海軍士兵的教育訓練

海軍士官學校成立後，兼辦海軍新兵訓練及臨時短期班隊訓練。學校有關士兵的教育訓練方面；計開設有輪機、事務、駕駛、灘勤4個士兵班次。民國51年，開辦「丙組士兵班」，係招訓具國校畢業學歷志願從軍者，訓期為11至21週，結訓後須入海軍服役5年。

民國53年5月1日，海軍訓練司令部成立後，為了提高士兵素質，改進新兵訓練制度，延長其訓練時間由12週增至16週，並採取管道訓練方式，區分為軍人基本訓練、政治教育、兵器教育、損害管制訓練、船藝教育5個管

---

[132] 參閱一、海軍兵器學校編印，《海軍兵器學校歷史》，民國60年，概述、教育訓練篇。二、海軍兵器學校編印，《海軍兵器學校沿革史》（八十五年度），民國86年，教育訓練。
[133] 海軍兵器學校編印，《海軍兵器學校沿革史》（八十五年度），教育訓練。
[134] 海軍通信電子學校編印，《海軍通信電子學校沿革史》（八十五年度），民國86年，四、教育訓練。
[135] 國防部史政編譯局編印，《國民革命建軍史：第四部：復興基地整軍備戰》（一），頁499、501。

道,依序配合戰技及體能訓練銜接施教,期使結訓士兵確能擔負艦艇上工作及作戰任務。[136]

民國60年4月1日,海軍為了配合國軍教育訓練體制改革方案,將海軍士官學校改組為「海軍新兵訓練中心」,隸屬海軍艦隊訓練指揮部。[137] 7月1日,新兵訓練中心修改原新兵訓練計畫,新兵教育訓練時程由16週精減為12週,取消原先電子、電信、雷達、聲納及砲儀5科提前分科教育訓練。[138]海軍新兵教訓練分別由新兵訓練中心所轄3個大隊負責。[139]教育訓練重點以實施政治教育、國軍基本教練、損害管制、兵器、船藝等戰鬥技能。待結訓後以民間專長、抽籤或銜接士官班教育兵員,分發海軍各單位服務。新兵訓練中心主要工作除了接訓新兵外,兼代訓海軍各兵科學校招收常備士官班學生入伍訓練,主要訓練重點為政治教育、國軍基本教練、損管、船藝及兵器等課程。[140]

七、海軍部隊的教育訓練

(一)海軍訓練司令部

民國53年5月1日,海軍為了配合教育任務需要,將海軍士官學校、海軍專科學校、海軍艦隊訓練司令部岸訓中心及後備軍人訓練中心進行改制,成立「海軍訓練司令部」。57年9月1日,因應教育改制,裁撤海軍訓練司令部。[141]

(二)海軍艦隊訓練司令部

海軍艦隊指揮部所屬的艦隊訓練司令部係海軍艦隊之訓練機構,負責對各艦艇實施成軍、複習訓練、艦隊編隊等各項訓練。民國57年9月1日,海軍

---

[136] 海軍總司令部編印,《海軍建軍史》,下冊,頁457-458。
[137] 曹少滋,《練兵影錄——新兵訓練中心指揮官憶往海軍建軍史》(高雄:海軍新兵訓練中心,民國100年),頁10。
[138] 曹少滋,《練兵影錄——新兵訓練中心指揮官憶往海軍建軍史》,頁18。
[139] 曹少滋,《練兵影錄——新兵訓練中心指揮官憶往海軍建軍史》,頁76。
[140] 曹少滋,《練兵影錄——新兵訓練中心指揮官憶往海軍建軍史》,頁18、19、68、69。
[141] 海軍總司令部編印,《海軍建軍史》,下冊,頁458。

艦隊訓練司令部改制並更名為「海軍艦隊訓練指揮部」，隸屬海軍艦隊司令部。58年5月1日，原屬海軍訓練司令部的艦艇岸訓中心納入。至此艦隊訓練指揮部編制轄政治作戰部、後訓中心、岸訓中心、航訓中心、行政組、訓練組及作戰研發組。[142] 60年4月1日，為了配合海軍教育訓練改制，裁撤岸訓中心。[143]

（三）海軍兩棲訓練中心

民國57年9月1日，海軍兩棲訓練司令部更名為「海軍兩棲訓練中心」，轄海軍兩棲訓練班、兩棲作戰艦艇訓練班、部隊兩棲訓練班。[144]

（四）海軍部隊訓練的要項

海軍部隊訓練係按個人基礎、艦艇編裝、艦隊戰術三環節之順序實施訓練，並貫徹艦艇甲、乙類操演及軍種聯合訓練。[145]

（五）部隊教育訓練的革新

民國57年起，海軍進行部隊教育訓練的革新，其重點如下：
1. 統一海軍戰略、戰術思想，由海軍總司令部組成「海軍統一標準教材編審委員會」，艦隊、兩棲部隊、陸戰隊分別組成典範令編審委員會，及各校院組成教材編審委員會，並明細規定各級委員會之任務及作業程序等。
2. 成立海軍教育政策委員會，策定海軍官兵教育政策，適時檢討改進有關教育訓練之重大措施。
3. 有鑑於以往艦隊訓練係以「海軍艦艇部隊戰備訓練規程」為依據，其範圍包括艦艇操演、檢查及服勤績效三者。有鑑於該規程多係採自美

---

[142] 海軍總司令部編印，《海軍建軍史》，下冊，頁405及附件九六。
[143] 國防部史政編譯局編印，《國民革命建軍史：第四部：復興基地整軍備戰》（一），頁485。
[144] 海軍總司令部編印，《海軍建軍史》，下冊，頁407。
[145] 國防部史政編譯局編印，《國民革命建軍史：第四部：復興基地整軍備戰》（二），頁1114。

軍，而中美艦隊在任務與編制上多有差異，國軍對訓練之要求和指導原則與美軍亦不盡相同，因此成立研編小組，重新編成「艦隊訓練綜合準則」詳訂海軍艦艇服勤、保養、修護、訓練、裁判、驗收等各項規定，於民國57年1月印頒，同時舉辦講習，付諸實施。[146]

八、海軍陸戰隊的教育訓練

（一）海軍陸戰隊軍官的養成教育

民國41年8月1日，海軍陸戰隊學校在左營桃子園營區成立，負責陸戰隊幹部的培訓與深造。[147]學校成立之初，開設有高級班、初級班（尉官隊）、候補軍官隊及通信軍官訓練班。[148] 54年5月，候補軍官班自第十六期起更名專修學生班第十六期。[149] 63年1月，陸戰隊學校高級班改編為正規班，初級班改編為分科班。[150]陸戰隊學校開辦主要班次的教育內容方面；正規班之教育目的，召訓陸戰隊及陸軍、空軍、聯勤或警備之上尉至少校軍官，教育重點為陸戰隊營兩棲作戰及陸上作戰戰術，訓練時間為28週至36週。[151]正期（分科）班之教育目的，召訓海軍軍官學校陸戰組或陸軍軍官學校陸戰組學生，教育重點以術科為主，區分政治、軍事教育，教育訓練時間為6個月。[152]專修學生班召訓對象為具有高中（職）畢業程度之社會青年，及陸戰

---

[146] 海軍總司令部編印，《海軍建軍史》，下冊，頁430-4310。
[147] 參閱一、國軍檔案：《海軍陸戰隊學校沿革史》（一）（41年度），海軍陸戰隊學校組織遞嬗，檔號：153.42/3815.6。二、孫建中，《中華民國海軍陸戰隊發展史》，頁163。
[148] 參閱一、國軍檔案：《海軍陸戰隊學校沿革史》（一）（41年度），海軍陸戰隊學校組織遞嬗。二、孫建中，《中華民國海軍陸戰隊發展史》，頁164。
[149] 國軍檔案：《海軍陸戰隊學校沿革史》（二），〈海軍陸戰隊學校沿革史（54年度）〉，教育訓練。
[150] 孫建中，《中華民國海軍陸戰隊發展史》，頁167。
[151] 參閱一、國軍檔案：《海軍陸戰隊學校沿革史》（十三），〈海軍陸戰隊學校歷史（71年度）〉教育訓練。二、國軍檔案：《海軍陸戰隊學校沿革史》（77年度），教育訓練，檔號：1864.33/3815.8。
[152] 國軍檔案：《海軍陸戰隊學校沿革史》（十一），〈海軍陸戰隊學校沿革史（68年度）〉，教育訓練。

隊對內招生之常備士官兵,施以分科教育。教育重點以術科為主,區分政治、軍事教育,教育訓練時間為1至2年。[153]

(二)海軍陸戰隊軍官的深造(指參)教育

民國46年4月1日,海軍陸戰隊學校於成立指揮參謀班,其教育目的係在培養陸戰隊、陸海空聯勤總司令部、各軍種團級以上指揮人員,與師級以上參謀人員,使兩棲登陸作戰教育成為一完整體系。57年7月1日,為遵照國防部令頒「國軍深造教育體制改進實施方案」,海軍陸戰隊學校指揮參謀班奉命併入海軍指揮參謀大學「陸戰隊正規班」。因校舍不足,遲至58年11月3日,指揮參謀班由左營遷至臺北編併;同時海軍指揮參謀大學陸戰隊正規班59年班在臺北入學開訓。[154]

(三)海軍陸戰隊士官教育訓練

民國46年3月3月20日,海軍陸戰隊士官學校奉准成立。48年4月1日,學校奉國防部命令核定為正式編制單位,其制度始步入正軌,[155]並開辦步兵、駕駛、基本訓練、懸崖登陸4個的班隊。[156] 49年12月起,為擴充士官來源,開辦預備士官班,考選陸戰隊初中畢業或高中程度的常備兵,施以17週教育訓練。[157] 57年5月,開辦常備士官班(士官班甲班),招訓初中應屆畢業保甄學生,[158]常士班學生先至陸軍第二士官學校完成2年專修教育(含高中普通學科教育)後,返回陸戰隊士官學校接受為期6個月的陸戰隊分科

---

[153] 國軍檔案:《海軍陸戰隊學校沿革史》(十三),〈海軍陸戰隊學校歷史(71年度)〉,教育訓練。
[154] 中華民國軍官深造教育年鑑編輯委員會,《中華民國軍官深造教育年鑑》(第一次:沿革及民國五十九年)(臺北:國防部史政局,民國62年),頁45-46。
[155] 國軍檔案:《海軍陸戰隊士官學校沿革史》(一),〈海軍陸戰隊士官學校校史(48年度)〉,概述及教育訓練,檔號:153.42/3815.16。
[156] 國軍檔案:《海軍陸戰隊士官學校沿革史》(一),〈海軍陸戰隊士官學校校史(48年度)〉,本校組織系統表(48年)及教育訓練。
[157] 海軍總司令部編印,《海軍建軍史》,下冊,頁461。
[158] 國軍檔案:《海軍陸戰隊士官學校沿革史》(三),〈海軍陸戰隊士官學校校史(56年度)〉,概述。

教育。[159]陸戰隊士官學校建校後，其教育訓練的主旨：在堅定士官之革命信念，確立革命中心思想，熟練陸戰隊步兵營連編制武器之性能與使用方法，徹底瞭解與嫻熟兩棲作戰之戰術與技術，並磨練其伍班排等小部隊指揮統御能力為主要目的。士官教育區分為；基礎教育、輔助教育與進修教育。[160]

（四）海軍陸戰隊士兵與部隊的教育訓練

1、新兵教育訓練

民國48年6月1日，陸戰隊新兵訓練營與戰鬥訓練營併編為「海軍陸戰隊新兵訓練中心」。[161] 57年9月，陸戰隊新兵訓練中心下設立「新兵訓練總隊」。[162]常備兵新兵教育訓練時間為16週，區分為兩個階段實施：第一階段為入伍基礎教育，包括政治教育、一般課程、基本教練、體能訓練、兵器訓練等。第二階段以班以下戰鬥教練及射擊訓練為重點。[163]

2、部隊教育訓練

海軍陸戰隊部隊訓練係以24個月為一週期，即各部隊在兩年中輪流進入陸軍基地及海軍兩棲基地施訓乙次。[164]訓練項目主要有：戰技體能訓練、射擊訓練、夜戰近戰訓練、行軍訓練及基地訓練。[165]民國57年9月1日，「恆春訓練基地指揮部」成立，隸屬陸戰隊司令部。[166]該訓練基地成立目的為精練

---

[159] 國軍檔案：《海軍陸戰隊士官學校沿革史》（三），〈海軍陸戰隊士官學校校史（59年度）〉，教育訓練。
[160] 海軍總司令部編印，《海軍陸戰隊歷史》，頁6之2之1。
[161] 參閱一、國軍檔案：《海軍陸戰隊沿革史》（五），〈海軍陸戰隊司令部四十八年度沿革史〉，概述、組織遞嬗、海軍陸戰隊編制表，檔號：153.43/3815.12。二、國軍檔案：《海軍陸戰隊新兵訓練中心沿革史》（一），〈海軍陸戰隊新兵訓練中心沿革史歷史（52年度）〉，海軍陸戰隊新兵訓練中心組織系統表。
[162] 海軍總司令部編印，《海軍建軍史》，下冊，頁465。
[163] 參閱一、海軍總司令部編印，《海軍陸戰隊歷史》，頁6之3之1。二、海軍總司令部編印，《海軍建軍史》，下冊，頁466。
[164] 國防部史政編譯局編印，《國民革命建軍史：第四部：復興基地整軍備戰》（二），頁1081。
[165] 海軍總司令部編印，《海軍建軍史》，下冊，頁466-467。
[166] 海軍總司令部編印，《海軍建軍史》，下冊，頁414。

陸戰隊官兵戰技、各級指揮能力及兵種協同作戰要領。訓練重點包括：基礎訓練、班排連營教練、攻防作戰及步工、步砲、步戰兵種協同訓練、陸海空聯合實彈攻擊。[167] 64年4月1日，恆春訓練基地指揮部擴編為「三軍聯合作戰訓練基地指揮部」。[168]三軍聯合作戰訓練基地負責訓練項目主要為梯次營團基地訓練，其訓練目的為於嚴格執行梯次團編裝能力訓練與測驗，以增強陸戰隊之戰力，提升部隊戰備整備。訓練重點為兵種聯合實彈戰鬥演習及連營攻防對抗演習，以銜接梯團駐地訓練。實施方式區分駐地訓練成效驗收、軍兵種聯合訓練、連對抗、營對抗4個階段。[169]

肆、重要戰役

一、八二三戰役

　　民國47年7月中旬，中共中央在河北北戴河會議上決定；對金門砲擊，藉此報復國軍對大陸沿海的突擊及敵後作戰，並間接支援中東阿拉伯人民反英美帝國主義的「民族解放鬥爭」。[170]共軍砲擊金門的時間日期，經過幾次變更後，最後決定於8月23日下午開始砲擊。[171] 23日18時30分，金門列島當面的共軍以各型火砲約三百四十餘門，突然對金門列島實施奇襲性的瘋狂濫射，「八二三戰役」自此爆發。[172]

---

[167] 國防部史政局編印，《海軍陸戰隊第二師簡史》，民國59年，頁5之5。
[168] 國軍檔案：《恆春三軍聯訓基地指揮部沿革史》（一），〈恆春三軍聯訓基地指揮部歷史（64年度）〉，恆春三軍聯訓基地指揮部組織系統表，檔號：153.42/9101。
[169] 國軍檔案：《恆春三軍聯訓基地指揮部沿革史》（三），〈恆春三軍聯訓基地指揮部歷史（70年度）〉，教育訓練。
[170] 楊成武，〈炮擊金門〉收錄在《總參謀部——回憶史料》（北京：解放軍出版社，1995年），頁493-494。葉飛，《葉飛將軍自述》（瀋陽：遼寧人民出版社，2001年），頁335記：時福州軍區第一政委葉飛接獲來自北京共軍參謀總部作戰部長王尚榮的保密電話：中共中央軍委會決定砲擊金門，指定由葉飛負責指揮。
[171] 楊成武，〈炮擊金門〉收錄在《總參謀部——回憶史料》，頁499-500。
[172] 參閱一、國防部史政局編印，《金門砲戰戰史》，上冊，頁47。二、國防部軍務局編印，《八二三台海戰役》，民國87年，頁74。

入塢進行維修的中海軍艦

（上）入塢進行維修的中海軍艦
（下）美頌軍艦

八二三戰役爆發前夕，我海軍「六二特遣部隊」下轄各型艦艇32艘，區分為北區、南區巡邏支隊，另轄有攻擊、水雷、運輸、後勤等支隊各一，由海軍副總司令黎玉璽擔任指揮官，其任務為自福建三都澳起至鎮海角間臺灣海峽之海上巡弋，維護臺灣海峽及金門、馬祖外島之安全，並適時支援駐防金門、馬祖國軍作戰。[173]

（一）八二四料羅灣海戰

民國47年8月24日18時30分，共軍猛烈砲擊金門列島，時擔任運補金門任務的中海、美頌兩艦及租用商船台生輪，正在料羅灣泊地搶灘下卸物資。當砲擊開始後，即退出灘岸。此時維源、沱江、湘江3艦，發現敵砲擊料羅灘頭後，立即支援護航，於20時5分與共軍魚雷快艇接戰，敵有兩艘魚雷快艇被我擊沉及1艘遭重創。20時25分，敵再以大批魚雷快艇圍攻中海艦及台生輪。[174]台生輪被擊沉，中海艦艦尾被1枚魚雷擊中，中海艦受創嚴重無法航行，向南區巡邏支隊求援外，仍繼續與敵艇奮戰。22時，沱江、湘江兩艦趕到，美頌艦亦趕至拖救中海艦及救起台生輪生還人員數十人。沱江、湘江、維源3艦護送美頌、中海兩艦返航。[175]

24日23時59分，北碇以東海面有敵快速艇多艘，向我南區巡邏支隊來襲。姚道義支隊長命令各艦一面護航，一面向敵以密集火網猛擊，敵魚雷快艇被我擊沉兩艘及重創兩艘。直到25日0時51分，敵快艇群曾5度來擊，均被擊退，在海戰中敵兩艘快艇被我擊沉，1艘遭重創。至25日9時，沱江、維源兩艦先後救起共軍俘虜3名，繼續搜巡，未再發現有敵蹤，此次海戰至此結束。[176]

---

[173] 參閱一、國防部軍務局編印，《八二三台海戰役》，頁10。二、國防部史政局編印，《金門料羅灣海戰》，民國48年，頁5

[174] 參閱一、黎玉璽，《八二三金門會戰海軍作戰實錄》，作者自刊，民國74年，頁13-15。二、海軍總司令部編印，《海軍建軍史》，下冊，頁471。

[175] 參閱一、黎玉璽，《八二三金門會戰海軍作戰實錄》，頁15-17。二、海軍總司令部編印，《海軍建軍史》，下冊，頁471-472。三、鄭本基，〈八二四血戰之回憶〉收錄在《中華民國海軍締造與發展》（臺北：海軍總司令部，民國54年），頁163-165。頁108-109。

[176] 參閱一、黎玉璽，《八二三金門會戰海軍作戰實錄》，頁17-19。二、海軍總司令部編印，《海軍建軍史》，下冊，頁472。

（左）國軍英雄表揚遊行
（右）八二四海戰後中海軍艦大修精神標語

　　八二四海戰從8月24日19時10分起，至25日5時10分止，我海軍合計擊沉共軍魚雷快艇8艘，擊傷5艘，俘虜敵士兵3名。我方台生輪沉沒，中海艦有士官兵9人陣亡殉職，軍官10人及士兵11人重傷，搭乘友軍的傷亡，尚未計算在內。[177]

（二）九二海戰

　　民國47年9月2日0時34分，當維源、柳江兩艦掩護美堅艦正在金門料羅灣卸載時，發現共軍8艘快艇分兩批向我艦突襲，維源、柳江兩艦即迎擊敵艇。[178] 2日0時43分至0時58分，維源艦先後擊沉敵艇8艘，至此海面似無敵蹤。當維源、柳江艦正與敵艇交戰時，敵一批快艇於2日0時35分自鎮海角、圍頭疾馳襲擊美堅艦，沱江艦以戰況緊急，即刻單艦高速接近美堅艦，迎擊

---

[177] 黎玉璽，《八二三金門會戰海軍作戰實錄》，頁18。八二四海戰陣亡官兵9人分別為：楊子良、包杏春、曾俊、游德華、李耐已、陳進木、許應煥、高尚春、彭增春，除楊子良外，均為中海艦士兵。國防部軍務局編印，《八二三台海戰役》，頁139記：八二四海戰，海軍陣亡戰士8人，失蹤1人，軍官1人及戰士11人負傷。

[178] 參閱一、國防部史政局編印，《金門料羅灣海戰》，頁7-8。二、黎玉璽，《八二三金門會戰海軍作戰實錄》，頁21-22。三、海軍總司令部編印，《海軍建軍史》，下冊，頁472。

敵艇。時敵快艇十餘艘,向沱江艦奔襲砲擊。劉溢川艦長一面掩護美堅艦脫離險境,一面向敵艇群迎擊。9月2日0時56分,沱江艦擊沉敵快艇1艘,2分鐘之後,再擊中1艘敵艇。敵艇群見沱江艦單艦勢孤,趁勢合圍,沱江艦中彈多發,官兵努力搶修,使該艦仍能保持運動,惟機動性已不能如常。[179]

戰鬥至9月2日凌晨1時3分,共軍4艘大型快艇向沱江艦猛攻,沱江艦全速迎擊,擊沉1艘敵艇。此時沱江艦已中彈累累,官兵傷亡枕藉。然而沱江艦在敵艇圍攻下,突圍反覆衝殺,戰至1時13分,再擊沉1艘敵砲艇。[180] 2日1時16分,沱江艦艦砲因遭擊毀及彈藥用盡,火力幾告全失,船速驟降,操作不靈,欲進無力,官兵盡力堵漏,並以僅存的40機砲,掩護突圍。[181]當此沱江艦遭敵艇圍攻時,維源、柳江亦遭敵艇攻擊,以致無法馳援。直至2日2時30分,維源艦來援,乃得脫險趕來會合。時沱江艦動力喪失,由維源、柳江兩艘拖救,脫離戰場返航馬公。[182]

「九二海戰」自9月2日0時34分開始,迄2時38分擊潰敵艇,南支全隊會合止,歷時兩小時。是役維源、沱江、柳江3艦以寡擊眾,擊沉或重創多艘共軍魚雷快艇及砲艇,我海軍南區巡邏支隊則有官兵11員殉職,25員負傷。[183]

---

[179] 參閱一、劉溢川,〈憶九二料羅灣海戰〉收錄在海軍總司令部編印,《中國海軍之締造與發展》,頁168。二、國防部史政局編印,《金門料羅灣海戰》,頁8-9。三、黎玉璽,《八二三金門會戰海軍作戰實錄》,頁22。四、國防部軍務局編印,《八二三台海戰役》,頁142-144。

[180] 劉溢川,〈憶九二料羅灣海戰〉,頁169。

[181] 參閱一、劉溢川,〈憶九二料羅灣海戰〉收錄在海軍總司令部編印,《中國海軍之締造與發展》,頁170。二、國防部史政局編印,《金門料羅灣海戰》,頁10。三、黎玉璽,《八二三金門會戰海軍作戰實錄》,頁25-26。

[182] 參閱一、國防部史政局編印,《金門料羅灣海戰》,頁10。二、黎玉璽,《八二三金門會戰海軍作戰實錄》,頁26。三、劉溢川,〈憶九二料羅灣海戰〉收錄在海軍總司令部編印,《中國海軍之締造與發展》,頁170。黎玉璽,《八二三金門會戰海軍作戰實錄》,頁27記:沱江艦由維源艦拖帶,於9月3日9時30分,安抵馬公。

[183] 黎玉璽,《八二三金門會戰海軍作戰實錄》,頁27。九二海戰殉職11人分別為:陳科榮、鄭權、朱容(蓉)、張靜、林錫欽、蔡東福、張玉才、劉忠義、陳志強、董榮源、周心欽。參閱海軍艦隊司令部,《老戰役的故事》,頁220。海軍司令部編印,《江海歲月:江字號軍艦的故事》,民國104年,頁156記:沱江艦上官兵共35人,其中12人陣亡,17人輕重傷,僅6人平安無事。

（上）美堅軍艦
（中）湘江軍艦
（下）沱江軍艦被授榮譽虎旗

（三）對金門前線之運補

八二三戰役爆發後，因共軍對金門列島猛烈砲擊，繼復以海空軍配合突襲，構成海上、水際及灘頭等三重封鎖。我海軍雖然在「八二四」及「九二」兩次海戰，已突破敵第一道海上封鎖線。但料羅灣水際及灘頭，仍在敵砲火網下，使運輸艦船搶灘下卸工作，難以實施，以致初期之以中型登陸艦（LSM）及戰車登陸艇（LCM）輪番運補，均徒勞無功。因金門當地軍品存量日稀，若短期內局面未能改善，則補給不繼，金門安全堪虞。[184]

民國47年9月7日，因美國海軍第七艦隊主動宣布海峽護航，我海軍與美軍協商策定「閃電計畫」。海軍「六二特遣部隊」即率運輸支隊進駐馬公，以戰車登陸艦及中型登陸艇，駛往金門搶灘或駁運，對前線進行運補工作。[185] 9月8日，在執行第二梯次「閃電」運補計畫時，因美樂艦中彈沉沒。[186]另外，美珍艦受敵砲火所阻，僅卸下100噸物資。有鑑於金門搶灘運補行動，對於鼓舞官兵士氣，實具重大影響。我海軍與美軍顧問團海軍組幾經磋商，決定除繼續以中型登陸艦執行搶灘運補外，並以兩棲登陸作戰方式，使用LVT裝載戰備物資，在泊地與灘岸間舟波運動，登陸後迅速進入掩體，確保物資安全送達金門。[187]「閃電計畫」共實施8個梯次，實為在共軍砲火封鎖下，對金門前線實施運補之最艱苦階段。[188]

民國47年9月12日，中美高級將領在澎湖舉行會議時，認為兩棲運補的計畫裝載與下卸的執行，應由兩棲部隊負責，海軍司令總部根據這項結論，

---

[184] 海軍總司令部編印，《海軍陸戰隊歷史》，頁5之11之1。
[185] 參閱一、國軍檔案：〈金門砲戰經驗回憶錄〉（一）卷一，檔號：540.5/8010。二、國防部軍務局編印，《八二三台海戰役》，頁198。三、黎玉璽，《八二三金門會戰海軍作戰實錄》，頁36。四、張力，《黎玉璽先生訪問紀錄》，頁138。
[186] 國防部軍務局編印，《八二三台海戰役》，頁200記：美樂艦官兵死傷三十餘人。該艦吳樹林、黃約、馬學良、陳羽飛、莊西庚、詹德榮等6人殉職。參閱海軍艦隊司令部，《老戰役的故事》，頁220。
[187] 參閱一、黎玉璽，《八二三金門會戰海軍作戰實錄》，頁40-41。二、張力，《黎玉璽先生訪問紀錄》，頁142-144。
[188] 王紫雲，〈馬立維將軍訪問紀錄〉收錄在《海軍陸戰隊官兵口述歷史訪問紀錄》（臺北：國防部史政編譯室，民國94年），頁124。

下令兩棲部隊編組「六五特遣隊」。[189] 16日，專責執行金門兩棲運補任務之「六五特遣部隊」成立，並頒布「鴻運計畫」，繼續執行「閃電計畫」，並將「閃電計畫」更名為「鴻運計畫」。17日，「六五特遣部隊」所轄「六五之一兩棲支隊」及「六五之二裝載支隊」成立。[190]「六五之二裝載支隊」轄金門指揮組、登陸運輸車營、登陸砲車營及搬運部隊，搬運部隊仍由各團、營輪流派遣部隊擔任，並將運輸車營編組為3個梯隊，每梯隊配賦50輛LVT。採輪替方式執行任務。第一、第二梯隊由登陸運輸車營編成，第三梯隊由登陸砲車營編成。「六五特遣部隊」及所屬2個支隊，自47年9月18日開始，至12月31日止，分5個階段實施，共完成53個梯次運補，[191]使用各型艦艇155艘次，LVT586車次，總共下卸軍品110,716噸貨物及人員13,600名。[192]

LVT雖然受限車體較小，裝載物資有限，但在金門前線補給不繼安全堪虞之際，毅然執行兩棲作戰運補，使金門列島軍需民食無虞匱乏，械彈器材源源補給，士氣民心益為振奮，終於獲致八二三戰役第一回合之勝利。此種戰果實非單純之運補物資噸位與人員數量所可比擬，其執行運補任務可謂是圓滿順利成功。八二三戰役我海軍陸戰隊官兵及裝備傷亡損失如下：沉沒LVT水陸登陸車17輛，士兵殉職8人，另有25名官兵負傷。[193]

---

[189] 參閱一、海軍總司令部編印，《海軍陸戰隊歷史》，頁5之11之3。二、黎玉璽，《八二三金門會戰海軍作戰實錄》，頁42-44。三、張力，《黎玉璽先生訪問紀錄》，頁143-144。

[190] 參閱一、國防部軍務局編印，《八二三台海戰役》，頁205。二、黎玉璽，《八二三金門會戰海軍作戰實錄》，頁54-55。三、張力，《黎玉璽先生訪問紀錄》，頁151。

[191] 參閱一、海軍總司令部編印，《海軍陸戰隊歷史》，頁5之11之1至5之11之2。二、王紫雲，〈馬立維將軍訪問紀錄〉收錄在《海軍陸戰隊官兵口述歷史訪問紀錄》，頁125-127。二、黎玉璽，《八二三金門會戰海軍作戰實錄》，頁55。三、張力，《黎玉璽先生訪問紀錄》，頁151。國防部軍務局編印，《八二三台海戰役》，頁205記：鴻運計畫係自9月18日至11月18日止，共完成36個梯次。

[192] 參閱一、張力，《黎玉璽先生訪問紀錄》，頁153-154。二、國防部軍務局編印，《八二三台海戰役》，頁209。

[193] 孫建中，《中華民國海軍陸戰隊發展史》，頁342。八二三臺海戰役陸戰隊LVT部隊官兵及裝備損失數目眾說紛紜：海軍艦隊司令部，海軍艦隊司令部，《老戰役的故事》，頁220記：登陸運輸車營計有：辛繼舉、孫多梓、龔俊、陳金奎、夏全富、韋茂林、陳永全及黃鈺崑等8人殉職。海軍總司令部編印，《海軍陸戰隊歷史》，頁5之11之5記：LVT登陸運輸營沉沒LVT19輛，陣亡士兵7員，負傷官兵33員。馬立維，〈八二三台海戰役——海運親歷〉收錄在《陸戰薪傳》，頁83記：LVT部隊參戰官兵計有2,126人次；8名官兵殉職，25名官兵受傷，損失20輛LVT。宋忠勤，〈八二三砲戰中LVT部隊光芒萬丈〉收錄在

國軍在執行「鴻運計畫」之同時，為加強金門駐軍之火力，實施有效之反砲戰，以陸軍第一軍砲兵營換裝美援8吋榴彈自走砲，用以摧毀共軍對金門地區之孤立攻勢，中美海軍經磋商研討，策定「轟雷計畫」，由中美海軍艦艇協力將火砲、彈藥及人員，運往金門。我陸戰隊登陸運輸車營則奉命令協助執行「轟雷計畫」。[194]「轟雷計畫」共實施3個梯次，分別於9月21日、9月27日及10月6日，將8吋榴彈自走砲砲彈、人員與器材，自馬公海運至金門料羅灣灘頭下卸。[195]由於「轟雷計畫」之實施，使我金門反砲戰威力倍增，給予共軍嚴重打擊，締造八二三戰役勝利之契機。[196]此外，海軍中建艦於10月20日16時在料羅灣執行搶灘卸載時，遭到共軍砲擊受創，造成士官兵7人殉職。[197]

二、五一東引海戰

　　民國54年4月29日，海軍東江艦由艦長何崇德指揮，奉北巡支隊隊長孫文全電令，由馬公駛往東引與馬祖海面，與北巡支隊會合執行例行巡弋任務。30日夜，東江艦因雷達故障，無法確知船位，乃巡弋於東引與馬祖海面之間，但與北巡支隊仍保持電訊連絡。1日0時15分，東江艦因雷達故障，不知不覺地駛入了中共海軍的錨泊地——三沙灣。

　　稍早4月30日21時40分，當東江艦航行至台山島東南海域時，中共海軍福建基地研判東江艦可能是向北礵輸送小股特務、策應小股武裝特務活動或迷航。時共軍福建軍區指示：若東江艦靠近，準備打一下。共軍東海艦隊

　　《八二三砲戰中的LVT部隊》，頁192-193記：LVT部隊參戰計有3,266人次，出動LVT共777輛次，官兵8人殉職，25人負傷，損毀沉沒20輛LVT。

[194] 葉志清，〈訪談盧榮培先生〉收錄在《烽火歲月：823戰役參戰官兵口述歷史》（臺北：國防部史政編譯室，民國98年），頁119。

[195] 參閱一、海軍總司令部編印，《海軍陸戰隊歷史》，頁5之11之4。二、李國棟，〈「鴻運作戰」金門運補回憶〉收錄在《八二三砲戰中的LVT部隊》，頁197-201。三、國防部軍務局編印，《八二三台海戰役》，頁214。

[196] 海軍總司令部編印，《海軍陸戰隊歷史》，頁5之11之4。

[197] 張力，《伍世文先生訪問紀錄》，頁94-95。同書頁95記：中建艦士官兵6人陣亡。中建艦殉職人員為蕭維山、陳新謨、趙季瓊、呂其瑛、李克仁、白同來、涂金英。參閱海軍艦隊司令部，《老戰役的故事》，頁220。

司令陶勇下令以第二十九大隊4艘護衛艇於東引以北10海里處待機攻擊東江艦，以2艘護衛艇至西引正北5至7海里處牽制東引、馬祖國軍，另以護衛艦南昌艦及2艘護衛艇在台山島以南攔截。[198]

5月1日0時25分，共軍護衛艇發現東江艦。0時40分，共軍4艘護衛艇向東江艦接近，採取包圍態勢。東江艦發現目標後，全艦緊急備戰，敵艇則向東江艦輪番攻擊，我艦隨即還擊。在歷時25分鐘之激戰後，東江艦擊中敵艇兩艘，其餘敵艇敗退逃逸。

東江艦自海戰開始後，即電報北巡支隊請求增援，孫文全支隊長於5月1日0時50分獲悉後，除令東江艦突圍外，立即率領太倉艦馳援，資江艦會合行動。1時15分，第二批共軍護衛艇再度向東江艦迫近，敵我雙方繼續砲戰。我艦擊中敵艇兩艘。此時太倉、資江兩艦已會合，繼續搜索東江艦。1時30分，東江艦遵奉北巡支隊電令撤離戰場。1時40分，「六二特遣部隊」指揮官馬焱衡飭令太昭艦緊急出基隆港駛赴東引馳援，並電令北巡支隊集中兵力馳援東江艦。

5月1日1時15分，東江艦雖然艦體彈著累累，仍向來襲敵艇射擊，擊中敵大型艇兩艘。2時30分，海戰結束。東江艦官兵除陣亡及重傷者外，進行搶救艦艇及傷患，並加強戒備。[199] 1日5時35分，太倉、資江兩艦與東江艦會合，即由資江艦拖帶東江艦，太倉艦隨護。1日10時，會合太昭艦，駛赴東引，於10時50分抵達。[200]五一東引海戰，東江艦計有副長姚震方、通信官王仲春、槍砲士官長梁錦棠、信號士余傳華、士兵邱英士及黃文虎等6人殉職，[201]何德崇艦長以下官兵19人重傷，輕傷24人。我艦擊沉共軍護衛艇4艘，擊傷2艘。[202]

---

[198] 中共福建地方志編纂委員會，《福建省志——軍事志》（北京：新華出版社，1995年），頁305。

[199] 五一海戰經過，參閱一、劉廣凱，《劉廣凱將軍報國憶往》，頁241-244。二、海軍總司令部編印，《海軍建軍史》，下冊，頁473-474。三、海軍艦隊司令部，《老戰役的故事》，頁178-179。四、陳漢庭，〈東江艦的悲歌——五一海戰五十週年祭〉收錄在《傳記文學》，第一〇六卷第五期，頁4-21。

[200] 劉廣凱，《劉廣凱將軍報國憶往》，頁245。

[201] 海軍艦隊司令部，《老戰役的故事》，頁220。

[202] 劉廣凱，《劉廣凱將軍報國憶往》，頁245、252。有關五一海戰，中共方面說法為兩艘護

三、八六海戰

民國54年7月30日，國防部令頒「海嘯一號作戰」命令，飭海軍派艦護送陸軍特情隊突擊東山島，相機摧毀共軍雷達站，捕俘共俘，獲取情報，並限定以8月6日為D日。[203] 8月5日6時，「海嘯特遣支隊」支隊長胡嘉恆率領劍門、章江兩艦及搭載特工人員，由左營發航前往東山島海域。同日17時45分，共軍海軍已接獲情報，並判斷劍門、章江兩艦可能在東山島海域進行特種作戰登陸活動。共軍立即以6艘魚雷艇及4艘高速護衛艇編組1支海上突擊隊。共軍作戰戰術係採以隱蔽接近劍門、章江兩艦，靠攏接戰，採行先弱後強的戰術，先將噸位小、火力差的章江艦擊沉，再來攻擊噸位大、火力強的劍門艦。[204]

8月5日23時，共軍艦艇由觀通站引導出航。[205] 6日0時30分左右，共軍觀通站開始監偵劍門、章江兩艦。1時50分，劍門艦在兄弟嶼附近海域，發現敵快艇，當即攻擊。[206]共軍艦艇採高速接戰，逼近我艦，劍門、章江兩艦被迫分開，章江艦遭敵艇圍攻。章江艦因連續遭敵艇猛烈射擊，中彈起火，於3時33分在東山島東南約24.7海里處沉沒。[207]章江艦沉沒後，胡嘉恆支隊長為搜索章江艦官兵並未脫離戰場。共軍立即以3艘護衛艇向劍門艦攻擊。[208]敵

衛艇中彈，其中1艘重創嚴重，但無人員傷亡。參閱中共福建地方志編纂委員會，《福建省志──軍事志》，頁306。

[203] 劉廣凱，《劉廣凱將軍報國憶往》，頁262-263。

[204] 8月5日17時45分，中共海軍南海艦隊已接獲我劍門、章江兩艦搭載特種作戰人員，由左營隱蔽出航，企圖在閩南東山島海域蘇尖角、古雷頭地區登陸之情報。18時43分，南海艦隊命令汕頭水警區部隊進入一級戰鬥準備，並決定集中16艘艦艇之優勢兵力，攻擊劍門、章江兩艦。參閱一、孔照年，〈回憶八六海戰〉收錄在《海軍──回憶史料》（北京：解放軍出版社，1999年），頁472-474。盧如春等，二、（中共）《海軍史》（北京：解放軍出版社，1989年），頁155。

[205] 孔照年，〈回憶八六海戰〉收錄在《海軍──回憶史料》，頁474。

[206] 海軍總司令部編印，《海軍建軍史》，下冊，頁474。8月6日1時42分，共軍護衛艇編隊雷達尚未發現劍門、章江兩艦，但我方已發現敵艦，並向敵艦射擊，發射照明彈。參閱孔照年，〈回憶八六海戰〉，頁474。

[207] 參閱一、孔照年，〈回憶八六海戰〉收錄在《海軍──回憶史料》，頁474。二、（中共）《海軍史》，頁157。

[208] 8月6日4時58分，有3艘共軍魚雷快艇及快速砲艇，以高速向劍門艦行近距離搏鬥。參閱劉廣凱，《劉廣凱將軍報國憶往》，頁265。

我相互砲擊,戰況至為激烈,敵艇彈藥用盡,撤離戰場。6日5時左右,復有8艘敵艇再度來攻。劍門艦首、右舷艦砲、駕駛臺遭敵艦砲擊中。[209] 5時20分,劍門艦遭敵魚雷快艇施放之多枚水雷擊中,於5時22分沉沒於東山島東南58海里處。[210]

八六海戰是政府遷臺以來,我海軍與共軍數次海戰中,犧牲最慘烈的一役;劍門、章江兩艦被擊沉,劍門艦計有軍官8員,士官兵74人殉職;章江艦計有艦長李準以下軍官8員,士官兵54人殉職。[211]劍門艦艦長王韞山以下33名官兵被俘。[212]共軍方面說法:劍江、章江兩艦計有一百七十餘名官兵殉職,劍門艦艦長王蘊山以下官兵33人被俘(包括章江艦官兵5人)。共軍則陣亡4人,負傷28人,護衛艇及魚雷艇各2艘受創。[213]

八六海戰我海軍失利檢討其原因有以下幾點為:

(一)海嘯一號作戰計畫草率不夠周延

海軍總司令劉廣凱對於八六海戰海軍慘敗,指出其最大的原因係為海軍特遣區隊(海軍巡防第二艦隊)原訂執行的「海嘯作戰計畫」,被國軍高層過於輕視與草率,認為只是一次規模甚小的軍事行動。當時劉廣凱總司令事前認為該計畫中已有諸多不妥當之處。劉總司令指出:特遣區隊由左營發航後,一路直航向大陸目標區,很容易被共軍沿岸的通觀系統所發現;又特遣區隊於抵達東山島目標區,將陸軍特種情報工作艇施放之後,仍往返巡弋於東山島海面,並開航行燈,偽裝商船,敵前曝露,最容易被敵人發現我方

---

[209] 參閱一、吳英如,〈八六海戰人物群像〉收錄在海軍艦隊司令部,《老戰役的故事》,頁199。二、孔照年,〈回憶八六海戰〉收錄在《海軍──回憶史料》,頁475。

[210] 參閱一、孔照年,〈回憶八六海戰〉收錄在《海軍──回憶史料》,頁475。二、(中共)《海軍史》,頁157。八六海戰因我空軍遲疑未能依協定適時主動協力作戰,以致海軍艦隊陷入孤立無援之苦戰中。根據徐學海回憶:八六海戰發生時,海軍曾提出緊急空援申請,請空軍派機支援,但空軍並不知道有此任務,原因是「海嘯一號作戰計畫」空中支援是由空軍擎天作業室負責,但空軍擎天作業室並未將此計畫交給空軍作戰司令部。參閱徐學海,《1943-1984海軍典故縱橫談》,下冊,作者自刊,民國100年,頁506。

[211] 海軍艦隊司令部,《老戰役的故事》,頁220-221。

[212] (中共)《海軍史》,頁158。

[213] 參閱一、中共福建地方志編纂委員會,《福建省志──軍事志》,頁307。二、孔照年,〈回憶八六海戰〉收錄在《海軍──回憶史料》,頁476。

企圖,或遭受敵人快艇之襲擊等。而且如此重要計畫,竟由作戰助理參謀代為判行,而主管作戰之副參謀長以上高級人員均未看到,劉總司令對此計畫表示不同意,應予重擬。但國軍高層卻執意仍舊照原計畫執行,終於造成大禍。[214]

(二)海空軍協同不密切及輕敵

八六海戰失利,除突顯海軍總司令部對此次作戰任務之計畫、執行及對情況處置判斷,不夠嚴密,發生不少錯誤外,海軍與空軍間的協調亦不夠密切,空軍總司令部對空援申請之處置缺乏警覺性,均失去時效之基因。最重要者,是對共軍的裝備及新戰法事前未加研究。[215]八六海戰之前,我海軍輕視中共海軍,認為其海軍沒有大型軍艦,海防設備也不齊全,不足威脅我方。所以有一段時間,我海軍在大陸沿海一帶,可以說是來去自如,因此造成輕敵的心態。事實上劍門、章江兩艦一出左營軍港,就被共軍雷達掌其握行蹤。[216]此外,胡嘉恆司令在執行任務前,曾堅持要求調派章江艦參與,時值該艦大修未竣,匆忙趕工出廠,裝備未加適切調整,人員亦未補足,即匆忙納編出航。劍門艦因保密關係,係臨時下令緊急發航,以致有少數基層幹部差假未歸,兩艦戰力因此減低。[217]

(三)情報外洩共軍掌握我軍動向

八六海戰國軍海軍損失慘重,係當劍門與章江兩艦一離開左營港,情報

---

[214] 劉廣凱,《劉廣凱將軍報國憶往》,頁263。此次作戰任務海軍總司令部作戰署署長許承功,批得太快,許沒有作戰經驗,如此大的事情怎麼能代批,而未讓總司令知道。參閱張力,《池孟彬先生訪問紀錄》(臺北:中央研究院近代史研究所,民國87年),頁321。賴名湯,《賴名湯日記》,第一冊(臺北:國史館,2016年),頁441記:劍門艦、章江艦被共匪擊沉,……損失太大,這不但是海軍的損失,也是黎(玉璽)總長和蔣(經國)部長指揮不當的結果。

[215] 國防部史政編譯局編印,《國民革命建軍史:第四部:復興基地整軍備戰》(三),民國76年,頁1771。

[216] 許瑞浩、周維朋,《大風將軍:郭宗清先生訪談錄》,上冊,頁339。賴名湯,《賴名湯日記》,第一冊,頁440記:共匪在沿海的雷達密布,要想登陸,是不容易的,尤其船團出發,想敵人不知道,更是不可能。

[217] 陳振夫,《滄海一粟》,頁253-254。

便已外洩,行蹤為共軍所掌握,以致當劍門與章江兩艦剛抵東山島附近海域時,立即被共軍艦艇所包圍。[218]根據中共方面的說法:8月5日17時45分,中共海軍南海艦隊已接獲是(5)日清晨時,我海軍巡防第二艦隊劍門、章江兩艦搭載特種作戰人員,由左營隱蔽出航,企圖在閩南東山島海域蘇尖角、古雷頭地區登陸之情報。據此,南海艦隊立即通知部隊作好作戰準備。18時43分,南海艦隊命令汕頭水警區部隊進入一級戰鬥準備;共軍方面決定集中16艘艦艇之優勢兵力,攻擊劍門、章江兩艦。為了爭取時間,南海艦隊一面上報作戰方案,一面命令護衛艇和魚雷艇第一梯隊出航至南澳島待機。[219]

四、烏坵海戰

民國54年11月13日,海軍六二特遣隊南巡支隊派山海(原名永泰艦,艦長朱普華)、臨淮(原名永昌艦,艦長陳德奎)兩艦,擔任烏坵守備隊兩名因公受重傷戰士的緊急後送任務。[220] 13時15分,山海、臨淮兩艦,由支隊長麥炳坤率領離開馬公直駛烏坵。航行時以山海艦在前,臨淮艦殿後,編成縱隊,兩艦距離為一千碼。[221]

當山海、臨淮兩艦在駛入大陸海域,即被共軍偵測發現。共軍護衛艇、魚雷艇各6艘組成突擊編隊。[222]共軍作戰方案,以集中優勢兵力攻擊,先打1艘,再打另1艘,要猛打、狠打。[223]共軍海上突擊編隊於22時10分,抵達東月嶼待命。23時20分,共軍艦艇與山海、臨淮兩艦在距烏坵10浬海面遭遇。

---

[218] 黃宏基,〈八六海戰淺評〉收錄在海軍艦隊司令部,《老戰役的故事》,頁203。
[219] 孔照年,〈回憶八六海戰〉收錄在《海軍——回憶史料》,頁472-473。
[220] 參閱一、張力,〈劉定邦先生訪問紀錄〉收錄在《海軍人物訪問紀錄》,第一輯(臺北:中央研究院近代史研究所,民國87年),頁181。二、張明初,《碧海左營心——捍衛台的真實故事》,頁324、325。
[221] 海軍總司令部編印,《海軍建軍史》,下冊,頁474。
[222] 當山海、臨淮兩艦離開馬公直駛烏坵,執行任務時,此行動在出航後,即遭共軍偵獲。共軍海壇水警區基地指揮所於當日(11月13日)下午16時,決定以6艘護衛艇及6艘魚雷艇,組成突擊編隊,由海壇水警區副司令魏垣武擔任海上編隊指揮,是役共軍幾乎掌握整個海戰全盤動態。參閱魏垣武,〈憶崇武以東海戰〉收錄在《海軍——回憶史料》(北京:解放軍出版社,1999年),頁479-480。
[223] 魏垣武,〈憶崇武以東海戰〉收錄在《海軍——回憶史料》,頁480。

敵艇6艘，向山海艦高速接近，圍攻該艦。另一批敵艇6艘，圍攻臨淮艦。山海、臨淮兩艦當即對犯敵以艦砲還擊。[224]臨淮艦與敵激戰期間，山海艦曾兩度接近臨淮艦，以便力攻擊，但因敵艦艇眾多，以高速楔入我隊形之中，並以猛烈砲火阻撓，以致無法接近。11月14日午夜0時30分，臨淮艦因中雷，開始下沉。敵艇則向臨淮艦猛烈射擊，加速其沉沒。[225]

11月14日1時10分，臨淮艦於烏坵南方15.5海里處沉沒。1時20分，駐烏坵偵察組以電話通知山海艦有關臨淮艦沉沒消息，並以七千碼外均為敵艦艇，恐山海艦復陷重圍，乃通知其駛近岸兩千碼，藉由岸砲掩護，山海艦一面接近烏坵，一面與敵繼續接戰。1時40分，該艦駛入烏坵錨地。2時25分至4時28分間，敵艦艇數度駛入烏坵泊錨地攻擊山海艦，均在山海艦與岸砲協同下，予以擊退。[226]

烏坵海戰我方擊沉共軍艦艇4艘及重創1艘，我方臨淮艦沉沒，副長陳本雄以下軍官5員，士官兵73員，共計78員陣亡或失蹤殉職（其中有9人被共軍俘虜），[227]陳德奎艦長等14人被美國海軍艦救起。[228]共軍聲稱：烏坵海戰共軍有2人陣亡，17人負傷；2艘護衛艇及2艘魚雷艇受創；第三十一大隊副大隊長李金華及中隊政委蘇同錦被我擊斃。[229]

檢討烏坵海戰失利之主因，海軍退役將領陳振夫認為：山海、臨淮兩艦在編隊航行中相距過遠，以及指揮艦臨戰先退，以致無法相互支援，發揮整體戰力，遭敵各個擊破。是役充分暴露出我海軍缺乏戰鬥紀律與指揮道德，

---

[224] 參閱一、魏垣武，〈憶崇武以東海戰〉收錄在《海軍——回憶史料》，頁482。二、（中共）《海軍史》，頁160。

[225] 參閱一、（中共）《海軍史》，頁161。二、魏垣武，〈憶崇武以東海戰〉收錄在《海軍——回憶史料》，頁482-483。臨淮艦因艦尾遭兩枚魚雷擊中，經全力搶救後，仍不幸沉沒。參閱王才義，〈陳年憶往〉收錄在海軍艦隊司令部編印，《老軍艦的故事》（左營：海軍艦隊司令部，民國90年），頁126。

[226] 海軍總司令部編印，《海軍建軍史》，下冊，頁474-475。

[227] 參閱一、魏垣武，〈憶崇武以東海戰〉收錄在《海軍——回憶史料》，頁483。二、鄧禮峰，《建國後軍事行動全錄》（太原：山西人民出版社，1994年），頁442。

[228] 參閱一、張力，〈劉定邦先生訪問紀錄〉收錄在《海軍人物訪問紀錄》，第一輯，頁181。二、張明初，《碧海左營心——捍衛台的真實故事》，頁332。

[229] 參閱一、魏垣武，〈憶崇武以東海戰〉《海軍——回憶史料》，頁482、483。二、中共福建地方志編纂委員會，《福建省志——軍事志》，頁307。海軍艦隊司令部編印，《老軍艦的故事》，頁116記：烏坵海戰山海艦擊沉共軍4艘砲艇。

頗受上級及外界責難。支隊指揮官及山海艦艦長都交付法辦。[230]

八六、烏坵兩次海戰的失利，對於當時國軍整個反攻大陸作戰的國策有著深遠之影響。[231]時任國防部部長蔣經國更明確指出：「海軍自來臺以至三次海戰，已由強轉弱，十餘年來，敵我戰力消長情形，今天都已在戰場上顯示出來，我海軍已面臨考驗，不能再受挫折了！」[232]自此，原來積極進行的反攻大陸作戰戰備，逐漸由攻勢轉為守勢。

伍、在臺整軍備戰時期海軍建軍的成果及缺失

一、建軍成果

（一）透過美國贈予租借或價購美製艦艇以汰換老舊裝備提升整體戰力

民國42年7月，美國國會基於「中美共同防禦」的原則，通過「艦艇租借法案」（第一八八號法案），以美軍尚堪服役的艦艇，採租借方式供盟國使用，租借期滿後，續借或轉贈，惟須經美方同意後實施。因此政府遷臺初期，海軍艦艇幾乎為向美方租借或贈予方式獲得。[233]八二三戰役期間及結束後，海軍繼續透過美國贈予、租借或向美國購買方式以獲取美製軍艦，就以艦艇種類分述如下：

1、驅逐艦

民國48年2月，美國軍援我海軍1艘Gleaves級驅逐艦（DD），命名「南陽艦」，以彌補八二三戰役期間我海軍損失的軍艦。南陽艦配備有攻潛用之MK-32型音響追蹤魚雷，為我海軍首次擁有攻潛魚雷的軍艦。[234]美國為維

---

[230] 陳振夫，《滄海一粟》，頁256。
[231] 彭大年，〈朱元琮將軍訪問紀錄〉收錄在《塵封的作戰計畫「國光計畫——口述歷史」》（臺北：國防部史政編譯室，民國94年），頁16。
[232] 陳振夫，《滄海一粟》，頁257。
[233] 國防部史政編譯局編印，《美軍在華工作紀實（顧問團之部）》，民國70年，頁102。
[234] 參閱一、臧持新，《中華民國海軍陽字級軍艦誌》（臺北：老戰友工作室，民國97年），

持臺海兩岸的軍事平衡,陸續軍售我國第二次世界大戰末期建造的驅逐艦。自58年起至68年中美斷交為止,循美國軍援贈予、租借及軍售方式獲得的驅逐艦計有:艾倫桑那(Allen M. Sumner)級的襄陽、華陽、衡陽、岳陽、惠陽、鄱陽、洛陽、南陽8艦;弗萊契(Fletcher)級的貴陽、慶陽、安陽、昆陽4艦;吉林爾(Gearing)級一型的漢陽、萊陽、開陽、綏陽、遼陽、建陽、德陽、瀋陽8艦;吉林爾(Gearing)級二型的富陽、當陽2艦。自此,陽字型驅逐艦遂成為我海軍主戰兵力。[235]

2、護航驅逐艦

民國56年7月10日,美國依據《中美共同防禦條約》租借我海軍1艘魯德諾(Rudderow)級護航驅逐艦(DE),在西雅圖移交,命名太原艦。[236]

3、快速兩棲突擊艦

民國49年5月16日,美國依據中美聯防協定,軍援我海軍1艘快速兩棲突擊艦(APD)型艦,命名天山艦,納編驅逐戰艦。自54年4月1日起,至58年1月1日止,依據中美簽訂「APD採購合約」,美國以10萬美元額度陸續出售我國玉山、華山、文山、福山、廬山、壽山(原名青山)、泰山、恆山、岡山、鍾山、龍山11艘APD艦。上述美援12艘山字型巡防艦加入我海軍後,擔任海峽偵巡、護航等任務,填補了民國50年代陽字型驅逐艦尚未全數到列的戰力空隙。[237]

頁7。二、海軍艦隊司令部編印,《老軍艦的故事》,頁16。
[235] 海軍總司令部編印,《風華與榮耀——台海守護神》,民國94年,頁227-228。56、57年美方以軍援名義,租借2艘弗萊契級驅逐艦給我國,分別命名安陽艦、昆陽艦。參閱臧持新,《中華民國海軍陽字級軍艦誌》,頁7。60年4月18日,向美價購建陽、萊陽、遼陽3艦。參閱國防部史政編譯局編印,《國民革命建軍史:第四部:復興基地整軍備戰》(一),頁486。
[236] 海軍司令部編印,《太字春秋:太字號軍艦的故事》,民國100年,頁203。
[237] 海軍艦隊指揮部編印,《艦隊之山中傳奇》,民國96年,頁10、58。當時美軍顧問海軍組組長李昂上校(Capt. Leon)建議海軍副總司令劉廣凱,向美國購買封存之APD艦。劉廣凱立即向國防部部長蔣經國面報獲准,劉廣凱即函向美軍令部部長勃克上將(Adm. Burke)洽辦,美方同意我國購買10艘APD艦,每艘代價10萬美金,並由我國自行拖回,自行啟封修理。參閱劉廣凱,《劉廣凱將軍報國憶往》,頁234-235。

(上)南陽軍艦成軍典禮
(下)襄陽軍艦

4、快速掃雷艦

民國53年12月至57年4月期間，美國依據《中美共同防禦條約》，將4艘海雀級（Auk）快速掃雷艦（MSF），援贈予我海軍，依序分別命名劍門、武勝、居庸、平靖。[238]

5、巡邏驅潛艦

民國47年9月2日，沱江艦在料羅灣與中共艦艇奮戰後，沱江艦受損嚴重除役。48年7月14日，美國依據《中美共同防禦條約》，軍援我海軍1艘巡邏驅潛艦（PC），命名渠江艦，之後更名沱江艦。[239]

6、掃雷艦

民國58年11月，我海軍從比利時接收7艘原美國汰除副長級（Adjutant）近岸掃雷艦（MSC）。[240]

7、戰車登陸艦

八二三戰役爆發後，為因運補需要，美國緊急於民國47年9月16日及21日，軍援我海軍3艘戰車登陸艦（LST），於沖繩移交分別命名中肅、中萬、中邦。10月21日，美國軍援我2艘戰車登陸艦，於西雅圖移交，分別命名中明、中治。50年9月21日，美國軍援我1艘戰車登陸艦，於查爾斯敦移交，命名中業。[241]

---

[238] 海軍艦隊司令部編印，《老軍艦的故事》，頁51-54。
[239] 海軍艦隊司令部編印，《老軍艦的故事》，頁93。
[240] 畢雲皓，《海軍及陸戰隊專集》（臺北：軍事迷文化事業出版有限公司，民國85年），頁11。自民國48年起至68年中美斷交為止，循美方軍援贈予租借及軍售方式獲得之近岸掃雷艦（MSC），計有永年、永川、永新、永吉、永樂、永濟、永仁、永綏、永福、永清、永善、永城12艦。參閱海軍總司令部編印，《美軍在華工作紀實（海軍顧問組）》，民國70年，頁310-320。
[241] 海軍艦隊指揮部編印，《艦隊之山中傳奇》，頁82、178、182、188、194、200、204。

8、中型登陸艦

民國48年2月16日，美國依據《中美共同防禦條約》軍援我海軍2艘中型登陸艦（LSM），分別命名美文、美漢。[242]

9、潛艦

民國61年初，在我方積極爭取下，美國以軍售方式，移交我國2艘茄比（Guppy）級潛艦，我海軍分別於62年4月12日及10月18日在美國接收後，命名海獅、海豹。海豹、海獅2艦先後於63年1月10日、4月18日返抵左營。[243]

10、運油艦

自民國50年起至62年止，美國軍援贈予我海軍運油艦計有：長白、戴雲、龍泉、興龍4艦。[244]

11、修理艦

民國64年，我國向美國價購修理艦（AR）1艘，65年1月12日成軍，命名玉台。[245]

12、救難艦

自民國51年至66年期間，我海軍經由美國軍援、租借及價購的救難艦（ATA）計有：大雪、大鵬、大安、大同、大萬、大漢6艦。其中大同、大萬、大漢3艦為具有拖救航空母艦能力的遠洋拖船。[246]

---

[242] 海軍艦隊司令部編印，《老軍艦的故事》，頁70。
[243] 參閱一、國防部史政編譯局編印，《國民革命建軍史：第四部：復興基地整軍備戰》，頁488。二、國防部史政編譯局編印，《中國戰史大辭典——兵器之部》，下冊，民國85年，頁808-809。
[244] 海軍艦隊指揮部編印，《老部隊的故事：威海護疆、錨鍊傳薪》，頁153。
[245] 海軍艦隊司令部編印，《老軍艦的故事》，頁185。
[246] 海軍艦隊指揮部編印，《老部隊的故事：威海護疆、錨鍊傳薪》，頁157-158。

13、船塢登陸艦

民國66年4月23日，我國向美國價購船塢登陸艦（LSD）1艘。6月17日，抵達左營。29日，成軍命名鎮海，隸屬海軍第一五四艦隊第二八五戰隊。[247]

14、交通船

民國60年7月1日，美國依據《中美共同防禦條約》移交我海軍測量艦（AGS）1艘，命名武康，擔任高雄與馬公間的交通船（AKL）。65年3月改裝為測量艦。[248]

15、海洋測量船

民國58年2月，美國依據《中美共同防禦條約》移交我海軍1艘輔助拖船。5月，正式在海軍服役，命名九連，擔任海洋研究及測量任務。61年12月1日，九連艦除役。同（61）年3月29日，美國軍援我海軍1艘海洋研究船，命名九華，納編海道測量局，接替原九連艦的任務。[249]

16、LVT登陸運輸車

民國61年，我海軍陸戰隊使用的LVT4、LVT3C登陸運輸車及LVTA登陸砲車，因車齡老陳舊，性能衰退，遂向美方爭取換裝性能較優的LVTP5系列兩棲車輛。62年，美方同意以低價貸款方式，分階段運交我陸戰隊，以汰換LVT3C、LVT4、LVTA等車輛。63年，我陸戰隊接收的LVTP5系列車輛分階段完成整修，修復車輛184輛，撥交陸戰隊戰車團換裝使用，原LVT3C車輛全部汰除。[250]

---

[247] 國防部史政編譯室編印，《國軍隊徽暨臂章圖誌沿革》，頁489-490。
[248] 海軍艦隊司令部編印，《老軍艦的故事》，頁182。
[249] 海軍艦隊司令部編印，《老軍艦的故事》，頁188、189。
[250] 參閱一、孫建中，《中華民國海軍陸戰隊發展史》，頁115-116。二、海軍陸戰隊指揮部，〈專訪第八任司令何恩廷將軍〉收錄在《榮耀再現——海軍陸戰隊六十一週年隊慶》，頁144。

試航中的SX-404型袖珍潛艇

（二）向日本、義大利外購艦艇

在臺整軍備戰時期，海軍為了提升整體戰力，其艦艇主要來自美國外，亦向日本、義大利外購艦艇。民國52年12月，國防部特情室建案向義大利訂造SX-404型袖珍潛艇2艘。58年10月8日，2艘潛艇成軍，分別命名海蛟、海龍。[251]同（58）年我國向日本廣島宇品造船訂造運油艦1艘，命名萬壽。59年，再向宇品造船廠訂造三千噸、一千噸人員運輸艦（AP）各1艘，分別命名太武、雲台。[252]

（三）國艦國造

民國57年8月，海軍第一造船廠自製3艘港巡艇完工成軍，納編魚雷快艇隊。58年起，海軍委由海軍第一造船廠及八里建華造船廠，各建6艘PB巡邏

---

[251] 關振清，《下潛！下潛！──中華民國海軍潛艦部隊之創建》，頁30、112。
[252] 海軍艦隊司令部編印，《老軍艦的故事》，頁181、183、184。

艇，完工成軍後納編快艇大隊。[253]另外，海軍委託臺灣、中國兩家造船公司仿太武艦建造2艘三千噸級人員運輸艦（AP），第一艘於64年7月15日完工成軍，命名凌雲；第二艘於68年1月26日完工成軍，命名萬安。[254]

（四）中美合作造艦

民國64年9月1日，海軍依據「先鋒計畫」與美國達科馬（Tacoma）造船公司簽約建造PSMM-MK5快速飛彈巡邏艦，並於10月2日開工，為海軍發展新一代艦船之起步。第一艘PSMM-MK5飛彈巡邏艦於67年7月1日完工交艦。8月23日，該艦返臺。9月1日，正式成軍，命名龍江，隸屬海軍第一三一艦隊。64年9月，海軍與達科馬造船公司簽定「技術協助合作」，由該公司提供設計藍圖與建造材料，並與中國造船公司簽定「建造合約」，由中國造船公司在美方技術人員協助下，施工建造第二艘龍江級飛彈巡邏艦；武器及射控系統由海軍第一造船廠在原廠家協助下自行安裝，於65年10月4日，正式開工建造。[255]

（五）革新艦艇武器裝備

民國53年6月11日，太康艦為首艘赴美裝設反潛裝備的「太字號」軍艦，其餘各艦裝備陸續革新，加裝MK32型反潛魚雷發射管，3門3吋砲換裝為5吋砲，聲納亦進行更新，以加強反潛功能。[256] 64年，惠陽艦加裝「天使一型」飛彈，成為我海軍第一艘飛彈驅逐艦。[257]海軍為革新陽字號驅逐艦（DD型艦）傳統之MK-37火砲射控系統，有效提升艦艇作戰能力，自65年4月起，成立「武進一號專案」，並於67年與美國漢武（Honeywell）公司簽

---

[253] 鍾堅，《驚濤駭浪中戰備航行──海軍艦艇誌》（臺北：麥田出版社，2003年），頁559、561。
[254] 海軍艦隊指揮部編印，《老部隊的故事：威海護疆、錨鍊傳薪》，頁154。
[255] 參閱一、國防部史政編譯局編印，《國民革命建軍史：第四部：復興基地整軍備戰》（一），頁540。二、國防部史政編譯局編印，《中國戰史大辭典──兵器之部》，下冊，頁869-870。我國自建PSMM──MK5飛彈巡邏艦遲至70年12月4日，完工交艦，命名綏江艦。
[256] 海軍司令部編印，《太字春秋：太字號軍艦的故事》，頁8。
[257] 海軍艦隊司令部編印，《老軍艦的故事》，頁24。

約,承購H-930射控系統12套,藉由新型武器系統換裝,汰換傳統的MK-37火砲,重新安裝新式防空火砲及反艦飛彈,以增強陽字號驅逐艦防空、制海戰力,防衛臺海安全。67年8月21日,惠陽艦完成「武進一號計畫」之武器系統換裝工程,為第一艘由中科院改裝戰系的主戰軍艦,之後洛陽、慶陽、南陽、富陽、安陽、貴陽、昆陽、綏陽8艘陽字號軍艦,陸續執行「武進一號專案」,換裝配備有H-930射控系統,各式火砲及中科院自行研製的「雄風一型」反艦飛彈,各艦完成武器系統換裝及驗證測試後,海軍戰力大幅提升。另外,為了提升艦載武器裝備打擊的精準度,適時汰換陽字號驅逐艦老舊火砲射控系統,於66年成立「武進二號」專案,並於次(67)年向以色列商購「天使二型」系統4套,分別安裝在漢陽、萊陽、開陽、當陽4艦。[258]

(六)價購反潛機

自民國49年起,海軍即全力爭取建立空中反潛武力,但因美援款額限制無結果。遲至54年5月,經美軍顧問團同意,循外交途徑向美國按軍援售予方式洽購SA反潛機9架。56年10月,第一批國款向美國採購10架S-2A反潛機(內含教練機1架)裝運返臺,經整備訓練後於57年2月1日,開始服勤。63年,因現役S-2A反潛機裝備老舊,尤以電子反潛裝備效能低劣,無法有效執行反潛任務,經與駐臺美軍顧問研究,咸認有強化臺海地區反潛能力之必要,並獲得美國政府同意售予我國12架S-2E反潛機替換,之後我海軍增購4架作為拆零用,共計16架。64年12月,美方將16架現役的S-2E反潛機出售我國,16架S-2E反潛機先後於65年4月8日與8月25日,分兩批接運抵臺。[259]

(七)翻修老舊艦艇延長使用年限

民國50年代中期,海軍因在無法獲得新的戰車登陸艦(LST)因境下,

---

[258] 參閱一、海軍總司令部編印,《風華與榮耀——台海守護神》,頁159-160。二、國防部史政編譯局編印,《國民革命建軍史:第四部:復興基地整軍備戰》(一),頁561。張力,《伍世文先生訪問紀錄》,頁175、177記:66年5月間,鄒堅總司令指示,立即概估採購天使二型飛彈系統4套及天使飛彈20枚之經費需求;及考選工程官及技術人員赴以色列受訓。
[259] 國防部史政編譯局編印,《美軍在華工作紀實(海軍顧問組)》,頁326-327。

遂爭取美援,配合國款,實施「新中計畫」,以整備現有老舊戰車登陸艦,增強運輸能量及兩棲戰力,以利戰備。新中計畫一、二、三號總計整備中海艦等12艘戰車登陸艦。新中計畫為更新戰車登陸艦的龍骨、船殼及維修主機、輔機等裝備,以延長其使用年限,對兩棲作戰及外島運補裨益殊多。[260] 另自65年起,有艦於陽字型驅逐艦艦齡均已逾三十餘年,加以因任務頻繁,艦況逐漸惡化,裝備性能亦漸趨衰退,海軍遂規劃代號為「復陽計畫」的驅逐艦延壽案。[261]

(八)利用美援造就海軍人才

自民國40年,美國對華軍援法案實施後,我海軍軍官、士官赴美國軍事院校接受短期班次教育與長期之研究深造,至68年中美斷交止,接受軍援短期訓練者共計2,747員,考選入美國海軍研究院進修,已獲授學位者,計博士2員,碩士17員,學士6員。[262]對造就我海軍人才助益頗多。

(九)後勤建設——興建蘇澳港海軍基地

民國58年,國軍舉行「精誠二十三號」兵棋推演結論建議:「海軍兵力運用點,應部分轉移臺灣東北部,並考量蘇澳港為海軍基地」。59年,奉蔣中正總統裁示執行,61年7月1日正式開工,代名「龍淵計畫」,由海軍蘇澳基地工程處負責施工,蘇澳港完工後,海軍為感懷蔣中正總統之高瞻遠矚及關愛德澤,特命名為「中正港」。[263]

(十)改革海軍教育厲行精實訓練

民國60年,海軍實施教育訓練單位改制,裁撤海軍專科學校、海軍士官學校及岸訓中心,分別成立航海、輪機、兵器、通信電子學校後,各學校確能集中人力師資及專科器材,實施專精訓練,並依據各科人力需求開班訓

---

[260] 國防部史政編譯局編印,《國民革命建軍史:第四部:復興基地整軍備戰》(二),頁1259-1260。
[261] 海軍總司令部編印,《風華與榮耀——台海守護神》,頁228。
[262] 國防部史政編譯局編印,《美軍在華工作紀實(海軍顧問組)》,頁265。
[263] 國防部史政編譯室編印,《國軍隊徽暨臂章圖誌沿革》,頁323。

（上）艦隊射擊作戰訓練
（下）艦隊反潛作戰訓練

進行精裝專案戰系升級的陽字號軍艦

練，確實在統一指揮督導下，達到教育專精，學用配合之目的。鄒堅擔任海軍總司令期間要求厲行「精實訓練」，講求踏實精進，不虛偽造假，訓練不求多而在精，未達合格「精實訓練」標準的艦船不准派赴海上服勤，由此建立良好制度、策訂準則與規範，並試著將美國戰爭學院的「軍事管理經濟學」觀念引進艦隊訓練中，以緊縮時程，節約成本，提高實效。[264]

二、缺失

（一）建軍規劃往往未能配合國家政策的變化或過於草率

民國50年起，為了實施「國光計畫」反攻大陸之國策，海軍奉命執行「大業計畫」、「中興三號計畫」、「中興五號計畫」，總共自力建造217艘LCM型機械登陸艇。[265]然而隨著「國光計畫」無法執行，耗費鉅資的兩百多艘LCM型機械登陸艇，除了小部分充作偏遠離島交通船外，大多擱（閒）置在金門、馬祖外島坑道裡。另外，海軍海昌艇隊為了反攻大陸的「國光計畫」而設，擁有當時最高機密的潛爆艇，後因該計畫確定無法執行，加上該艇隊成立開始便受美軍顧問團的阻撓及限制，其隸屬層級逐漸降編，最終在62年4月裁撤，該艇隊人員大部解甲就業。[266]海軍有時為了配合國家政策，在建軍規劃方面過於草率未做謹審評估，例如民國56年起，海軍實施軍政交流，將政工幹校一小部分（第十三期）畢業生派到海軍專科學校初級班受訓，結訓後亦可派任海軍一般軍艦上艙面職務，並擔任航行值更

---

[264] 參閱胡忠信，《將軍之舵——顧崇廉‧胡忠信對談錄》（臺北：天下遠見出版股份有限公司，2003年），頁284。

[265] 海軍艦隊指揮部編印，《老部隊的故事：威海護疆、錨鍊傳薪》，頁123。劉廣凱，《劉廣凱將軍報國憶往》，頁204記：中興計畫共5案，合計製造各型小艇164艘，連同大業計畫案的110艘，共造274艘。劉廣凱，《劉廣凱將軍報國憶往》，頁204記：奉（蔣中正）總統指示，本案要向美軍顧問團保密，不能向美國採購原料，也不必向（美軍顧問團）海軍組要求技術協助，一切要自力更生祕密進行。劉廣凱，《劉廣凱將軍報國憶往》，頁207記：第一批110艘LCM艇於52年7月底建造完工，花費新臺幣1億3千2百萬元，8月1日，海軍小艇第一、二大隊成軍及接管110艘LCM艇，並於53年奉國防部命令進入金門及馬祖外島的山洞（坑道）中待命使用。

[266] 海軍艦隊指揮部編印，《老部隊的故事：威海護疆、錨鍊傳薪》，頁93、115。

美華軍艦

官,結果後來發生美華艦與韓國商船相撞,美華艦沉沒事件,撞船事件發生時,航行值更官即為政工幹校調任海軍專科學校初級班畢業生。當年美華艦沉損的艦長鄭清明於出事後,向上級報告時稱:「美華艦是海軍軍政交流制度下的第一個犧牲者!」不久,海軍就暫停軍政交流制度。[267]

(二)建軍政策常因主管異動或理念不同未能持續貫徹

民國58年,美國承諾出售我國驅逐艦5艘,並自此後美方售我軍艦政策為「以一換一」,即美予我驅逐艦1艘,我即須汰除驅逐艦1艘,故今後為增強海軍戰力,除向其他友邦外購外,唯有自造艦船一途可循。因此海軍今後兵力發展重點必須自行發展自力造船著手,由小而大,逐步推展,方能適應我海軍及整體國防之需要。[268]自民國60年代起,我政府決心要推動海軍國艦

---

[267] 蘭寧利,〈導讀:臺海風雲〉收錄在鍾堅,《驚濤駭浪中戰備航行——海軍艦艇誌》,頁15-16。

[268] 國防部史政編譯局編印,《國民革命建軍史:第四部:復興基地整軍備戰》(一),頁529。

自造的政策，但反反覆覆終究未能成功，其中的原因除了海軍派系林立的先天不足外，海軍主政者屢屢推翻前任所制定的政策，以致建軍政策不連貫是一個主要的原因。[269]

鄒堅擔任海軍總司令期間對「自力造艦」有著高度的興趣，而且十分執著，他的直屬長官參謀總長宋長志卻對自力造艦一案表示冷淡，除了劉、宋兩人理念不同外，也可能和宋長志對中船公司造船的技術毫無信心有關。[270]

宋長志擔任海軍總司令任內，曾力圖建立反潛空中部隊，然而遭到其上司參謀總長賴名湯的反對，終未能成事。迨宋長志升任參謀總長，鄒堅繼任海軍總司令，宋、鄒兩人對海軍反潛航空部隊的建立雖有志一同，但在選購直升機機種時，各方面是非紛擾不已。爾後反潛直升機中隊成立，卻因海軍總司令後勤署未予重視該中隊零配件的補給問題，以致直升機妥善率急速下降。[271]

（三）美援我國艦艇係為美軍第二次世界大戰過時老舊的汰除艦艇

民國30、40年代，美援我海軍的LSM艦、PC艦、PGM艦、PCE艦、LSIL艇，因艦齡老舊、內部機件不堪再予修護，於50、60年代初期，陸續除役。50年後期美援我山字型巡防艦（APD），該型部分軍艦艦體老舊，維修不易，加上陽字型驅逐艦陸續加入海軍服役後，像恆山（56.8-62.8）、岡山（56.8-62.8）、龍山（58.5-62.8）等艦在海軍服役時間僅數年便除役。[272]又如美援運油艦戴雲艦因艦齡老舊，噸位小，航速慢，修護期長，而服勤時短，在海軍服役不到3年（57.11-60.8）即除役。[273]此外，美援我國部分艦艇噸位小且性能差，戰力有限，例如永字型掃雷艦，因噸位小，不宜在險惡多

---

[269] 胡忠信，《將軍之舵——顧崇廉‧胡忠信對談錄》，頁166。
[270] 徐學海，《1943-1984海軍典故縱橫談》，下冊，頁389。
[271] 徐學海，《1943-1984海軍典故縱橫談》，下冊，頁390-391。
[272] 海軍艦隊司令部編印，《老軍艦的故事》，頁64、65、67。同書頁65記：岡山艦移交我海軍後，部分裝備狀況差，曾因發電機故障，美軍又無法在短時間提供料件，整修了10個月。
[273] 60年8月31日，戴雲艦除役後，在實施油艙清除作業時，發生爆炸，副艦長黃正獻殉職。參閱鍾堅，《驚濤駭浪中戰備航行——海軍艦艇誌》，頁39、514；及海軍艦隊司令部，《老戰役的故事》，頁221。

變的臺灣四周海域活動,因此大多僅能從事一般性、規模不大的近岸掃雷操演,出海時間不長及距離不遠,被稱為「壽山艦隊」。[274]我國向美國接收的2艘茄比級潛艦,美方在移交前先把艦上的魚雷管封死,沒有魚雷的潛艦,等於是被拔了牙的老虎,以致這2艘潛艦對我海軍實質戰力沒有多大的提升,主要是作為水面艦艇攻潛、反潛的訓練使用。[275]

(四)艦艇籌獲欠缺完整計畫衍生後遺

海軍艦艇籌獲是由國防部後勤次長辦公室業管,當時尚未實施計畫預算制度,裝備投資預算全部由主計局控管;對於購艦事前也沒有完整計畫,多半由駐美武官與美國海軍軍令部連繫、協調,蒐集美艦汰除計畫,爭取將艦況較好之封存艦,或即將除役之現役艦。[276]像是美國軍援我國2艘茄比級潛艦之「水星計畫」,在建案之初,卻未考慮日後潛艦的維修問題,而海軍尚未建立起潛艦的維修能力。此現象導致海軍赴美接收2艘潛艦後,必須花大錢送往美國造船廠進行大修。[277]民國62年,海軍新接收的建陽、萊陽、遼陽3艦均裝配反潛火箭發射系統及裝備,由於獲得過程太倉促,接艦官兵事前未實施較完整的訓練,技術資料欠完整,且造船廠維修人員技術有限,以致對於新裝備的操作、維護及保養不夠深入,影響到後續的運用。為解決此問題,遂由駐臺美軍顧問團海軍組協助,花錢請美國海軍退役資深軍士官來臺,對我艦上及船廠人員分別實施操作、檢查、保養、維修等訓練,使新裝備不致荒廢。[278]

---

[274] 海軍艦隊指揮部編印,《艦隊之山中傳奇》,頁112。
[275] 許瑞浩、周維朋,《大風將軍:郭宗清先生訪談錄》,上冊,頁372。有關此事經查證發現,只是魚雷管線路被剪斷,我海軍雖已接上,但效果不大理想,所以擔任訓練任務居多。參閱華雲皓,《海軍及陸戰隊專集》(臺北:軍事迷文化事業出版有限公司,民國85年),頁21。
[276] 伍世文,〈追憶驅逐艦籌獲及武器更新往事〉收錄在《風華與榮耀——台海守護神》,頁164。
[277] 關振清,《下潛!下潛!——中華民國海軍潛艦部隊之創建》,頁220。僅水星一號海獅潛艦在美修理費,在當年即高達一百多萬美元。參閱汪士淳,《忠與過:情治首長汪希苓的起落》,頁136。
[278] 參閱一、張力,《伍世文先生訪問紀錄》,頁162-163。二、伍世文,〈追憶驅逐艦籌獲及武器更新往事〉收錄在《風華與榮耀——台海守護神》,頁170。

（五）委外造艦廠商配合度差影響工程進度

海軍「武昌計畫」2艘SX-404型袖珍潛艇原計畫係1年建造時程即可完成，卻無法如期完成，其原因一是義大利廠商無完整建造概念及計畫，連細部設計藍圖也沒有，更無測試及驗證，所以建造過程不斷翻工、改裝及變更設計。二是來臺協助建造的義大利技師，僅1人曾任潛艇輪機官，其餘均無潛艇資歷。因此該計畫曠日費時，工程進度一再延宕。三是最初建造在淡水一小型造船廠，設備相當簡陋，加上淡水河口水淺且早晚潮差極大，對日後訓練、維修及作業均受到限制，經海軍總司令部評估後，於民國56年4月將2艘SX-404型袖珍潛艇移拖至左營，責由第一造船廠後續建造事宜。武昌計畫執行4年多，遲至58年5月間建造完成。SX-404型袖珍潛艇因艇體結構特殊，以致出海潛航訓練時程非常有限。SX-404型袖珍潛艇因本身性能問題，其各種後勤問題難以解決，加上航行時必須要靠基地支援，因而限制其作戰範圍及航程。[279]另外，海軍與美國達科馬造船公司簽約建造PSMM-MK5快速飛彈巡邏艦，其岸存配件因達科馬公司遲遲未能提供完整配件表，以及該公司設計問題，部分系統變更，裝備隨之異動，配賦資料亦不斷修正，故未能及時計畫籌補。[280]

（六）後勤制度欠完善

在海軍後勤司令部成立前，海軍艦艇和工廠間始終存在著難以解決的補保作業問題。由於艦艇數量有限，艦艇出勤率攸關海軍戰力的高低。然而往

---

[279] 參閱一、關振清，《下潛！下潛！——中華民國海軍潛艦部隊之創建》，頁56、68、130、131、220。二、關振清，〈為潛艦戰力發展作見證〉收錄在《老戰友的故事》，頁30-31。關振清，《下潛！下潛！——中華民國海軍潛艦部隊之創建》，頁132記：檢討武昌計畫，其在建案及執行上，不夠嚴謹、草率、不理性、不科學、事權不一、沒有效率。許瑞浩、周維朋，《大風將軍：郭宗清先生訪談錄》，上冊，頁366、369記：兩艘SX-404型袖珍潛艇，性能差，設計有問題，很少出航，有必要出航時，每次都提心吊膽，必須有吊桿船跟在一旁，隨時準備救援。結果花了很多錢，卻不堪使用，了解內情的人都知道這是一個笑話。

[280] 國防部史政編譯局編印，《國民革命建軍史：第四部：復興基地整軍備戰》（一），頁541。

往卻因補保問題無法配合,造成大修、定保艦艇常逾期出廠,惡性循環的結果,嚴重影響服勤艦艇的數量,亦排擠到訓練時間。直到海軍後勤司令部成立,以整合海軍的補保問題。[281]海軍後勤司令部成立後,逐漸形成「艦隊」與「後勤」間不調和而對立的隱憂,部分艦隊官員對後勤官兵員工,抱持不友善或輕視態度,在修補過程中雙方常發生齟齬及糾紛,尤以主顧至上之姿態對修補人員作無理要求、責難與批評,甚至以不合作、不驗收為威脅,對於後勤人員精神士氣造成很大的打擊,不但有礙後勤支援的功效,亦間接影響戰力。[282]

(七)造船廠設備老舊維修能力不足

海軍第二造船廠建於日據時代,部分設備年久失修損壞,不復使用,加以位於外島澎湖,其艦料配件供應困難,並受港小、泊位不夠,及天候浪湧之天然不良條件的限制,在經營上困難很多。其次,在民國40、50年代,因美軍援我軍艦漸多,塢修工程漸形繁重,第一、第四造船廠僅有浮塢,沒有乾塢及船臺;第三造船廠廠區侷小,設備簡陋陳舊,碼頭泊位不足,且該廠船塢太小,塢門前淤泥水淺,無法容納較大艦船,形成嚴重的塢荒問題。另外,造船廠老技工多來自青島、上海、馬尾各海軍工廠,各具風習,派系分明。在臺招募的新技工技能不足,老技工老氣橫秋,恃藝自傲,守舊而不求新進,因而影響造船廠的管理與工作效率。[283]民國55年7月,海軍修械所曾想自製電動高速小型平面攻擊魚雷,因人力與技術不足,機具儀器缺乏,且經費不足以支援,雖已初步製造成功,但海試終告失敗,試雷飄失,被迫放棄。[284]海軍檢討「新中計畫」施工進度未能按計畫完成主要原因有三:1、美援材料因越戰影響延遲到達。2、國款未能適當配合。3、臺灣造船公司由於工程負荷過高,修船碼頭擁擠,且缺乏足夠技工。[285]

---

[281] 鄧克雄,《葉昌桐上將訪問紀錄》,頁219。
[282] 曾尚智,《曾尚智回憶錄》,頁168-169。
[283] 曾尚智,《曾尚智回憶錄》,頁71、72、76、78、79。
[284] 曾尚智,《曾尚智回憶錄》,頁118-119。
[285] 國防部史政編譯局編印,《國民革命建軍史:第四部:復興基地整軍備戰》(二),頁1260。

（八）教育內容未能結合建軍需求

海軍軍官學校教育課程內容與實用並未能結合，例如民國67年，H-930新武器系統裝艦，海軍艦隊司令部特別自艦隊考選優秀年輕軍官，由外籍教官開班授課，藉以儲訓飛彈驅逐艦的作戰長及兵器長，但受訓軍官基礎太差，根本聽不懂，只好暫停開班，先補習加強基礎課程後，再參加受訓。經此一教訓，海軍軍官學校趕緊檢討修正教育課程與內容，全面革新學校基礎課程教材。[286]海軍機械學校及爾後制的海軍專科學院暨工程學院停辦後，中正理工學院部分與海軍直接有關的科系的課程，卻與海軍的需求有脫節之情事，如系統工程系開設的課程已過時，和艦隊的飛彈化完全脫節；造船系開設的課程講授都是一般造船原理，從未涉及造艦的學術，其課程水準也未能符合海軍建軍的需求。[287]自民國40年美軍在臺成立軍事顧問團，至68年中美斷交離開，此近三十年期間，海軍因受美軍顧問的指導，對於軍官的培訓只著重戰技和部分戰術層次，而不及於高層次的作戰指揮及海軍戰術的發展。民國60年代後期，海軍銳意革新艦隊，其硬體全部翻新，然而大部分幹部的學術素養卻未能隨之精進。一般官員在晉升中校、擔任一級艦副長後，就和書本絕了緣。[288]海軍指揮參謀大學成立後，很少人願意去受訓，主要原因是浪費時間。當時軍方派到學校擔任教官者，大多是缺乏較好出路的軍官，而且教材老舊不變，教官照本宣科，到參謀大學受訓學不到什麼東西。[289]

（九）意外災難毀損裝備

在臺整軍備戰期間，海軍因意外災難，造成部分艦艇損失，例如民國48年10月2日，玉泉艦因主機故障漂流，及颱風侵襲下，在澎湖水道觸礁，

---

[286] 蘭寧利，〈導讀：臺海風雲〉收錄在鍾堅，《驚濤駭浪中戰備航行──海軍艦艇誌》，頁36。

[287] 徐學海，《1943-1984海軍典故縱橫談》，上冊，頁43-44。

[288] 徐學海，《1943-1984海軍典故縱橫談》，下冊，頁375、391。

[289] 許瑞浩、周維朋，《大風將軍：郭宗清先生訪談錄》，上冊，頁350。前海軍總司令顧崇廉於58年12月出任三軍大學海軍院中校教官時，有人認為擔任教官是「歸檔」，是退休前的職位，顧崇廉亦感到前途未卜，心中不免受到些影響，認為軍中發展似乎已到盡頭，感到心灰意冷。參閱胡忠信，《將軍之舵──顧崇廉・胡忠信對談錄》，頁74。

由於損害嚴重，無法修護除役。48年11月1日，合城艇在高雄蚵仔寮外海擱淺，並遭颱風侵襲，受損嚴重，無法修復除役。53年5月27日，美亨艦在東沙島，遭遇颱風擱淺，雖拖回馬公搶修，因損害嚴重除役。美國軍售我海軍的廬山艦於55年3月15日自美返臺啟封，未料於4月21日在惡劣海象中沉損。58年6月16日，美華艦在小琉球外海與韓籍商船相撞沉沒。64年冬，海軍編號PB-64快艇在金門料羅灣遭五臺軍艦撞沉。65年12月15日，中權艦在馬祖西莒外海觸礁擱淺，雖經拖帶仍無效。66年8月22日，向美軍購獲得的朝陽艦，在拖行至高雄外海遭遇颱風斷纜，漂流至屏東枋寮擱淺損毀，就地拆解供同級艦併修。[290]

（十）生活條件及待遇欠佳官兵另謀出路

海軍部分軍艦，如江字號和永字號巡邏艦原先設計不做長時間的航行，艦上生活條件差（缺乏淡水），加上任務繁重，官兵苦不堪言。[291]民國50、60年代，正值臺灣經濟起飛，海運事業蓬勃開展，當時海軍軍官學校畢業生，服役滿10年即可申請退伍，並依據海上資歷核發商船船副的執照。[292]由於軍人待遇差，不少海軍常備軍官、士官便想辦法退伍，轉往民間海運業。尤其當過艦長的軍官都具有商船船長的資格，謀生容易。因此一些軍官、士官為了提早退役，遂虛報年齡或裝病，造成海軍人才流失。[293]當自民國50年代後期起，海軍驅逐艦數量大幅增加，卻逢海軍軍官學校48年班開啟10年退伍潮，大批優秀軍官流失，人員的量與質立即呈現問題。海軍軍官學校48年班到52年班10年退伍者幾乎達九成以上，53年班也在七成以上。上級用盡了辦法勸說，提出各種優渥條件都完全無效。即使留營，也是兩、三年地討價還價，使人事部門根本無法進行人才培育，影響整體海軍的戰力與素質。[294]

---

[290] 鍾堅，《驚濤駭浪中戰備航行——海軍艦艇誌》，頁418、434、462、489、528、561、599、660。

[291] 海軍艦隊司令部編印，《老軍艦的故事》，頁93、116。

[292] 曾瓊葉，〈訪談苗永慶上將〉收錄在《海上長城——海軍高階將領訪問紀錄》（臺北：國防部，民國105年），頁182、191。

[293] 許瑞浩、周維朋，《大風將軍：郭宗清先生訪談錄》，上冊，頁321-322。

[294] 蘭寧利，〈導讀：臺海風雲〉收錄在鍾堅，《驚濤駭浪中戰備航行——海軍艦艇誌》，頁42。

（十一）軍紀管理問題

民國50年代，因為反攻大陸未能實現，大陸來臺的國軍老兵士氣低落，老兵軍紀渙散，不在乎處罰，常有暴行犯上、自殺等事件。當時海軍軍官常說：寧願管機器也不要管人，因為人事很複雜，尤其是老兵的問題很難處理，老兵逐漸成為部隊管教中嚴重的問題。[295]民國51年，灃江艦因內部管理問題，有幾位幹部企圖綁架副艦長，結果在基隆港被憲兵扣押。[296]

陸、結語

在臺整軍備戰期間，我海軍依據國家國防及建軍政策，對於組織編裝進行多次的調整；在總司令部部內單位主要是調整、精減幕僚單位。在艦隊組織方面，則利用美援、外購或自建艦艇，以汰除老舊艦艇，並依據艦艇的類別、噸位大小、及作戰性能，進行艦隊的整編，或成立新單位。在後勤方面，成立海軍後勤司令部，使海軍修護與補給一元化，達到「兩合四管」之目標。在海軍陸戰隊方面；為因應反攻大陸作戰，其編制從原來的一師一旅制，逐漸擴編成為三師制，此為陸戰隊成軍以來編制及兵力最壯盛時期。

在教育訓練方面，海軍軍官學校為使組織靈活運用，增進教學效率，參照美國海軍軍官學校組織，修訂學校教學組織，編成海軍科學、一般科學、社會科學3個部門。又為擴大海軍基層軍官來源，開辦專修班（後更名為專科班），並自民國55年起，恢復應屆畢業生的敦睦遠航訓練。民國60年，海軍教育訓練單位重新改制，將海軍專科學校、海軍士官學校、艦訓部岸訓中心等單位，依其不同專長與特性，分別成立海軍航海、輪機、兵器、通信電子學校，上述學校開辦軍官、士官兵專長及進修教育班次，以提升海軍官兵的素質。在部隊訓練方面，制定「艦隊訓練綜合準則」，以落實艦隊的訓練，提升整體戰力。

---

[295] 許瑞浩、周維朋，《大風將軍：郭宗清先生訪談錄》，上冊，頁306、321。
[296] 海軍司令部編印，《江海歲月：江字號軍艦的故事》，頁160。民國53年10月5日，海軍1艘機械登陸艇艇叛逃到至大陸。參閱賴名湯，《賴名湯日記》，第一冊，頁289。

自民國38年政府自大陸播遷來臺後，迄68年中美斷交此30年期間，我國海軍主要裝備大多數來自美援或向美方採購；美國一方面軍援我國，但一方面又限制我國軍事的發展，以防範我國反攻大陸，因此我海軍獲得的美製艦艇均為美軍設計過時、封存或汰除者。為此我海軍著手國艦國造，或與美方合作建造軍艦，但受制於我國造船能力有限，因而在民國50、60年代，國艦國造的成效十分有限。美國除了限制我海軍的發展外，更甚者是駐臺美軍協防司令部於60年6月突然終止臺海協防偵巡任務，撤出第七艦隊第十六偵察中隊與第九十二驅逐支隊，自此由我海軍獨力承擔臺澎制海任務，不僅影響我國軍民士氣，此後我海軍除了外島運補護航外，海峽偵巡就退縮至遠離中國大陸岸際水域。[297]

　　在臺整軍備戰時期，一方面有鑑於中共從未放棄以武力犯臺的野心，一方面國軍亦策劃準備反攻大陸；尤其是民國47年8月23日，共軍猛烈砲擊金門，企圖封鎖金門，製造第二次臺海危機。是役海軍先後於八二四料羅灣海戰、九二海戰重創中共海軍，接著海軍成功突破共軍海上封鎖，成功完成對金門前線軍民的運補任務，締造輝煌的戰績。54年期間，國共發生三次海戰，其中八六、烏坵兩次海戰，我海軍因輕敵、情報外洩及指揮不當，造成劍門、章江、臨淮3艦被共軍擊沉，損失兩百多名官兵。由於海軍八六、烏坵兩次海戰的失利，亦影響改變了日後蔣中正總統反攻大陸的國策，以及日後國軍建軍備戰的方向。[298]

---

[297] 鍾堅，《驚濤駭浪中戰備航行——海軍艦艇誌》，頁103。
[298] 民國54年，我海軍連續三次在大陸沿海與共軍爆發戰鬥，我方艦艇三沉兩傷，損失慘重，迫使蔣中正總統無限期擱置反攻大陸計畫；海軍也把反制共軍快艇「狼群」戰術，當成建軍與訓練要點，影響達30年之久。參閱程嘉文，〈當年海戰三連敗反攻大陸夢碎〉，《聯合報》，民國104年11月15日。

第四章　我國海軍潛艦部隊建軍發展之歷程

壹、前言

我國海軍製造潛艦及培育潛艦人才,最早可追溯至民國初年。當時袁世凱執政,海軍力量薄弱,不足以抵禦外侮,輿論認為自強之道無如速建立現代化的飛航組織及潛航組織,費用省,成事快,收效亦大。袁世凱遂飭令海軍總長劉冠雄籌辦方策。劉冠雄與美國磋商選派學員赴美,借用美軍海軍基地,借用美艇、美機訓練學習及操作,爾後再行製造。擬向美國借款建造潛艇,由美方承製。

民國4年4月,海軍部派出一批學生23人,赴美國潛艇基地新倫敦(New London),學習潛艇的使用技術,及到古樂敦廠地學習潛艇結構、裝備及使用、維修等各種知識,有時出海隨潛艇水下實習。經過兩年時間,各員生基本學成。未料袁世凱稱帝,政局混亂,在美留學員生生活費用斷絕,無法繼續學習,員生回國,分別在船政局、飛潛學校等海軍部門服務。[1]

民國7年4月,北洋政府在福州船政局設立飛潛學校。飛潛學校學生主要學習製造水上飛機及潛艇專科技術。13月1月,海軍部以經費支絀,命令飛潛學校與製造學校合併。[2] 15年5月,製造飛潛學校併入福州海軍學校。[3]北洋政府統治期間,因軍閥混戰,經費用於內戰,海軍部缺少經費,因此在潛艇製造方面並無任何成績。[4]

第二次世界大戰末期,英國曾宣布贈予我國P級潛水艦兩艘,但戰後並未

---

[1] 韓仲英,〈留美學習飛機及潛艇憶述〉收錄在《中華民國海軍史料》,下冊(北京:海洋出版社,1987年),頁935-936。

[2] 蔡仁清,〈海軍飛潛學校概況〉,《中華民國海軍史料》,下冊,頁934。

[3] 作者不詳,〈海軍大事記〉,《中華民國海軍史料》,下冊,頁1053。

[4] 陳書麟,《中華民國海軍通史》(北京:海潮出版社,1992年),頁93。

履行其諾言。[5]民國34年8月，抗戰勝利，戰後我國新海軍建設的政策，係採取守勢海軍，亦即以驅逐艦、潛艦、海岸飛機和快艇，為兵力結構的中心，簡稱謂之「驅潛飛快」政策。[6]旋因中共叛亂，國軍戡亂失利，政府於38年12月播遷來臺。因此海軍在大陸時期，有關潛艦的建軍發展未有任何建樹。

政府遷臺後，積極整軍經武，一方面防範共軍犯臺，一方面從事反攻作戰準備。因此潛艦此重要的水下作戰武器及部隊的建立是有其必要，但受制於我國造艦技術，以及美國反對我國海軍擁有攻擊性武裝，因此潛艦的獲得十分困難。雖然如此，我國歷經長期的努力，先後透過義大利、美國及荷蘭，獲得數艘潛艦（艇），最終成立潛艦部隊。本文就現今國內已公開之史料專書，來論敘我國海軍潛艦部隊建軍的緣起及艱辛歷程，並對其建軍成果、缺失及困境，做一個初步的探討及理解。

貳、我國海軍水下作戰部隊建軍之緣起

一、海昌艇隊的成軍

八二三臺海戰役結束後，國軍為因應對中國大陸滲透特攻作戰，遂成立一支特種部隊，民國49年以「海昌計畫」為名，透過當時駐義大利海軍副武官汪希苓祕密向義大利Cosmos公司訂購4艘潛爆艇（CE2F；由蛙人操作的袖珍潛艇）為基礎，運送返國後，再由海軍仿製3艘。[7]這種義製的潛爆艇是由兩名蛙人操作的袖珍潛艇，外型就像1枚魚雷，在中段設置兩個座位和操縱裝置，蛙人坐在艇身中間，其攻擊方式是先潛至目標船艦下方，再由蛙人安裝爆雷，加以破壞。這種載具實際上就是義大利海軍在第二次世界大戰期

---

[5] 劉廣凱，《劉廣凱將軍報國憶往》（臺北：中央研究院近代史研究所，民國83年），頁20、21。
[6] 劉廣凱，《劉廣凱將軍報國憶往》，頁29。
[7] 海軍艦隊指揮部編印，《海軍無名英雄——艦隊老蛙的故事》，民國98年，頁8。汪希苓派駐義大利第二年，接獲洽購蛙人潛艇的電令，汪將相關資料及價格呈報國防部。不久國防部覆電指示訂購4艘，並購買磁性水雷配合使用。參閱汪士淳，《忠與過：情治首長汪希苓的起落》（臺北：天下遠見出版股份有限公司，1993年），頁63、65。

間使用的載人魚雷。當時義大利海軍第十輕艇戰隊用於直布羅陀與北非海岸港口，對英國軍艦的攻擊頗具成效，曾經有重創28艘以上艦艇的輝煌戰績。[8]義製及我國仿製的潛爆艇兩者最大差異在於進退車操縱桿，義式為觸點式，國造為旋轉式。潛爆艇可攜帶8顆M5定時礪雷及1顆M1礪雷。[9]

（左上）總統蔣介石視察海昌艇隊
（右上）潛艇幹部訓練班體能訓練
（下）海昌計畫潛爆艇

---

[8] 海軍艦隊指揮部編印，《海軍無名英雄──艦隊老蛙的故事》，頁8。
[9] 海軍艦隊指揮部編印，《海軍無名英雄──艦隊老蛙的故事》，頁80-81。

民國49年7月16日,國防部特種軍事情報室於高雄壽山與左營間的「水射堡」(原為日軍特攻潛艇基地)成立「海昌艇隊」。海昌艇隊的成員需要經過6個月的戰備整備訓練後,戰技才能熟練。[10]無可諱言的,「海昌艇隊」就是為了反攻大陸的「國光計畫」而成立。為了執行潛爆作戰,國防部特種軍事情報室與海軍總部共同研擬出「海昌作戰計畫」,目標是廈門港,任務為擊沉中共海軍艦艇及大型運輸船隻,破壞中共海軍快艇基地、碼頭及造船廠。其戰術運用方式是以運輸艦「武陵艦」擔任母艦,負責從左營運送4艘潛爆艇到金門料羅灣海域,轉乘LCM登陸艇到大膽島附近待機位置發航接敵。[11]潛爆艇由兩名蛙人駕駛,潛入廈門港,以礪雷破壞港內船隻或碼頭設施。[12]

　　民國54年8月及11月,海軍先後在「八六海戰」及「烏坵海戰」失利,導致整個「國光計畫」走入尾聲,反攻大陸的「國光計畫」最終未能執行。此外,我國受到《中美共同防禦條約》的限制,國軍不得成立攻擊性的戰略部隊,海昌艇隊又被駐臺美軍顧問團所獲悉,因而該艇隊發展受到限制,先由隸屬層級逐漸降編,從國防部特種情報工作室降編到海軍總部、艦隊司令部。60年2月1日,海昌艇隊裁撤,該隊人員併編至水中爆破大隊,成立「海昌中隊」,隸屬兩棲部隊指揮部。62年4月1日,海昌中隊被裁撤。[13]

　　海昌艇隊這支我國海軍最早的水下兵力儘管和後來的潛艦系統不同,因為潛爆艇只能算是特攻武器,稱不上是正規潛艇,但由於購買蛙人潛艇的這層關係,後來我國又向義大利祕密訂造了兩艘「SX-404」型袖珍潛艇。[14]

---

[10] 海軍艦隊指揮部編印,《海軍無名英雄——艦隊老蛙的故事》,頁8、82。
[11] 海軍艦隊指揮部編印,《海軍無名英雄——艦隊老蛙的故事》,頁8、9。民國51年,國防部特情室和海軍總部協調,擬出「海昌作戰計畫第一號」,以4艘潛爆艇攻擊廈門港。參閱郭乃日,《失落的臺灣軍事秘密檔案》(臺北:高手專業出版社,2004年),頁146。
[12] 海軍艦隊指揮部編印,《老部隊的故事:威海護疆、錨鍊傳薪》,民國95年,頁93。
[13] 海軍艦隊指揮部編印,《海軍無名英雄——艦隊老蛙的故事》,頁82。海昌中隊因國光計畫確定無法執行而裁撤。參閱海軍艦隊指揮部編印,《老部隊的故事:威海護疆、錨鍊傳薪》,民國95年,頁93。
[14] 海軍艦隊指揮部編印,《海軍無名英雄——艦隊老蛙的故事》,民國98年,頁10-11。

二、武昌計畫與武昌艇隊的成立

民國52年12月，國防部特種軍事情報室向義大利Cosmos公司訂造SX-404型袖珍潛艇兩艘，定名為「武昌計畫」。該案定案後，特種軍事情報室因無專業及執行能力，遂在53年6月簽呈國防部副部長蔣經國，批示改交由海軍執行。[15]海軍接手武昌計畫後，即成立「武昌計畫督導組」任務編組，組長為海軍總司令部參謀長宋長志。督導組任務有二：一是基地整備和SX-404艇的組裝建造。二是潛艇基幹人員的培訓。工程小組原訂第一階段組件在義大利製造，於54年6月底前運抵臺灣施工組裝，並於年底前完成組裝、試俥及測試，驗收後由義商負責3個月之成軍訓練。組裝廠選定海軍基隆造船廠淡水分廠。在人員培訓方面成立「潛艇幹部訓練班」，訓練期程分成：（一）基本訓練。（二）專業訓練及實習。（三）組合及成軍訓練。[16]

根據海軍前總司令劉廣凱的回憶，劉廣凱就任海軍總司令之後（民國54年1月），奉國防部部長蔣經國面諭籌備建立潛艇部隊事宜，此為我國海軍有史以來之空前創舉，製造潛艇技術非常複雜而精巧，海軍各造船廠並無此能力，而美國對華軍援亦從未同意援助此項攻擊性艦艇，但我國海軍無論是在建軍立場或反攻大陸之作戰，又迫切需要潛艇兵力之建立。劉廣凱總司令遂決定兩項原則：一是人才的培養問題：派遣3員軍官赴美國夏威夷海軍潛艦基地接受12週潛艦訓練，結訓返國後，在海軍專科學校內設立「潛艇幹部訓練班」。二是派員赴義大利訂製兩艘排水量50噸的潛艇，無攻擊兵器，僅供官兵訓練及對敵近海偵察之用，另可搭載水中爆破人員，從事特種作戰使用。此為應急建立潛艇兵力的方法，有待將來我國造船工業發達，或者美國同意支援我海軍潛艦時，再徐圖進一步的發展。該艇隊定名為「武昌艇隊」，是為我海軍潛艇兵力的濫觴。[17]

---

[15] 關振清，《下潛！下潛！——中華民國海軍潛艦部隊之創建》（新北：老戰友工作室，2011年），頁30。
[16] 關振清，《下潛！下潛！——中華民國海軍潛艦部隊之創建》，頁32、33。
[17] 劉廣凱，《劉廣凱將軍報國憶往》，頁237-238。

（左）民國54年元月4日海軍潛艇幹訓班開訓典禮，兼班主任劉廣凱上將訓示
（右）在海獅艦駕駛台之艦長關振清上校

　　民國54年6月1日，武昌艇隊在淡水基地成立，直屬武昌計畫督導組，艇隊長商道燦，轄作戰組、修護組及行政組。作戰組下編有4個區隊，即未來武昌艇上的編制配員。[18]武昌艇的1號艇係由義大利廠商負責施工，2號艇則由我方跟隨1號艇學樣仿製。但承製商義大利Cosmos公司僅是製作簡單潛水用具及賣潛水裝備的小公司，以致武昌艇先天設計草率，沒有成套完整的計畫及藍圖，造成工程一再地改變設計、翻工及拆裝，耗時又耗工，使得賣方甚至無利可圖。56年4月19日，武昌艇由淡水基地船塢移往左營施工。7月18日，義籍工作人員竟離臺返國，直到57年3月26日，才再度來臺復工，中間使武昌計畫停頓了8個月之久。[19]

　　民國58年初，武昌1號艇完成初步驗收。7月1日，武昌艇成軍訓練開訓。10月8日，武昌艇隊在左營軍港舉行成軍典禮，由海軍總司令馮啟聰主持，關振清中校擔任艇隊長，所屬兩艘潛艇分別命名海蛟（S-1）、海龍（S-2）。武昌艇隊自58年10月1日起，隸屬海軍艦隊司令部。[20]至於潛艇幹

---

[18] 關振清，《下潛！下潛！——中華民國海軍潛艦部隊之創建》，頁48。
[19] 關振清，《下潛！下潛！——中華民國海軍潛艦部隊之創建》，頁56、65。同書頁68記：海軍總司令部被迫於56年底下令左營第一造船廠接管武昌艇。
[20] 關振清，《下潛！下潛！——中華民國海軍潛艦部隊之創建》，頁97、112、114、118。

（上）武昌艇隊成軍典禮
（下）海龍艇上浮

部訓練班,由於武昌艇的建造不順利,加上基地的遷移,幹訓班雖然於54年1月4日在左營開訓,但至56年9月18日,該班第一期學員結訓前,受訓的學員僅完成基本訓練,後續訓練則移由武昌艇隊執行。[21]

三、武昌艇隊發展的侷限與歷史意義

武昌艇隊成軍後,海軍總司令部曾奉國防部令,頒發「武昌特種作戰計畫訓令」,責成武昌艇隊擬定「武昌一號」及「武昌二號」,以東引島為基地,搭載蛙人潛入福建沿海島嶼的特種作戰計畫草案,但受限於武昌艇本身性能有限,加上各種後勤問題一時難以解決,所以在全盤衡量下,直到武昌艇除役,都未獲得上級進一步批示執行。[22]民國62年8月1日,武昌艇隊奉命裁撤,同時成立潛艦戰隊。11月1日,海蛟、海龍兩艘潛艇奉命除役。[23]

武昌艇的成軍訓練受到裝備故障及後勤支援等問題的影響,以致訓練深度嚴重不足。因此成軍後即加強訓練,培訓潛艦人員基幹。期間除陸續召回前潛艇幹部訓練班的人員施予訓練外,並召訓潛艦幹部訓練班第二、三期(均為軍官),為日後之「水星計畫」(接海獅、海豹兩艦)培訓及儲備不少基層幹部,使「水星計畫」執行順利。

反潛是我海軍主要任務之一,反潛演訓是海軍主戰兵力驅逐艦的重頭戲。在沒有潛艇以前,幾乎各型艦艇訓練都是利用各基地訓練單位的「反潛教練儀」,這種「陸上行舟」的訓練方式,對反潛實質戰技訓練成效不彰。而武昌艇隊2艘潛艇不但提供了海軍平日反潛訓練的假想敵實兵,還曾參加國防部層級的大操演,對增進我海軍反潛戰力,也有一些汗馬功勞。[24]武昌艇隊自成軍到除役為止,並未正式執行任務,但在海軍建立水下戰力的歷程中,卻扮演了相當重要的角色,也可說是海軍培訓潛艦人才的搖籃。[25]

---

[21] 關振清,《下潛!下潛!──中華民國海軍潛艦部隊之創建》,頁38。
[22] 關振清,《下潛!下潛!──中華民國海軍潛艦部隊之創建》,頁128、129、130、131。
[23] 關振清,《下潛!下潛!──中華民國海軍潛艦部隊之創建》,頁137。美國軍援我海獅、海豹兩艘潛艦時,同時要求我海軍汰除海蛟與海龍潛艇。參閱鍾堅,《驚濤駭浪中戰備航行──海軍艦艇誌》(臺北:麥田出版社,2003年),頁562。
[24] 關振清,《下潛!下潛!──中華民國海軍潛艦部隊之創建》,頁124、126、127。
[25] 劉明濤,〈陳年憶往〉,《老軍艦的故事》(左營:海軍艦隊司令部,民國90年),頁

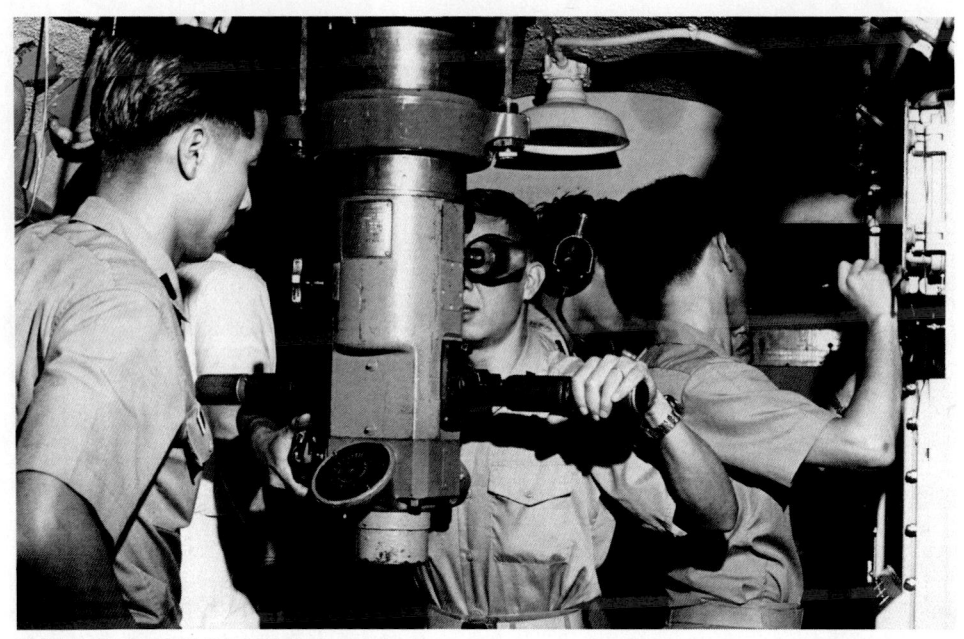

海獅艦長關振清上校操作潛望鏡

參、水星計畫與我國海軍潛艦戰隊的成立

　　海軍艦艇籌獲係由國防部後勤次長辦公室業管，早年尚未實施計畫預算制度，裝備投資預算全部由主計局控管；對於購艦事前也沒有完整計畫，多半由駐美武官與美國海軍軍令部連繫、協調，蒐集美艦汰除計畫，爭取將艦況較好之封存艦，或即將除役之現役艦。[26]潛艦隱密性高，對水面船艦構成威脅。籌獲潛艦，建立潛艦部隊為我國海軍建軍的重要目標。美國海軍雖然積極建造核子潛艦，汰除傳統柴電潛艦，卻從未同意出售我國柴電潛艦，也許有其戰略性之考量。經駐美國海軍武官汪希苓多方努力，美國終於同意將兩艘即將除役的茄比級二型（GUPPY II）潛艦出售我國，供水面艦反潛訓練之用。[27]

194。

[26] 伍世文，〈追憶驅逐艦籌獲及武器更新往事〉收錄在《風華與榮耀——台海守護神》（臺北：海軍總司令部，民國94年），頁164。

[27] 張力，《伍世文先生訪問紀錄》（臺北：中央研究院近代史研究所，民國106年），頁152。

民國60年7月，美國國務卿季辛吉祕密訪問中國大陸，汪希苓告知美國海軍，我國與美方關係一定會發生變化，而臺灣海峽這個缺口，對美國西太平洋防務鏈很重要。過去每年美國海軍每3個月會派潛艦來臺，與我海軍舉行軍演，做反潛訓練。若美軍離開臺灣，美方潛艦不能來臺灣，不如提供兩艘潛艦給我國，做沒有攻擊性的技術訓練。美國海軍同意汪希苓的看法，和國務院磋商，美國同意以訓練之名提供我兩艘茄比級潛艦。[28]

　　民國60年8月底，海軍頒發「海神計畫」，準備赴美接收兩艘茄比級潛艦，每艦以70人計，兩艦需要官兵140人。接艦人員赴美前應集中管理，初步編組及由武昌艇隊負責施予必要初淺潛艦訓練，班址是以「海神班」名義設在左營海軍航海學校內。此次接艦軍官極大部分是從武昌艇隊在職軍官，或曾在潛艦幹部訓練班受訓軍官甄選之。海神班開辦3期；第一期是海獅艦官兵，第二期是海豹艦官兵，第三期是支援隊，訓練主要項目計有：潛艦基本訓練、英語訓練、游泳訓練。[29]

　　民國60年年底，赴美接潛艦案以「水星一號」、「水星二號」計畫為代名，該案由國防部後勤參謀次長室負責簽辦，上呈行政院院長蔣經國核示同意，由參謀總長賴名湯致函美國海軍，保證僅供水面艦反潛作戰訓練之用。該計畫包括：接艦官兵先赴美國康乃狄克州新倫敦潛艦基地接受岸上基本訓練後，繼而利用兩艦除役前之服勤時間，登艦實施艦上訓練。訓練完成後，委託美國海軍造船廠實施大修，航駛返國。[30]

　　當時美國海軍送交我國的訓練計畫分為兩大部分：一是基礎訓練（軍官24週，士官兵16週），包括逃生訓練、潛艇一般基本訓練及分科訓練（軍官

---

[28] 黃自進、簡佳慧，〈汪希苓先生訪問紀錄〉，《蔣中正總統侍從人員訪問紀錄》（臺北：中央研究院近代史研究所，民國101年），頁234。這兩艘茄比級潛艦在當年是美國海軍傳統型潛艦中最新的一型，並曾經予以裝備現代化，性能要超過其它傳統型潛艦。汪士淳，《忠與過：情治首長汪希苓的起落》（臺北：天下遠見出版股份有限公司，1993年），頁134。

[29] 關振清，《下潛！下潛！——中華民國海軍潛艦部隊之創建》，頁150-156。美國新倫敦海軍潛艦學校受限教學設施、後勤支援及師資等，一次只能提供1艘潛艦的訓練容量給我國，因此我國接收美國兩艘潛艦官兵受訓日期要相隔6個月。參閱關振清，《下潛！下潛！——中華民國海軍潛艦部隊之創建》，頁159。

[30] 張力，《伍世文先生訪問紀錄》，頁152-153。

(上)水星一號士兵於潛艦學校受訓合影
(下)水星一號全體軍官與潛艦學校教官合影,前中為關振清上校,右三為中國海軍訓練班組長ROBEY中校

水星計畫接艦官兵在美國潛艦學校進行逃生訓練

進入高級班課程，士官兵按不同科別接受專長訓練，最後統合到各種教練儀組合操練）。二是航訓實作，安排在將要接收的潛艦上實施，訓期18週，訓練期滿經美方檢定合格即把潛艦正式移交我國。[31]

海獅艦原為美國海軍潛艦「短彎刀」號（USS Cutlass SS-478），屬於茄比級二型傳統式柴油動力潛艦，民國33年11月5日在費城樸茨茅斯造船廠下水。[32]

美國同意將潛艦「短彎刀」號移交我國後，海軍為能順利完成接收工作，接艦軍官及士官兵分別於61年3月27日、5月29日到美國新倫敦海軍潛艦基地，接受基礎訓練。[33]基礎訓練結訓後，全體官兵於11月27日飛抵佛羅里達基維斯（Key West）展開18週的航訓。每一位官兵均需按美海軍的「潛艦人員合格簽證」要求項目，逐項通過方為合格。最後由美方總測驗，確認我方受訓人員已具備操縱此型潛艦的能力後，美方正式在62年4月12日將潛艦「短彎刀」號移交我國，由駐美海軍武官汪希苓代表政府接收，並命名「海獅艦」。5月7日，海獅艦駛往舊金山大修。63年2月21日，大修完畢出廠即橫渡太平洋返國。4月18日，駛抵左營海軍基地。[34]

海豹潛艦原係美國海軍「長牙」號（USS Tusk SS-426），屬於茄比級二型傳統式柴油動力潛艦，民國35年4月11日在費城樸茨茅斯造船廠下水，翌年進行改建工程，其間計換裝聲納裝備，增加電瓶能量，變更艦艦體流線，增加巡航速率及續航力。54年6月，該潛艦實施艦體結構加改裝工程，加裝消音機、空調機、改裝貯藏板及淡水櫃之容量。該艦成軍後，隸屬美國

---

[31] 關振清，《下潛！下潛！——中華民國海軍潛艦部隊之創建》，頁158-159。同書頁249記：水星計畫的全體官兵都是未合格的潛艦人員，美方要我官兵在18週的期限內，也就是在正常合格簽證訓練一半的期限內，要求大部分官兵完成合格簽證訓練，成為合格的潛艦人員，顯然是件高難度的任務。

[32] 國防部史政編譯局編印，《中國戰史大辭典——兵器之部》，民國85年，頁808。

[33] 關振清，《下潛！下潛！——中華民國海軍潛艦部隊之創建》，頁150-156、167。

[34] 參閱一、關振清，《下潛！下潛！——中華民國海軍潛艦部隊之創建》，頁204、209、267、281。二、國防部史政編譯局編印，《中國戰史大辭典——兵器之部》，頁808。當時我海軍造船廠還沒有維修潛艦的能力，為了因應日後維修的問題，駐美武官汪熙苓建議國內挑選幾十位海軍造船廠的軍官及技工，送到舊金山海軍造船廠，從潛艦的維修計畫作業、料配件籌備、進度管制、品管測試及維修實務技術等，從頭到尾全套地學習和見習潛艦的整體大修作業過程。參閱關振清《下潛！下潛！——中華民國海軍潛艦部隊之創建》，頁221。

（上）海獅艦成軍典禮前艦長關振清上校步出基維斯基地大樓
（下）海獅軍艦於民國63年12月3日在左營北港試射啞雷

海軍大西洋潛艦部隊。美國同意將潛艦「長牙」號移交我國後，海軍為能順利完成接收工作，於61年1月3日成立「水星二號計畫」，甄選官兵集中海軍航海學校受訓，加強官兵英語能力，充實潛艇知識，以備赴美接受潛艦學校的訓練，進而完成潛艦在職訓練。[35]接艦軍官於61年10月24日，到達新倫敦潛艦學校受訓。[36] 62年10月18日，全體接艦人員在新倫敦潛艦基地接艦成軍，並正式命名為「海豹艦」，稍事整補後即啟程返國，於63年1月10日抵達左營海軍基地。[37]

民國62年4月，海獅潛艦正式成軍。8月1日，為建立海軍潛艦兵力，成立潛水艦戰隊，裁撤武昌艇隊，所屬海蛟、海龍兩艘潛艇，改隸潛艦戰隊。[38] 65年1月1日，海軍潛水艦戰隊更名為「海軍第二五六戰隊」，駐左營，轄海獅、海豹兩艘潛艦。如果從52年底「武昌計畫」的建案，算到62年4月，海獅潛艦的成軍，我國潛艦兵種的創建足足花了將近十年的時間才算完成。

外傳我國向美國接收的兩艘茄比級潛艦，美方在移交前先把艦上的魚雷管封死，沒有魚雷的潛艦，等於是被拔了牙的老虎，以致這兩潛艦對我海軍實質戰力沒有多大的提升，主要是作為水面艦艇攻潛、反潛的訓練使用。[39]當年首任海獅艦艦長關振清則證實，美軍移交兩艘茄比級潛艦時，除了吊移戰雷和取走機密文件外，射控系統與魚雷管均保持完整功能，並以民國63年12月3日海獅艦在左營軍港試射啞雷的照片，澄清外界對該型潛艦魚雷管封死的不實傳聞。[40]

---

[35] 國防部史政編譯局編印，《中國戰史大辭典——兵器之部》，頁809。
[36] 關振清，《下潛！下潛！——中華民國海軍潛艦部隊之創建》，頁203。
[37] 國防部史政編譯局編印，《中國戰史大辭典——兵器之部》，頁809。
[38] 國防部史政編譯局編印，《國民革命建軍史：第四部：復興基地整軍備戰》（一），民國76年，頁487。海蛟及海龍兩潛艇於62年11月1日除役。參閱國防部史政編譯室編印，《國軍隊徽暨臂章圖誌沿革》，民國93年，頁295。
[39] 許瑞浩、周維朋，《大風將軍：郭宗清先生訪談錄》（臺北：國史館，2011年），上冊，頁372。美國國務院同意提供兩艘茄比級潛艦給我國時，亦提出一個條件，既然是訓練潛艇，就把魚雷發射管封起來。參閱黃自進、簡佳慧，〈汪希苓先生訪問紀錄〉，《蔣中正總統侍從人員訪問紀錄》，頁234。海獅、海豹兩潛艦，美方在移交我國之前，其魚雷發射管均經封閉，魚雷發射系統亦未加檢修整備，以致無攻擊能力。參閱張力，《伍世文先生訪問紀錄》，頁215。
[40] 參閱一、關振清，《下潛！下潛！——中華民國海軍潛艦部隊之創建》，頁307。二、孫建屏，〈路艱辛志堅定——從武昌、水晶到劍龍〉，《勝利之光》，第748期，民國106

肆、劍龍計畫與第三代現代化潛艦的籌建

海軍兩艘茄比級潛艦係接收美軍第二次世界大戰舊型潛艦，僅能供作訓練之用，談不上有什麼戰力，因此海軍一再尋求多方的管道，希望能擁有可供作戰的現代化潛艦。且就海軍長程發展觀點，自力造艦是最佳的建軍政策。只是耗時間長，需用經費龐大，而且負擔風險也較大。當時海軍總司令鄒堅指示：務應排除萬難籌建新艦。民國70年前後，先後編成自強小組、忠義小組、劍龍小組，依循建軍構想，分別負責策畫籌建飛彈巡邏艦（PCEG）、飛彈巡防艦（PFG）及潛艦（SS）等三種類型軍艦。[41]

如何籌獲具備戰力之潛艦，是我海軍鍥而不捨之目標，亦是全軍官兵的願望。由於美國不願售予我國新型潛艦，因此我國轉向歐洲國家尋求貨源。關於向荷蘭購買潛艦一事，海軍很早便以低調方式積極與荷蘭進行洽談，其中也曾經歷經幾番波折，最後還是因為承造的荷蘭RSV造船廠在財務上出現危機，急需要增加訂單以維持其營運，對政府部門施壓，荷蘭政府遂於民國69年底，冒著中共強烈抗議，勉強簽發了兩艘改良型劍魚級（Sword Fish）潛艦的輸出許可，不過也附帶了商業採購的條件，以期彌補他們在其他方面可能遭受的連帶損失。承造的RVS造船廠同時也要求我國在簽約後，先給付三分之一的價款，以解其燃眉之急。[42]

年4月，頁36。另一說法是兩艘潛艦魚雷管線路被剪斷，我海軍雖已接上，但效果不大理想，所以擔任訓練任務居多。參閱畢雲皓，《海軍及陸戰隊專集》（臺北：軍事迷文化事業出版有限公司，民國85年），頁21。

[41] 張力，《伍世文先生訪問紀錄》（臺北：中央研究院近代史研究所，民國106年），頁211。
[42] 鄧克雄，《葉昌桐上將訪問紀錄》（臺北：國防部史政編譯室，民國99年），頁312。民國69年12月18日，荷蘭國會以76票對74票贊成內閣准許RSV公司出售兩艘潛艇給我國。參閱〈荷蘭國會下院批准決定售我兩艘潛艇〉，《自立晚報》，民國69年12月19日，第一版。但在中共強烈的抗議下，70年2月3日，荷蘭國會以77票對70票決議要求內閣撤銷其許可。參閱〈荷蘭政府拒絕國會反對決定售我兩艘潛艇內閣可能明天宣布〉，《自立晚報》，民國70年2月18日，第一版。70年3月5日，荷蘭國會投票通過決議「收回成見」，同意政府核發兩艘潛艇外銷執照給我國。參閱〈荷蘭決定售我潛艇對歐外交展現新機咸認中共恫嚇今後將不生作用〉，《自立晚報》，民國70年3月6日，第一版。

為了推動潛艦的購案，海軍總司令鄒堅向參謀總長宋長志報告海軍方面的執行進度，之後獲得行政院院長孫運璿的同意，由經濟部與荷蘭方面完成相關採購程序後，我國立即向荷蘭進行「非軍事物資」的採購，整個採購潛艦的「劍龍計畫」歷經波折，總算是定案。

　　前海軍總司令葉昌桐日後回憶，其對於荷蘭採購潛艦的案子感觸特別深，因為以我國當年的財政狀況而言，軍購案若沒有最高行政首長的支持，是難以順利推動的。除了行政院院長孫運璿全力支持，還有來自總統府的助力，蔣經國總統認為國家安全是一項整體性的事務，除了國防部外，其他各部會也有責任一起推動。在總統與院長的指示下，無論是經濟部、財政部或是中央銀行都捨棄本位主義，為劍龍案提供不可或缺的助力。[43]

　　民國70年6月11及12日，海軍計畫署召集有關人員，先荷蘭方面合約研究、審查。經兩日研討，適巧駐南非共和國大使館武官轉來斐國海軍建造潛艦之合約、規範，經對照比較，發現較荷蘭所提文件更為周延。承辦人員乃據以修訂荷蘭造船廠之合約草本，並自6月17日起，聘請律師就雙方造艦合約條款逐條討論，反覆研討，完成合約草本修訂案，再經6月23日及29日兩次審查，終告定案。[44]

　　當荷蘭政府同意RSV造船公司為我國建造兩艘改良型旗魚級潛艦，海軍於民國69年成立「劍龍專案計畫」，展開海軍第三代現代化潛艦的籌建工作。「劍龍專案計畫」的人員規劃編組非常周密完整，兩艦接艦各為53名官兵，依造艦期程分4批先後赴荷，參與造艦及訓練工作；另有「駐荷監造組」不同兵科的二十餘位監造官，以及後勤負責載臺及戰系保修約六十餘名官兵參與；劍龍案戰鬥系統受訓與軟體，則由我海軍自行開發。在荷蘭接艦官兵完全沿用我國潛戰隊合格簽證訓練制度及方式，荷蘭海軍僅在泊港測試（HAT）、試俥前準備及海上測試（SAT）提供其實際經驗，協助驗證潛艦系統裝備及全艦性能，實際操作全由接艦官兵執行，甚至最後的缺改完成、

---

[43] 參閱鄧克雄，《葉昌桐上將訪問紀錄》，頁312-314。
[44] 參閱一、張力，《伍世文先生訪問紀錄》，頁215-216。二、國防部史政編譯局編印，《中國戰史大辭典——兵器之部》，民國85年，頁810。劍龍專案小組人員於70年3月起派遣先期作業小組抵荷蘭負責合約規範審查。9月，我國與荷蘭正式簽約，並於71年1月11日生效開始建造。

交艦,也是在監造處及參與各單位恪盡職責,各司其職下,安全、順利接下兩艘新式潛艦,並於返國成軍後,立即擔負巡弋海疆的戰備重任。[45]

民國75年10月4日,第一艘劍龍級潛艦正式下水,命名為「海龍艦」。11月,荷蘭海軍參與本案後,隨即對我海軍官兵展開另一次訓練。76年2月16日起執行繫泊試俥及模擬航行。3月20日至9月5日執行出海驗收試俥期間,由我海軍官兵負責實際操作與保養,經長時間的磨練,訓練成效甚佳。10月9日,順利完工交艦。10月29日,由荷蘭以塢運方式,於12月16日,抵達高雄港下卸。12月28日,由海軍總司令劉和謙在左營主持成軍典禮,命名為「海龍艦」,正式加入海軍作戰序列。第二艘劍龍級潛艦則於77年2月14日完成海上試俥,於5月15日由荷蘭以塢運方式,於6月30日運抵高雄。7月4日,由海軍總司令葉昌桐在左營主持成軍典禮,命名為「海虎艦」,正式加入海軍作戰序列。[46]兩艘劍龍級潛艦均隸屬於海軍第二五六戰隊。

海軍第二五六戰隊有一套繁複周密的軍官培訓制度,自願參加甄選軍官先以3個月在學員隊學習潛艦粗略系統與特性,再分派上艦驗證課堂所學。潛艦簽證不分航海、作戰、輪機、補給等管道,約兩百多項。其中最難之處在於必須通過茄比級、劍龍級兩型艦合格簽證,才能成為合格的潛艦軍官。[47]

有關劍龍級潛艦的潛射魚雷採購案亦是充滿波折,荷蘭政府在同意出售我國兩艘劍龍級潛艦時,已被迫降低與中共的外交層級,並取消荷商在中國大陸競標議的資格,荷蘭政府為了避免再觸怒中共,另一方面也因為劍龍型潛艦所使用的MK-37型魚雷為美國所生產,因此必須在取得美方同意的前提下,才能出售給第三國,所以該案中並未同時出售我潛射魚雷。之後在華美會議中,美國已準備允售只能由艦上發射的MK-37型魚雷。後來我國輾轉透過其他管道購得魚雷,才讓兩艘劍龍級潛艦擁有完整的戰力。[48]

---

[45] 孫建屏,〈路艱辛志堅定——從武昌、水晶到劍龍〉,《勝利之光》,第748期,民國106年4月,頁36-37。民國73年12月,配合建造進度分別召訓各科別官兵參加國的預訓。75年5月前往荷蘭接受承造廠廠訓、基礎及航行等訓練,並參與試俥。參閱國防部史政編譯局編印,《中國戰史大辭典——兵器之部》,頁810。

[46] 國防部史政編譯局編印,《中國戰史大辭典——兵器之部》,頁810。

[47] 孫建屏,〈跨世代潛航——深海尖兵期許高〉,《勝利之光》,頁42。

[48] 參閱鄧克雄,《葉昌桐上將訪問紀錄》,頁379。

民國72年1月17日，我國透過印尼協助，與德國SUT魚雷原製造商簽約，購買SUT重型魚雷，包含實戰用雷與訓練用的「操雷」。自73年5月交貨，至76年5月全部交清，而我方則贈送印尼數艘除役的LCU及LCM登陸艇。[49]

伍、我國海軍潛艦建軍發展的成果及缺失與困境

一、我國海軍潛艦建軍發展的成果

自民國63年初，我海軍自美購入兩艘茄比級潛艦返國，樹立了海軍水下兵力之雛型，同時也為海軍提供了反潛作戰水下演訓兵力，彌補美國潛艦因故無法來臺協訓的缺失，故展開一系列海鯊操演，由反指部納編相關海空兵力執行「海鯊演習」，俾檢討現用海空反潛戰術、戰法適應性，考核海空反潛兵力訓練實況；測試新型反潛戰具性能；蒐整反潛有關數據及追蹤歷次演習缺失改進情形，期在自力更生下，強化海軍之反潛戰力。[50]劍龍級潛艦成軍後，不斷加強操作與維修訓練，大幅地提升了該艦的戰力，並參加海鯊、漢光、聯興、自強等演習及各類參訪等多項任務，均圓滿達成任務。[51]

我國海軍雖然只有4艘潛艦，潛艦的年度最重要任務之一，是參加反潛作戰的「獵鯊演習」，該演習潛航時間不過數小時。然而潛艦是一種戰略性的攻擊武器，也是確保我海上生命線的利器；長期潛航、神出鬼沒的特性，足以讓人膽戰心驚。因此海軍要求2艘劍龍級潛艦必須以切合真實的作戰情境為前提，實施長期潛航，及模擬潛入敵方港口外的訓練，以提升潛艦部隊的戰力。[52]

潛艦是海軍重要的戰略性武力，所以在葉昌桐擔任海軍總司令期間，提升潛艦部隊的層級是其重要施政重點。我海軍潛艦僅有4艘，僅能編組成1個戰隊，就編裝的角度來看，海軍戰隊長的編階為上校。有鑑於海軍潛艦的專

---

[49] 郭乃日，《失落的臺灣軍事秘密檔案》（臺北：高手專業出版社，2004年），頁171-172。
[50] 海軍艦隊指揮部編印，《老部隊的故事：戍海護疆、錨鍊傳薪》，民國95年，頁59-60。
[51] 國防部史政編譯局編印，《中國戰史大辭典——兵器之部》，頁810。
[52] 鄧克雄，《葉昌桐上將訪問紀錄》，頁454。

業性高,卻受限於編制小,無法就現行編制培養種子人才,升遷不易難留人才。倘若潛艦戰隊的主官編階無法提升,非但權責將受到侷限,連帶的整個單位的編裝也難以應付兵力擴建需要。為此葉昌桐總司令與國防部計劃參謀次長辦公室積極協商,至少援引陸軍獨立旅的模式來處理。最終國防部謀本部同意比照「獨立旅」的方式調整潛艦部隊長的編階,特准分配1名少將的員額,並將潛艦部隊組織稍作調整,惟仍保持「戰隊」名稱。[53]

我國造船廠昔日沒有修護潛艦的能力,我國接收美製海獅、海豹兩艘茄比級潛艦後,隨著美援將近停止,顧問逐漸撤離,美援料配件亦漸形缺乏。為了建立潛艦修護技術能量,海軍於第一造船廠成立潛艦修護處(簡稱潛修處),增加1位副廠長兼任潛修處處長之職務,直接由廠長督導,專司潛艦修護工作,摸索並解決潛修之大小技術及材料問題,並直接推行及管制潛艦大修事宜。時因國內工業水準仍低,材料及科技少有能力支援及配合,所有困境都要潛修處自己研究解決。而潛艦全部大修工程完成之後,要經過嚴格之分期檢驗。檢驗表項目按美軍規定共有一百餘項之多,由海軍總部「艦艇檢驗小組」會同艦方及廠方品管人員與各部人員,逐項檢驗及測試,每項都必須達到規定之標準,不得馬虎。在當年經驗缺乏,技術及料配件不足的困境下,均能完成潛艦大修工程,確實不易,海軍成立潛修處之舉,實屬正確。[54]

二、我國海軍潛艦建軍發展的缺失與困境

(一)計畫決策粗糙草率且事權不一缺乏效率

武昌計畫開始是在高度神祕又保密的情況下,計畫的研擬及評估不但未邀請海軍有關單位參與,相反地幾乎完全把海軍摒除在決策圈外,這是決策上的草率,未讓海軍專業人員對全案作出嚴謹的評估,因以在執行上衍生許

---

[53] 鄧克雄,《葉昌桐上將訪問紀錄》,頁458-459。同書頁465記:潛艦戰隊的升級,因為當時人們對於潛艦作戰認識不夠,潛艦短期內又無法擴充,所以除了潛艦戰隊的戰隊長調整為少將編階之外,並未產生太大的積極性變革。

[54] 曾尚智,《曾尚智回憶錄》(臺北:中央研究院近代史研究所,民國87年),頁148、149、151。

多節外生枝的問題。「武昌計畫」兩艘SX-404型袖珍潛艇原計畫係1年建造時程即可完成，卻無法如期完成，其原因一是義大利廠商無完整建造概念及計畫，連細部設計藍圖也沒有，更無測試及驗證，所以建造過程不斷翻工、改裝及變更設計。二是來臺協助建造的義大利技師，僅1人曾任潛艇輪機官，其餘均無潛艇資歷。因此該計畫曠日費時，工程進度一再延宕。三是最初建造在淡水一小型造船廠，設備相當簡陋，加上淡水河口水淺，且早晚潮差極大，對日後訓練、維修及作業均受到限制，經由海軍總司令部評估後，於民國56年4月將兩艘SX-404型袖珍潛艇移拖至左營，責由第一造船廠後續建造事宜。武昌計畫執行4年多，遲至58年5月間建造完成。SX-404型袖珍潛艇因艇體結構特殊，以致出海潛航訓練時程非常有限。SX-404型袖珍潛艇因本身性能問題（艇體、裝備性能、操作及生活空間、適航性、充電安全等），及各種後勤問題難以解決，加上航行時必須要靠基地支援，因而限制其作戰範圍及航程。[55]

美國軍援我國兩艘茄比級潛艦之「水星計畫」，在建案之初，並未考慮日後潛艦的維修問題，且海軍尚未建立起潛艦的維修能力。此現象導致海軍赴美接收海獅潛艦後，必須花大錢送往美國造船廠進行大修。[56]民國63年1月12日，參謀總長賴名湯登上海豹潛艦，當日在其日記寫下：「看到（海豹）艦上有魚雷發射管10具，但都沒有魚雷。買船、修船及維護用之零配件等，每艘（潛艦）需要經費約一千萬美元，相當的貴，今後維護則更難，艇內相當的複雜，海軍從此多難矣。」[57]

---

[55] 參閱一、關振清，《下潛！下潛！——中華民國海軍潛艦部隊之創建》，頁56、68、105、131、132、220。二、關振清，〈為潛艦戰力發展作見證〉收錄在《老戰友的故事》（左營：海軍艦隊司令部，民國92年），頁30-31。許瑞浩、周維朋，《大風將軍：郭宗清先生訪談錄》，上冊，頁366、369記：兩艘SX-404型袖珍潛艇，性能差，設計有問題，很少出航，有必要出航時，每次都提心吊膽，必須有吊桿船跟在一旁，隨時準備救援。結果花了很多錢，卻不堪使用，了解內情的人都知道這是一個笑話。。

[56] 關振清，《下潛！下潛！——中華民國海軍潛艦部隊之創建》，頁220。海獅潛艦在美修理費，在當年即高達一百多萬美元。參閱汪士淳，《忠與過：情治首長汪希苓的起落》，頁136。61年11月28日，駐美武官汪希苓從美國返國，向國防部報告（海獅）潛艦在美修理費要付三百多萬美金。參閱賴名湯，《賴名湯日記Ⅲ（民國六十一至六十五年）》（臺北：國史館，2017年），頁125。

[57] 賴名湯，《賴名湯日記Ⅲ（民國六十一至六十五年）》，頁289。

海豹潛艦

　　海獅、海豹兩潛艦由美返國後,當時我國並沒有維修潛艦的經驗,由於潛艦的構造遠比水面艦精密,所以大修也較為困難。海軍為了維修海獅、海豹兩艘潛艦,特別在左營海軍第一造船廠成立「潛艦修護處」,並招募曾在美國受過特別訓練的技工及工程師回來參與大修工作。潛艦與一般水面艦艇在維修上最大的差異,即為其在船塢內所需的檢修時間相當長。因而潛艦的維修成本不但較一般船艦高出許多,維修過程必須在船塢內才能進行,還必須對整體維修環境作精密的控制。

　　葉昌桐擔任海軍總司令期間(77年6月1日至81年4月30日),曾經想在潛艦碼頭附近腹地,籌建1個潛艦專用的修護廠,並且建造1座乾塢,專供潛艦入廠修護。當時中國造船公司也願意配合,而且雙方還有一個協定,若是潛艦修護廠建造成功後,海軍便將場地租給中船使用,由中船負責在此替海軍建造潛艦,待中船造艦工作結束後,再由海軍收回所有的場地,用以維修潛艦,而海軍的潛艦無須再到中船維修。不過後來由於荷蘭與我國合作建造潛艦案沒有成功,繼續建造新廠的計畫,因為資源排擠的因素而作罷。[58]

---

[58] 鄧克雄,《葉昌桐上將訪問紀錄》,頁269-270。

（二）現有潛艦兵力不足而外購潛艦困難不易

依照我國海軍既定之兵力目標，已有之潛艦4艘未符需求，況且既有的兩艘茄比級潛艦，不僅逾齡，且無武裝，勉強可供協助水面艦實施反潛訓練而已。多年來，歷任海軍總司令莫不以籌獲新型潛艦為施政重點。民國81年，海軍總司令部編成「海神作業組」，與荷蘭RDM造船公司密切連繫，積極規劃合作建造潛艦。其構想為在國外分成6個船段施工建造，用大型浮塢運至高雄由中國造船公司組裝，荷蘭方派技術人員指導並協助施工、測試、調校等。由於中國造船公司所提增加設施、人員培訓、施工與人事及行政管理等費用偏高，造成總額預算需求太多，無法接受。

民國81年12月22日及82年2月9日，荷蘭方面派員來臺，提出「海神案」新構想，改以一廠為骨幹，培訓技術人員，在左營北港興建廠房，以岸置方式，將6個船段組裝成型，出海測試調校。初步估計，廠房及設施投資經費為新臺幣60億，每艦造價不超過120億，總預算較低；且有關敏感裝備及造艦、測試等技術，全由荷方負責。預計簽約後，第五年即可完成第一艘，構想之可行性很高。雙方經1個多月的密集研討，2月10日完成初步結論及草約簽署。8月28日，RDM公司派員陪同荷蘭政府官員來臺拜會海軍總司令莊銘耀，表達荷蘭政府對「海神案」支持之立場，也相當於其政府之首肯及認可。可惜的是，我方上級對此種分段建造，在國內組裝之構想，顧慮到船段經長途海運，恐有失圓之虞，造成組裝時極大風險，「海神案」遂胎死腹中。[59]

建造潛艦受到諸多限制，因此世界各國具有建造潛艦能量的造船廠相當有限。而各國政府對潛艦的出口，不論是潛艦或特殊裝備，甚至建造藍圖等技術資料，都嚴加限制。在政府與相關國家無正式外交關係的情況下，冀望獲得潛艦或主要裝備之出口許可，事實上相當困難，即使是建造潛艦的技術資料出口，也同樣困難重重。過去幾年，凡對軍火武器銷售有興趣者，想盡辦法鼓動外國造船廠協助建造，或者為我建造潛艦。荷蘭、德國、美國甚

---

[59] 張力，《伍世文先生訪問紀錄》，頁303-304。

至俄國廠商或民意代表,也曾來臺造訪,說明潛艦銷售構想,但往往僅是淺談,而未有具體發展。[60]

民國81年7月1日,國防部副參謀總長夏甸外職停役出任我國駐荷蘭代表,時李登輝總統命令夏甸設法促成荷蘭政府同意出售我國潛艦,以提升我海軍的潛艦作戰能力。夏甸抵荷蘭任所月餘,奉部令前往歐洲某國訪察其海軍艦艇,特以潛艦為重點。然而夏甸發現該國各型軍艦設計老舊,製造粗劣,性能落伍,對我海軍而言,實非所宜,故據實報部。至於荷蘭方面,雖懇請該國政府同意出售我潛艦,然最後因中共壓力阻撓,及荷蘭國內另有不同意見之下,終未能成功。[61]

陸、結語

臺灣四面環海,海上運輸對我國經濟發展十分重要,加上中共不斷擴建海軍,因此臺海制海權的掌控,十分重要。潛艦係屬戰略性武器,影響戰略情勢甚重,尤其在核武打擊能力上,不亞於航空母艦的威懾能力。因此中共海軍致力於潛艦的建造,迄今已經擁有數十艘潛艦(包含傳統柴電潛艦及核子潛艦)。

雖然我國海軍發展潛艦部隊並不在於建立威懾能力,但在防衛作戰上,以潛制潛仍是無法運用其他手段可完全取代的。然而我國海軍潛艦部隊的建軍發展,雖然歷經民國50年代的「武昌計畫」、60年代的「水星計畫」、70年代的「劍龍專案」,迄今海軍戰隊仍僅有4艘潛艦,其中兩艘老舊茄比級潛艦係供訓練使用,在我海軍艦隊,兩棲、驅逐、巡防、潛艦等主力艦艇中,潛艦戰隊是規模最小、裝備最為落後的兵種。

大多數的海軍或戰略專家認為我國海軍至少要擁有15艘至20艘現代化的潛艦,才足夠保衛臺海的安全。雖然海軍在民國84年成立潛艦發展辦公室,並於90年透過外交途徑爭得美國的同意,出售8艘柴油動力潛艦。但因美方

---

[60] 張力,《伍世文先生訪問紀錄》,頁350-351。
[61] 曾瓊葉,〈訪談葉甸上將〉,《海上長城──海軍高階將領訪問紀錄》(臺北:國防部政務辦公室,民國105年),頁79-80。

早已停產傳統動力潛艦,若重新啟造,其投資成本太高,因而作罷。

　　已故前海軍總司令顧崇廉曾說,沒有潛艦的海軍,只能算是半個海軍。而我國需要潛艦而不可得,其原因主要有兩點:一、潛艦是戰略性、敏感性武器,因為政治因素干擾,強國往往不願因售予我國潛艦而開罪中共。二、我國一直沒有自己承造潛艦的意願。技術難度高,沒有克服困難的決心。[62] 目前在外購潛艦困難不易之下,我國海軍潛艦部隊的建軍發展,必須朝向「國艦國造」的方向發展,才能解決目前及未來的困境。面對中共在臺海的軍事挑釁日益嚴峻,以及錯縱複雜的南海爭議,多年來,我海軍一直致力國防自主及國艦國造,民國112年9月,國造潛艦「海鯤軍艦」完成下水典禮,此證明了國軍對國防自主堅定不懈努力之結果。

---

[62] 胡忠信,《將軍之舵——顧崇廉・胡忠信對談錄》(臺北:天下遠見出版股份有限公司,2003年),頁171。

第五章　反攻大陸——
「國光計畫」之研究

壹、前言

　　民國50年春，蔣中正總統盱衡世局之變化認為，中國大陸因中共領導人毛澤東一連串施政錯誤，及天然災害，造成經濟嚴重衰敗，引發空前的大饑荒，大陸人民苦不堪言，加上中共內部權力鬥爭加劇。為此蔣總統研判中共與我戰力之消長已主客易勢，反攻復國之時機已日臻成熟。同一時間臺灣內部正興起一股反對中國國民黨的威權統治，要求民主化的聲浪讓蔣總統倍感壓力，亦是促成他決心發動軍事反攻的重要因素。換言之，蔣中正總統欲藉由對外的軍事行動準備，推動反攻大陸的終極目標，以及伴隨著這些工作準備所帶來的黨政軍機制改組與社會動員，作為進一步鞏固他在中國國民黨內外領導統治的正當性，並凝聚臺灣內部不同的政治力量。[1]

　　4月1日，蔣中正總統飭令國防部編成「大陸作戰中心」又名「國光作業室」，以自力反攻為基礎，著手擬訂攻勢作戰計畫，同時加強戰力戰備。國防部稟承統帥意圖，遵即詳為擘劃，進行各項研究計畫，以戰備為基礎，戰備以計畫為目標，相輔並進。國光作業室成立後，蔣總統親自指導，經常每週一次或兩次親自聽取研究與計畫、作為報告，對每一研究計畫，無不詳細垂詢與指示。國光作業室自成後立後，歷經十餘年，於61年7月撤銷，計先後完成正規作戰計畫17種，各項研究141種。但隨時日之推移，國內外及敵我情勢之演變，美國之阻撓，以致反攻計畫始終未能付諸實施。[2]

---

[1] 林孝庭，《台海・冷戰・蔣介石：解密檔案中消失的臺灣史》（臺北：聯經出版事業有限公司，2015年），頁149、150。

[2] 國防部史政編譯局編印，《國民革命建軍史：第四部：復興基地整軍備戰》（三），民國76年，頁1786-1787。

「國光計畫」雖未付諸實施，其結果為何，雖無法預測，但其對臺灣之影響勢必極大。國軍以小擊大，難以獲得大陸民心支援，且戰爭延長，必將使臺灣陷入極大危境。蔣中正總最終放棄反攻大陸，改以大力發展臺灣經濟。[3]民國58年2月6日，國防部部長蔣經國主持國防部月會，首先提出「三分軍事，七分政治」的反攻作戰重大政策。此重大轉變說明中華民國已務實地面對中共軍事力量的提升，甚至超越國軍。[4]

　　「國光作業室」由於工作性質特殊，留下的史料十分有限，然而它是政府遷臺後一個重要的作戰策劃機構，由於長期以來史料的蒐整不易，因此國內外對此構機，以及作業計畫內容的研究並不多見。在國內外主要有楊晨光的中興大學歷史研究所博士學位論文〈台海熱戰1949-1965：未完成的國共內戰〉（民國102年）、美國史丹佛大學林孝庭博士著《台海・冷戰・蔣介石：解密檔案中消失的臺灣史》、柴漢熙著《強人眼下的軍隊：一九四九年後蔣中正反攻大陸的復國夢與強軍之路》及國防部前史政編譯室龔建國上校著〈談10年反攻作戰計畫：國光計畫始末〉[5]等。

　　現今國內有關「國光計畫」相關的檔案、史料或專書方面，可參閱蔣中正日日記、蔣中正與蔣經國父子相關檔案；國防部史政編譯局編印，《國民革命建軍史：第四部：復興基地整軍備戰》（軍內發行）及國防部曾經訪談當年參與國光作業室的國軍將校編印之《塵封的作戰計畫──國光計畫口述歷史》（軍內發行），上述檔案史料或專書，是研究「國光計畫」十分重要之史料。在國光作業室工作多年主要負責作戰計畫研究的上校參謀段玉衡私著《小灣十年紀事》及《國光作業紀要》手稿，對於國光作業室許多計畫內容，以及當時蔣中正總統之指裁事項，均有詳實記載，亦為研究「國光計畫」重要的參考史料。另外，當年曾參與「國光計畫」的國軍將校部分有出版個人日記、回憶錄或口述歷史，例如陳誠、胡炘、賴名湯、劉安祺、顧祝同、羅友倫、郝柏村等等亦有參考價值。

---

[3] 彭大年，〈王河肅將軍訪問紀錄〉收錄在《塵封的作戰計畫──國光計畫口述歷史》（臺北：國防部史政編譯室，民國94年），頁35。

[4] 汪士淳，《漂移歲月：將軍大使胡炘的戰爭紀事》（臺北：聯合文出版有限公司，2006年），頁269、270。

[5] 該篇論文收錄在《中華軍史學會會刊》，第17期，民國101年。

「國光作業室」成立後，由於反攻作戰計畫遭遇許多內外不利因素，最終無法實現，該作業室被裁撤，所擬各項計畫與研究隨之封存銷毀。現今國人對當年政府曾擬定「國光計畫」反攻大陸感到陌生。筆者有感此反攻大陸作戰計畫，係政府遷臺後，在臺整軍備戰的最重要工作。因此蒐整史料與專書，就蔣中正總統不忘反攻大陸、國光作業室成立的背景與發展、「國光計畫」的內容與作為、「國光計畫」為何無法實踐等，對國光計畫作一個全般的綜整與論述。

貳、國光作業室成立的時代背景

一、政府遷臺後蔣中正總統從未放棄反攻大陸

　　民國38年12月7日，中央政府自成都播遷臺北，此後蔣中正總統從未放棄反攻大陸。蔣總統時時強調反攻大陸的意志與決心。41年5月9日，美國海軍太平洋總司令雷德福上將訪臺，蔣總統與雷德福會談關於我國反攻策略時，雷德福主張由美國海、空軍協助先攻取海南島，蔣總統則堅持主張先攻大陸，並認為自福建廈門、福州及浙江溫州登陸最宜。42年，蔣總統接受美國紐約論壇報記者希金絲訪問，答覆「若美國以斷絕援助為要挾阻撓反攻」問題時表示：「我們尚在革命階段，自知責任所在，不管有無武器供應，都要反攻。」[6]

　　國軍反攻大陸時間表，從開始「一年準備，二年反攻，三年掃蕩，五年成功」，隨著時間消逝，國際局勢轉變，日趨艱困。民國49年5月20日，蔣中正就任中華民國第三任總統，同日發表就職文告：今後在任6年期間，實現三民主義與光復大陸解救同胞。[7]6月23日，蔣總統主持軍事會議，強調本年為反攻復國勝利的奠定年。[8]

---

[6] 段玉衡，《國光作業紀要》，未刊本，頁1。
[7] 《總統府公報》，第1124號，民國49年5月20日。
[8] 蔣中正，蔣中正日記，未刊本，民國49年6月23日。

民國50年4月14日,蔣中正總統到金門前線視察,研究反攻計畫。19日,蔣總統召見金門防衛司令部司令官劉安祺及軍政幕僚指示:研究把主砲火力指向廈門,及把當面沿海港灣及灘頭詳細研究一番,因為今年是反攻復國最重要的一年。[9] 7月14日,蔣總統在接受日本《朝日新聞》總編輯訪談中指出:「中華民國反攻大陸是拯救大陸同胞應有的責任,不論蘇俄會不會協助中共,我們要獨立反攻。」[10] 11月26日,蔣總統接受美國媒體訪談,表示光復大陸遠則5年,近則3年,必可達成,因為中共實行暴力統治,大陸同胞已忍無可忍,抗暴革命隨時隨地都在發展。[11]

　　此時中共與蘇俄交惡,蔣中正總統認為是反攻大好時機,他在民國51年3月24日日記寫下:「反攻時機之要點,應在蘇俄與中共鬥爭未解決之前……我空投成功後,正式登陸之時間在1至3個月之間。」[12] 同(51)年9月6日,蔣總統接見美國駐華大使柯爾克商談反攻,柯爾克表示:「美國之行動必須以和平與防禦為目標,美國之立場不能超過1954年《共同防禦條約》表明的範圍。根據條約,任何一方未得其他一方同意,不得採取行動,中華民國政府要求供給轟炸機與登陸艇,甘迺迪總統雖曾鄭重考慮,但認為此項裝備顯具攻擊性質,目前尚不宜提供。」蔣總統回應:「美國政府如果繼續阻止進攻反攻計畫,則中華民國政府將難以控制其人民與軍隊,尤以政府已開始徵收國防特別捐,並告知軍民此項稅收用途,如遇相當時期仍無行動,則人民對政府將失去信心。美國對共同防禦條約的解釋已引起我軍民抱怨,認為中華民國政府之盟友,並不幫中華民國而幫敵人,美國政府一味阻止我拯救大陸同胞,此種局面不能無限期延續,中華民國政府必須遵守,但形勢變更,條約精神亦必須重獲諒解。」[13]

---

[9] 汪士淳,《漂移歲月:將軍大使胡炘的戰爭紀事》,頁176、177、178。

[10] 汪士淳,《漂移歲月:將軍大使胡炘的戰爭紀事》,頁183。

[11] 《聯合報》,民國50年11月26日,第一版。

[12] 蔣中正,蔣中正日記,未刊本,民國51年3月24日。51年1月1日,蔣中正認為今(51)年國際間隨時會發生變亂,對我反攻大陸有利。參閱陳誠,《陳誠先生日記》(臺北:國史館,2015年),第三冊,頁1408。

[13] 〈蔣中正接見柯爾克談話紀錄(民國51年9月6日)〉收錄在《蔣經國總統文物》,國史館,典藏號:005-010301-00012-009。

民國52年5月2日，蔣中正總統在特別會談指示：「我們可以不管美國人對我反攻的態度如何，我們應該主動創造有利形勢，不能坐以待斃。如果等到美國人同意我們反攻，這是不可能的。虎嘯和龍騰，無論如何，都無法對美顧問保密，與其隱隱藏藏，不如乾脆明白告訴美國人我們要反攻了，除了目標區保密外，其餘不必避諱他們」。又說：「我的指導概念是先持續三、四天砲擊，誘發砲戰，我向世界宣布，中共向我挑釁，便於我發起行動藉口。繼之，空軍開始反制作戰，數日後，接著就是登陸。美國協防條約中，並沒有規定不准我反攻，我反攻是實行國家主權。」[14]

民國53年元旦，蔣中正總統在日記寫下：「今年決定排除一切威脅與障礙，以實現反攻復國為惟一要務。」[15] 10月19日11時，蔣總統親自主持三軍大學擴大紀念週，分析當前勢，認為共軍舉行原子彈試爆後，對其弊多利少，除了美、俄對其施加壓力外，我們也可提早反攻。蔣總統以極大的信心告訴會場上八百多名三軍幹部不要擔心，我們反攻在望。[16] 54年夏天，蔣總統決心進行反攻大陸作戰，三軍積極祕密進行各項作戰準備與檢查，並於行動前進行各項配合行動。[17]

（一）凱旋計畫

民國44年至45年期間，蔣中正總統曾指定陸軍副總司令胡璉邀集國防大學及實踐學社教官若干人，組成小組，研擬對閩粵兩省之自力反攻作戰構想，但無策訂細部及次級計畫，此為反攻作戰開始策劃階段。46年5月至47年4月，蔣總統針對大陸局勢發展，認為應著手策訂以自力的反攻大陸計畫及各種方案，乃手令國防部以任務編組方式成立「中興計畫室」。[18] 反攻登地點蔣總統指示為廈門、福州兩地，以一個加強輕裝軍（4個國械步兵師）

---

[14] 彭大年，〈段玉衡將軍訪問紀錄〉收錄在《塵封的作戰計畫——國光計畫口述歷史》，頁201。
[15] 蔣中正，蔣中正日記，未刊本，民國53年1月1日。
[16] 賴名湯，《賴名湯日記》，第一冊（臺北：國史館，2016年），頁296。
[17] 彭大年，〈朱元琮將軍訪問紀錄〉收錄在《塵封的作戰計畫——國光計畫口述歷史》，頁15。
[18] 彭大年，〈邢祖援將軍訪問紀錄〉收錄在《塵封的作戰計畫——國光計畫口述歷史》，頁53。

配附砲兵4個營、輕戰車2個營及其他特種部隊，另以海軍陸戰隊師主力配屬編成，登陸廈門地區；以一個輕裝軍（3個國械步兵師）配附砲兵3個營、輕戰車2個營及其他特種部隊，另以海軍陸戰隊師一部編成，登陸福州地區。[19]

民國49年4月2日，蔣中正總統主持軍事會談，聽取登陸廈門之分析報告後，認為占領廈門附近之港尾半島，無異是占領廈門要港。11日下午，蔣總統再聽取反攻登陸作戰報告，認為應以港尾、將軍澳為主力使用之重點，如能掌握港尾，即能控制廈門及其後方之（鷹廈）鐵路線也。[20] 15日，蔣總統對於東南沿海反攻作戰之「凱旋計畫」給予糾正如下：甲、攻略廈門為第一目標，並未指明且未提及，應令其重擬攻占廈門之計畫作業詳案。乙、攻占東山與詔安為第二目標，否則不能向漳州、長泰以北地區推進。丙、攻占漳州與長泰為圍攻廈門之必要行動，否則不能確實截斷廈門敵後之鐵道主線也。丁、攻占汕頭與潮安為第四目標，如廈門與潮安、汕頭未能攻占，則主力決不能向北推進，至少要先攻占其中之一港廈門或汕頭，乃為海上反攻唯一要旨。[21]

此次「凱旋計畫」修正作戰目標為閩南漳廈及粵東潮汕，建立反攻先期根據地，與之後「國光計畫」作戰目標及企圖大致相同。4月18日，蔣中正總統手諭指示參謀總長彭孟緝，「凱旋計畫」攻略廈門，應以3個師為此作專精訓練，時間為6個月。訓練時要注意共軍的「口袋戰術」，務必不忘三角形戰群戰法之原則。[22]然而「凱旋計畫」因當時臺灣的經濟建設開始起步，無力支援反攻戰備所需，受限於人力與資源有限，自主反攻又必須得到美國援助，因而未能實現。[23]

---

[19] 曹永湘，《經歷鱗爪》（臺北：天恩出版社，2000年），頁246、247。
[20] 蔣中正，蔣中正日記，未刊本，民國49年4月2日及3月11日。
[21] 蔣中正，蔣中正日記，未刊本，民國49年4月15日。
[22] 〈蔣中正致彭孟緝手諭（民國49年4月18日）〉收錄在《蔣中正總統文物》，國史館，典藏號：002-010400-00031-017。
[23] 曹永湘，《經歷鱗爪》，頁253、254。「我們在金門曾做過反攻的準備，那時真的要準備反攻。我回到臺灣中部，老先生（蔣中正總統）還親自下令，要我當反攻聯軍總司令，羅奇當副總司令，雖然是個演習命令。那時我們在金門做了很多突擊登陸艇和登陸戰車的演練，工程非常浩大。」參閱黃銘明，《劉安祺先生訪問紀錄》（臺北：中央研究院近代

（二）武漢計畫

民國47年11月，蔣中正總統擬定「武漢計畫」，對中國大陸空投傘兵，與敵後游擊隊配合行動，進行敵後抗暴，因而成立「武漢小組」。48年1月27日，蔣總統將導發大陸反共大革命運動的「武漢計畫」之籌備實施，列為年度中心工作。30日，蔣總統手擬特種部隊執行「武漢計畫」降落後行動，及注意各點之指示。[24]蔣總統對國軍高層人事亦作調動，國防部副部長馬紀壯調任聯勤總司令，海軍總司令梁序昭調任國防部副部長，海軍副總司令黎玉璽升任總司令。[25]

2月3日，蔣中正總統指示「武漢計畫」部隊編制及官兵學習要領，並加強通信譯電方面，「武漢計畫」每旅部必須設置收譯匪電之專組。[26]「武漢計畫」實施範圍構想遍及四川、陝西、湖北、河南、洛川、潼關、武漢、安慶、九江、南通、寧波、四明、天臺、廬山等地。[27]16日，蔣總統思考「武漢計畫」實施地點及人員之訓練，認為特種部隊發展方向應對長江兩岸和各鐵路沿線兩側重要經濟與政治區先滲透潛伏，再暴動破壞占據號召為目的。[28]24日，蔣總統指示「武漢計畫」8項。繼於26日對「武漢計畫」作重要修正及作戰觀念之指示。[29]

3月19日，蔣中正總統主持「武漢計畫」籌備會議，會議上不滿美軍太平司令部要求我政府先定減少金門國軍兵力日期，美軍方可運送24吋榴彈砲到金門。[30]21日，蔣總統獲悉稍早3月13日西藏發生反共抗暴事件，藏民與共軍發生戰鬥，認為西藏抗暴事件，將導致我反攻復國之機運。[31]22日，蔣

史研究所，民國80年），頁183。

[24] 蔣中正，蔣中正日記，未刊本，民國48年1月27日及1月30日。
[25] 〈蔣中正手諭（民國48年1月31日）〉收錄在《蔣中正總統文物》，國史館，典藏號：002-010400-00030-021。
[26] 蔣中正，蔣中正日記，未刊本，民國48年2月3日及2月9日。
[27] 蔣中正，蔣中正日記，未刊本，民國48年2月4日及2月7日。
[28] 蔣中正，蔣中正日記，未刊本，民國48年2月16日。
[29] 蔣中正，蔣中正日記，未刊本，民國48年2月24日及1月26日。1月26日，蔣召見特種部隊曾力民等軍官6員。
[30] 蔣中正，蔣中正日記，未刊本，民國48年3月19日。
[31] 蔣中正，蔣中正日記，未刊本，民國48年3月21日。

總統與美國駐華大使莊萊德面談，討論中美兩國合作援助西藏抗暴問題，並要求美方作確切之答覆。[32] 24日，蔣總統再度接見莊萊德，希望莊萊德迅速再電美國國務院，協助我政府，我政府有義務有馳援西藏之責任與義務。[33] 未料美國國務院於25日答覆，美國未考慮將武器輸送給西藏反共部隊，也未考慮准許任何盟國將美援武器轉交西藏反共部隊。[34] 25日，蔣總統以西藏反共抗暴失敗，美國國務卿易人，應訂定新的反攻復國方略，認為正規軍事及兩棲登陸作戰，修正為非正規以空投為主之游擊戰爭，並以間接路線與拖延持久戰術，以引發中共內訌與崩潰的三年作戰計畫。蔣總統在30日主持作戰會議，指示今後反攻大陸之起點，以不作正式灘頭戰之規模為主旨。[35]

民國48年7月23日，蔣中正總統手諭參謀總長彭孟緝曰：「建立陸上第一反攻根據地：雲南西部，以現有滇緬邊區游擊基地，向車里、佛海、南嶠、瀾滄、滄源、雙江等縣推進為第一步驟，即略取瀾滄江以西及怒江以東的中間全部區域為目標，而以保山為其中心，再向滇南、滇北、滇東各縣擴張，並破壞滇南之滇越鐵路，以及滇西公路，使之不能通車為主要工作。而後第二步驟掠取雲南全省，作為西南反共革命之總基地，並在滇緬邊區柳元麟部（雲南人民反共志願軍）之江拉（孟帕寮）機場建成後，先運特種部隊一個大隊，至該邊區為該部游擊隊之重心，整建該部，並補充其約有一萬人之武器，並配備無後座砲、重迫擊砲與4寸高射砲等，以強化該根據地，希照以上意旨，擬訂具體實施計畫，積極準備，詳定進行程序呈報。」[36]時特戰第一總隊總隊長夏超奉命率一千兩百名特種部隊官兵空運緬境孟帕遼機場，以增援柳部，開闢反攻第二戰場，是謂政府遷臺後，國軍參加海外作戰

---

[32] 蔣中正，蔣中正日記，未刊本，民國48年3月22日。

[33] 〈蔣中正與莊萊德談話紀錄（民國48年3月24日）〉收錄在《蔣經國總統文物》，國史館，典藏號：005-010205-00097-003。

[34] 《中央日報》，民國48年3月26日，第一版。4月9日，蔣中正總統主持「武漢計畫」會議，研究空目標及里程。12日，決定5個空運地區。參閱蔣中正，蔣中正日記，未刊本，民國48年4月9日及12日。

[35] 蔣中正，蔣中正日記，未刊本，民國48年4月25日及30日。

[36] 〈蔣中正致彭孟緝手諭（民國48年7月23日）〉收錄在《蔣中正總統文物》，國史館，典藏號：002-010400-00030-021。

規模最大的一次。³⁷ 12月31日，蔣總統以反攻復國新方策與「武漢計畫」之擬訂，以及江拉（孟帕寮）機場與陸上第一反攻（江拉）基地之建立，又特種作戰部戰術之手稿完成，為十年來重大之成就。³⁸

民國49年1月31日，蔣中正總統由國防會議副祕書長蔣經國報告，由蔣經國與美國中央情報局臺北站站長克萊恩（Ray S. Cline）面談中，得知「武漢計畫」因美方遭受阻礙。³⁹ 2月4日，蔣總統接見美國駐華大使莊萊德得知，美國對「武漢計畫」多重阻撓，像是對於提供降落傘之事。然而實施「武漢計畫」將空投大量傘兵到大陸敵後，降落傘是必需品。⁴⁰ 6日，蔣總統認為美國不敢完全同意「武漢計畫」，此乃意料中之事，對於我向美國採購遠程運輸機亦不敢奢望，但姑且試之。13日，蔣總統注意到中共正興建黔滇鐵路，推測此與「武漢計畫」對畢節地區用兵有關。19日，蔣總統對於中共大肆宣傳興建黔滇鐵路，認為「武漢計畫」已被中共偵悉，係美國不能保密。⁴¹

民國49年4月2日，蔣中正總統獲悉中共與緬甸正加強合作，研判緬北局勢將有變化。⁴² 5月18日，蔣總統認為蘇俄將藉口美國U2偵察機在蘇俄境內被擊落乙事，蘇俄隨時乘機對美國突襲開戰，研判蘇俄將於明年1月前發動戰爭，決定不論世局如何變化，將如期實施「武漢計畫」。⁴³ 7月13日及14日，蔣總統先後接見雲南人民反共志願軍參謀長曾力民及總指揮柳元麟，聽取緬北局勢及當地國軍現狀。⁴⁴

---

37 汪士淳，《漂移歲月：將軍大使胡炘的戰爭紀事》，頁169。
38 蔣中正，蔣中正日記，未刊本，民國48年12月31日。49年1月，蔣中正總統不斷研究特種作戰要點，並於24日思考將特種部隊定名為「反共光復軍」。參閱蔣中正日記，未刊本，民國49年1月24日。
39 蔣中正，蔣中正日記，未刊本，民國49年1月31日。
40 蔣中正，蔣中正日記，未刊本，民國49年2月4日。
41 蔣中正，蔣中正日記，未刊本，民國49年2月6日及2月19日。蔣中正總統先是在1月23日確定「武漢計畫」第二批空投傘兵地區為黔西畢節、滇西騰衝、川南宜賓。至3月11日重訂「武漢計畫」，考慮空投地區增加黔東北思南與鄂西南來鳳兩地。參閱蔣中正日記，未刊本，民國49年1月23日及3月11日。
42 蔣中正，蔣中正日記，未刊本，民國49年4月2日。
43 蔣中正，蔣中正日記，未刊本，民國49年5月18日。
44 蔣中正，蔣中正日記，未刊本，民國49年7月13日及14日。

7月16日,蔣中正總統手諭參謀總長彭孟緝指示,西南川康滇桂反攻之「崑崙計畫」實施步驟,應區分為6個目標區,第一區以康定為目標,先派偵察組在金湯或漢源空降。第二區以西昌為目標,先派偵察組在越巂或冕寧、寧南空降。第三區以保山或騰衝為正副目標,先派偵察組在德榮或瀘水、福貢、碧江空降。第四區以昭通為第一目標,賓為最後目標,先派偵察組在鹽津或威信、筠連附近空降。第五區以沅江為第一目標,箇舊、蒙自為最後目標,先派偵察組在鎮遠或思茅附近空降。第六區以西隆、西林為目標,先派偵察組在西隆或安龍附近空降。又手諭彭孟緝對該計畫實施步驟及各項重點指示如下:

1. 本案構想以收復雲南全省為反共復國之第二基地。所擬之6個地區與以前所定之「武漢計畫」並不衝突,並可將聯成一氣,故前定各計畫與其地區仍可照常進行,乃不必因此有所變更。

2. 前令「武漢計畫」與美方「天馬計畫」應再作一次全盤的檢討。又緬北江拉(孟帕寮)機場完成後,對於該大陸第一反攻基地鞏固……,並將其部隊(雲南人民反共志願軍)編訓之積極加強與期限完成,必須確立具體計畫,現乘柳元麟同志在此期間,務照以上指示,切實商討,以便限期實施。……以上各地區空投人員務望於6個月內挑選組訓完成。[45]

8月12日,蔣中正總統主持作戰會談,指示研究緬北第一反攻基地,對大陸、緬甸及寮國各方面防衛與反擊計畫。[46] 12月2日,蔣總統接獲國防部報告,中共與緬甸聯合準備進攻緬北第一反攻基地江拉,認為此將影響國軍反攻「天馬計畫」成敗,故不能不設法挽救,全力以赴,[47]並手諭參謀總長彭孟緝,指示柳元麟對敵作戰之處置,其重點江拉基地必須確保,即使被攻陷,應即時反攻收復,給予犯敵澈底殲滅為目的。[48]

---

[45] 〈蔣中正致彭孟緝手諭(民國49年7月16日)〉收錄在《蔣中正總統文物》,國史館,典藏號:002-010400-00031-025,002-010400-00031-026。
[46] 蔣中正,蔣中正日記,未刊本,民國49年8月12日。
[47] 蔣中正,蔣中正日記,未刊本,民國49年12月2日。
[48] 〈蔣中正致彭孟緝手諭(民國49年12月2日)〉收錄在《蔣中正總統文物》,國史館,典藏號:002-010400-00031-037,002-010400-00031-038。

12月10日，蔣中正總統認為中共與緬甸已聯合，共軍進入緬北，使我在緬北反攻大陸基地與「天馬計畫」實施已遭挫折，必須另行計畫，重起爐灶。12日，蔣總統接見參謀總長彭孟緝研究解救柳元麟部困局，並評估柳部轉進寮國之得失。[49]同月，國防部作戰參謀次長室助理次長兼執行官朱元琮率主管特戰的第九處處長王光復前往泰緬寮邊區，代表蔣總統慰問柳部，並在當地停留月餘，同時策劃發展當地游擊部隊基地，擴大游擊戰力，以備來日能由臺灣反攻大陸時相呼應。孰意對泰緬寮邊區基地之擴張措施，隨即引起泰緬寮等國向聯合國提出抗議，因受國際壓力不得不終止發展。[50]

　　民國50年3月，國軍在緬北經營10年的反共基地，因柳元麟部作戰失利，美國要求撤軍，就此放棄。蔣中正總統隨即調整反攻策略，研究浙江、江西、福建、廣東的公路網，以手令指示參謀總長彭孟緝，改變反共計畫的要領。[51]

二、中國大陸動盪不安有利反攻大陸

　　民國45年2月，蘇俄共產黨召開第二十次全國代表大會，蘇共領導人赫魯雪夫在大會上作總結報告，強調恢復列寧的集體領導，堅決反對個人崇拜。24日，赫魯雪夫在蘇共二十大的報告上批判史達林，在共產主義社會國家引起強烈的震撼及迴響。中共領導人毛澤東不同意赫魯雪夫全盤否定史達林，認為這樣做是在幫助敵人。此為中共和蘇俄意識形態分歧與交惡的開始。[52]

　　毛澤東自民國45年初，開始對社會主義社會矛盾問題進行探討及研究。中共根據毛澤東的提議，決定在46年對中共展開全黨的整風運動。46年4月27日，中共中央發出〈關於整風運動的指示〉，並於5月1日刊載在報紙上。一時不少知識分子、中共幹部、「民主人士」對中共提出批判。毛澤東見

---

[49] 蔣中正，蔣中正日記，未刊本，民國49年12月10日及12日。
[50] 彭大年，〈朱元琮將軍訪問紀錄〉收錄在《塵封的作戰計畫——國光計畫口述歷史》，頁11。
[51] 汪士淳，《漂移歲月：將軍大使胡炘的戰爭紀事》，頁173。
[52] 郭大鈞，《中華人民共和國史：1949-1993》（北京：北京師範大學，1995年），頁87。

形勢不對,於6月8日將整風運動變成反右派的鬥爭運動,直至47年夏天,反右派鬥爭及整風運動基本上結束。[53]由於中共對反右派鬥爭嚴重擴大化,使得一批出於善意向中共提出批判和建議的知識分子、中共幹部、「民主人士」,遭到開除公職(黨職),甚至勞改或判刑的嚴厲處分。反右派鬥爭的影響是造成此後中國大陸內部無人敢對毛澤東及中共政權提出異議或批判。

民國47年5月5日至23日,中共第八次全國代表大會第二次會議在北京召開,會議上正式制定社會主義建設的總路線,這條總路線成為指導「大躍進」總方針。「大躍進」的發動是從掀起農業生產高潮開始。在中共八大二次會議以後,「大躍進」運動進入全面展開。接著中共中央於47年8月17日至30日在北戴河召開的政治局擴大會議,決定建立「人民公社」。北戴河會議結束後,中國大陸迅速出現全民大煉鋼和人民公社運動高潮。運動中以高指標、瞎指揮、浮誇風、共產風為主要標誌,嚴重的氾濫起來,造成大陸國民經濟陷入空前混亂之中。[54]

中國大陸在毛澤東實施「大躍進」、「人民公社」的錯誤政策,加上自然災害,人民生活水準急劇下降,城鄉人民生活發生嚴重困難,特別是人民必需的消費品已經不能保證基本需要,出現罕見全國性的大饑荒,不少地區發生浮腫病甚至人畜餓死嚴重現象。由於城鄉生活嚴重困難,加上疾病流行,人口非正常死亡率增高,民國49年全中國大陸人口比前1年減少了一千餘萬人。[55]

中國大陸大饑荒造成成千上萬人死亡,讓我國家安全部門研判,中共推行「大躍進」,在農村普遍設立「人民公社」,以及大饑荒爆發,引發各地民怨四起,造成經濟秩序崩潰與思想教條分歧外,甚至在中共內部形成派系傾軋及鬥爭。中共推行一連串政治運動,引發中共與蘇俄之間的嚴重矛盾及衝突。我國安單位作出結論,此刻實為反攻大陸,解救大陸同胞的好時機。美國中央情報局認為,蔣中正總統身旁的國安與情報人員,提供有關中國大

---

[53] 朱玉湘,《中華人民共和國簡史》(福州:福建人民出版社,1991年),頁121、122、124。
[54] 郭大鈞,《中華人民共和國史:1949-1993》,頁115、116、118、120、121。
[55] 朱玉湘,《中華人民共和國簡史》,頁167。

陸情勢混亂與饑荒誇大不實的情資,讓蔣總統誤認大陸人民渴望他領導反攻大陸。無論如何,中共施政上的錯誤,造成大饑荒及內部權力鬥爭,確實為蔣總統發動軍事反攻,提供強而有力的支撐及誘因。[56]

民國50年7月11日,蔣中正總統在日月潭召見參謀總長彭孟緝及副參謀總長馬紀壯指示:當前情勢,對我有利,過去在12年,雖然有機會,但形勢不利,現在則不同。大陸災情嚴重,社會很亂。中共與蘇俄裂痕日大。我初期反攻,美國可能不協助,但共軍打臺灣,美國不致袖手,我必須獨力奮鬥。國軍目前戰力最高,從明年起則將下降,目前不用,等到下降,則更不可能反攻。我過去曾與美有默契,美對我反攻,只要大陸有抗暴發生,我即可反攻。[57]

中共發動金門八二三戰役失敗,毛澤東大力推行所謂「三面紅旗」暴政,遭致大陸人民普遍強烈的民怨,以及中共內部呈現分裂狀態,讓蔣中正總統認為反攻時機日益接近,遂命令國防部從速策定反攻計畫。[58]另外,民國51年3月3日,中共海軍航空兵飛行員劉承司駕駛米格19型戰鬥機向我投誠。蔣總統認為劉承司駕機投誠,係對中共的重大打擊,對我民心士氣則有重大鼓舞。[59]

自民國51年4月以來,大陸難民潮湧入香港,臺灣媒體紛紛報導這是反攻大陸的好時機。[60]雖然說是良機,然而美國在私下的協商中提出不少質疑。[61]同年6月,反攻大陸計畫因美方延後軍援我空投運輸工具被迫延後至10月。蔣中正總統在日記寫下:照原定計畫,決定於51年5月杪在閩南鎮海附近將軍澳登陸反攻計畫,則為輕而易舉,成功必然之事,適於5月中旬至6月初,逃港難民最高潮之際,在我反攻開始,更能引起國際同情,而且此

---

[56] 林孝庭,《台海・冷戰・蔣介石:解密檔案中消失的臺灣史》,頁149、150。
[57] 彭大年,〈段玉衡將軍訪問紀錄〉收錄在《塵封的作戰計畫——國光計畫口述歷史》,頁192、193。
[58] 賴暋,《賴名湯先生訪談錄》,上冊(臺北:國史館,民國83年),頁202。
[59] 蔣中正,蔣中正日記,未刊本,民國51年3月3日。蔣中正總統在3月30日接見劉承司。參閱《聯合報》,民國51年3月31日,第一版。
[60] 李品寬,〈應舜仁先生訪問紀錄〉收錄在《蔣中正總統侍從人員訪問紀錄》,上冊(臺北:中央研究院近代史研究所,民國101年),頁456。
[61] 汪士淳,《漂移歲月:將軍大使胡炘的戰爭紀事》,頁199。

時共匪向閩調集兵力，尚在初期未能到達，期間尤為難得之機，適於6月初起，閩粵洪水成災，鐵路交通多被斷絕，更是我建立灘頭陣地之良機，無奈被美情報員克萊恩以甘迺迪展延6個月供給我大量空投運輸工具與支援我反攻可能保證，於4月間乃改變計畫至10月為期，當時認為甘氏如能事實上支持我反攻，不加反對，則我政策實為重要之一著，即使其食言，則我對其延展6個月之約已做到，在情理上亦應如此也。待其食言以後，我再自由行動，美如再責我以不守條約信義時，則我有辭以對矣，故決改變計畫，此在軍理上並未錯誤，但此一良機失矣，目前匪軍調集已成，今後在閩江與韓江之間的攻擊地點似已無縫可乘，自當另闢途徑，別開場面。[62]

民國53年10月16日，中共宣布試爆原子彈成功。同日蘇俄領導人赫魯雪夫下臺，由布里茲涅夫接任。24日，美國中情局臺北站長克萊恩與蔣中正總統會談，建議蔣總統以軍事行動破壞中共的核武設施及工廠。克萊恩的建議對蔣總統有影響，他再次下決心在中共核武尚未發展出核武投射載具之前，就要反攻大陸，否則再無機會，甚至臺灣安全都受到威脅。隨後蔣總統在石牌對國軍高級軍官訓話指出：根據最新情報美國與中共妥協，允諾阻止我反攻，我們只有戰才有生路，不戰只有死路一條。[63]

三、國內外環境的影響

民國48、49年間，當蔣中正總統策劃反攻作戰之際，海內外反動勢力反對蔣中正連任總統之策劃運動甚烈。[64]此時韓國各地又發生反政府暴動，軍警無法維持秩序，蔣總統於49年4月20日主持情資會談，指示要注意地方選舉秩序及防止反動派挑撥，同時對臺灣本省人及外省人省籍界線之分，感到擔憂。[65]蔣總統對於韓國民眾反政府之形勢擴大，美國干涉韓國內政，逼迫李承晚總統辭職，不惜重造10年前在華之悲劇，認為如不能自力自主，任何

---

[62] 蔣中正，蔣中正日記，未刊本，民國51年6月30日。
[63] 汪士淳，《漂移歲月：將軍大使胡炘的戰爭紀事》，頁231、232。
[64] 蔣中正，蔣中正日記，未刊本，民國48年12月31日。
[65] 蔣中正，蔣中正日記，未刊本，民國49年4月21日及4月24日。

外援只有陷國家於永劫不復之列，不能不澈底警覺。[66] 7月25日及26日，蔣總統思考研究逮捕雷震後，對同一參加組織新黨的臺籍人士李萬居、高玉樹等人發出警告。[67]然而臺灣本土反對勢力並未削弱，53年4月26日，臺籍無黨籍人士高玉樹當選臺北市市長，蔣總統在日記寫下：「臺籍人士仍多存地方偏見憂，又以內地人（大陸人）窮困，對政府反感，此乃反攻延期之故為多。」[68]

蔣中正總統除了對臺灣黨外及本土反對勢力感到憂心外，對副總統陳誠亦深懷憂慮不安，他在民國49年7月25日日記寫下：「觀其（陳誠）言行虛偽掩飾，惟恐人知其不誠不實，而毫無自反自修之覺悟，令人徒嘆奈何。彼之最大毛病自尊自大又不知人，更不知余平時對彼之渾厚恕諒，而一以余為可以欺詐者，此為最大之不幸。不明是非，不知善惡，不分大小，不審緩急，專聽細言，好弄手段，此為貽誤大局之足殷憂者也，尚意氣無耐心最足敗是也。」[69]蔣總統認為陳誠副總統驕矜失常，係對中國國民黨黨務政策及人事有所不滿，對蔣的主張更是懷有歧見。[70]另外，蔣總統認為執政黨未能配合其反攻政策，52年11月12日，他在三軍聯合大學主持中國國民黨九全大會開幕典禮，他解釋當前反攻大業的情況說：軍事反攻已經在民國50年準備完成，但因黨政未能配合，擔心徒以軍事反攻不能達成預期效果，所以未發動軍事作戰。[71]

在國軍部隊方面，自政府遷臺多年後，內部呈現許多問題，首先是國軍整軍汰除老弱難免也有些恩恩怨怨，引起部分官兵不滿。根據劉安祺的說法，當時國軍有好多老將領不僅不接受新知識、新教育，還對這些東西反感，認為打仗就打仗，要什麼知識，叫他們受新教育，他們一概拒絕。完全是發自情感的一種衝突和矛盾，甚至部隊裡因整編發生寫黑函及丟炸彈之報

---

[66] 蔣中正，蔣中正日記，未刊本，民國49年4月30日。
[67] 蔣中正，蔣中正日記，未刊本，民國49年7月25日及26日。
[68] 蔣中正，蔣中正日記，未刊本，民國53年2月1日。
[69] 蔣中正，蔣中正日記，未刊本，民國49年7月25日。
[70] 蔣中正，蔣中正日記，未刊本，民國49年7月30日。
[71] 汪士淳，《漂移歲月：將軍大使胡炘的戰爭紀事》，頁224。

復事件。[72]高魁元曾向陳誠副總統談到三軍紀律問題,一般說因高層生活太好,低層生活太苦,極感不平。國軍部隊槍殺盜賣之案件日多,並有集體貪汙者。[73]民國50年,海軍總部補給署署長趙正昌,因官商勾結受賄瀆職被判刑免職。[74]因此,國軍部隊發生叛逃及譁變事件也就不足為奇了。

民國51年,海軍灃江艦因內部管理問題,有幾位幹部企圖綁架副艦長,結果在基隆港被憲兵扣押。[75] 52年6月間,海軍發生4名士兵欲挾持艦長,將軍艦開往中國大陸,所幸艦長警覺極高並極沉著,將叛變士兵逮捕,軍艦平安返臺。[76]同年6月1日,空軍飛行員徐廷澤架駛1架F-86戰鬥機叛逃飛到大陸,這是空軍噴射機投共的第一次,對國家及空軍實在影響很大。[77]蔣總統對於此事在日記寫下:「徐廷澤乘機逃叛至匪區之事,是乃不測之變化,其對我軍心理與士氣之影響,乃較其飛機之價值與戰力大過百倍也,甚至煩惱憂憤。此為近十年來空軍最大之恥辱也,不僅對軍譽打擊,而對反攻心理與方針應加以重新研討也。」[78] 53年1月21日,陸軍裝甲兵副司令趙志華在湖口基地煽動部隊北上「兵諫」失敗,「湖口兵諫」震驚高層。[79] 10月5日,海軍發生官兵駕駛1艘機械登陸艇叛逃到至大陸。[80]

蔣中正總統有感於國軍士氣日益低落及軍心不穩定,於民國53年2月1日請美國中情局副局長克萊恩轉達美國政府,國軍轉進臺灣已經15年,大部軍隊無時無刻不想反攻。現在由於各種情況惡化,使官兵們覺得愈等待愈加無望。[81]

---

[72] 黃銘明,《劉安祺先生訪問紀錄》(臺北:中央研究院近代史研究所,民國80年),頁199。

[73] 陳誠,《陳誠先生日記》,第三冊,頁1589。

[74] 陳振夫,《滄海一粟》,作者自行出版,民國84年,頁232。

[75] 海軍司令部編印,《江海歲月:江字號軍艦的故事》,民國104年,頁160。

[76] 陳誠,《陳誠先生日記》,第三冊,頁1758。

[77] 6月4日,蔣中正總統為空軍叛逃的事發脾氣,其實空軍問題還很多,可惜別人都不向他報告。參閱賴名湯,《賴名湯日記》,第一冊(臺北:國史館,2016年),頁74、75。

[78] 蔣中正,蔣中正日記,未刊本,民國52年6月1日日記。

[79] 劉安祺認為湖口事件既不是兵諫,也不是兵變,是裝甲兵副司令志華一時糊塗造成的,他對蔣緯國的某項措施不滿,要帶部隊來臺北兵諫,當他集合部隊講話的時候,就被1名政工中校制服了。參閱黃銘明,《劉安祺先生訪問紀錄》,頁191。

[80] 賴名湯,《賴名湯日記》,第一冊,頁289。

[81] 蔣中正,蔣中正日記,未刊本,民國53年2月1日。

在國際外部環境方面，民國49年10月15日，美國民主黨總統候選人甘迺迪在全美電視辯論會中，主張中華民國政府應放棄金門、馬祖。[82]甘迺迪當選美國總統後，於50年1月5日批評我政府不夠民主及養兵太多，有礙經濟發展。[83]甘迺迪政府有意改變對中華民國的政策（美國承認外蒙古主權獨立，同意外蒙古加入聯合國，與外蒙古建交），這對中華民國的國際地位造成威脅及撼動，此時國際新情勢促使蔣中正總統加速推動軍事反攻大陸，以面對我國在外交及國際地位上即將面臨重大的挑戰。[84]同（50）年夏天，美國駐臺北的外交人員已注意到：中華民國在反攻大陸的輿論及宣傳上，突然變得更加明顯。另外，依據美國中央情報局的情資，此時中國國民黨內權力接班問題，是蔣中正總統欲推動反攻大陸作戰，來轉移黨內部分人士對他不滿的情緒。[85]

蔣中正總統認為美國對我協助大陸人民革命計畫已有變更，在6月3日日記寫下：「美國政府對共匪妥協政策又復活為可痛，更感獨立自主之必要，而其國務院且已通告我外交部，對外蒙承認與外交之交涉已在莫斯科開始，此其動向乃對我國主權於不顧，豈不等於又一次出賣我國，情勢至此，更不能不下決心矣。」[86] 6月20日，蔣總統約見美國駐華大使莊萊德，抗議美國國務院發給臺灣獨立運動人士廖文毅6個月簽證。強調由廖案聯想到美國政府對外蒙古進行建交，以及「中國」在聯合國內代表權問題所取之立場。此三件事連在一起，顯示美國對華政策已經發生重大變化。[87]由於美國對我國日漸不友善，為此蔣總統在日記寫下：「若美國限制我反攻，必欲強我固守孤島，而永無復國之望時，則我只有決心廢除中美防臺之互助協定，以解除此枷鎖。」、「美國對華政策之基本，乃在限制我困守孤島，而不決不允我

---

[82] 《中央日報》，民國49年10月15日。
[83] 陳誠，《陳誠先生日記》，第三冊，頁1306。
[84] 美國與外蒙古建交及製造兩個中國，對我之損害無法彌補。參閱陳誠，《陳誠先生日記》，第三冊，頁1393。
[85] 林孝庭，《台海‧冷戰‧蔣介石：解密檔案中消失的臺灣史》，頁145、146、147。
[86] 蔣中正，蔣中正日記，未刊本，民國50年6月3日。
[87] 〈蔣中正接見莊萊德談話紀錄（民國50年6月20日）〉收錄在《蔣經國總統文物》，國史館，典藏號：005-010205-00085-003。

收復大陸,至此更可猛醒,再無有懷疑與幻想之餘地。」[88]

參、國光作業室的成立發展與反攻計畫內容

民國50年2月11日,蔣中正總統在作戰會談討論中國大陸大饑荒,應如何救濟大陸及軍事方面的配合與準備並指示,過去幾年的作戰僅有遠程、中程計畫,現因情勢演變,應該有近程作戰計畫,而且要隨時準備作戰。這是民國50年代反攻大陸的開端。18日,蔣總統在軍事會談主持國防部三軍戰備檢討,指示反攻作戰所需的運輸工具,應立即研究及報告,隨後又對三軍各首長說:「反攻時機已經迫近,要積極計畫。」[89]

3月2日,蔣中正總統在美國及國際社會的壓力下,決定將滯留緬北轉進泰、寮的雲南人民反共志願軍空運撤回臺灣。至此實施西南反攻作戰基本上已被迫放棄。蔣總統把反攻重心再置於大陸東南沿海地區,於3月14日指示參謀總長彭孟緝研究大陸東南沿海反攻作戰,分西方計畫、南方計畫、北方計畫、西南計畫,合稱「辛丑計畫」,指示以海軍陸戰隊第一師第一旅參加登陸作戰,並在臺北市區設置特別保密的祕密作業機構。18日,指示彭孟緝限期詳報研究計畫內區域的交通敵情。20日,再指示彭孟緝應研究閩粵兩省詔安、大埔等縣地形、交通、敵情等,亦應包含於「辛丑計畫」,調查範圍包括詔安灣、銅山灣、柘林灣。[90] 30日,蔣總統在作戰會談研究「辛丑計畫」,此計畫係以空軍作戰能力所及的地區,詳細計算海空運輸能力,並指示:「大陸東南沿海匪機與我空軍相比,不論士氣及戰技都不如我方,如果空中遭遇,我們可以穩操勝算,並指示應該在閩粵交界用兵。」[91]

民國50年4月1日,國防部作戰參謀次長室助理次長兼執行官朱元琮轉奉蔣中正總統指示兼任國光作業計畫室主任(3個月後改為專任),並調派陸

---

[88] 蔣中正,蔣中正日記,未刊本,民國53年5月9日及5月31日。
[89] 汪士淳,《漂移歲月:將軍大使胡炘的戰爭紀事》,頁174、175。
[90] 〈蔣中正致彭孟緝手諭(民國50年4月14日、18日、20日)〉收錄在《蔣中正總統文物》,國史館,典藏號:002-010400-00032-020、002-010400-00032-022、002-010400-00032-025、002-010400-00032-026。
[91] 汪士淳,《漂移歲月:將軍大使胡炘的戰爭紀事》,頁175。

海空三軍優秀參謀及事務人員（軍官31人及士官4人），進駐臺北縣三峽鎮大埔小灣陽明營區辦公。[92]當時為了爭取美援，尚有國防部計畫參謀次長辦公室主持的中美聯合反攻大陸的「巨光計畫」亦同時進行。「巨光計畫」事實上只是紙上談兵，其係蔣總統之策略運用，即一為掩護國光自力反攻計畫之進行。二是為了爭取更多美援。[93]

國光作業室成立之初，係屬臨時任務編組，所屬人員均係向國防部各聯參調用。民國51年8月改為固定編組，設立4個組，分掌作戰、情報、戰備、後勤業務，另設行政室，人員均為專任。53年10月29日，由固定編組改為固定編制，將組更改為處，副主任增設為4人，員額定為37人，直隸參謀總長，由主管作戰之副參謀總長督導。54年8月6日，「八六海戰」失利，蔣中正總統心知反攻作戰難以遂行，決定停止先前積極動員的反攻作戰，並於8月12日將總統府侍衛長胡炘調任國防部作戰次長，其首要任務是精減國光作業室的人事編制。[94]

民國55年2月14日，國光作業室更名為「作戰計畫室」，改隸作戰參謀次長督導，原屬聯五（計畫參謀次長辦公室）的「巨光作業室」改編為第二處。56年10月20日，配合國防部精簡政策，人員縮編。59年9月25日，作戰計畫室由4個處縮編為3個處，至61年7月裁撤。[95]另外，國光作業室指揮督導陸軍「陸光作業室」（第一階段登陸作戰「光華作業室」、第二階段華南戰區「成功作業室」）、海軍光明作業室（六三特遣部隊「啟明作業室」、六四特遣部隊「曙明作業室」）、空軍「擎天作業室」（空軍作戰司令部「九霄作業室」、空降特遣部隊「大勇作業室」）3個軍種次級作業室。[96]

---

[92] 彭大年，〈朱元琮將軍訪問紀錄〉收錄在《塵封的作戰計畫──國光計畫口述歷史》，頁11、12；彭大年，〈段玉衡將軍訪問紀錄〉收錄在《塵封的作戰計畫──國光計畫口述歷史》，頁189。

[93] 彭大年，〈朱元琮將軍訪問紀錄〉收錄在《塵封的作戰計畫──國光計畫口述歷史》，頁12。

[94] 汪士淳，《漂移歲月：將軍大使胡炘的戰爭紀事》，頁253、254。

[95] 有關國光作業室組織的沿革變遷，參閱一、彭大年，〈邢祖援將軍訪問紀錄〉收錄在《塵封的作戰計畫──國光計畫口述歷史》，頁48。二、彭大年，〈段玉衡將軍訪問紀錄〉收錄在《塵封的作戰計畫──國光計畫口述歷史》，頁189、190。

[96] 彭大年，〈邢祖援將軍訪問紀錄〉收錄在《塵封的作戰計畫──國光計畫口述歷史》，頁50。

國光作業室成立之後,我國國防政策演變如下:民國50年至55年間,為積極策劃自立或聯合反攻計畫,並以自力為主,主動發起反攻,策訂反攻作戰具體性計畫。55年至60年間,為攻守兼備,以「一套戰備,攻守兼顧」,策應大陸抗暴動亂,乘機反攻。60年至68年,為以防衛作戰為主,對反攻策劃已難有所作為。[97]「國光計畫」就其性質而言可區分為3種:

一、全面性作戰

(一)「國光二十二號計畫」:自國光作業室成立後,首即策訂反攻初期戰役作戰構想,並依此構想策訂本計畫,其著眼在以一部多點登陸牽制共軍,然後實施主登陸開創復國機運。本計畫於民國50年6月策擬完成,因受海運能量之限制,本計畫可行性小。

(二)「國光一號計畫」:著眼點在集中兵力實施一點登陸,然後向內陸發展,並準備爾後之作戰,本計畫於民國51年2月策訂完成。

二、特種作戰

(一)「武漢計畫」:著眼在把握適當時機在情報及心理作戰配合下,以國軍特種作戰部隊對敵後選定目標區發動空降突擊,以引發大陸人民抗暴,結合民眾力量,展開游擊作戰,策應臺海正規軍反攻。

(二)「辛丑計畫」:其著眼於兩棲登陸作戰之直前,或同時使用特種作戰部隊及兩棲襲擊部隊在海、空軍支援下,以空中滲透,海上滲透為副,實施突擊,建立據點,相機開放港口,迎接臺海正規軍反攻,為特種作戰之近程計畫,亦為「國光一號」計畫之附屬計畫。

---

[97] 彭大年,〈段玉衡將軍訪問紀錄〉收錄在《塵封的作戰計畫——國光計畫口述歷史》,頁191、192。

（上）海軍兩棲特戰部隊
（下）兩棲登陸演習陸戰隊進行換乘登陸艇演練

三、局部反攻計畫

（一）「龍騰計畫」：其著眼點在攻占有限之重要戰略目標，期能影響國際情勢，開創復國機運。

（二）「虎嘯計畫」：其立案著眼點先於登陸廈門，攻占一有限目標，解除龍騰地區左側翼之威脅，期使「龍騰計畫」作戰之發起有利實施。[98]

民國50年4月10日，蔣中正總統接見美國中央情報局臺北站站長克萊恩，克萊恩表示以前擬定策動大陸抗暴運動之「野龍計畫」，已與蔣經國會同修正為將目標地區集中華東、華南地區，並更名為「新龍計畫」，計畫以20人組成之小組空投華南地區，已獲得杜勒斯局長同意，而正在呈請甘迺迪總統作最後裁決。蔣總統答：以目前大陸糧食情形已至最嚴重階段，現在實為一最好之機會，策動一項小規模之「匈牙利式」抗暴運動，我方必須立即開始選擇適當人員，並予以訓練，以備需要。[99]

民國50年4月20日，蔣中正總統到金門視導，與金門防衛司令部司令官劉安祺等幹部，研究大陸沿海的港灣及登陸點，加強部署金門砲兵，指示金門砲兵主要攻擊廈門、煙墩山、圍頭3個目標，以廈門為最後總目標。應以廈門為中心，東起閩江口，西至汕頭韓江口的沿海岸，各登陸港灘及其通沿海公路之各大小交通路之調查，與研究其快速登陸占領交通要點之方法。[100] 蔣總統對反攻的指導，首先是要打下廈門，建立一個穩固的前進基地，並在登陸初期，截斷鷹廈鐵路，使共軍無法增援，立足廈門後，迅速建立攻勢基地，向左進攻到廣州，向右攻占整個福建。第一階段的作戰整備是可以計算控制的。第二階段以後的狀況則無法預料。[101] 5月4日，副總統陳誠與參謀

---

[98] 國防部史政編譯局編印，《國民革命建軍史：第四部：復興基地整軍備戰》（三），頁1787-1790。

[99] 〈蔣中正接見克萊恩談話紀錄（民國50年4月10日）〉收錄在《蔣經國總統文物》，國史館，典藏號：005-010100-00056-025。

[100] 蔣中正，蔣中正日記，未刊本，民國50年4日20日。

[101] 彭大年，〈王河肅將軍訪問紀錄〉收錄在《塵封的作戰計畫——國光計畫口述歷史》，頁31。

總長彭孟緝、副參謀總長賴名湯及馬紀壯等人研究反攻大陸,預定3個月完成初步動員。[102]

5月15日,國光作業室向參謀總長彭孟緝簡報反攻三階段作戰構想如下:第一階段是在將軍澳突擊登陸後,建立灘頭陣地。第二階段是在晉江、同安、龍溪、漳浦之線,建立立足地區。上述一、二階段為「光華作戰」,預計30日完成。第三階段為「成功作戰」,區分甲乙丙案:甲案攻取漳平、龍岩後,右旋略取南平。乙案攻取漳平、龍岩後,續取梅縣、興寧,廣領潮汕。丙案攻略漳平、龍岩後,右旋攻略南平,爾後再取梅縣、興寧進出潮汕。此攻勢基地內有沙堤、龍溪、廈門3座機場及廈門港,利於爾後之作戰。基地右依閩江,左憑韓江,而戴雲山、博平嶺可為基地之支撐,其與金門連成一體,更為有利條件。本作戰預定使用14至16個師。其目標主要在閩江與韓江之間,建立攻勢基地,預期90天作戰完成。上述計畫簽奉蔣中正總統核定後代名為「國光一號計畫」。[103]

5月27日,國防部作戰會談,國防部呈報「凱旋計畫」反攻指揮關係及粵東登陸點的研擬方案。蔣中正總統指示:一、要重視機動力,不宜在一處登陸硬拼,並要活用陸戰隊及船隻,以提升登陸能力。二、分離戰場各個擊破,以大吃小,同時要截斷鷹廈鐵路,阻塞南行的橋樑,使共軍不能增援。[104]同日蔣總統在日記寫下:「反攻初期作戰第三階段之戰場。第一為漳平、龍岩。第二為永安、連城、長汀、寧化、清流與明溪地區,此為決戰之戰場。第三為仙遊、安溪、永春、德化、永泰。第四為南平、建甌、古田。第五為林森、閩清、水口、連江為閩省戰場之總結戰爭。」[105]

6月3日,蔣中正總統召開作戰會談,聽取空軍作戰戰力檢討及海峽作戰之研究後,指示應加強海空協同指揮及組織,以及發揮綜合戰力。15日,蔣總統在作戰會談指示,從速準備作戰,希望在7月底完成戰備。[106]另指示反

---

[102] 陳誠,《陳誠先生日記》,第三冊,頁1363。
[103] 參閱一、段玉衡,《國光作業紀要》,未刊本,頁7、8、9。二、段玉衡,《小灣十年紀事》,民國55年5月15日。
[104] 汪士淳,《漂移歲月:將軍大使胡炘的戰爭紀事》,頁178。
[105] 蔣中正,蔣中正日記,未刊本,民國50年5月27日。
[106] 汪士淳,《漂移歲月:將軍大使胡炘的戰爭紀事》,頁182。

攻計畫及準備事項在將軍沃（澳）主灘頭登後，先右旋攻略港尾，肅清煙敦山，主力指向龍溪。至於「辛丑計畫」要與第二階段作戰配合，於7月20日準備，將在8月5日實施，我們特種部隊空降下去，要與反共人民相結合。過去美國曾與我國有默契，只有大陸有抗暴發生，國軍即可發起反攻。[107] 7月15日，蔣總統到屏東大武營區視察空降部隊，對排長以上幹部點名，勉勵其要以獨立作戰，絕不投降的精神來訓練部隊。蔣總統十分重視空降部隊，因為空降部隊在反攻作戰發動時，首先要空投到敵後。[108]

8月31日，國防部作戰會談報告海岸灘頭作戰計畫，共分為3條戰線。蔣中正總統指示：應速占領港尾半島以建立灘頭堡，鞏固立足點，此為兩棲作戰新觀念，給予部隊作的彈性空間，但應一次多點登陸，以便迅速挺進。並召見指示第一軍團司令羅友倫，登陸計畫要準備奇襲及正規作戰，如果奇襲不成就改為正規作戰。[109]

11月23日，蔣中正總統主持作戰會談，聽取「光華計畫」第二、第三期戰備進度，其在24日日記寫下：「光華計畫」第二階段作戰，應另擬以攻占潮汕地區之「海熊」為主戰場，而以「海虎」即韶安、黃岡、大埔，此與「海鯨」、「天龍」、「海蛇」3項計畫皆包含在內，即以此方針擬具整個計畫，限期呈核。[110]

12月8日，蔣中正總統主持作戰會談，口授兩棲登陸之日，交參謀總長彭孟緝負責策進，對於正面進攻廈門計畫，頗多疑慮，並認為同（安）晉（江）作戰名詞，應改為龍（溪）長（泰）作戰，尾仔嶼與烈嶼只可作小規模試攻與突擊。對石碼、海澄西北江東橋應作渡河準備。[111]

12月14日，蔣中正總統主持作戰會談，研討國光計畫兩棲作戰第一登陸灘頭之研究，據現在兵力只有在一個灘頭登陸，不可能再有第二個灘頭與支作戰之能力，此一研究甚為重要。[112]對於有關反攻第二階段作戰報告的結

---

[107] 段玉衡，《小灣十年紀事》，民國50年7月12日。
[108] 汪士淳，《漂移歲月：將軍大使胡炘的戰爭紀事》，頁182。
[109] 汪士淳，《漂移歲月：將軍大使胡炘的戰爭紀事》，頁184。
[110] 蔣中正，蔣中正日記，未刊本，民國50年11月23日及24日。
[111] 蔣中正，蔣中正日記，未刊本，民國50年12日8日。
[112] 蔣中正，蔣中正日記，未刊本，民國50年12日14日。

陳誠副總統聽取海軍兩棲登陸演習兵推

論，因為載運部隊船隻數量不足，只能有一次主作戰，無法再支援作戰，蔣總統同意這個結論，但他指示以戰養戰因應，要3日占領一個機場，5日占領一個港口，方可繼續作戰。參謀總長彭孟緝主張，以金門為基地，在對岸圍頭登陸，以節省運輸船隻，蔣總統不贊成，此方案等於要正面和強大的共軍對壘，他指示研究在防禦較弱的廣東汕頭登陸，以避開福建沿海，可能對登陸作戰更有利。[113]

民國51年2月8日，蔣中正總統在作戰會談研討攻略廈門，一案是正面進攻，一案是攻下漳州後，自背後攻擊。蔣總統不主張正面進攻，以免造成我方嚴重戰損。[114] 3月22日，蔣總統在作戰會談指示反攻行動基準表，以縮短準備時間為要，關於共軍攻臺的宣傳應該立即開始，為的是賦予出兵大陸的正當性，也是反攻大陸的前奏。[115]同年7月，蔣總統指示對於光復大陸方針應重新檢討，第一步大量在長江兩岸空投部隊，發動游擊，以癱瘓其社會與政治為主，動搖民心，消沉士氣為先，至少要以6個月為期，而後第二步再用軍事登陸，為內應外合張本，為今後訓練應著重在奇襲與強攻的技能為急務。[116] 8月中旬，蔣總統研究以奇襲與強攻並行，攻略廈門，至於對廈門作戰，可在金門各坑道訓練攻擊演練。[117]

民國51年春夏，國軍反攻作戰的準備引起美國與中共的關切，6月23日雙方在華沙舉行大使級會談，美方告訴中共，美國將在言行上與國軍反攻大陸劃分界線，如果國軍真反攻，美國會尋求恢復和平。接著美國駐華大使柯克到臺北履新，晉見蔣中正總統告知，美國不能支持國軍反攻。此次會談之後，蔣總統不肯再見柯克。[118]蔣總統自9月停止主持作戰會談，直到11月初才恢復，但已不再那麼緊鑼密鼓。[119]

---

[113] 汪士淳，《漂移歲月：將軍大使胡炘的戰爭紀事》，頁191。
[114] 汪士淳，《漂移歲月：將軍大使胡炘的戰爭紀事》，頁191、192。
[115] 汪士淳，《漂移歲月：將軍大使胡炘的戰爭紀事》，頁195。
[116] 蔣中正，蔣中正日記，未刊本，民國51年7月31日。
[117] 蔣中正，蔣中正日記，未刊本，民國51年8月13日8月18日8月23日。
[118] Jay Taylor原著，林添貴譯，《台灣現代化的推手蔣經國傳》（臺北：時報文化出版有限公司，2000年），頁291。
[119] 汪士淳，《漂移歲月：將軍大使胡炘的戰爭紀事》，頁211。

10月15日,參謀總長彭孟緝指示國光作業室在實施「龍騰計畫」前,要實施空軍反制作戰,空軍應奇襲共軍在大陸沿海路橋、福州、龍田、惠安、沙堤、龍溪、澄海7座機場。但蔣中正總統不同意實施空軍反制作戰,指示空軍僅實施密接支援。[120]旋國光作業室奉命研究「龍騰計畫」成功後,如何發展「國光一號」的作戰。在這研究案中區分甲、乙兩案。甲案主力在港尾半島將軍澳登陸,繼以一部在崇武半島登陸。乙案主力先在石獅半島永寧登陸,繼以一部在港尾半島鎮海附近登陸,初期戰略目標都是龍溪。討論最後結果是採行主力在將軍澳登陸,一部在崇武登陸,以攻占龍溪、同安,開放廈門港為宜。[121]

　　11月25日,蔣中正總統到金門視導,指示研究攻占港尾、廈門何者容易。[122] 29日,蔣總統指示國光作業室研究「龍騰計畫」,先攻略港尾半島後,再由港尾半島與金門夾攻廈門。[123] 12月下旬,蔣總統指示實施由港尾半島登陸後,與金門夾攻廈門之作戰計畫,攻占港尾部隊由鄭為元指揮「六四部隊」負責執行。[124]

　　12月27日,蔣中正總統在作戰會談上裁示策訂攻略港尾半島計畫。[125] 12月底,副參謀總長余伯泉在作戰會談向蔣中正報告,由余伯泉主持,並由中美共擬的「巨光計畫」已經出爐,該計畫規模很大,美方提供我後勤及防空。不過蔣總統仍指示國光作業室擬定單獨的反攻計畫,他顯然預見美方不會支持全面性大規模的反攻作戰。[126]

　　民國52年初,蔣中正總統復提出「虎嘯計畫」研究,認為若能先攻下港尾半島,再實施「龍騰計畫」,在態勢上就利多。[127] 2月21日,國光作業

---

[120] 段玉衡,《國光作業紀要》,未刊本,頁48。
[121] 段玉衡,《國光作業紀要》,未刊本,頁49、50。
[122] 蔣中正,蔣中正日記,未刊本,民國51年11月25日。
[123] 段玉衡,《小灣十年紀事》,民國51年11月29日。
[124] 段玉衡,《小灣十年紀事》,民國51年12月28日及52年1月29日。
[125] 段玉衡,《小灣十年紀事》,民國51年12月28日。汪士淳,《漂移歲月:將軍大使胡炘的戰爭紀事》,頁211:記12月27日,蔣總統在作戰會談研究要從金門直攻廈門還是港尾半島,結論都是要作準備及計畫。
[126] 汪士淳,《漂移歲月:將軍大使胡炘的戰爭紀事》,頁212。
[127] 段玉衡,《國光作業紀要》,未刊本,頁87。段玉衡認為先虎嘯再龍騰態勢較有利。參閱國光作業紀要,未刊本,頁89。

室報告「虎嘯計畫」，蔣總統指示：反攻大陸應待空軍作戰勝利後，再行登陸。副參謀總長賴名湯向蔣總統說明：第二次世界大戰，諾曼第登陸就是如此。照理，作戰程序就應如此，但不同之點，是我們飛機太少，只能維持4至7天的作戰，所以如何達到此目的，是最值得研究的問題。[128]

民國53年1月13日，蔣中正總統召見海軍總司令黎玉璽，訊問黎在7天預警時間內能否實施虎嘯作戰，黎總司令回答可以，並說海軍本身運輸能力，可裝載陸戰師、步兵師各一個，假使步兵師在馬公裝載，陸戰師分別在左營、枋寮裝載，時程可縮短。2月20日，蔣總統在特別會談聽完國光作業室提報虎嘯作戰與龍騰作戰之孰先孰後簡報後，指示：（一）同意先虎嘯後龍騰，即照計畫準備。（二）預置金門的部隊舟艇及物資，應先期陸續前運，不必待虎嘯直前方運。（三）預置金門的138輛LVT，在虎嘯前如何祕密運送，應好好研究。（四）金門部署調整，可以在龍騰直前二、三天夜暗實施。[129]

4月9日，蔣中正總統在第十次特別會談中，由國光作業室報告「虎嘯計畫」作戰構想再研究，該研究案係以廈門為目標，先實施虎嘯，成功後3至5天發起龍騰作戰，立足點為港尾半島浮宮至佛曇圩以東地區，登陸灘頭在鎮海附近。會後經蔣總統表示：先實施虎嘯作戰，成功後視狀況再實施龍騰，登陸地點在將軍澳，灘頭陣地不限制在浮宮至佛曇圩之線。國光作業室依指示主力從將軍澳登陸，定名為「虎嘯二號」，亦是「國光一號」第一、二階段作戰。而後第三階段作戰，就完全照「國光一號」既定計畫。[130]

民國53年7月29日至8月10日，國防部在臺北陽明山莊舉行「國軍第十一屆軍事會議」研討政府遷臺15年來整軍建軍成果，並策訂反攻之戰略計

---

[128] 賴名湯，《賴名湯日記》，第一冊，頁25。
[129] 段玉衡，《國光作業紀要》，未刊本，頁89、90、91。龍騰計畫，攻擊軍下轄3個師，初期由駐金門第十九師、第五十八師擔任正面突擊部隊，第六十九師為預備部隊，並派遣一個團向澳頭方面作牽制攻擊。參閱彭大年，〈胡附球將軍訪問紀錄〉收錄在《塵封的作戰計畫──國光計畫口述歷史》，頁133。
[130] 段玉衡，《國光作業紀要》，未刊本，頁97、98、99。蔣總統裁示主力在將甲澳登陸，一部在鎮海登陸。參閱段玉衡，《小灣十年紀事》，民國53年4月8日。依據他的想法龍騰作戰目標要攻略龍溪，但要視當時狀況。參閱段玉衡，《小灣十年紀事》，民國53年4月23日。

畫。¹³¹ 9月11日，蔣中正總統在陽明山特別會談，就「虎嘯二號」成功後，發展「國光一號」作戰之研究指示，應先攻略廈門，爾後再攻略龍溪。¹³²為此國光作業室研究由港尾登陸後，主攻廈門，金門以一部助攻之可行性。¹³³

10月15日，蔣中正總統在特別會談指示：（一）以主力由金門，一部由嶼仔尾攻擊廈門。（二）青沼嶼在虎嘯二號同時由金門派兵攻占。（三）龍騰應在虎嘯的D+3日發起。此計畫經國光作業室研究後，認為攻占青嶼、沼嶼這兩座小島代價太大。建議在對廈門攻擊之同時，再由港尾去攻擊這兩座小島。¹³⁴同日蔣總統指示參謀總長彭孟緝儘速組成小組，測定廈門、港尾半島、石獅半島、澳頭附近地形，並製造模型，以及在臺灣、澎湖尋找與上述地區相似處，提供空降部隊與特種作戰訓練演習，限當年底完成設計實施。又指示彭孟緝訓練兩棲登陸部隊，應特別研究中共火箭砲、戰車之防護與破壞，超越外壕與河溝之技能與工具的實習，又空降部隊降落水田中之裝備與訓練是否完成，限即詳報。¹³⁵

11月19日，國光作業室在特別會談向蔣中正總統提報「虎嘯二號」與「龍騰二號」連續實施相關問題之研究，蔣總統完全採納，此計畫名為「國光二號」計畫，該計畫第一部分是攻略港尾半島，即「虎嘯二號」作戰後，實施「龍騰二號」作戰，連續攻略廈門。第二部分是攻略廈門後，實施「光華計畫」，向內陸發展，攻略漳州、泉州要域，建立立足點。爾後情勢有利，再依「國光一號」計畫廣領閩江迄韓江，而北到南平、永安迄潮汕之間，以建立攻勢基地。¹³⁶段玉衡認為：蔣總統在虎嘯作戰成功後，不逕向

---

¹³¹ 蔣中正，蔣中正日記，未刊本，民國53年7月29日及8月10日。
¹³² 段玉衡，《國光作業紀要》，未刊本，頁101、104。
¹³³ 段玉衡，《小灣十年紀事》，民國53年9月11日。
¹³⁴ 段玉衡，《國光作業紀要》，未刊本，頁104、105、107。
¹³⁵ 〈蔣中正致彭孟緝手諭（民國53年10月15日）〉收錄在《蔣中正總統文物》，國史館，典藏號：002-010400-00034-027、002-010400-00034-028。
¹³⁶ 段玉衡，《國光作業紀要》，未刊本，頁108、109；段玉衡，《小灣十年紀事》，民國53年12月7日。「國光二號」計畫為先實施「虎嘯作戰」，賡續實施「龍騰計畫」，再接續執行「國光一號」、「國光二號」、「國光三號」階段作戰，使用兵力及作戰時程同「國光一號」。「虎嘯二號」係由國軍從臺灣或澎湖搭船橫越臺灣海峽，在閩南港尾半島將軍沃一帶登陸，「龍騰計畫」計畫主要是以金門作為反攻跳板，進攻廈門。參閱汪士淳，《漂移歲月：將軍大使胡炘的戰爭紀事》，頁215。

龍溪發展，仍然要攻略廈門，是基於把金門、廈門連成一體，先開放廈門港和機場，便於接受美國後勤支援，以利大軍向內陸發展。蔣總統最初要由金門直接攻占廈門，是基於金門可利用小艇由岸至岸登陸，便於對美方保密。同時可以作為美方干預時，作為解除敵對金門威脅之藉口。[137]

12月28日，蔣中正總統指示：一、「虎嘯二號」原計畫，是從臺灣或澎湖發航，需要十多個小時，方能到達目標區，在國軍未突擊登陸前，美國人一定會發現及阻止，所以想用金門部隊發起第一梯次的突擊，待部隊登陸後，就不怕美國阻止了。二、使用兵力以金門兩個師突擊，駐澎湖陸戰師及陸軍第九十二師後續攻擊，在攻擊發起日中午到達目標區，這樣有4個師到達目標區之戰場。[138] 12月20日，蔣中正總統在金門對三民主義講習班受訓幹部說：「我明年就是八十歲的人了，我一定要在我有生之年，帶著你們回到大陸去。」在一個多月前，蔣總統在石牌對國軍高級軍官訓話說：「我們戰才有生路，不戰，只有死路一條，與其不戰而死，不如戰死，與其死在臺灣，不如死在大陸。」依據蔣總統上述的話，他老人家想用金門、澎湖的部隊發起突擊，此是在死裡求生的構想下所產生的。[139]

民國54年1月7日，蔣中正總統主持作戰會議，研究自金門發起之「虎嘯作戰計畫」案，以「虎嘯作戰計畫」的兵力出航地區與里程、時間之速短，以期事前能多保密，不被外人之妨礙，因此決定改由金門、澎湖的國軍為先頭部隊，並作為出發地點此案最關重要，最後裁決「以金門一個師，澎湖一個師實施突擊登陸」為「虎嘯二號」預備案。[140]

2月11日，國光作業室奉蔣中正總統手令，應研究虎嘯成功後對漳浦之攻略。經國光作業室研究分析：「虎嘯計畫」可用兵力僅有一個陸戰師、4個步兵師，對於攻占正面寬75公里、縱深42公里的灘頭陣地，已感兵力吃

---

[137] 段玉衡，《國光作業紀要》，未刊本，頁112。
[138] 參閱一、段玉衡，《國光作業紀要》，未刊本，頁113。二、段玉衡，《小灣十年紀事》，民國53年12月28日。
[139] 段玉衡，《小灣十年紀事》，民國53年12月28日。
[140] 蔣中正，蔣中正日記，未刊本，民國53年12月27日及54年1月7日；汪士淳，《漂移歲月：將軍大使胡炘的戰爭紀事》，頁233。

緊，若要攻略外圍灘頭實有困難。[141]蔣總統認為在現有兵力下作戰，在最壞情況下，至少要考量作戰3天。[142]

民國54年3月15日，蔣中正總統調曾參加古寧頭戰役的尹俊出任金門防衛部司令官。尹俊到任不久，海軍總司令劉廣凱率「海軍聯合兩棲特遣部隊」司令部作業人員，前來金門，主持虎嘯、龍騰作戰連續實施相關問題，作圖上兵棋推演。[143] 4月23日，蔣總統主持作戰會議，聽取「石獅作戰計畫」報告，與會將領大多贊同，以其地勢平坦，減少危險為著眼點，但蔣總統認為石獅作戰比攻取港尾半島，直渡廈門之計畫更增危險。[144]當時反攻計畫主力在金門對岸圍頭登陸。此外，潮汕、青島亦是登陸點。之後國軍在屏東林邊附近海岸設立1處登陸起站，並模擬反攻大陸作戰，舉行「昆陽演習」，演習地區在嘉義、臺南、高雄，動員陸海空三軍，以陸軍為主力，是歷年來最大的演習，由劉安祺擔任反攻聯軍總司令。[145]

6月17日，蔣中正總統在鳳山陸軍軍官學校主持歷史檢討會議。此次會議實為反攻作戰之幹部會議，三軍任務部隊主要幹部，並已預留遺囑，國光作業室同時著手研擬D日作戰發起日日期。[146]由於蔣總統對反攻行動與作戰計畫已作決策，在陸軍官校校慶結束後，親自主持軍事會議，連開3天檢討戰備與敵情，可謂竭盡心力矣。[147]

7月13日，蔣中正總統在空軍總司令部主持戰備總檢討，聽取空軍總司令徐煥昇簡報各種反攻計畫與「國光二號」、「國光十二號」之反攻作戰兵力運用研究，以及針對美國態度。蔣總統認為：從一切徵候看來，美國贊成

---

[141] 段玉衡，《國光作業紀要》，未刊本，頁135、136。
[142] 汪士淳，《漂移歲月：將軍大使胡炘的戰爭紀事》，頁244。
[143] 彭大年，〈胡附球將軍訪問紀錄〉，頁136。
[144] 蔣中正，蔣中正日記，未刊本，民國54年4月23日。從海岸登陸建立碉堡到建立基地等因素研究的結論是石獅及圍頭為最佳，廈門最差。參閱汪士淳，《漂移歲月：將軍大使胡炘的戰爭紀事》，頁215。
[145] 黃銘明，《劉安祺先生訪問紀錄》，頁196。同書同頁記：國軍曾草擬青島登陸反攻作戰，計畫正面登陸成功後，兩翼部隊就可以取得登陸點。
[146] 彭大年，〈段玉衡將軍訪問紀錄〉收錄在《塵封的作戰計畫──國光計畫口述歷史》，頁206-207。
[147] 蔣中正，蔣中正日記，未刊本，民國54年12月31日自記全年反省錄。

反攻的機會不多。[148]同（8）月，蔣總統與美國中情局副局長克萊恩商談國軍獨立反攻兩廣之策略，以斷絕中共接濟北越之後防，以探美國之意圖。但克萊恩原來之意，為美國阻滯我反攻之意圖。[149]

就在反攻大陸箭在弦上之際，未料民國54年8月6日及11月12日，我海軍先後在東山島（八六海戰）、烏坵兩次海戰失利。在八六、烏坵海戰之前，我軍海軍在大陸東南沿海的巡弋行動，頗具有挑戰性，然而兩次海戰失敗後，直接影響蔣中正總統反攻作戰的信心與決心。[150]段玉衡在日記寫下：「從八六海戰後至（民國54年）10月21日，例行特別會談已經停止兩個多月了，『誘敵海空決戰之研究』和我們早已準備好了的3、4個要向總統提報的研究，簽上去也總沒有被圈到要提報。看樣子，總統戰略思想自9月20日在政工幹校訓話中，我們可以看出有所轉變。因此，國光作業室的許多研究報告，他也就不像從前那樣重視了。」[151] 12月28日，蔣總統聽取國防部作戰參謀次長胡炘對國防部組織精簡案之研究的簡報。[152]

自民國55年以後，蔣中正總統親自主持的「軍事特別會談」驟然減少，其對反攻作戰指導，不如前5年之急迫性，顯然有趨於轉變為防衛臺澎金馬，加強經濟建設，整備國軍戰力為主。[153]雖然層峰不再重視反攻作戰，但直至國光作業室裁撤前，該作業室未中斷從事反攻作戰之研究及計畫。有關反攻主要研究案如後述。

---

[148] 賴名湯在54年7月31日日記寫下：「7月是要反攻行動的一月，又平安無事的過去了，看起來除了決心擴大戰事至大陸，不惜一切與共匪和蘇聯作戰到底，否則美國是不會贊成我們反攻的。以這一個月的形勢看來，美國準備擴大戰事的可能性不大，因此我們的『動』是不可能的了。……蔣中正總統反攻的決心變了，知道非賴外力不可。」參閱賴名湯，《賴名湯日記》，第一冊，頁437、438。

[149] 蔣中正，蔣中正日記，未刊本，民國54年8月31日。

[150] 彭大年，〈朱元琮將軍訪問紀錄〉收錄在《塵封的作戰計畫──國光計畫口述歷史》，頁16。

[151] 段玉衡，《小灣十年紀事》，民國54年10月21日。

[152] 蔣中正，蔣中正日記，未刊本，民國54年12月28日；〈國防部組織精簡案之研究（民國54年12月28日）〉收錄在《蔣經國總統文物》，國史館，典藏號：005-010202-00115-002。

[153] 彭大年，〈邢祖援將軍訪問紀錄〉，頁63。民國55年起，蔣中正總統主持特別會談次數大幅減少。由50年6次，51年8次，52年23次，53年23次，54年21次，55年降為2次，56年7次，58年2次，59年3次。參閱彭大年，〈邢祖援將軍訪問紀錄〉收錄在《塵封的作戰計畫──國光計畫口述歷史》，頁49。

稍早民國54年10月14日，蔣中正總統面示副參謀總長余伯泉告以：「對西南反攻之戰略，應以占領兩廣、福建後，即由湘黔鐵路占領衡陽與貴陽線，再占領昆明與重慶，以控制川滇黔三省。然後以主力再向東南，由漢口、南京而一面由海上占領浙蘇，即由穿山、乍浦與金山衛登陸，以占領滬、杭為第二計畫，以適應美國對東南亞戰略之心理。」[154] 11月初，蔣總統手擬收復西南五省方略如下：（一）西南收復之兵力總數為30個師，另加陸戰隊、戰車部隊各兩個師及空降師一個師。（二）對美交涉不言反攻大陸，而只認為協助美國解決越戰之總方針。（三）解決越戰必須截斷北越後方之接濟路線的西南五省。（四）解決西南五省必須先占領南寧，統一兩廣，為平定西南之基礎。（五）廣州占領後，迅即進取湘桂前線，即由長沙經桂柳至貴陽。（六）占領貴陽後，主力進取昆明，並相機進占重慶，以貴陽為川滇黔三省之樞紐。（七）照上計畫占領長沙、貴陽、重慶之線，乃可切實掌握西南五省，而保障東南亞之安全矣。[155] 12月28日，蔣中正總統接見美國參謀長聯席會議主席惠勒，就越戰與反攻大陸等問題交換意見。然而會談之間，惠勒對我反攻計畫並無興趣。[156]

蔣中正總統的西南五省反攻計畫，受到民國55年1月及2月間，美國左派發動其參議院對越戰與中共問題作聽證會之陰謀破壞而失敗，蔣總統甚至以此為該年工作最大之打擊。蔣總統又以美國屢次探求國軍參加越戰，而我國因美國戰略只望以戰逼和，困守南越一隅，以求和談而純採守勢攻勢進取北越，所謂不求勝利之拙劣政策，故堅拒其所談。[157]

民國55年，「文化大革命」在中國大陸全面展開，至56年初，大陸各地發生武鬥事件頻繁。稍早55年10月10日，蔣中正總統在雙十節的國慶慶祝文告，重點在批評紅衛兵，但沒有強調反攻大陸。[158] 56年1月10日，蔣總統

---

[154] 蔣中正，蔣中正日記，未刊本，民國54年10月15日。
[155] 蔣中正，蔣中正日記，未刊本，民國54年11月1日及2日。
[156] 蔣中正，蔣中正日記，未刊本，民國54年12月29日。
[157] 蔣中正，蔣中正日記，未刊本，民國55年12月31日。
[158] 賴名湯，《賴名湯日記》，第一冊，頁630。文革看來不太理性，國軍若是大舉反攻，可能反而會使嚴重分裂的共產黨團結起來。蔣中正總統認為上上策是耐心等候，看著毛澤東毀掉自己和中共的形象。參閱Jay Taylor原著，林添貴譯，《台灣現代化的推手蔣經國傳》（臺北：時報文化出版有限公司，2000年），頁291。

蔣經國與海軍總司令黎玉璽

手諭國防部部長蔣經國、參謀總長黎玉璽有關「海龍（惠安）計畫」指示如下：（一）「海龍（惠安）計畫」之戰鬥序列及其部隊之指定，務期早日準備完成。（二）陸戰隊第一師或第二師移駐澎湖，應速建營舍或帳幕。（三）烏坵LCM坑道應即著手，愈大愈多愈好。（四）烏坵架設九〇高射砲及五六加農砲。（五）查報澎湖北端可設後勤支援之島嶼，與金門二者對惠安半島距離。（六）烏坵與金門二地距離惠安半島各有幾遠，查報。（七）烏坵儘可能多築地下坑道，預備多儲戰備品為要。[159] 13日，蔣總統主持作戰會談，對「海龍（惠安）計畫」指示：「惠安地區作戰補給的烏坵、金門與澎湖三條路線，乃為最理想者。惟一缺點為其無良好碼頭，應以浮橋碼頭代之。」[160]之後「海龍（惠安）計畫」也不了了之。

---

[159] 〈蔣中正手諭（民國56年1月10日）〉收錄在《蔣經國總統文物》，國史館，典藏號：005-010100-00004-002。

[160] 蔣中正，蔣中正日記，未刊本，民國56年1月13日。

民國56年7月1日，高魁元接替黎玉璽出任參謀總長。8月1日，國家安全局舉行的大陸工作會報，多主張採取空降行動，運送特種部隊到大陸策反。但蔣中正總統的結論是，我們還是積極準備，等待有利時機。時任作戰次長胡炘認為：雖然我方對大陸工作隨著「文化大革命」又積極展開，但全面開戰的反攻大陸機會則是日漸渺茫。[161]

　　8月17日，參謀總長高魁元對國光作業室指示3個反攻方案：（一）假道鄰國發起反攻；（二）避開金馬當面，採行海峽以外地區實施反攻；（三）利用外島作為反攻跳板實施強攻等。[162]國光作業室就高魁元總長指示3個反攻作戰方案，經過參謀研究後，限於國力，無法實施。[163]

　　8月16日，蔣中正總統指示國防部部長蔣經國對廣東空投應更積極，又福建、溫州、金華與魯南地區，凡有反毛鬥爭各處，只要我空投能力所及者，皆應設法大膽空投，以支援大陸反毛派擴大其內戰之聲勢。……[164] 20日，蔣總統手諭國防部部長蔣經國、參謀總長高魁元指示：「今後空投計畫，仍以以前制定之武漢計畫為基礎，而以參酌目前大陸匪情變化實況，為實施之決策，尤以粵閩浙贛為優先之地區，並特別注重廣東羅浮山區，為對廣州與惠州行動之中心，此為前武漢計畫未曾計入者也。」[165]

　　民國57年3月，參謀總長高魁元指示國光作業室研究由岸至岸的「長江計畫反攻方案」。高總長認為要從臺澎發起兩棲登陸，由於我們的運輸能力不夠，戰力集結過慢，實在不如充分利用金門、馬祖作為前進基地，實施由岸到岸的多點登陸，並利用當地兵力，以增大戰力的集結速度。[166]然而「長江計畫」此研究案卻始終未向蔣中正總統提報。[167]

---

[161] 汪士淳，《漂移歲月：將軍大使胡炘的戰爭紀事》，頁265、266。國軍高層有鑑於大陸「文化大革命」的動亂，曾發展名為「王師計畫」反攻方案。參閱段玉衡，《小灣十年紀事》，民國56年1月13日。
[162] 段玉衡，《小灣十年紀事》，民國54年8月17日。
[163] 段玉衡，《我走過的路八十自述》，作者自刊，頁144。
[164] 〈蔣中正致蔣經國手諭（民國56年8月16日）〉收錄在《蔣經國總統文物》，國史館，典藏號：005-010100-00004-003。
[165] 〈蔣中正致蔣經國手諭（民國56年8月20日）〉收錄在《蔣經國總統文物》，國史館，典藏號：005-010400-00034-057；蔣中正，蔣中正日記，未刊本，民國56年1月13日。
[166] 段玉衡，《小灣十年紀事》，民國57年3月6日。
[167] 段玉衡，《我走過的路八十自述》，頁143、144。

肆、反攻作戰作為與反攻政策之轉折

一、國軍擴編與戰備準備

民國39年6月25日,韓戰爆發,美國重新檢討臺灣戰略地位問題,同意重新給予中華民國軍事及經濟上的援助。國軍獲得美援後,裝備更新及戰力提升,蔣中正總統企圖利用中共政權未穩固之際,儘量利用美援,暗中進行反攻作戰的整備工作。此時反攻作戰採行「七分敵後抗暴、三分臺海正面」。也就是以突擊大陸人民公社,來策動敵後抗暴運動,配合大陸人民抗暴活動的進展,實施臺海正面軍事反攻。

在臺海正面,蔣中正總統強調應置重兵於金門、馬祖外島。為了執行敵後抗暴任務,陸軍成立特種作戰部隊又名「武漢部隊」,司令部駐桃園龍潭,其編制轄3個總隊;其中第一總隊隊專責敵後抗暴之任務,成員係從國軍各部隊挑選最精壯的兵員,予以編成,該總隊武器裝備全是美式裝備,非常精良,訓練十分嚴格,隊員具備有空降、地面滲透及突擊作戰能力。[168]民國50年5月,泰緬撤臺國軍編成特戰第四總隊,以配合「辛丑計畫」作戰。[169] 9月,奉蔣總統指示成立特種作戰指揮部,負責統一計畫、指揮、協調與管制敵後作戰事宜,期以各種不同方式,將任務部隊滲入敵後,誘發大陸人民抗暴活動,並組織反共武力,以配合正規反攻作戰。52年1月,「國防部特種作戰指揮部」正式編成,調原陸軍特種作戰司令易瑾為指揮官。54年3月,特種作戰指揮部與空降部隊合併,並自7月起改隸陸軍總部。[170]

民國50年5月4日,蔣中正總統指示參謀總長彭孟緝有關國軍擴編,以現有兩個師的軍擴編為兩個軍,澎湖應有兩個師,現有3個師的軍,應擴編為3個軍,金門陸軍應擴編為2個軍、9個預備師均應補足。[171] 11月23日,蔣總

---

[168] 林秋敏,《孔令晟先生訪談錄》(臺北:國史館,民國91年),頁84-87;蔣中正,蔣中正日記,未刊本,民國51年3月2日。
[169] 陳誠,《陳誠先生日記》,第三冊,頁1375。
[170] 顧祝同,《墨三九十自述》(臺北:國防部史政編譯局,民國70年),頁289。
[171] 段玉衡,《國光作業紀要》,未刊本,頁14。

統指示把戰備加強進度延至51年3月中旬,他對戰備進度頗為滿意,希望政治及經濟應該配合戰備。[172]

民國51年4月19日,蔣中正總統接見美國中情局臺北站站長克萊恩提出反攻大陸戰略十項意見,其認為大陸情況瞬息譎變,再等半年對我不利,我方可暫定10月初為標準之行動時機,但大陸抗暴形勢邊變,我政府不能坐視不顧。我反攻大陸決不輕率從事,反共軍事行動,不須美軍參加。為使我軍民瞭解美國對我之誠意,必須明定10月1日為我向大陸大量空投之開始日期。蔣總統希望美方能增強國軍戰力提出下項幾點:(一)大部隊空投人員不要限定200人,應以200至300人為標準計畫之。(二)兩架C-123型飛機不敷需要,希望供給3架裝有反電子設備,及2架普通裝備之C-123型飛機。(三)海運工具依我計畫需27至30萬噸運輸艦,而我現有僅有12萬噸,戰時必須借用15萬噸商船以為支應。惟商船軍運困難甚多,希望美國借用坦克登陸艦7至10萬噸。(四)空軍部分,希望美方給予我空軍以攻擊性能力之訓練,撥B-57轟炸機一個中隊16架。(五)將來實施兩棲登陸,要者是首次登陸之成功,務必予共軍決定性之致命打擊。如此一來,可使大陸人民掀起各地普遍之抗暴熱潮迎接國軍反攻。[173]

民國52年12月4日,蔣中正總統下令組成「反攻軍登陸總指揮部」,任命陸軍第一軍團司令羅友倫為總指揮,並將陸軍編制上23個師,除了留2個師戍守臺灣本島外,其他21個師全部編入反攻軍的戰鬥序列。[174] 53年7月18日,蔣中正總統指示參謀總長彭孟緝要點如下:(一)陸戰隊第一旅擴編為師之實施計畫及準備日程。(二)裝甲兵增編摩托化師,速向美援爭取裝甲運輸車,或向西德購置相似車輛,以加強摩托化戰力。(三)空降團擴編為師之裝備、駐地的實施日程。(四)特種作戰部隊配屬一個營的運輸機隊。(五)購置各種車輛輪胎與配件1年分用量。(六)儲備兵工廠自製槍砲與

---

[172] 汪士淳,《漂移歲月:將軍大使胡炘的戰爭紀事》,頁188。
[173] 〈蔣中正與克萊恩談話紀要(民國51年4月19日)〉收錄在《蔣經國總統文物》,國史館,典藏號:005-010206-00071-006。
[174] 朱浤源等,《羅友倫先生訪問紀錄》(臺北:中央研究院近代史研究所,民國83年),頁190。

57年總統親校國軍光華演習

第五章　反攻大陸──「國光計畫」之研究　321

彈藥用鋼料與藥料1年用量。[175]10月16日，中共宣布試爆原子彈成功。蔣總統連續召開作戰會議，研商應變措施，決定把空降團擴編為空降旅。[176]

民國54年春，蔣中正總統為了反攻作戰，將駐臺北樹林的陸軍第三軍軍部與駐嘉義第九軍軍部對調，依反攻計畫第三軍擔任反攻軍，移防南臺灣，準備集中登船。[177]同年夏，蔣總統認為反攻時機已成熟，自6月14日起至7月28日止，分別到三軍各單位視察，以瞭解戰備進度及整備情形。[178]7月5日，蔣總統至大湳視察陸軍特種部隊指揮部，並與空降司令張錦錕、特種作戰指揮官王永樹研究「國光十二號」。[179]7月7日至7月10日，蔣總統巡視金門、澎湖各軍事單位。20日，蔣總統視察陸軍特種作戰指揮部，聽取戰備與計畫簡報。[180]27日，蔣總統在屏東大武營區對空降部隊連級以上幹部點名訓話，勉勵部隊立下第一功，爭取最後勝利；28日，接見第一軍團副司令于豪章，旋到高雄仁武視察第八十一師，再至林園視察陸戰隊第一師，並對連級以上主官點名訓話，視察完畢後與全體官兵合影，作為反攻前夕紀念，勉勵官兵要有成功成仁的決心，強調「我將統帥的生命交給大家，希望努力達成復國的使命。」[181]

蔣中正總統籌劃反攻作戰計畫期間，考慮海軍陸戰隊僅有一師一旅兵力，在初期之灘頭登陸戰力不足，乃指派陸軍第八十一師撥配陸戰隊督導，以加強陸戰隊戰力。[182]民國55年9月1日，陸軍第八十一師與陸戰隊第一旅

---

[175] 〈蔣中正致彭孟緝手諭（民國53年7月18日）〉收錄在《蔣中正總統文物》，國史館，典藏號：002-070200-00026-051。

[176] 汪士淳，《漂移歲月：將軍大使胡炘的戰爭紀事》，頁231、232。

[177] 郝柏村，《郝柏村回憶錄》（臺北：遠見天下文化出版股份有限公司，2019年），頁174。

[178] 國防部史政編譯局編印，《國民革命建軍史：第四部：復興基地整軍備戰》（三），頁1796。賴名湯，《賴名湯日記》，第一冊，頁427、428記：7月8日，蔣中正總統前往金門視察，是為了反攻大陸作戰的準備。蔣總統在準備要動了，但最後決定要到7月20日左右。汪士淳，《漂移歲月：將軍大使胡炘的戰爭紀事》，頁244記：54年7月中旬起，蔣中正總統開始到各處聽取戰備報告。

[179] 〈謹遵示研擬靈源山等四個地區作戰研究及第四號訓練教令呈核由（民國54年7月10日）〉收錄在《蔣經國總統文物》，國史館，典藏號：005-010202-00036-002。

[180] 蔣中正，蔣中正日記，未刊本，民國54年7月7日7月10日7月21日。

[181] 蔣中正，蔣中正日記，未刊本，民國54年7月28日；汪士淳，《漂移歲月：將軍大使胡炘的戰爭紀事》，頁246。

[182] 于豪章，《七十回顧》（臺北：國防部史政編譯局，民國82年），頁207。

實施「興夏二號演習」,並奉國防部命令併編「海軍陸戰隊第二師」。同日,陸戰隊第二師於左營正式編成,首任師長為張振遠少將。[183]

國軍為反攻作戰加強外島軍工建設;民國52年至54年期間,金門駐軍日夜趕工,完成下列戰備工程:(一)執行「大業計畫」開整LCM小艇坑道。(二)開鑿地下油池。(三)開鑿彈藥坑道。(四)整備屯儲15人用及班用塑膠橡皮舟(含馬達及救生衣)。[184]有關「大業計畫」開整LCM小艇坑道工程方面;50年7月12日,蔣中正總統手令國防部要在8月24日前徵集20萬噸公民營船舶。[185]由於徵集公民營船舶無法滿足反攻登陸作戰需要,故自該年起,海軍奉命執行「大業計畫」、「中興三號計畫」、「中興五號計畫」,總共自力建造217艘LCM型機械登陸艇。[186]另外,為了以金門為基地發起岸至岸的反攻作戰,必須祕密安置小艇,因此在金門漁村(在料羅,可容小艇17艘)、塔山(可容小艇30艘)、九宮(在烈嶼,可容小艇52艘)、大帽山(可容小艇18艘)4處興建小艇坑道。[187]

民國57年6月15日,蔣中正總統獲知共軍擬攻打金門之情資,召見金門防衛部司令官尹俊,詳示預防共軍攻金門之準備要務與戰法,及增闢太武山隧道計畫。[188] 28日,蔣總統主持作戰會談,指示增加金門、馬祖8吋口徑火砲。[189]

---

[183] 孫建中,《中華民國海軍陸戰隊發展史》(臺北:國防部,民國99年),頁103。

[184] 彭大年,〈胡附球將軍訪問紀錄〉收錄在《塵封的作戰計畫——國光計畫口述歷史》,頁134、135。

[185] 段玉衡,《小灣十年紀事》,民國50年7月12日。

[186] 海軍艦隊指揮部編印,《老部隊的故事:威海護疆、錨鍊傳薪》,民國95年,頁123。劉廣凱,《劉廣凱將軍報國憶往》(臺北:中央研究院近代史研究所,民國83年),頁204、207記:中興計畫共5案,合計製造各型小艇共164艘,連同大業計畫案的110艘,共造274艘。奉(蔣中正)總統指示,本案要向美軍顧問團保密,不能向美國採購原料,也不必向(美軍顧問團)海軍組要求技術協助,一切要自力更生祕密進行。第一批110艘LCM艇於52年7月底建造完工。8月1日,海軍小艇第一、二大隊成軍及接管110艘LCM艇,並於53年奉國防部命令進入金門及馬祖的山洞(坑道)中待命使用。

[187] 國防部史政編譯局編印,《國軍外島地區戒嚴與戰地政務紀實》(下冊),民國85年,頁1186、1187。蔣中正總統指示在金門興建儲艇四大坑道。參閱蔣中正,蔣中正日記,未刊本,民國53年5月31日。

[188] 蔣中正,蔣中正日記,未刊本,民國57年6月15日。

[189] 〈蔣中正指示裝置八吋口徑重砲(民國57年6月28日)〉收錄在《蔣中正總統文物》,國史館,典藏號:005-010400-00035-023。

第五章 反攻大陸——「國光計畫」之研究 323

1960年代的艦隊操演

二、大陸敵後突擊作戰

民國50年起，國軍加強對中國大陸敵後突擊作戰。51年5月29日，蔣中正總統接見美國中央情報局臺北站站長克萊恩，克萊恩表示：甘迺迪總統希望我方多派情報人員進入大陸，尤其是廣東地區，以為大規模軍事行動鋪路。蔣總統回應稱：小規模空投有隨時被撲滅之顧慮，難有預期效果，必須不斷實施以達目的，應同時規劃大部隊空投計畫。而空投工作成敗在於通訊，希望今後特別注意通訊部門之改進。[190]

民國51年10月1日至12月6日，國防部情報局實施「海威」、「班超」計畫，總共派遣9支特種部隊分別在廣東海豐、惠陽、惠來、電白、台山、陽江登陸或空降，準備建立游擊走廊。[191]但這9支武裝隊伍共172人，有8批

---

[190] 〈蔣中正與克萊恩談話紀要（民國51年5月29日及30日）〉收錄在《蔣經國總統文物》，國史館，典藏號：005-010206-00071-008。

[191] 廣東省地方史志編纂委員會，《廣東省志——軍事志》（廣州：廣東人民出版社，1999年），頁574。

被共軍「破獲」，一批未登陸，轉往香港。由於敵後滲透計畫自海岸登陸失敗，蔣中正總統指示：共軍已提高警覺加強海岸防務，成功機率小，應採取空降較易成功。[192]蔣總統在12月30日日記寫下：「陽江附近部隊已被破獲又告失敗，共匪廣播稱二個月以來，我九批登陸滲透之游擊隊，皆被其消滅云。此為反攻計畫之一個重要打擊。」[193]

民國52年4月24日夜，金門防衛司令部兩棲偵察隊，突擊廈門前埔地區，擊斃共軍十餘名，我兩棲偵察隊有2人受傷，共計8員皆能安返金門。[194]同年6月起，國軍特種部隊對大陸滲透、襲擾範圍擴大至福建、廣東、浙江、江蘇、山東諸省，並在美國支持下，利用南韓、南越作為中繼基地，重點在閩粵沿海地區。[195]蔣中正總統在6月22日日記寫下：「我游擊隊（特種部隊）在漳浦、詔安、惠陽、中山沿海各地分別登陸，皆如計告成，又在海南島空投游擊人員一批，亦已成功。」[196]

比較特殊的敵後滲透、襲擾是在海南島及山東半島；民國52年6月23日，由美軍駐臺情治單位訓練的國軍武裝特種部隊，在海南島陵水縣吊羅山區空降，企圖建立游擊根據地，共軍動員民兵三萬七千多人「搜捕」。7月17日，我武裝特種部隊隊長鄧建華以下8名官兵被共軍俘虜。11月20日，國軍武裝特種部隊「廣東省反共救國軍獨立第十一縱隊」第一、二支隊，分別乘船在海南島萬寧縣楊梅港、坡頭港登陸，共軍海南軍區派遣公共部隊、民兵立即展開「搜捕」。至27日，廣東省反共救國軍獨立第十一縱隊15名官兵非死即俘，共軍方面有10人陣亡及8人負傷。53年7月5日，國軍情報局所屬武裝特種部隊45名官兵，搭乘大金一號、大金二號由高雄出航，企圖在廣東北海地角村登陸未成功，於7月11日晚沿原航線返臺，未料在12日上午，遭

---

[192] 汪士淳，《漂移歲月：將軍大使胡炘的戰爭紀事》，頁213、214。
[193] 蔣中正，蔣中正日記，未刊本，民國51年12月30日。
[194] 蔣中正，蔣中正日記，未刊本，民國52年5月21日。
[195] 中國人民解放軍歷史資料叢書編審委員會，《海軍・綜述大事》（北京：解放軍出版社，2006年），頁95。
[196] 蔣中正，蔣中正日記，未刊本，民國52年6月22日。52年6月21日至28日國軍武裝特種部隊分別在廣東中山、海豐，福建漳浦、詔安，浙江平陽等地登陸。但大都被共軍「殲滅」。參閱中國人民解放軍歷史資料叢書編審委員會，《公安部隊.綜述.大事記.表冊》（北京：解放軍出版社，1997年），頁85。

中共海軍艇隊攔截，大金一號、大金二號在海南島榆林以南海域沉沒，指揮官何寇以下官兵14人殉職，副指揮官余光美以下60人（包含船員）被俘。[197]

山東半島三面環海，是國軍武裝特種部隊對大陸進行滲透、情報偵蒐的重點地區。時南韓朴正熙政府與我國合作，提供基地給國軍武裝特種部隊。民國52年9月28日，國軍武裝特種部隊「山東反共救國軍獨立第十二縱隊」由淡水乘船發航，於10月2日抵達南韓鹿島基地，繼於5日18時由鹿島乘船駛向山東半島。6日21時30分，山東反共救國軍獨立第十二縱隊在海陽縣大辛家公社小灘村登陸，隨即進入玉泉山，企圖建立游擊基地。共軍立即派兵封鎖及「搜捕」玉泉山區，我獨立第十二縱隊因寡不敵眾，7日7時，該縱隊有2人陣亡殉職，縱隊司令張吉元以下官兵14人被俘。[198]

民國53年5月26日，國軍武裝特種部隊「海虎先遣隊」16人，搭乘「海興號」運輸船由基隆起航，於30日到達南韓中繼基地，繼於6月1日駛向山東榮成。「海虎先遣隊」於2日2時在鎮鎯島登陸，即遭共軍及地方民兵發現與攻擊，該隊有1人陣亡殉職，3人負傷被俘，其餘登船離去。[199]國軍武裝特種部隊對大陸的「襲擾」，自51年9月起至54年12月止總計有108股（51年8股，52年34股，53年59股，54年7股）。[200]

國軍為打擊福建沿海中共海軍艇隊成立了「海上突擊隊」（海狼隊），民國53年5月1日，情報局派遣7艘海狼艇在東引海域與共軍護衛艇發生海戰，海狼艇有2艘被敵擊沉及1艘被俘。11月8日，海上突擊隊3艘海狼艇由馬祖出航，前往黃歧半島執行任務時，遭共軍護衛艇攻擊，有1艘海狼艇被敵擊沉。[201]

---

[197] 海南省軍事志領導小組辦公室編印，《海南軍事志》，1995年，頁242。
[198] 煙台警備區軍事志編纂委員會，《膠東軍事志（1840-1985）》（北京：軍事科學出版社，1990年），頁189。
[199] 煙台警備區軍事志編纂委員會，《膠東軍事志（1840-1985）》，頁190。突襲山東半島反共救國軍突擊隊在山東半島前山突擊成功後，撤回韓國。參閱蔣中正，蔣中正日記，未刊本，民國53年6月30日。
[200] 中國人民解放軍軍事教育訓練部編印，《建國後局部戰爭與武裝衝突》，1989年，頁30。自民國51年下半年至55年年底，國軍海上武裝特種部隊，犧牲128人，被俘294人。參閱《當代中國》叢書編輯部，《當代中國海軍》（北京：中國社會科學出版社，1987年），頁380。
[201] 中國人民解放軍歷史資料叢書編審委員會，《海軍・綜述大事》，頁96。

國軍對大陸敵後突擊，對中共政權造成嚴重威脅，為此共軍加強戰備，在閩粵沿海集結大量兵力，閩粵兩省進入戰時狀態，增調人民公社大量民兵集訓及擔任巡邏警戒任務，沿海民眾組成防特隊、防襲隊，在沿海島嶼或山巔監視海面動態，偵察潛伏的反共分子活動。[202]因此我特種部隊至大陸從事敵後任務日益困難。民國50年7月27日，空軍總司令陳嘉尚報告：從大陸空照相片判讀，樟橋、路橋機場都已加長，顯示共軍已加強空優。[203] 51年6月，共軍在金門、馬祖對岸集結大批部隊，為韓戰以來規模最大者。[204] 6月20日，美國中央情報局局長麥康致電蔣中正總統告知：共軍在金、馬對岸集結6個師，其後續部隊尚不斷運輸中，判斷主力集中在福州，此與我方情報相符。蔣總統召見參謀總長彭孟緝指示：對馬祖與東引作緊急措施及應注意各點。[205]蔣總統在7月1日日記寫下：「由於共軍在民國51年6月以後，陸續增兵及江西、福建陸續洪水成災，交通阻滯，鷹廈、浙贛鐵路皆被衝破，共軍運輸戰備大受影響。……共軍在閩已增加15個單位，幾乎無隙可乘，故戰略與政略皆應重新考慮。」[206]

三、八六與烏坵海戰失利造成反攻受挫與停頓

　　民國54年7月14日，蔣中正總統主持海軍戰備檢討會議，指示「誘敵海空決戰」及實施「蓬萊作戰」，以蒐集大陸沿海中共海空軍情況。[207]同時指示參謀總長黎玉璽：「海軍應對當面大陸沿海岸進行偵巡，以偵測共軍之反應動態」。蔣總統在該日日記寫下：「（一）海軍主力艦隊應預置基隆，以防匪艦主力由北方向臺海進攻。（二）海軍對船團之護航在南部出發。（三）主力艦隊由基隆沿臺灣西部向金門移動，受匪機之威脅與我軍之掩護的戰術，以耗損大小之研究。（四）船團不進駐泊地，除卸裝之船隻，其餘

---

[202] 汪士淳，《漂移歲月：將軍大使胡炘的戰爭紀事》，頁184。
[203] 汪士淳，《漂移歲月：將軍大使胡炘的戰爭紀事》，頁184。
[204] 《中央日報》，民國51年6月22日，第一版。
[205] 蔣中正，蔣中正日記，未刊本，民國51年6月20日及21日。
[206] 蔣中正，蔣中正日記，未刊本，民國51年7月1日。
[207] 段玉衡，《小灣十年紀事》，民國54年8月3日。

皆在泊地周圍運動。（五）鷹廈北段之前進航線，應改沿閩江為宜。」[208]

會後海軍總部據此策訂「蓬萊一號」計畫，經國防部協調後，確定由空軍協力支援，由陸軍派遣特戰部隊，自預定登陸作戰地區至潮汕一帶沿海，進行地面偵察任務，測試共軍海防虛實與反應。[209]為此實施「田單作戰計畫」，該作戰計畫代號分別為「蓬萊一號」、「蓬萊二號」。

7月30日，國防部令頒「海嘯一號」作戰命令，飭海軍派艦護送陸軍特戰部隊突擊東山島周客巢角，相機摧毀共軍雷達站，捕捉俘虜，獲取情報，並限定以8月6日為D日。[210] 31日，蔣中總統親赴特種作戰部隊指揮部，慰勉「蓬萊二號」參與人員（「蓬萊二號」預定於8月6日實施。）。[211]

就在反攻作戰如箭在弦之際，民國54年8月1日，在馬祖實施「蓬萊一號」任務時，國軍有2艘LCM被共軍擊沉。接著8月6日，執行「蓬萊二號」任務的海軍劍門、章江兩艦在東山島外海，遭中共海軍艇隊擊沉。11月13日，海軍山海、臨淮兩艦執行後送烏坵傷兵返臺任務時，於13日23時20分在烏坵外海遭中共海軍艇隊襲擊。14日1時，臨淮艦被敵擊沉。[212]

八六海戰失利，對蔣中正總統反攻大陸的信心，多少有一定程度上的衝擊，其在8月31日日記寫下：「海軍劍門、章江二艦在東山島突擊，被匪多艇多艘圍攻而擊沉，官兵殉職170人，不勝悲痛，乃命該劉廣凱總司令辭職，此實為我反攻計畫是否展延之動機也。」[213]蔣總統在同年12月31日記全年反省錄寫下：「劍門、章江二艦六日在東山島突擊，以劉廣凱設計與督導無方，竟被匪艦圍攻而擊沉，此乃為大陳海戰以來，海軍最大之損失。自知我將領之無知與無能，此乃引起我反攻行動不得不延期與重新整訓之動機，乃其原因之一也。……對反攻之得失成敗，自不能不作重新之研討，決

---

[208] 參閱一、蔣中正，蔣中正日記，未刊本，民國54年7月14日。二、彭大年，〈段玉衡將軍訪問紀錄〉，頁198。
[209] 劉廣凱，《劉廣凱將軍報國憶往》，頁262。
[210] 劉廣凱，《劉廣凱將軍報國憶往》，頁262。
[211] 汪士淳，《漂移歲月：將軍大使胡炘的戰爭紀事》，頁247。八六海戰是反攻大陸登陸作戰直前，對登陸目標以及潮汕地區一帶偵巡的任務，此一行作戰。參閱彭大年，〈朱元琮將軍訪問紀錄〉，頁15、16。
[212] 有關八六及烏坵兩次海戰之經過可參閱本書第六章。
[213] 蔣中正，蔣中正日記，未刊本，民國54年8月31日。

不能如過去之急於冒險獨當其衝,以作孤注之舉。於是手擬自箴與詳記,以決定反攻展期,此為其決策最後之時也。故本月可謂革命成敗最大關鍵之月耳。」[214]

9月2日,蔣中正總統在政工幹校正規班第十一期畢業典禮訓話指出:目前世界局勢,對我漸形有利,我們應該加緊準備,以俾能隨時配合國際局勢,發起反攻。我們反攻時機有三:(一)是世界大戰。(二)是亞洲國家發起聯盟,共同圍剿中共。(三)是我們獨立自主反攻。蔣總統又說,他過去是想不顧國際情勢,獨立自主發起反攻,但近1月來,看到亞洲局勢轉變得這樣快,我們反攻應待時機發展更為成熟時發起,那樣我們更可減少犧牲而事半功倍,同時也很容易獲得美國人的支持。[215]

由上述蔣中正總統所指示的「反攻三時機」,即可體認其戰略構想已經有所轉變。自民國50年成立國光作業室起,即訂定「一套戰備,攻守兼顧」大原則,之後雖然自51年5月1日起,實施國防臨時特捐,籌措財源,但戰備所需,實非當時國家財力所能負擔。兼以綜合國際及亞洲情勢發展,蔣總統深思熟慮後,似有守重於攻之決定。故國防部之縮編,幾個為反攻作戰新成立單位之裁撤,以及特別會談之一再停開等,均顯示我國家戰略已朝「守勢」走向。[216]

時任國防部作戰次長兼主管國光作戰計畫的朱元琮認為:八六海戰作戰完全失敗,以致影響國軍全般反攻大陸登陸作戰的發起。[217]國光作業室上校參謀段玉衡在《小灣十年紀事》寫到:民國54年8月6日凌晨3點多鐘,我海軍偵巡支隊2艘PC,在將軍澳乘夜暗將我陸軍成功隊人員順利送入陸地,

---

[214] 蔣中正日記,未刊本,民國54年12月31日,自記全年反省錄。
[215] 參閱一、段玉衡,《小灣十年紀事》,9月25日。二、彭大年,〈段玉衡將軍訪問紀錄〉收錄在《塵封的作戰計畫——國光計畫口述歷史》,頁205-206。賴名湯對於蔣中正總統在政工幹校訓話內容,在日記寫下:第一和第二個機會都沒有,故只剩下第三種可能,然而獨力反攻,總是要冒險的,非逼得不得已是不能採取的。在臺灣等了16年了,總算現在來了,前面兩種可能都來了,然而仗還是要靠我們自己打,最後還是要靠我們自己。參閱賴名湯,《賴名湯日記》,第一冊,頁458。
[216] 段玉衡,《小灣十年紀事》,民國54年12月30日。
[217] 彭大年,〈朱元琮將軍訪問紀錄〉收錄在《塵封的作戰計畫——國光計畫口述歷史》,頁16。

執行偵查灘頭狀況後,即向南偵巡,於8月6日凌晨巡航至東山島、南沃島附近兄弟嶼海面突遭敵魚雷快艇進襲,激戰至6日晨,據海總作戰署長許承功6日夜間向本室主任朱元琮報告:我章江、劍門兩砲艦被擊沉,我亦擊沉共軍艦艇5艘,我海軍戰隊長胡嘉恒及官兵多人均被俘(筆者註:胡嘉恒被俘與史實有誤)。我損失重大。又8月1日夜我海軍2艘LCM(機械登陸艇)在馬祖也是執行「蓬萊一號」計畫已被敵擊沉。這一北一南兩次海戰失利事件,可說是我們出師不利,對我們極積發起反攻作戰之意圖,打擊不小。……目前大陸東南沿海共軍作戰指導,由各方面證明,好像是暫採守勢。我空軍不進入大陸邊緣,我海軍不進入他所宣稱的12海里領海內,他是不會採取攻勢的。敵在沿海部署的快艇,更足堪我海軍重視,這對我未來的反攻作戰,是應特別注意敵海岸快艇的攻擊力。[218]

　　蔣中正總統在民國54年年終最後一次作戰會談指定海軍總司令部提報「八六海戰及烏坵海戰檢討」,他在聽完報告後,作以下指示:「八六海戰是國軍撤退來臺戰役第一次失敗,烏坵海戰是第二次失敗,國軍要痛定思痛。兩次海戰,海軍輕敵,遭受共軍夜暗快艇奇襲,海軍官兵犧牲兩百餘人,作戰軍艦損失3艘,空軍未能及時支援,因之失敗。嚴重影響民心士氣、國際視聽,對實施『國光計畫』不無影響,國防部及海、空軍總司令部應再檢討原因,記取失敗的教訓及具體改進辦法。海軍應該研究夜戰、近戰、反魚雷快艇、反快速砲艇連續攻擊的戰法,加強訓練。空軍應研究如何密切支援海軍作戰。」由於八六、烏坵海戰的失利,至此政府原來積極進行的反攻大陸作戰戰備,逐漸由攻勢轉為守勢。[219]

　　時任總統府侍從武官汪希苓認為:八六海戰後,國軍反攻大陸的計畫差不多已經停止,中共已經核武試爆成功,以後只有零星的突擊。最早都是沿海打游擊,主要是情報局的游擊隊,八六海戰那次是由海軍配合情報局的兩棲突擊大隊,實際上一出海對方大概就知道了,船艦直接靠近沿海,對他

---

[218] 段玉衡,《小灣十年紀事》,民國54年8月9日。
[219] 蔣中正,蔣中正日記,未刊本,民國54年12月10日;〈烏坵海戰經過檢討報告(民國54年12月10日)〉收錄在《蔣經國總統文物》,國史館,典藏號:005-010202-00135-001;彭大年,〈黃世忠將軍訪問紀錄〉,頁268-269。

們而言,可以很清楚掌握我們的海上行動,但他們的船艦動態,我們卻不清楚,所以他們從島嶼出來突擊時,常常得手,章江、劍門被擊沉也是這個道理。[220]此時蔣中正總統已經體認到反攻大陸時不我予,至少汪希苓感覺到蔣經國(國防部部長)已經覺得軍事反攻恐怕機會不大。蔣經國提到:「我們這個軍事的力量是準備對方要攻打臺灣,要考慮一下付多少的代價。」蔣經國已經有這個意思表示:「我們不會進攻了。」此時蔣經國在經濟方面下了很多工夫,要把臺灣建設成範模省,讓經濟變好,社會制度、民主制度都強,我們對大陸才比較占有優勢。蔣經國曾說:「我們現在必須爭取美國軍援,建立一支足以防衛的武力部隊,使對方攻打我們時,要考慮付出多少代價。」[221]最後蔣經國更明確指出:「海軍自來臺以至(五一、八六、烏坵)三次海戰,已由強轉弱,十餘年來,敵我海軍戰力消長情形,今天都已在戰場上顯示出來,我海軍已面臨考驗,不能再受挫折了。」[222]

八六海戰後,接任國防部作戰次長的胡炘認為:此後國軍大致轉攻為守,雖然反攻作戰的規劃與準備依然不輟,然而防衛作戰顯然較過去更為積極。國防部部長蔣經國在民國55年3月23日簡報上指示:對共軍可能先發動戰爭的準備,並轉達蔣中正總統的見解,若共軍攻臺以空降可能性最大,渡海攻擊機率極小。此後軍事會談裡反攻作戰不再,內容往往是精實案,確保臺澎金馬如今先於反攻大陸。[223]

由於蔣中正總統對反攻政策與態度有所改變,以致主導反攻作戰計畫作業的國光作業室受到影響最甚。段玉衡在《小灣十年紀事》寫下:「自八六海戰失利後,盛傳國防部要縮編,聯三、聯五和國光作業室,要合併檢討,國防部已在研究縮編的事,並說9月底要實施。」[224]同書又記:「國光作業室自民國55年2月1日改編後,在形式上雖然仍是保持和從前一樣的型態,但

---

[220] 簡佳慧,〈汪希苓先生訪問紀錄〉收錄在《蔣中正總統侍從人員訪問紀錄》,上冊,頁220-221。
[221] 簡佳慧,〈汪希苓先生訪問紀錄〉收錄在《蔣中正總統侍從人員訪問紀錄》,上冊,頁220-221。
[222] 陳振夫,《滄海一粟》,頁257。
[223] 汪士淳,《漂移歲月:將軍大使胡炘的戰爭紀事》,頁263。
[224] 段玉衡,《小灣十年紀事》,民國54年8月9日。

精神上比從前差多了。主要原因，是沒有簡報。國光作業工作可以說完全是秉承統帥意圖，先有參謀研究，此研究向總統提報以後，奉裁定，才據以發展計畫，推動工作。自去（54）年8月（八六海戰）以來，既未向總統提過簡報，也從未奉到有新的指示，有好幾個研究案，都隨時準備向總統簡報，可是即使是一再簽請向總統簡報，即使是有特別會談，總統也沒圈定要聽取我們的簡報，這樣我們也就沒有新的工作好推動了。……國防部長蔣經國先生去年自訪美歸來後，在幾次會議中都透露中美雙方，都認為渡海反攻，是一件很不易實施的事。同時，蔣部長訪美歸來後，又大力推行國防部精減工作，因此大家在心理上就體認到我們反攻實施的成分很少，也就大大影響士氣了。」[225]段玉衡認為：56年11月7日，國防部宣布國光案下級作業單位的改編，此次改編是7來年最大的一次緊縮，過去積極反攻的作為，顯示大幅度降溫了。稍早蔣經國部長在10月19日指示國光計畫停止發展，我們已放棄反攻大陸的國策。[226]

伍、國光計畫未能實行的因素與檢討

一、美國反對阻撓國軍反攻大陸

民國51年4月5日，蔣中正總統接見美國中情局臺北站站長克萊恩，克萊恩轉達甘迺迪總統對我反攻大陸的意見要點如下：（一）美國政府對收復中國大陸，恢復大陸人民自由，所採取的各種方法和計畫皆表贊同。（二）根據現在所有情報，尚不能具體確認證實此時採取大規模行動，能得到勝利的保證。（三）今後中美雙方對大陸的情況調查和分析應密切注意，加強彼此合作。（四）今後中美雙方應加強情報合作，用空中滲透、海上突擊、地面派遣的方法來發現，並支援大陸的抗暴運動。（五）關於空投大部隊的計

---

[225] 段玉衡，《小灣十年紀事》，民國55年5月1日。賴名湯認為：反攻大陸作戰，如果美國不支持，國軍只能打4天，而海軍的力量更是有限，所以要發動反攻，實在是一件最大冒險的事。蔣中正總統是聰明的人，儘管口裡高唱自力更生，獨力反攻，實際他自然另有想法。參閱賴名湯，《賴名湯日記》，第一冊，頁432。

[226] 段玉衡，《小灣十年紀事》，民國56年11月7日。

畫，美方當與中華民國方面共同研究與準備工作。使空投成功後，能繼之以兩棲登陸的軍事行動。空投行動必須在極祕密方式下進行，以保空投人員安全，判斷分析情況做行動之準備，並由中華民國方面負政治責任。甘迺迪總統已令準備兩架C-123型飛機，裝上新式電子設備以做空投之用，飛機裝置及訓練至少要6個月。（六）美方希望此類中美合作工作，不作任何透露須保持緘默，以免美國政府遭受困擾。為美國利益計，不得不公開否認曾與中方討論有關反攻大陸問題。最重要結論即中國大陸發生重大變化時，中美兩國必能採取共同的行動恢復大陸人民的自由。[227]蔣總統對於克萊恩轉達甘迺迪對我反攻計畫與美國有關者提出之意見，認為大體上仍在繼續合作之意，而實際上是在拖延時間，並撤銷支援之諾言。[228]

民國51年5月2日，美國駐華代辦高立夫向陳誠副總統提出美國國務院訓令，關切我國軍費開支龐大，深恐影響經濟建設及大陸情況，在美國情報並非反攻最有利時機，而最重要希望對軍事準備，中美兩方必須會商。[229]同日蔣中正總統指示：反攻大陸決不能得到美方同意，美國曾出賣古巴、寮國，所以我們決不能信賴美國，如果要等待美國同意才反攻，那只有在臺灣等死，他說我們反攻時不必向美國保密，並且保密也是不太可能的。[230]

5月3日，蔣中正總統以美國國務院對我徵收國防捐提出抗議，美方扣押我向其購買之橡皮舟與通信器材，不發出口證。美方以大陸尚無崩潰之跡象，警告我不可反攻大陸，感到可恥可痛。對於美方刁難對我軍經援款，托辭以阻礙我反攻行動，不能計較，忍耐從事。[231]同月空軍總司令陳嘉尚訪美，美國空軍司令歐丹奈爾（Gen. O'Donnel）告訴陳嘉尚，為了中華民國的利益著想，最好不要談反攻，因為美國不願意打仗，這樣反而對我們的準備和美援會有影響，我們的努力和三軍實力是爭取美援最有效的基根，老是

---

[227] 〈蔣中正與克萊恩談話紀要（民國51年4月5日）〉收錄在《蔣經國總統文物》，國史館，典藏號：005-010206-000712-005。
[228] 蔣中正，蔣中正日記，未刊本，民國51年4月5日。
[229] 陳誠，《陳誠先生日記》，第三冊，頁1535。
[230] 蔣中正，蔣中正日記，未刊本民國52年5月4日。
[231] 蔣中正，蔣中正日記，未刊本，民國51年5月3日、5日及16日。

向美方要東西,這樣反而會引起反感。[232]

　　5月22日,美國總統甘迺迪在記者會中宣稱,國軍反攻大陸應先與美國協商。6月,反攻大陸計畫因美方延後軍援我空投運輸工具被迫延後至10月。蔣中正總統在6月30日日記寫下:「在此一良機失矣,目前匪軍調集已成,今後在閩江與韓江之間的攻擊地點似已無縫可乘,自當另闢途徑,別開場面。」[233]蔣總統認為:美國將我反攻計畫故意透露給中共,使共軍速在金馬對岸加強兵力防務,使我無法實施兩棲突擊,在根本上無形中間接阻止我正規軍反攻。美國不贊成我反攻,以為時間尚未成熟。察其用意,必使共軍主動叛變或人民反共起義,則推翻中共政權,不於我有分,以造成大陸另一政權乃與我為敵,使我永無反攻復國之機會,以遂其消滅我中華民國之政策,乃為其為一直幻想乎。[234]

　　負責國光作業室的副參謀總長賴名湯認為:美國對我反攻的要求不很熱心,我反攻的主要條件固然在我們自身,但大陸的狀況和美國的態度也是很重要。[235]「國光作業室」主任朱元琮認為:反攻大陸作戰是一個革命性的戰爭,難以完全照學院派正規作戰的方式來計畫整備。因為我國的物資有限,又難期獲得美方的支援,而且雙方戰略目標方向不同,美軍係以協防臺灣為主要任務。[236]段玉衡認為:「國光計畫」是在美國對臺政策僅以協防臺澎為主之狀況下,借力美方之軍經援助而自力之機密計畫,在此情況下,美方對我暗中防範與阻擾甚力。[237]

　　當時美國對華政策一方面在日內瓦與華沙向中共代表示好,提出保證美國決不支持我政府反攻大陸,另一方面約束我不採取軍事行動,使人有美國敵我不分的印象。尤其自民國51年5月以來,對我政府以外匯所購買之物資

---

[232] 賴名湯,《賴名湯日記》,第一冊,頁58。
[233] 蔣中正,蔣中正日記,未刊本,民國51年6月30日。美國未交運我運輸機及登陸艦,認為美國對我反攻行動採取不信任與拖延政策。參閱蔣中正日記,未刊本,51年7月11日。
[234] 蔣中正,蔣中正日記,未刊本,民國51年7月21日及8月8日
[235] 賴名湯,《賴名湯日記》,第一冊,頁13。
[236] 彭大年,〈朱元琮將軍訪問紀錄〉收錄在《塵封的作戰計畫——國光計畫口述歷史》,頁15。
[237] 彭大年,〈段玉衡將軍訪問紀錄〉收錄在《塵封的作戰計畫——國光計畫口述歷史》,頁193。

拒發出口許可,此無異對我禁運。[238]

　　民國54年1月4日,蔣中正總統指示:以金門為基地發起「虎嘯作戰」。金門防衛部司令官王多年提到金門國軍任務訓練無法實施,因為對美軍顧問保密很難做到,只要發現我們有反攻行動,美方會採取阻撓。[239]美方對國軍有關反攻作戰的訓練亦不協助或配合,例如特種作戰所需跳傘訓練的頂傘,美方提供的數量與實際需求落差極大,美軍顧問甚至公開表示,就是為了防止國軍反攻大陸。[240]

　　賴名湯認為:民國54年8月3日,克萊恩來臺與蔣中正總統商談有關反攻的事,與其說美國贊成我們,還不如說是勸阻我們。從一切徵候看來,贊成我們的機會不多。蔣總統反攻的決心變了,知道非賴外力不可。老實說,反攻不僅是勝負,而是存亡問題。10月,國防部部長蔣經國訪美,蔣經國訪美的結果,是美國說服了他,美國不會幫助或介入國軍反攻大陸。[241] 56年3月17日,蔣總統在日記寫下:「今年最為傷心之一事,乃於3月17日接受(美國總統)詹生嚴厲反對我反攻大陸之警告,如晴天霹靂,此種無妄之侮辱,永不能忘。」[242]

二、反攻計畫與國軍現況脫節淪為紙上談兵

　　國光計畫區分兩階段,第一階段是突擊登陸階段,其構想是不依外力自力反攻,其戰力與物資悉數由我國自行籌措整備,此階段計畫在整備過程中,有詳細計畫可以掌握。第二階段是建立攻勢基地階段,並沒有細部計畫,單就大陸的軍事民心士氣無法充分有效掌握,僅止於戰略構想。[243]

---

[238] 〈蔣中正接見柯爾克談話紀錄(民國51年9月6日)〉收錄在《蔣經國總統文物》,國史館,典藏號:005-010301-00012-009。
[239] 段玉衡,《小灣十年紀事》,民國54年1月4日。
[240] 廖明哲,《了了人生自述》(臺北:文史哲出版社,民國91年),頁295、296。
[241] 賴名湯,《賴名湯日記》,第一冊,頁438、468。
[242] 蔣中正,蔣中正日記,未刊本,民國56年12月31日自記全年反省錄。
[243] 彭大年,〈王河肅將軍訪問紀錄〉收錄在《塵封的作戰計畫──國光計畫口述歷史》,頁30。

徐學海認為海軍「光明作業室」裡的參謀是「師爺型」的幕僚,他們的作業都未經測試就一直向前走,是紙上談兵。兩棲作戰首要條件是攻擊一方必須擁有高度的空優和海優。當年臺灣海峽的制空權,我空軍略占優勢,但我海軍在大陸沿海制海權未必占有優勢。而海軍「光明作業室」對於兩棲特遣部隊的海上運動,從未要求戰參室對其在策訂的行動計畫實施測試,這是多麼不可思議的事。[244]「海嘯一號」作戰計畫,海軍以共軍雷達、通信站已掌握我海軍在大陸沿海活動艦艇的動態,因此評估此案非常危險,對於艦艇極端不利,所以建議該案撤銷,但國防部答覆還是要執行,結果發生八六海戰,劍門、章江兩艘軍艦被擊沉,導致整個「國光計畫」走進尾聲。[245]

　　曾負責督導國光作業室的副參謀總長賴名湯認為:蔣中正總統為了安定民心,主張立即反攻大陸,因為共匪有了原子彈,我們可以提早反攻了,所以報紙上和立、監兩院都在高唱反攻的時期可以提早了,其實不能看作那樣簡單。我們所有的作戰計畫都與實際情況脫節,將來實行起來有問題,任何問題應先交給幕僚研究,然後再呈報上級,我們的問題是由上而下。[246]

　　民國50年代「國光作業室」的反攻計畫參謀作業看似很完善,但執行起來卻困難重重。例如民國53年2月20日,蔣中正總統指示的「龍騰計畫」,經研究發現兩棲小艇不足,以致攻擊軍即使在小艇毫無戰損下,要9天才能全部由金門運抵廈門,然而共軍集結速度較國軍快,將陷已登陸廈門國軍不利,故計畫難以實現。因輸具限制,步兵師砲兵不能及早登陸,登陸部隊全部依賴金門岸砲支援,以致愈進入內陸,火砲支援愈感不足,而敵火砲支援愈多。至於由金門發起登陸保密更不可能,反觀敵可獲得數小時的預警時間。海空軍方面難期獲得局部優勢。[247]若要實施「龍騰計畫」,單就金門國軍需要申請150萬發砲彈,而國軍全部庫存砲彈僅有206萬發,難以滿足金

---

[244] 彭大年,〈徐學海將軍訪問紀錄〉收錄在《塵封的作戰計畫——國光計畫口述歷史》,頁247、248。

[245] 彭大年,〈徐學海將軍訪問紀錄〉收錄在《塵封的作戰計畫——國光計畫口述歷史》,頁243-244。

[246] 賴名湯,《賴名湯日記》,第一冊,頁298、299、519。

[247] 參閱一、段玉衡,《國光作業紀要》,未刊本,頁93、94。二、段玉衡,《小灣十年紀事》,民國53年3月31日。

門國軍需求。另外使用LVT突擊,海軍陸戰隊也不會同意,總之許多要求以國軍現有能力條件是辦不到的。[248]

民國53年7月24日,國光作業室奉命作海南島聯盟作戰之研究,承辦人段玉衡認為,海南島距離臺灣甚遠,支援補給困難,且我三軍能力多受限制,認為此作戰構想太一廂情願,完全是毫無意義浪費時間。[249] 12月27日,蔣中正總統指示,應由金門用兩個步兵師以小艇運輸,行岸至岸機動到將軍沃登陸(即虎嘯三號),主稿參謀段玉衡及參謀總長彭孟緝均認為此案無可行性。[250]

民國54年2月11日,蔣中正總統手令「國光作業室」研究「虎嘯計畫」成功後,對漳浦攻略,經過研究,該計畫可用兵力僅有一個陸戰師及4個步兵師,以此兵力要攻占正面寬達75公里,縱深42公里的灘頭陣地,已是心有餘力不足,若還有攻略外圍要點,實在強人所難。「虎嘯計畫」成功後,再發起「龍騰作戰」和攻占青嶼、浯嶼,若再分兵攻略漳浦,更是分散兵力,陷於「逐二兔,難得一兔」之利境。「國光作業室」研究報告認為,廈門共軍岸砲最多,防禦設施堅強,部署周密,一再建議蔣總統不應強攻廈門,但未被採納。[251]

金門小艇運輸能力按現有268艘LCM計算,裝運一個步兵師,共需375艘,尚不足107艘,若混合使用各種小艇,勉強可裝運一個師,因此「虎嘯計畫」計畫要由金門以兩個師突擊,由岸到岸輸具無法支持。突擊部隊由金門出發,小艇在海上航行指揮掌握困難,若以步兵師兩棲登陸突擊亦不相宜。另外,在金門無法實施兩棲突擊訓練,蔣中正總統指示3個月期限完成,難以達成。[252]然而隨著「國光計畫」無法執行,耗費鉅資的兩百多艘LCM型機械登陸艇,除了小部分充作偏遠離島交通船外,大多擱(閒)置

---

[248] 參閱一、段玉衡,《國光作業紀要》,未刊本,頁52。二、段玉衡,《小灣十年紀事》,民國51年11月17日。

[249] 段玉衡,《小灣十年紀事》,民國53年9月7日。

[250] 彭大年,〈段玉衡將軍訪問紀錄〉收錄在《塵封的作戰計畫——國光計畫口述歷史》,頁205。

[251] 參閱一、段玉衡,《國光作業紀要》,未刊本,頁135、136。二、段玉衡,《小灣十年紀事》,民國54年2月11日及3月5日。

[252] 段玉衡,《小灣十年紀事》,民國54年1月5日。

在金門、馬祖坑道裡。另外，海軍海昌艇隊為了反攻大陸的「國光計畫」而設，擁有當時最高機密的潛爆艇，後因該計畫確定無法執行，加上該艇隊成立開始便受美軍顧問團的阻撓及限制，其隸屬層級逐漸降編，最終在62年4月裁撤，該艇隊人員大部解甲就業。[253]

「龍騰」及「虎嘯計畫」是要從石獅、港尾發起反攻，此構想係以全部特戰、空降運用作為策應計畫基礎，經過審密計算後發現，以當時的兵力而言，特戰部隊有24個大隊，人員足夠支援作戰，但空降旅兵力顯然不足。而且空軍運輸機最大的載運量，一次只可運送2至3個空降大隊兵力，且在執行第二次裝載時，兵力折損就很難計算，這些條件很難滿足作戰所需，而且美軍顧問限制我空運兵力的擴編發展，造成國軍欠缺運輸工具。[254]

三、負責計畫機構架床疊屋及參謀作業協調有困難

國防部自民國47年成立計畫次長室以來，該室第三處主管反攻計畫作為，50年成立「國光作業室」，負責國軍自力反攻計畫，但計畫次長室另外成立「巨光作業室」，負責中美聯盟反攻計畫，此兩個專案小組，互不來往，各自為政，形成架床疊屋，各行其事。「國光作業室」自50年4月1日成立至55年7月，策訂自力反攻計畫共有16種，作戰目標區限於國軍能力，都在閩粵沿海。「巨光作業室」因有美軍有限的援助，作戰目標區就大些，但兩個作業室就目標地區仍有重疊，任務部隊也有些相同，因此形成雙頭馬車。[255]

「國光計畫」因為許多參謀研究都是絕對機密的，事先又不能送給參加向參謀總長簡報的三軍總司令或參謀長及各聯參次長先看。有的高級長官終日忙碌，且對其單位基層的狀況和能力限制，不盡了解，所以聽到簡報中有關他的單位之內容，就提出一些不同意見，主稿參謀位卑職小，不能發言解

---

[253] 海軍艦隊指揮部編印，《老部隊的故事：威海護疆、錨鍊傳薪》，頁93、115。
[254] 彭大年，〈潘文蘭將軍訪問紀錄〉收錄在《塵封的作戰計畫──國光計畫口述歷史》，頁474、475。
[255] 段玉衡，《小灣十年紀事》，民國55年7月16日。

釋，主持簡報的參謀總長一聽到不同意見，又不能不給予尊重。因之，主稿參謀費盡心力，忙碌數月所寫的研究，有時因為發言長官一句不甚成熟的話就推翻了，又得重頭來過，日夜忙碌，真是心力交瘁。[256]最傷腦筋的是有些長官和下級任務部隊的人都弄不清楚國光作業室各項計畫的內容，以致協調和配合上發生很多困難。[257]「國光作業室」成立後，並未完全依「用人唯才」的指示徵調軍官到該室工作，造成有些軍官因專長、志趣與從事計畫性或行政後勤業務不合，因而對工作感到厭倦。[258]

蔣中正總統的德籍軍事顧問孟澤爾指出，國軍幕僚組織太過於龐大，往往在同一個科、處就有好幾位同階者。因此分工常感模糊，勤快的參謀要不就是頒布過多的規定、命令、日程，使部隊疲於奔命，要不然就是覺得無法發揮所長，而徒感沮喪。然而國軍軍官團為了執行蔣總統反攻的命令或願望，絞盡腦汁，全力以赴，作出各種作戰計畫、後勤計畫，但都是紙上談兵。隨著反攻目標逐漸遠去，整個軍官團會感到倦怠和厭煩，事實上現在就已出現這類的跡象。[259]

民國54年9月20日，蔣中正總統在政工幹校訓話中，透露其反攻戰略思想的轉變，因此國光作業室許多研究報告不像從前那像被重視，讓承辦業務的參謀倍感挫折，段玉衡在日記寫下：「我們把反攻作戰戰略研究簽報給參謀總長，卻被指示將這研究留存在國光作業室參考，忙碌一個多月的研究案，最後得到這樣的結果，國光作業室可以裁撤了，以節省國家人力物力。」[260]

---

[256] 彭大年，〈段玉衡將軍訪問紀錄〉收錄在《塵封的作戰計畫——國光計畫口述歷史》，頁216、217。
[257] 段玉衡，《小灣十年紀事》，民國53年2月10日。
[258] 陳振夫，《滄海一粟》，頁237、238。
[259] 王玉麒，《明德專案：德國軍事顧問在台工作紀實》（臺北：莊威出版，2000年），頁36、37。
彭大年，〈朱元琮將軍訪問紀錄〉收錄在《塵封的作戰計畫——國光計畫口述歷史》，頁14。
[260] 段玉衡，《小灣十年紀事》，民國54年12月8日。

四、外籍軍事顧問及部分政府高層、將領對反攻持負面看法或態度消極

蔣中正總統的德籍軍事顧問孟澤爾認為：反攻大陸不可行，反攻大陸烏托邦式及教條式的思想，影響了整個國家的結構，因為經濟發展與維持強大軍隊員額是相互排斥的。孟澤爾指出反攻另一個難題是，大部分士兵們都是本省籍，如何叫他們去光復從未去過的大陸，孟澤爾懷疑他們會心甘情願不惜為此犧牲。或許基於這個緣故，所有特戰部隊和突擊隊的成員都清一色是外省人或外省人第二代。[261]

副總統兼行政院院長陳誠在國光作業室成立之初，聽取計畫報告時指示：我國力只能支持初期登陸作戰，登陸成功後便要以戰養戰，即以3個月的準備，打6個月的仗，以後即就大陸補給全靠臺灣基地的人力、物力設施與後勤支援，實難辦到。[262]我空軍人數太少，至多僅能作兩次至3次會戰。對於經濟須有半年至1年自己的支持，絕不能期望美國支持。[263]

民國50年6月30日，蔣中正總統聽聞陳誠副總統向參謀總長彭孟緝表達對反攻大陸之疑慮，甚感不滿，在日記寫下：「辭修對孟緝談話，表示其對我反攻復國計畫根本失卻了信仰心，殊出意料之外。彼在4月底已同意我所定開始反攻時期，且已決定戰時財經措施與軍費，而今日忽反前議，對我威信毫不顧及，可痛。」[264] 7月2日，蔣中正總統召見陳誠副總統擬於8月間開始反攻軍事行動，兩人發生爭論，蔣在日記寫下：「今晨九時與辭修談反攻計畫方針日期，與機會難得而易失之理，並責其不應背地倡言國軍不能作戰之說，以打擊反攻士氣，即打擊我統帥威望與統御之無能，以後無法重振反攻信心一點，令其特別注意。明告其我所已下動員令，決不能自我取消，除非由其不贊成之理由代我取消，因我欲反攻必須取得內部同意，否則只有犧牲我之主張也。」[265]

---

[261] 王玉麒，《明德專案：德國軍事顧問在台工作紀實》，頁36、38。
[262] 彭大年，〈朱元琮將軍訪問紀錄〉收錄在《塵封的作戰計畫——國光計畫口述歷史》，頁14。
[263] 陳誠，《陳誠先生日記》，第三冊，頁1360。
[264] 蔣中正，蔣中正日記，未刊本，民國50年7月2日。
[265] 蔣中正，蔣中正日記，未刊本，民國50年7月2日。

副總統陳誠與國防部長俞大維在艦上討論軍機

　　陳誠副總統質疑反攻時機是否適當，應考慮。蔣中正總統認為陳懷疑三軍不能戰，破壞統帥威信，阻撓反攻，因而發怒。[266]蔣在民國50年7月14日日記寫下：「辭修對反攻計畫不願多聞之意，可歎，是其不積極乃作消極之表示。向來凡是重要軍事行動之決定，彼多持異議，而且作不合原則之反對，最後實施成功，在在證明其所反對者為成功可行之舉動也。」[267]陳誠副總統對反攻若無美方幫助，絕不可行，他在51年4月5日日記寫下：「今年內不能反攻，恐怕以後更難，但反攻又不能不得美國支持，此時言反攻，美決不贊同，如何使美同意，應想辦法，如與美方商談，應以準備應戰為目標，絕不能立即談反攻。」[268]

---

[266] 陳誠，《陳誠先生日記》，第三冊，頁1389。
[267] 蔣中正，蔣中正日記，未刊本，民國50年7月14日。
[268] 陳誠，《陳誠先生日記》，第三冊，頁1519、1520。

國防部部長俞大維認為若無美軍協助，國軍反攻不可行。民國50年5月1日，俞大維告訴陳誠：「反攻如不能得到美國同意絕不可行，反攻大陸如無美國協助，斷難成功。一旦反攻失敗後欲再重整旗鼓，絕不可能。」[269] 51年3月，俞大維到美國訪問，與美國國防部長會晤談反攻大陸。俞返國後認為反攻太冒險，主張反攻以小部隊，借送糧救民為名，縱不成功，亦不影響大局。[270]俞大維反對徵收國防特別捐，認為此舉為打草驚蛇，告訴敵人國軍要反攻；[271]俞也反對陸戰隊擴編，認為陸戰隊現有兵力已足夠，陸戰隊登陸大陸後，向深遠目標擴張戰果，需要依賴強大且機動強的陸軍，但陸軍重裝師機動不足，無法達成擴張戰果的任務，蔣中正總統並未接受他的意見。俞大維反對登陸廈門，認為反攻大陸就像一瓶汽油，倒在地上一把火引燃，造成遍地著火。攻打廈門，那就好比把一瓶汽油，從這瓶子倒到另一個瓶子，這有什麼意義？但蔣總統仍然念茲在茲的要攻略廈門。[272]俞大維身為國防部部長，沒有參加國光作業室的反攻作戰規劃，主要是蔣總統認為俞與美、日駐臺官員走太近，擔心洩密。[273]

　　國防部部長蔣經國對於國軍反攻大陸也不全然置信，他曾告訴美方人員，坦承中華民國政府必須培養回到大陸的希望，俾便維持在臺灣的士氣民心。他和政府主要人士明白，要在中國建立一個非共產政府，可能需要相當長的時間，或許在他們有生之年都看不到。[274]

　　國軍將領方面，民國54年7月29日，蔣中正總統聽取國防部部長蔣經國報告：「陸軍登陸先發各師戰備，發現重要缺點。」後，他在日記寫下：「以戰備不實與劉壽如（安祺）消極怕戰情緒，殊非所料。」[275]金門防衛

---

[269] 陳誠，《陳誠先生日記》，第三冊，頁1361。
[270] 陳誠，《陳誠先生日記》，第三冊，頁1510、1512。
[271] 陳誠，《陳誠先生日記》，第三冊，頁1529。
[272] 參閱一、段玉衡，《國光作業紀要》，未刊本，頁110、111。二、段玉衡，《小灣十年紀事》，民國54年3月27日。
[273] 汪士淳，《漂移歲月：將軍大使胡炘的戰爭紀事》，頁153。
[274] Jay Taylor原著，林添貴譯，《台灣現代化的推手蔣經國傳》，頁300。
[275] 蔣中正，蔣中正日記，未刊本，民國54年7月29日。在國光作業室成立後那幾年國防部作戰次長並不好幹，只要被蔣中正總統認為表現不佳，就會被換掉，4年之間總共換了5位作戰次長。參閱汪士淳，《漂移歲月：將軍大使胡炘的戰爭紀事》，頁188。

司令部司令官王多年及副司令官馬安瀾對反攻作戰缺乏信心,兩人均抱怨北起鴨綠江南至海南島,幾千公里長的海岸線,那裡不能登陸,國防部偏偏要選定廈門島,兩位負責執行「龍騰計畫」的指揮官都毫無信心。[276]

陸軍第一軍團司令羅友倫對海、空軍反攻作戰戰力感到懷疑,認為海軍的運輸艦船僅能運送一個師的陸戰隊,即使能把這個師全數送上岸,再回航運載下一批部隊,前後就要6天到1週的時間,敵人的砲火,空軍的威脅、反擊,會到什麼樣的程度?我方的運輸艦艇在敵人攻擊下,又能剩下多少?回航來運載下一批部隊,都是無從得知估算的,就算第一批登陸成功了,到下一個師再度登陸,前後已經有一段時間,何況要全數登陸呢?這樣是根本無法達成作戰任務的。就拿空軍來說,我們的空軍戰鬥機作戰半徑有限,運輸能力也不行,可能到了某一個定點,油箱就沒油了。空優的維持是非常困難的。[277]第二軍團司令張國英、陸戰隊司令于豪章都極力反對先實施「虎嘯作戰」,再實施「龍騰作戰」,與蔣總統歷次的指示和手令完全相違背。[278]空軍總部作戰署署長衣復恩疑是私下向美方表示「反攻無望論」,觸犯「禁忌」,被送至軍法局看守所拘禁長達1,066天。[279]

五、蔣中正總統與國軍高級將領在反攻戰略概念有差距

蔣中正總統很清楚反攻作戰不論人力或物力都是以小搏大,稍有不慎就會使整個國軍戰力遭受嚴重損失,因此指示反攻作戰案除了加強戰備,提高作戰渡海能力外,要重視奇襲效果,如能奇襲,即使海空支援稍差,成功勝算一定較高。例如民國51年2月8日作戰會談,討論對廈門的攻略,一案是正面進攻,一案是攻下漳州後,自背後攻擊,蔣不主張正攻,以免造成嚴重戰損。[280]但時任第一軍團司令羅友倫認為,當時蔣中正總統的主要考慮,是由臺灣直接發動登陸作戰,目標指向福建龍溪、晉江、莆田的三角地帶,以

---

[276] 段玉衡,《小灣十年紀事》,民國51年12月8日。
[277] 朱浤源等,《羅友倫先生訪問紀錄》,頁191、192。
[278] 段玉衡,《小灣十年紀事》,民國54年3月27日。
[279] 衣復恩,《我的回憶》(臺北:立青文教基金會,2000年),頁184、194、195。
[280] 汪士淳,《漂移歲月:將軍大使胡炘的戰爭紀事》,頁191、192。

石獅、將軍澳等地為目標。首先登陸之後，就要迅速占領敵人在福建沿海第一線設置的13座機場，然後打開福州、廈門等港口，建立後勤支援補給線。羅友倫認為福建的地形並不適合登陸作戰，此外，登陸作戰若要取得優勢，至少要有4個師的兵力，我們的運輸能力是否有這麼堅強，這些是需要考慮的。[281]

蔣中正總統與許多國軍高級將領在戰略概念上有差距，根據他對國光作業室的許多指示來看，他總是想先在大陸沿海攻占一個立足區域再說，至於將來如何發展，再依情況來決定。他總是說：「我們要打好第一仗，只要能守住一個灘頭陣地3個月，國際情勢及大陸敵情一定有變化，到時美援不請自來。例如國光一號目標銷定在南平，只要攻略龍溪、同安，建立一個立足點再說。」國光第十一號計畫戰略目標在廣州，他只對潮汕地區有興趣。

蔣中正總統深知國軍力量不足，因此想先在大陸找一個有港口、有機場的目標，先站穩腳步，好接受美國的後勤支援，而不是像彭孟緝、俞大維、劉安祺等人的想法，反攻登陸後就一心想往內陸鑽進，引發大陸人民抗暴。如此一來，以共軍強大的兵力，一但切斷國軍的後路，向內陸鑽進的國軍部隊是無法生存的。[282]

陸、結語

民國48年，蔣中正總統提出反共戰爭指導為「臺海軍事反共，結合大陸革命抗暴，裡應外合，內外夾擊」。[283]曾任美國中情局臺北站站長及中情局副局長克恩萊認為，民國50年，由於中國大陸情勢已極端惡化，蔣中正總統考慮對大陸進行大規模心理作戰，揭發毛澤東統治失敗的事實，並派遣國軍登陸華南各省，對中共發動象徵性軍事攻勢，以瓦解中共政權。但這訊息已傳到北京，共軍倉促調派大批空中及地面武力到東南沿海，加強當地防禦。

---

[281] 朱浤源等，《羅友倫先生訪問紀錄》，頁192。
[282] 參閱一、段玉衡，《小灣十年紀事》，民國54年11月14日。二、段玉衡，《國光作業紀要》，未刊本，頁109、110。
[283] 國防部史政編譯局編印，《實踐三十年史要》，上冊，民國71年，頁113-114。

為此美國無法避免認為，國軍對大陸採取軍事行動過於冒險，可能使蘇俄對中共伸出援手，進而造成第三次世界大戰。美國堅持拒絕給予此種冒進行動任何軍事支援，並立即向中共說明美國這項立場。蔣總統得不到美方支持，自然無法行動，也未採取行動。[284]

段玉衡認為：國軍即使有美國海空軍，甚至僅有後勤有限度支援下反攻，最初似應以漳州、廈門為初期戰略目標，而以底定東南，即長江以南，粵漢鐵路以東地域為初期戰役的目標。[285]八六、烏坵兩次海戰之前，我海軍在中國大陸東南沿海的巡弋行動，具有挑戰性，但兩次海戰失敗後，直接影響蔣中正總統反攻作戰之信心與決心。爾後蔣總統因病所累，又年事漸高，無人能代替其決策，故反攻大陸之計畫最後只有藏諸高閣。[286]

民國55年，毛澤東發動「文化大革命」，紅衛兵鬧翻了天，中國大陸到處一片混亂，臺北輿論有好幾家報紙社論寫下：「此時不伐，將待何時？」6月16日，蔣中正總統在陸軍官校校慶說：「大陸發生『文化大革命』，是反攻的最好時機，反攻行動很快要開始。」但段玉衡以其工作經驗，認為那只是在鼓舞人心而已，他在12月26日日記寫下：「主管反攻策劃的國光作業室卻沒有一點『我們將要出征』的氣氛。十幾年來，我們總是說：我們反攻是大陸為主戰場，以臺海軍事反攻為支戰場。主戰場我們敵後的行動究竟有何行動？真叫我們著急了。」[287]

自民國55年以後，蔣中正總統親自主持之「軍事特別會談」驟然減少，其對反攻作戰指導，亦不如之前5年那樣急迫性，顯然有趨於轉變為防衛臺澎金馬，加強經濟建設，整備國軍戰力為主。[288]其原因如美國不支持我反

---

[284] Ray S. Cline原著，聯合報新聞中心譯，《我所知道的蔣經國》（臺北：聯經出版事業公司，民國79年），頁80。

[285] 段玉衡，《小灣十年紀事》，民國54年10月17日。

[286] 彭大年，〈朱元琮將軍訪問紀錄〉收錄在《塵封的作戰計畫──國光計畫口述歷史》，頁16。

[287] 段玉衡，《小灣十年紀事》，民國55年6月16日及12月26日。

[288] 彭大年，〈邢祖援將軍訪問紀錄〉，頁63。「從八六海戰後至（民國54年）10月21日，例行特別會談已經停止兩個多月了，『誘敵海空決戰之研究』和我們早已準備好了的3、4個要向總統提報的研究。簽上去也總沒有被圈到要提報。看樣子，總統戰略思想自9月20日在政工幹校訓話中，我們可以看出有所轉變了。因此，國光作業室的許多研究報告，他也就不像從前那樣重視了。」參閱段玉衡，《小灣十年紀事》，民國54年10月21日。

攻大陸，金馬當面共軍兵力更為加強，我反攻登陸作戰益加困難。最重要是國內政治因素，發動反攻作戰，人力及物力必然大量損耗，而我防衛兵力顯著減少，尤其反攻戰爭如成功，美國同情給予支持，一旦失敗，難免有孤注一擲，全盤皆墨之危機。[289]賴名湯認為：根據《中美共同防禦條約》，除非中共向我們攻擊，國軍先向大陸主動攻擊是與該防禦條約違背的，假如我們要一意孤行，後果是值得顧慮的。蔣中正總統是不是經過這一層考慮之後，覺得單獨反攻大陸的作法，對其後與美國的關係將會造成嚴重的後果，所以就將反攻計畫擱置。[290]

筆者認為民國50年代前後國內外局勢的劇變，迫使蔣中正總統必須以反攻大陸作為手段，來鞏固蔣對臺澎金馬的統治。外在因素係美國甘迺迪政府企圖以分裂主義即製造「兩個中國」政策，以解決長期以來讓美國頭痛的「中國問題」，甘迺迪之後的詹森政府，美國對華政策是「事實的兩個中國政策」，不願意再公開確認中華民國是中國唯一合法政府。[291]由於中華民國國際地位開始動搖，並且受到嚴重挑戰，為此蔣總統欲藉由軍事反攻為手段，讓美國重新審視中華民國存在及東亞區域的安全問題。此時中共與蘇俄交惡，加上因中共一連串施政嚴重的錯誤，造成大陸民不聊生，大量難民湧入香港，一時臺灣輿論認為此為反攻大好時機，也讓蔣總統不得不有所作為，以因應各方輿論的壓力。最後是臺灣內部民主人士反對蔣中正總統與中國國民黨長期一黨專制統治，以及國軍官兵因長期整軍備戰卻未反攻大陸，造成內部紀律的問題，亦迫使蔣總統不得不以反攻作戰對外為名，轉移內部問題，並加強對臺澎金馬的管控。

蔣中正總統心知肚明沒有美國協助，就國軍整體戰力要自力反攻大陸，將是困難重重，甚至不可行。因此蔣總統在推動「國光計畫」時，就國軍現況僅作反攻初期的作戰規劃，以金門（或者再加上澎湖）為攻擊前進基地，先登陸攻占廈門或其周邊港尾半島、將軍澳一隅，建立灘頭堡或根據地後，

---

[289] 彭大年，〈邢祖援將軍訪問紀錄〉收錄在《塵封的作戰計畫——國光計畫口述歷史》，頁63。
[290] 賴暋，《賴名湯先生訪談錄》，上冊，頁208。
[291] 陳志奇，《美國對華政策三十年》（臺北：中華日報社，民國70年），頁185。

視局勢發展或等待時機（指大陸人民響應國軍反共抗暴或發生第三次世界大戰）再向閩中或粵東推進，擴大根據地，最後結合大陸人民全面反共抗暴力量光復大陸。由於大陸並未如預期發生大規模人民反共抗暴事件，反攻計畫又得不到美方的支持，八六、烏坵兩次海戰失利，暴露我海軍戰力嚴重不足，蔣總統最終打消軍事反攻大陸的念頭。

第六章　民國54年國共臺灣海峽三次海戰之研析

壹、前言

　　民國54年，我海軍與中共海軍先後發生五一（東引）、八六、烏坵三次海戰。在這三次海戰中，我海軍戰損相較中共海軍為重，但由於當時時空環境及過去兩岸史料取得困難，一般國人僅能從報紙得知有關三次海戰有限的資訊。因此五一、八六、烏坵三次海戰的全貌、真相及戰果難以知悉。而且當時的媒體對三次海戰的報導，其政治宣傳成分高，與海戰真相大多不符。例如五一海戰稱：東江艦擊沉共軍4艘艦艇，擊傷共軍大型艦艇2艘；[1]八六海戰稱：我兩砲艦擊沉敵艦5艘，重創敵艦多艘，我艦中彈甚多，部隊長下令自沉；[2]烏坵海戰則謂：海軍奏捷，來犯敵艦4沉1傷，我損失1艘掃雷艦，海戰進行時，空軍多批出動掩護等。[3]

　　發生在民國54年的五一、八六、烏坵三次海戰，迄今已過了半個多世紀，當年國共臺灣海峽三次海戰全貌、真相及戰果，隨著兩岸史料陸續的公開或出版，已相較過去能獲得較客觀公正的史實。另外，當年海戰發生並非是偶發事件，海戰的發生是具有其時代的背景，而海戰結束的後續影響，更是對於日後我政府反攻大陸政策，及國軍建軍備戰方向有著深遠的影響。

　　民國54年五一、八六、烏坵三次海戰的發生，其時代背景可追溯自中央政府播遷來臺及國軍轉進臺灣後，蔣中正總統不忘反攻復國大業，尤其在民國50年代，因大陸內部的動亂，讓蔣中正總統認為反攻大陸時機已成熟，當時除派遣國軍特種部隊人員登陸大陸從事敵後作戰外，亦集結大量國軍正

---

[1]　《中國時報》，民國54年5月2日，第一版。
[2]　《中國時報》，民國54年8月9日，第一版。
[3]　《中國時報》，民國54年11月15日，第一版。

規部隊在金門、馬祖外島,而我海軍艦艇對前線人員、物資的運輸補給次數增加外,海軍又負責搭載特種部隊人員登陸大陸進行敵後工作。為此中共亦集結重兵於福建前線,增派地面部隊及海軍艦艇於福建沿海基地,在敵我戰備都提升及高度警戒下,國共雙方海軍就很難避免彼此發生接觸,甚至交戰的狀況。在54年三次海戰發生前,我海軍在艦艇噸位、艦砲火力上,相較中共海軍艦艇具有優勢。但共軍則建造大量噸位輕巧、速度快、火力強大的護衛艇及魚雷快艇,並發揮其擅長夜戰、近戰的優勢。此外,共軍情報優於國軍,因此共軍往往能掌握我海軍艦艇出海後,在大陸沿海航行的動向,以致我海軍在八六、烏坵兩次海戰,戰損較大。八六、烏坵海戰,我海軍失利,是影響蔣中正總統延後及取消反攻作戰重要的關鍵之一。

半個多世紀過去了,迄今臺海兩岸有關民國54年國共五一、八六、烏坵三次海戰的研究及專著並不多見。這多少與過去因政治敏感及史料取得不易有關。筆者蒐整國軍、共軍相關出版品及史料外,曾參與上述三次海戰的國軍官兵、共軍軍官的回憶錄亦是本論文重要的參研資料。另外,當年一些參與反攻作戰的國軍將校,對於三次海戰的經過、戰果與對反攻大陸的影響,亦有一些相關史料可供參研。因此本文就以探討三次海戰發生前的兩岸時空環境背景,五一、八六、烏坵海戰經過,對三次海戰國共雙方海軍優缺失檢討,及最後三次海戰對整個國軍反攻作戰的影響,作一個論述與探討。

貳、三次海戰發生的時代背景

民國45年2月,蘇俄共產黨召開第二十次全國代表大會,蘇共領導人赫魯雪夫在大會上作了總結報告,強調恢復列寧的集體領導,堅決反對個人崇拜。24日深夜,赫魯雪夫作了祕密報告,批判史達林,否定史達林。赫魯雪夫在蘇共二十大的報告及批判史達林,在共產主義社會國家引起強烈震撼及迴響。中共領導人毛澤東不同意赫魯雪夫全盤否定史達林,認為這樣做是在幫助敵人。此為中共和蘇俄意識形態分歧與交惡的開始。[4]

---

[4] 郭大鈞,《中華人民共和國史:1949-1993》(北京:北京師範大學,1995年),頁87。

中共領導人毛澤東自民國45年初即開始對社會主義社會矛盾問題進行探討及研究。中共根據毛澤東的提議，決定在46年對中國共產黨展開全黨的整風運動。46年4月27日，中共中央發出〈關於整風運動的指示〉，並於5月1日刊載在報紙上。一時不少知識分子、中共幹部、「民主人士」對中共提出批判。毛澤東見形勢不對。於6月8日將整風運動變成反右派的鬥爭運動，一直到47年夏天，反右派鬥爭、整風運動基本上結束。[5]其結果由於中共對反右派鬥爭嚴重擴大化，使得一批出於善意向中共提出批判和建議的知識分子、中共幹部、「民主人士」，遭到開除公職（黨職），甚至勞改或判刑的嚴厲處分。反右派鬥爭的影響是造成此後中國大陸內部無人敢對毛澤東及中共政權提出異議或批判。

民國47年5月5日至23日，中共第八次全國代表大會第二次會議在北京召開，會議上正式制定社會主義建設的總路線，而這條總路線成為指導「大躍進」的總方針。「大躍進」的發動是從掀起農業生產的高潮開始。在中共八大二次會議以後，「大躍進」運動進入全面的展開。接著中共中央在47年8月17日至30日在北載河召開中共政治局擴大會議，決定建立「人民公社」。北載河會議結束後，中國大陸迅速出現全民大煉鋼、人民公社運動的高潮。運動中，以高指標、瞎指揮、浮誇風、共產風為主要標誌，嚴重地氾濫起來，造成中國大陸國民經濟陷入空前的混亂之中。[6]

中國大陸在中共領導人毛澤東實施「大躍進」、「人民公社」的錯誤政策，加上自然災害，人民生活水準急劇下降，城鄉人民生活發生嚴重困難，特別是人民必需的消費品已不能保證基本需要，出現罕見全國性的大饑荒，不少地區發生浮腫病甚至人畜餓死等嚴重現象。由於城鄉生活嚴重困難，加上疾病流行，人口非正常死亡率增高，民國49年全中國大陸人口比前一年減少了一千餘萬人。[7]

---

[5] 朱玉湘，《中華人民共和國簡史》（福州：福建人民出版社，1991年），頁121、122、124。

[6] 郭大鈞，《中華人民共和國史：1949-1993》，頁115、116、118、120、121。

[7] 朱玉湘，《中華人民共和國簡史》，頁167。

中國大陸的大饑荒造成成千上萬人死亡，讓我國家安全部門研判，中共推行「大躍進」，在農村普遍設立「人民公社」及大饑荒的爆發，除了引發大陸各地民怨四起，造成經濟秩序崩潰與思想教條分歧外，甚至還在中共內部形成派系傾軋及鬥爭。中共推行的一連串政治運動，已引發了中共與蘇俄之間的嚴重矛盾及衝突。我國安單位因而做出結論，此刻實為國軍反攻大陸，解救大陸同胞的好時機。美國中央情報局則認為，蔣中正總統身旁的國安與情報人員，向他提供關於中國大陸情勢混亂與饑荒過於誇大不實的情資，讓蔣總統認為當時大陸人民渴望他領導反攻大陸。無論如何，中共施政上的錯誤，造成中國大陸的大饑荒及內部權力鬥爭，確實為蔣中正總統發動軍事反攻大陸計畫，提供了強而有力的支撐及誘因。[8]

　　在國軍方面，自民國39年6月25日韓戰爆發，美國政府重新檢討臺灣的戰略地位問題，同意重新給予中華民國軍事及經濟上的援助。國軍獲得美援後，裝備更新及戰力提升，此時蔣中正總統企圖利用中共政權未穩之際，儘量利用美援，暗中進行反攻作戰的進一步整備工作。當時的反攻作戰是採行「七分敵後抗暴、三分臺海正面」。也就是以突擊中國大陸人民公社，來策動敵後抗暴運動，配合大陸人民抗暴活動的進展，實施臺海正面軍事反攻。因此蔣中正總統特別重視特種作戰，應採用突擊人民公社的構想。在臺海正面，蔣總統強調應置重兵於金門、馬祖外島。為了執行敵後抗暴的任務，國防部下面成立一支特種部隊，也就是「特一總隊」（國軍編制有特一、特二、特三3個總隊，特一總隊專責敵後抗暴之任務）。特一總隊成立後，從國軍各部隊挑選最精壯的兵員，予以編成。特一總隊的武器裝備全是美式裝備，非常精良，訓練十分嚴格，隊員個個能具備跳傘，具備空中、地面滲透及突擊作戰的能力。[9]

　　在臺灣內部，自民國50年起，美國民主黨（甘迺迪總統）政府有意改變對中華民國的政策（美國承認外蒙古主權獨立，同意外蒙古加入聯合國，並與外蒙古建交），這對中華民國的國際地位造成威脅及撼動，此時的國際

---

[8] 林孝庭，《台海・冷戰・蔣介石：解密檔案中消失的臺灣史》（臺北：聯經出版事業有限公司，2015年），頁149、150。
[9] 林秋敏，《孔令晟先生訪談錄》（臺北：國史館，民國91年），頁84-87。

新情勢，也促使蔣中正總統加速推動軍事反攻大陸，來面對我國在外交及國際地位上即將面臨重大的挑戰。同（50）年夏天，美國駐臺北的外交人員已注意到：中華民國在反攻大陸的輿論及宣傳上，突然變得更加明顯。另外，依據美國中央情報局的情資，此時中國國民黨內的權力接班問題，亦是蔣中正總統欲推動反攻大陸作戰，來轉移中國國民黨內部分人士對他不滿的情緒。[10]

民國50年，蔣中正總統有鑑於共軍與國軍戰力之消長已主客易勢，我反攻復國之時機日臻成熟，遂命令國防部從速策定反攻計畫，加強部隊訓練，將部隊重新編組，為執行這項策定反攻作戰計畫的工作，組成一個專責機構。在國防部方面一般作戰計畫主要係由參謀本部負責，但為了保持機密起見，及所擬反攻作戰計畫不要與作戰參謀次長室的一般作戰業務混合在一起。[11]因此蔣總統於該年4月1日飭令國防部編成「大陸作戰中心」（即國光作業室）以自力反攻為基礎，著手擬訂攻勢作戰計畫，同時加強戰力整備。[12]國軍反攻大陸的軍事準備自51年初開始逐次升高，2月22日，國防部宣布成立「戰地政務局」，由蔣經國主持負責籌劃反攻大陸後的政務及經濟重建，此時活躍閩南地區的國軍游擊隊皆已完成待命。至於駐防臺灣、澎湖、金門、馬祖等地區國軍部隊都處於高度備戰狀態。海軍開始訓練以民間商船投入兩棲登陸作戰演習，陸軍則進行部隊、武器裝備、民間交通工具與物資的非常態性集結，並頻繁動員後備軍人、民防及警察。軍方部門也開始著手從事違反美方意旨的部隊組織調動及配置，包括著手擴編一支因應未來反攻大陸時，可用來敉平叛亂的特種部隊，整個島內的保安措施也明顯增強，為了籌措反攻大陸龐大的軍費，4月30日，中華民國政府宣布開徵「國防臨時特別捐」。對美方而言，這一切都顯示蔣中正總統正認真考慮發動一場大規模的軍事反攻。[13]

---

[10] 林孝庭，《台海‧冷戰‧蔣介石：解密檔案中消失的臺灣史》，頁145、146、147。
[11] 賴暋，《賴名湯先生訪談錄》（臺北：國史館，民國83年），頁202。
[12] 國防部史政編譯局編印，《國民革命建軍史：第四部：復興基地整軍備戰》（三），民國76年，頁1786。國防部將「武漢小組」改為「國光作業室」，作業重點由敵後抗暴改為臺海正面進攻。參閱林秋敏，《孔令晟先生訪談錄》，頁92。
[13] 林孝庭，《台海‧冷戰‧蔣介石：解密檔案中消失的臺灣史》，頁154、155、156。

國軍積極從事準備反攻大陸的軍事行動，此對於中共內部統治的穩定性，及其國防安全上，勢必造成一定程度上的威脅及影響，尤其自民國51年春之後，國軍多次舉行以反攻大陸沿海地區為目標的軍事演習，為了「防範」國軍反攻大陸，因此中共不得不加強大陸東南沿海地區的防務。51年5月，中共中央軍委向共軍全軍發出緊急戰備指示。5月31日，共軍總參謀長羅瑞卿在上海進行動員準備。6月10日，中共中央發出準備「粉碎」國軍進犯東南沿海地區的指示。[14]中共海軍遵奉中共中央及中共中央軍委指示，全軍進入緊急備戰狀態，並確定以東海艦隊兵力為主，南海艦隊協同配合，抽調北海艦隊部分兵力準備參加東南沿海地區作戰。共軍海軍入閩參戰的部隊於6月20日前先後到達福建三都澳、沙埕基地，總計兵力共有水面艦艇19個大隊、各型水面艦艇180艘、潛艇6艘、航空兵18個大隊、各型飛機156架、海岸砲兵16個連、高射砲兵1個團又7個營。[15]距離臺灣最近的福建省，在稍早6月9日，國軍、美國情報部門同時偵測共軍正大量進駐福州軍區，至6月底止，整個福建省境內已集結了40萬名地面部隊、100艘各式艦艇，以及近300架飛機。[16]

　　中共集結重兵於福建前線，此舉已顯示中共已掌握國軍即將發動反攻作戰的機密情資，因而做出必要的反應兵力部署。但我國安單位對於共軍大規模集中兵力在福建，則認為這是共軍的攻勢防禦，即以政治攻勢達成軍事防禦，未來動向為對金門、馬祖外島，實施小規模砲擊或空襲，以維持臺海地區緊張局勢，用以對外施展政治攻勢。[17]

　　蔣中正總統企圖計畫在民國51年下半年發起反攻大陸作戰，但由於美國不支持國軍反攻大陸，以致自51年7月起，國軍發動反攻大陸的宣傳或媒體報導突然沉寂下來，但美國也未完全反對國軍在中國大陸從事敵後活動，

---

[14] 參閱一、中國人民解放軍歷史資料叢書編審委員會，《海軍・綜述大事》（北京：解放軍出版社，2006年），頁94。二、《當代中國》叢書編輯部，《當代中國海軍》（北京：中國社會科學出版社，1987年），頁369。

[15] 參閱一、中國人民解放軍歷史資料叢書編審委員會，《海軍・綜述大事》，頁94。二、盧如春等，《海軍史》（北京：解放軍出版社，1989年），頁369。

[16] 林孝庭，《台海・冷戰・蔣介石：解密檔案中消失的臺灣史》，頁161。

[17] 林孝庭，《台海・冷戰・蔣介石：解密檔案中消失的臺灣史》，頁161。

這對反攻大陸念茲在茲的蔣總統找到一個出口，亦派遣大量的特種部隊與敵後人員，潛入大陸。[18]因此自51年下半年起，國軍情報局、特種軍事情報室、陸軍情報署特種軍事情報隊、金門防衛司令部兩棲偵察隊等單位，是策劃派遣小股武裝的主要單位。美國駐臺軍事顧問團則專門成立「游擊小組」參與，以及策劃小股武裝特種部隊的襲擾活動。國軍小股武裝特種部隊開始對大陸沿海地區進行長時間、多批次、多方向的小股武裝襲擾活動，先後採取的方式有：武裝滲透、兩棲突擊、海上襲擊等幾種。[19]

　　民國52年6月起，國軍武裝特種部隊對中國大陸的滲透、襲擾活動範圍已擴大包含福建、廣東、浙江、江蘇、山東沿海諸省，並在美國支持下，國軍特種部隊還利用南韓、南越的島嶼作為中繼基地，其重點仍在福建沿海地區。[20]比較特殊的滲透、襲擾活動是在海南島、山東半島；52年6月23日，由美軍駐臺情治單位訓練的國軍武裝特種部隊，在海南島陵水縣吊羅山區空降，企圖建立游擊根據地，共軍出動民兵三萬七千多人，經過多日的「搜捕」。7日17日，我武裝特種部隊隊長鄧建華以下8名官兵被共軍俘虜。11月20日，國軍武裝特種部隊「廣東省反共救國軍獨立第十一縱隊」第一、二支隊，分別乘船在海南島萬寧縣楊梅港、坡頭港登陸，共軍海南軍區派遣公共部隊、民兵立即展開「搜捕」。至27日，廣東省反共救國軍獨立第十一縱隊第一、二支隊15名官兵非死即俘，共軍方面有10人陣亡及8人負傷。53年7月5日，國軍情報局所屬武裝特種部隊45名官兵，搭乘大金一號、大金二號由高雄出航，企圖在廣東北海地角村登陸未成，於7月11日晚沿原航線返臺，未料12日上午遭共軍海軍艇隊攔擊，大金一號、大金二號兩艘運輸船在海南島榆林港以南海域沉沒，我武裝特種部隊指揮官何寇以下官兵14人殉職，副指揮官余光美以下60人（包含船員）被俘。[21]

　　山東半島三面環海，是國軍武裝特種部隊對大陸進行軍事滲透及情報偵蒐的重點地區。當時南韓朴正熙政府與中華民國合作，提供基地給國軍武

---

[18] 林孝庭，《台海‧冷戰‧蔣介石：解密檔案中消失的臺灣史》，頁164、165。
[19] 《當代中國》叢書編輯部，《當代中國海軍》，頁368、370、371。
[20] 中國人民解放軍歷史資料叢書編審委員會，《海軍‧綜述大事》，頁95。
[21] 海南省軍事志領導小組辦公室編印，《海南軍事志》，1995年，頁242。

裝特種部隊。民國52年9月28日，國軍武裝特種部隊「山東反共救國軍獨立第十二縱隊」由淡水乘船發航，於10月2日抵達南韓鹿島基地。10月5日18時，山東反共救國軍獨立第十二縱隊由鹿島乘船駛向山東半島。6日21時30分，山東反共救國軍獨立第十二縱隊在海陽縣大辛家公社小灘村登陸，登陸後即進入玉泉山，企圖建立游擊基地。共軍得知國軍武裝特種部隊進入玉泉山後，立即派兵封鎖山區及大肆「搜捕」，山東反共救國軍獨立第十二縱隊與共軍發生戰鬥，終因寡不敵眾。7日7時，戰鬥結束，該縱隊有2人陣亡殉職，縱隊司令張吉元以下官兵14人被俘。[22] 53年5月26日，國軍武裝特種部隊「海虎先遣隊」16人，搭乘「海興號」運輸船由基隆起航，於30日到達南韓中繼基地，繼於6月1日駛向山東榮成。2日2時，在榮成鎮鋼島登陸，被共軍及地方民兵發現後，遭到射擊，「海虎先遣隊」有1人陣亡殉職，3人負傷被俘，其餘登船離去。[23]

國軍為了打擊福建沿海共軍的護衛艇隊成立了「海上突擊隊」（海狼隊），民國53年5月1日國軍情報局派遣7艘海狼艇在東引海域與共軍海軍護衛艇發生海戰，海狼艇有2艘被敵擊沉及1艘被俘。11月8日，國軍海上突擊隊有3艘海狼艇由馬祖出航，前往黃岐半島從事特種任務時，遭共軍護衛艇攻擊，有1艘海狼艇被敵擊沉。[24]

國軍小股武裝特種部隊對中國大陸的「襲擾」，自民國51年9月起至54年總計有108股（51年8股、52年34股、53年59股、54年7股）。[25] 此外，民國50年代初期，國軍除了派遣小股武裝特種部隊進入中國大陸外，並組織一支專門從事心戰的部隊，對大陸漁民進行心戰策反活動。這個從心戰工作的部隊主要由海軍1艘戰車登陸艦，2至3艘作戰艦艇組成，每逢夏秋漁汛期間和民間傳統節日前後，進入福建沿海活動，請大陸漁民登船，藉由請吃飯、

---

[22] 煙台警備區軍事志編纂委員會，《膠東軍事志（1840-1985）》（北京：軍事科學出版社，1990），頁189。
[23] 煙台警備區軍事志編纂委員會，《膠東軍事志（1840-1985）》，頁190。
[24] 中國人民解放軍歷史資料叢書編審委員會，《海軍‧綜述大事》，頁96。
[25] 中國人民解放軍軍事教育訓練部編印，《建國後局部戰爭與武裝衝突》，1989年，頁30。自民國51年下半年至55年年底，國軍海上武裝特種部隊，犧牲128人，被俘294人。參閱《當代中國》叢書編輯部，《當代中國海軍》，頁380。

送物品、看電影、參觀圖片和宣撫慰問等方式，進行政治宣傳，實施所謂的「海上反共復國學校」計畫，並藉此搜集大陸軍事、政治、經濟等各方面情資。海上反共復國學校活動在53年達到高峰，我海軍軍艦主要到閩南東山島及閩粵交界的南澳島活動，由於我軍艦大多在白天遠離海岸進行活動，中共海軍艦艇雖然多次進入待機位置，卻未能掌握有利的戰機，對我海上反共復國學校展開攻擊。[26]

　　蔣中正總統在民國51年的反攻大陸作戰計畫與行動，雖然遭到美國政府反對與不支持而暫停。但蔣中正總統仍不放棄反攻大陸計畫。民國53年12月20日，蔣中正在金門對三民主義講習班受訓幹部說：「我明年就是80歲的人了，我一定要在我有生之年，帶著你們再回到大陸去。」稍早在1個多月前，蔣中正總統在石牌對國軍高級軍官訓話時說：「我們戰才有生路，不戰，只有死路一條，與其不戰而死，不如戰死；與其死在臺灣，不如死在大陸；與其被人出賣而死，不如戰死在戰場；與其在臺灣被中共原子彈炸死，不如在他原子彈還沒有完成前到戰場去拼一拼。」又在前幾天「國軍特別會談」中說：「據最新情報，美國已與中共妥協，保證阻止我們反攻。所以目前大陸沿海的兵力，都已後撤。」依據蔣中正總統上述這些話，就可以了解蔣總統的構想：「與其坐以待斃，不如死裡求生」。蔣總統想用駐防金門、澎湖的國軍部隊發起突擊，這就是在「死裡求生」的構思下所產生的。[27]

　　民國54年1月7日，蔣中正總統召開特別會議，由國光計畫作業室向蔣總統報告：「以金門為基地，發起虎嘯作戰之研究」，這是一次重要的軍事會議，參加者有參謀總長、陸海空軍三位總司令、陸海空軍三位副總長、陸軍兩位軍團司令、金門防衛司令部司令官王多年、陸戰隊司令于豪章、總政戰

---

[26] 孔照年，〈回憶八六海戰〉收錄在《海軍——回憶史料》（北京：解放軍出版社，1999年），頁472。所謂「海上反共復國學校」就是派中字號戰車登陸艦到前線靠近大陸海域地區，執行海飄宣傳工作，以及把大陸漁民接到船艙內，招待吃飯，播放文宣電影，及觀看文宣圖片。此外漁民離開時，送給他們一些生活用品，此種作法主要是反制中共對我不實宣傳，並搏取大陸同胞對我政府的向心力。之後由情資得知「海上反共復國學校」開辦效果不佳，大陸漁民回去後不敢張揚，受贈物品不敢立即使用，整個行動不符成本效益，執行幾次後，便不再繼續執行。參閱鄧克雄，《葉昌桐上將訪問紀錄》（臺北：國防部史政編譯室，民國99年），頁175-176。

[27] 段玉衡，小灣十年紀事，未刊本，民國53年12月20日。

部主任高魁元、陸軍第一軍團司令兼陸軍作戰發展司令羅友倫等。會後蔣中正總統完全採納了國光計畫作業室建議：以1個師由金門，1個師由澎湖發起「虎嘯二號」的反攻作戰。[28] 5月29日及30日，蔣中正總統和參謀總長彭孟緝在高雄觀看實兵兩棲作戰演習，這是國軍來臺後，最大規模的一次實兵兩棲作戰演習。同時，是測驗虎嘯二號作戰的可行性，所以各級對這演習都很重視。[29]

根據當時擔任國防部作戰次長與主管國光作戰計畫的朱元琮的說法：民國54年夏，蔣中正總統決心進行反攻大陸作戰，三軍也在積極祕密進行各種作戰準備及檢查，並於行動前進行各項配合行動，因此當年8月6日發生「八六海戰」便是登陸作戰直前對登陸目標，以及潮汕地區一帶偵巡的任務。[30]

民國54年6月，奉蔣中正總統指示：「準備於6月17日、18日、19日，在南部召開國軍第二次幹部會議，檢討戰備，應即迅速準備。」大會按期於高雄鳳山陸軍軍官學校舉行，出席重要幹部730員，由蔣總統親主持。綜合大會之檢討及會後之重要措施等，於7月2日向蔣總統提報。[31]蔣中正總統自6月14日起，至7月28日止，分別到陸海空軍各單位視察，以瞭解戰備之進度及整備情形。[32]

---

[28] 段玉衡，小灣十年紀事，未刊本，民國54年1月7日。

[29] 段玉衡，小灣十年紀事，未刊本，民國54年5月29日及5月30日。

[30] 彭大年，〈朱元琮將軍訪問紀錄〉收錄在《塵封的作戰計畫：國光計畫》（臺北：國防部史政編譯室，民國94年），頁15。

[31] 國防部史政編譯局編印，《國民革命建軍史：第四部：復興基地整軍備戰》（三），頁1796。6月7日，蔣中正總統批下前天有關本次會議的大簽，這次會議代名為：「官校歷史檢討會」16日，是陸軍官校校慶，總統親臨主持盛典。從17日起，就一連開三天會，從上午8時到晚上10時。三天會議中，總統躬親主持，每一位參與會議的人，深受感動。19日會議結束，我們大家都認為這次會議，是我們反攻的誓師大會。參閱段玉衡，小灣十年紀事，未刊本，民國54年6月7日、6月16日、6月19日。

[32] 國防部史政編譯局編印，《國民革命建軍史：第四部：復興基地整軍備戰》（三），頁1796。7月8日，蔣中正總統前往金門視察，是為了反攻大陸作戰的準備。參閱賴名湯，《賴名湯日記》，第一冊（臺北：國史館，2016年），頁427。同書頁428記：蔣中正總統在準備要動了，但最後決定要到7月20日左右。

參、五一海戰（或稱東引海戰）

　　民國54年3月17日，我陸軍第六十八師第二〇三團實施「北極演習」派遣1個加強連，進駐馬祖與東引之間的無人島—亮島，展開戰場經營。[33]國軍進駐亮島後，對共軍艦艇進出東引與馬祖之間海面的威脅增加，共軍圖謀打開此一不利之形勢，乃乘東北季風甫逝，海峽氣候利於小型艦艇活動之際，蓄意對我海軍巡弋艦隊實施突襲。[34]

　　民國54年4月29日，海軍東江艦（編號PC-119）由艦長何德崇指揮，奉海軍北巡支隊隊長孫文全的電令，飭離澎湖馬公駛赴東引與馬祖間海面，與北巡支隊會合執行例行巡弋任務。東江艦因受強風所阻，速率降低，於4月30日12時，電報北巡支隊預定是（30）日19時，可抵達東引，繼續再電報北巡支隊，預定於晚間22時抵達。是夜東江艦因雷達故障，無法確知船位，乃巡弋於東引與馬祖間海面，實則船位偏誤於東引西北海面，但與北巡支隊仍有電訊之連絡。[35]東江艦在黑夜航行，海面上缺乏目標，無法作船位校正，於是值官將航向毫無依據地往西修正，希望能儘量接近白犬列島（莒光列島），找到東莒燈塔，定位後再折向東引島，然而這個的舉動，完全否定了原先的航行計畫。[36]

　　東江艦先是航行越過東引島，然而戰情室人員誤認東引燈塔為白犬列島的東莒燈塔。[37]之後東江艦繼續誤航，將北礵島誤認是馬祖。30日21時40分，東江艦駛至台山島以南，又誤認台山島是東引，並發電訊向北巡支隊報到，但停泊在東引南澳的北巡支隊旗艦太倉艦及東引島上的雷達均掃瞄不到東江艦。[38]

---

[33] 彭大年，《國軍將士紀念碑》（臺北：國防部，民國105年），頁386。
[34] 海軍艦隊司令部編輯，《老戰役的故事》（臺北：海軍總司令部，民國91年），頁176-177。
[35] 劉廣凱，《劉廣凱將軍報國憶往》（臺北：中央研究院近代史研究所，民國83年），頁241。
[36] 張明初，《碧海左營心——捍衛台的真實故事》（臺北：星光出版社，2002年），頁299。
[37] 張明初，《碧海左營心——捍衛台的真實故事》，頁302。
[38] 陳漢庭，〈東江艦的悲歌——五一海戰五十週年祭〉收錄在《傳記文學》，第一〇六卷第

稍早4月30日0時24分,共軍沿海雷達觀通站發現一大型目標離開澎湖馬公,駛往東引。30日19時許,共軍雷達觀通站發現該目標在東引以東2海里,卻不再往東引前進,而是朝台山島方向行駛。30日21時40分,當東江艦駛抵台山島東南18海里外,繼續以16節速度北駛時,中共海軍福建基地研判東江艦可能是:向北礵島輸送小股「特務」,或分散共軍雷達注意力,策應小股「武裝特務」活動,或者是迷航。共軍福州軍區即指示:如「敵」靠近,準備打一下。30日22時,正在沙埕港南昌護衛艦上的中共海軍東海艦隊司令陶勇命令福建基地護衛艇第二十九隊,派出100噸護衛艇,迅速出擊,於北礵島方面100度,在領海線附近攔擊東江艦。陶勇另外命令駐沙埕港的南昌護衛艦及巡防區75噸護衛艇2艘,向台山島以南「接敵」。[39]

　　中共海軍東海艦隊決定以編號575、577、574、576護衛艇,[40]於東引島以北10海里處攻擊東江艦,另以2艘護衛艇至西引島正北5至7海里處,牽制東引與馬祖的國軍,以南昌號護衛艦及2艘護衛艇駛往台山島以南攔截。4月30日22時23分,東江艦轉向,折返東引。22時35分,共軍護衛艇第二十九大隊編號577、575號護衛艇由東衝高速出擊。[41]

　　5月1日0時25分,共軍先頭護衛艇編號575、577護衛艇發現東江艦身影,立即高速衝向東江艦。[42]直至1日0時40分,東江艦值更人員電達下士陳晃發現目標,立即報知姚震方副艦長(姚震方副艦長值勤4月30日20時至24時的班,在交班後,未離開駕駛臺,與接班值更的通信官王仲春一起在

五期,頁9。東引的空軍雷達對空掃瞄範圍可達200海里,太倉艦上的平面雷達有效掃瞄半徑可達50海里。參閱張明初,《碧海左營心——捍衛台的真實故事》,頁300。

[39] 參閱一、黃傳會等,《海軍征戰紀實》(北京:解放軍文藝出版社,2000年),頁258。二、蔣二明、江舒,《戰將陶勇》(合肥:安徽人民出版社,2001年),頁575。

[40] 共軍舷號575、577、574、576等4艘護衛艇係共軍自製0109型高速護衛艇,艇長35.66公尺,寬5.2公尺,吃水1.5公尺,標準排水量108.6噸,最大航速32節,巡航速度18節,主要武器為前甲板雙管57公釐砲1座及後甲板雙管37公釐砲1座。參閱武林樵子,〈怒海爭鋒:從0109型艇到62型高速護衛艇〉收錄在《艦載武器》,2006年9月號(鄭州:中國船舶重工集團公司,2006年),頁36。

[41] 福建省地方志編纂委員會,《福建省軍事志》(北京:新華出版社,1995年),頁305。

[42] 參閱一、黃傳會等,《海軍征戰紀實》,頁259。二、福建省地方志編纂委員會,《福建省軍事志》,頁305。

駕駛臺）[43]：有快速目標兩批，大小共8個；6個在前，2個在後，由艦尾方向逐漸接近，計左舷大型目標2個，中型目標2個，右舷中型目標4個，採取包圍態勢，大型目標2個則位稍後支援。[44]東江艦發現目標後，全艦緊急備戰，增速至18節，並試圖識別，共軍護衛艇亦高速迫近，先發射照明彈，繼發砲轟擊，逐次以兩艘護衛艇向東江艦輪番攻擊，東江艦隨即還擊，敵我激戰由1,000碼接近至500碼。[45]根據東江艦士官長劉玉軒的說法：5月1日午夜0時左右，東江艦發現共軍艦艇向我艦接近。1日0時45分，敵方已接近到1,200碼的6個目標，先發照明彈，接著發砲攻擊。[46]另外，東江艦雷達中士陳晃回憶：東江艦是遭敵攻擊後，才由舵房（時副艦長姚震方在舵房）傳來拉戰備鈴聲。因此何崇德艦長上駕駛臺指揮及官兵就砲位應是遭敵攻擊後的事。[47]

　　5月1日0時57分，共軍衛護艇發動第二波攻勢。因夜暗目標不清楚，以致共軍衛護艇第一、二波攻擊效果不大。1時2分，東江艦還擊，共軍護衛艇借助東江艦砲火光，其護衛艇隊進行第三波攻擊，迅即壓制住東江艦火力。[48]共軍第三波攻擊東江艦指揮臺中彈，造成何德崇艦長以下人員重大

---

[43] 陳漢廷，〈東江艦的悲歌──五一海戰五十週年祭〉收錄在《傳記文學》，頁10。
[44] 參閱一、國防部史政編譯局編印，《國民革命建軍史：第四部：復興基地整軍備戰》（三），頁1768-1769。二、國防部史政局編印，《何德崇勇士傳》，民國54年，頁4。《何德崇勇士傳》，頁4記：東江艦艦長何德崇接獲雷達下士陳晃報告，當即飭令緊急備戰，並急登指揮臺監督全艦官兵，迅捷就位應戰。
[45] 參閱一、國防部史政編譯局編印，《國民革命建軍史：第四部：復興基地整軍備戰》（三），頁1769。二、劉廣凱，《劉廣凱將軍報國憶往》，頁242。東江艦航行值更的通信官王仲春在發現雷達有多個目標後，誤判是漁船，遂下達「舵房開航行燈，注意避碰」的命令。此舉立刻招惹共軍護衛艇的密集砲火四射。參閱張明初，《碧海左營心──捍衛台的真實故事》，頁303。
[46] 參閱一、劉廣凱，《劉廣凱將軍報國憶往》，頁259。二、國防部史政局編印，《何德崇勇士傳》，頁4。有關五一海戰共軍第一波攻擊時間為，共軍方面則記：5月1日0時40分，共軍577護衛艇至距離東江艦6鏈（1鏈為十分之一海里，即185公尺）時展開攻擊，東江艦被迫轉向外海。參閱一、福建省地方志編纂委員會，《福建省軍事志》，頁305。二、黃傳會等，《海軍征戰紀實》，頁259。另外，劉玉軒說：共軍砲艇共8艘，有6艘參加戰鬥，2艘巡弋掩護。《中央日報》，民國54年，5月3日，第一版。
[47] 陳漢廷，〈東江艦的悲歌──五一海戰五十週年祭〉收錄在《傳記文學》，頁11。
[48] 參閱一、福建省地方志編纂委員會，《福建省軍事志》，頁305。二、黃傳會等，《海軍征戰紀實》，頁259。國防部史政局編印，《何德崇勇士傳》，頁5記：共軍第二波及第三波攻勢時間分別為5月1日1時15分及1時30分。

傷亡。⁴⁹

　　東江艦與共軍護衛艇（砲艇）開打後，敵我雙方都各占有優勢，東江艦火力強大，砲彈射程遠，宛如一座靜止在海面上的砲臺。共軍護衛艇則是速度快、數量多，有靈敏的機動性，層層圍繞著東江艦，設法作近距離的快速攻擊。⁵⁰另外，東江艦在海戰開打後，立即關閉航行燈，並解除無線電靜止的規定，以電報海軍北巡支隊請求增援。⁵¹

　　北巡支隊長孫文全於5月1日0時50分獲悉後，研判東江艦在巡弋時，受巨大風浪及雷達故障之影響，以致船位稍有偏失後，乃下令東江艦不進港，離岸20浬巡弋，為避免東江艦誤入共軍所占據島嶼，隨後指向120度真方位撤離，作為安全之緊急措施，俾使突出重圍。另一方面孫文全立即率領太倉艦備戰，全速馳援，並令資江艦會合行動，俾會合後集中兵力作戰。⁵²1時15分，共軍護衛艇隊逼近距東江艦4鏈（1鏈相當於十分之一海里，約185.2公尺）時，進行第四波攻擊，共軍護衛艇一度逼近至東江艦僅有50公尺。⁵³1時20分，共軍舷號577護衛艇由於與東江艦距離過近，遂向右急轉，卻與後續正向東江艦衝擊的敵舷號575護衛艇發生碰撞。共軍護衛艇隊在第五波攻擊後，隨即撤出戰鬥。⁵⁴

　　此時太倉、資江兩艦已會合，繼續搜索東江艦馳援。1時30分，東江艦遵奉北巡支隊電令，轉向120度撤離。1時40分，海軍駐基隆「六二特遣部

---

⁴⁹ 陳漢庭，〈東江艦的悲歌——五一海戰五十週年祭〉收錄在《傳記文學》，頁12。國防部史政編譯局編印，《國民革命建軍史：第四部：復興基地整軍備戰》（三），頁1769及劉廣凱，《劉廣凱將軍報國憶往》，頁242均記：在歷時25分鐘之激戰後，東江艦擊中左舷後方兩艘共軍中型艇，目標隨即消失，其餘敵艇則敗退逃逸。

⁵⁰ 張明初，《碧海左營心——捍衛台的真實故事》，頁307。

⁵¹ 張明初，《碧海左營心——捍衛台的真實故事》，頁303。

⁵² 劉廣凱，《劉廣凱將軍報國憶往》，頁242。

⁵³ 參閱一、福建省地方志編纂委員會，《福建省軍事志》，頁305。二、黃傳會等，《海軍征戰紀實》，頁259。5月1日1時15分，共軍第二批砲艇再度向東江艦右後方逼近，東江艦轉向350度，敵我雙方繼續砲戰，敵艦接近至1,000碼。參閱劉廣凱，《劉廣凱將軍報國憶往》，頁242。

⁵⁴ 參閱一、福建省地方志編纂委員會，《福建省軍事志》，頁305、306。二、黃傳會等，《海軍征戰紀實》，頁259。東江艦以艦砲擊中右舷兩艘共軍艦艇，共軍艦艇中彈起火爆炸，旋告消失。參閱國防部史政編譯局編印，《國民革命建軍史：第四部：復興基地整軍備戰》（三），頁1769。

隊」指揮部指揮官馬焱衡於接獲東江艦遭共軍艦艇圍攻電報後，即令洛陽、漢陽兩艘驅逐艦緊急升火待發。另飭令太昭艦緊急出基隆港駛赴東引馳援，並電令北巡支隊集中兵力馳援東江艦。「六二特遣部隊」之處置，甚為妥當。[55]

自5月1日1時30分至2時2分間，東江艦艦體水線以上彈著累累，駕駛臺、戰情室中彈，輔機艙進水，報務機故障，電信中斷，官兵搶修堵漏。[56]另外，依據劉廣凱的說法：通信官王仲春於海戰開始即陣亡殉職，艦長何德崇雖然負傷，仍繼續指揮艙面火砲，向來襲敵艦艇射擊。何艦長因傷重不支，乃命姚震方副艦長接替，姚副艦長在受命後，當他步出戰情室，忽然中彈墜海殉職。槍砲官曾襄擎雖負傷，仍繼續指揮艦上官兵奮勇向敵艇射擊，並告知輪機長速從堵漏，直至2時30分，已無力支持，始被救離崗位。[57]

東江艦在海戰中，因機艙附近中彈累累，海水大量湧入，主機失靈，不能機動，呈漂流狀態。又因艦長負傷，副艦長墜海失蹤，官兵多人傷亡，何明曲輔導長、陳克威輪機長遂率領機艙及修理班剩餘官兵，在強風凜冽中，從事堵漏工作，終於在萬分艱難困苦狀況下，完成了堵漏工作。20公釐砲士兵邱英士、黃文虎在與敵戰鬥中，雖然兩腿中彈斷折，仍奮不顧身，匍匐登上砲位，繼續向共軍護衛艇猛轟，又為敵彈所射中，兩人光榮殉職。艦槍砲士官長梁錦棠於敵我展開砲戰中，不顧敵砲威脅，指揮各砲手發揮高度火力，並排除各砲故障，給予敵砲艇重創，不幸於戰鬥劇烈之際，中彈陣亡殉職。信號士余傳華於信號臺上發現有未炸砲彈1枚，惟恐爆炸傷及同僚，乃赤手抱彈，企圖棄之入海，忽遭敵彈射傷，傷重不治殉職。[58]

五一海戰期間，東江艦上倖存官兵站上砲位，發動主副砲猛烈還擊，機艙部門官兵致力於損管維護及堵漏搶救，在海戰開始後，東江艦上兩部發電機相繼受損，油機中士張謨庭於黑暗及砲聲中，修理發電機，立即恢復機

---

[55] 劉廣凱，《劉廣凱將軍報國憶往》，頁242。
[56] 參閱一、國防部史政編譯局編印，《國民革命建軍史：第四部：復興基地整軍備戰》（三），頁1769。二、劉廣凱，《劉廣凱將軍報國憶往》，頁242。
[57] 劉廣凱，《劉廣凱將軍報國憶往》，頁242-243。
[58] 劉廣凱，《劉廣凱將軍報國憶往》，頁243。

動。當時機艙進水，官兵全力進行堵漏工作，迨水勢遏止。輔機艙因中彈進水勢頓危殆，油機中士黎邦慶將通往主機艙之水密門全部封閉，終使主機艙安全無恙。[59] 5月1日2時30分，海面已無共軍艦艇蹤跡，戰鬥終告結束。東江艦全艦官兵除陣亡及重傷者外，進行搶救艦艇及傷患，各砲位仍加強戒備。[60]

　　5月1日3時，太昭艦駛離基隆港前往東引馳援。3時35分，海軍北巡支隊偵測臺測獲共軍北礵島觀通站連續反應，研判東江艦位於東引東北10浬處，遂轉知北巡支隊隊長孫文全即率太倉、資江兩艦轉向東引，全速馳援。5時10分，太倉艦發現東江艦，距離4浬，正在漂流。5時35分，太倉、資江兩艦與東江艦會合，即由資江艦拖帶東江艦，太倉艦隨護，之後於5月1日10時，與由基隆馳援之太昭艦會合，駛赴東引，於10時50分抵達。[61]

　　五一東引海戰我方戰果及戰損方面；東江艦計有姚震方副艦長、王仲春通信官、槍砲士官長梁錦棠、信號士余傳華、士兵邱英士、士兵黃文虎6人陣亡殉職，[62]何德崇艦長以下官兵19人重傷，另有官兵24人輕傷，傷亡占全艦官兵三分之二強。負傷官兵由專艦送往臺北治療。東江艦主甲板以下至水線以上彈痕累累，輔機艙、戰情室、駕駛臺儀器全毀。共軍戰損方面，我方聲稱：東江艦擊沉共軍砲艇PTC（或VP）4艘，擊傷PC艇兩艘。[63]但共軍方

---

[59] 劉廣凱，《劉廣凱將軍報國憶往》，頁243、244。東江艦因突遭攻擊，傷亡過重，一時陷入無人指揮的狀態，主機故障，慶幸發電機仍在運轉，使得主副砲電力系統仍可以維持在備戰狀態。參閱張明初，《碧海左營心——捍衛台的真實故事》，頁304。

[60] 參閱一、海軍艦隊司令部編輯，《老戰役的故事》，頁185。二、劉廣凱，《劉廣凱將軍報國憶往》，頁245。

[61] 劉廣凱，《劉廣凱將軍報國憶往》，頁245。共軍海軍東海艦隊司令陶勇親率南昌護衛艦及574號、576號護衛艇等第二梯戰鬥艦艇抵達東引附近海域時，敵我距離已達23海里，陶勇遂命令共軍艦艇全部撤出戰鬥。參閱黃傳會等，《海軍征戰紀實》，頁259。共軍舷號577及575護衛艇於5月1日2時5分返航。南昌護衛艦及舷號574、576護衛艇於1日2時46分返航。參閱陳漢庭，〈東江艦的悲歌——五一海戰五十週年祭〉收錄在《傳記文學》，頁15。

[62] 海軍艦隊司令部編輯，《老戰役的故事》，頁220。

[63] 劉廣凱，《劉廣凱將軍報國憶往》，頁245、261。徐學海對五一海戰戰果感到存疑。徐說：「當年的戰果許多不是真實的，因為沒有實證。比如雷達出現的目標消失有很多種可能，如果距離遠了，我們的破雷達就無法顯示，這也不能認定是打沉了敵方艦艇。」參閱張力，〈徐學海先生訪問紀錄〉收錄在《海軍人物訪問紀錄》，第二輯（臺北：中央研究院近代史研究所，民國91年），頁135-136。

甫接艦返國成軍的東江軍艦

面僅承認：有1艘護衛艇被東江艦擊傷，1艘護衛艇因撞擊受創嚴重，但無人傷亡。[64]

5月6日，東江艦凱旋返回左營海軍基地，南部軍政各界為歡迎東江艦官兵，特地舉行凱旋大會，政府以東江艦戰績輝煌，凱旋之日，除派員登艦慰勉外，並頒發全艦官兵慰勞金10萬元。[65]

---

[64] 福建省地方志編纂委員會，《福建省軍事志》，頁306。
[65] 海軍艦隊司令部編輯，《老戰役的故事》，頁183、185。五一海戰結束後，東江艦長何德崇少校晉升海軍中校，輔導長何明典上尉晉升海軍少校。5月2日，國防部部長蔣經國、參謀總長彭孟緝頒發新臺幣10萬元獎賞東江艦官兵。參閱《中央日報》，民國54年5月3日，第一版。

肆、八六海戰

民國54年7月1日，黎玉璽接任國防部參謀總長，關於積極反攻大陸備戰方面，奉頒兩項指示：第一、就有關之各項作戰計畫，要先舉行兵棋推演，研討計畫可行性與接受性。第二、是要先期對於大陸東南沿海實施小規模之突擊、襲擾或兩棲偵察，旨在達成伴動之目的。這兩項任務均飭由海軍總司令部來執行。關於第二項任務接奉國防部54年7月30日，令頒「海嘯一號作戰」命令，飭令海軍派軍艦護送陸軍特情隊突擊東山島周客巢角，相機摧毀共軍雷達站，捕俘共俘，獲取情報，並限定以8月6日為D日。[66]

稍早蔣中正總統於7月14日在海軍司令總部聽取戰備報告時，就指示「誘敵海空決戰」並要海軍實施「蓬萊作戰」，以蒐集共軍在大陸沿海的海空情況。[67]

「海嘯一號作戰」是依據國防部令頒「蓬萊一號」計畫策定暨執行。前此，海軍曾執行過此類的特戰任務若干次，甚至突擊地區遠達前文所述的山東半島海岸。惟歷次任務係將特戰隊員送至大陸海岸後，我方軍艦即返航。[68]然而此次任務和以往海軍所遂行的計畫最大不同之處是，不僅將突擊隊員送至汕頭外海的東山島實施偵察與襲擾，並於其任務完成後接載返航。換言之，任務艦在敵前海域將會逗留6至7小時。如此，相當嚴密的共軍觀通系統當能有效地掌握了我任務艦的動態。這對任務艦的安全是十分不利的，有鑑於此，海軍總司令部戰參部曾以幕僚立場向國防部反應此次計畫危險性極高，似不應該執行。但國防部的指示係必須如時遂行。[69]

---

[66] 劉廣凱，《劉廣凱將軍報國憶往》，頁262。
[67] 段玉衡，《小灣十年紀事》，民國54年7月19日。
[68] 張力，〈徐學海先生訪問紀錄〉收錄在《海軍人物訪問紀錄》，第二輯，頁89。
[69] 徐學海，《1943-1984海軍典故縱橫談》，下冊，作者自刊，民國100年，頁505。「海嘯一號作戰」作為堪稱前所未有的慎重嚴謹，此因我們（海軍）事先對敵情有相當瞭解，尤其對中共通觀系統能力的掌握了詳盡的數據，我們曾向國防部及友（陸）軍反應過本案的可行性甚低，然而上級認定本案有其戰略（非戰術）含義。參閱張力，〈徐學海先生訪問紀錄〉收錄在《海軍人物訪問紀錄》，第二輯，頁90-91。

海軍總司令部於接獲此令後，因總司令劉廣凱時正負責第一項兵棋演習，個人無法分兼顧，遂向參謀總長黎玉璽請示「海嘯一號作戰」是否可緩延，但黎玉璽總長以海嘯作戰是上級指定，決不可緩延改期，並以海嘯作戰規模甚小，派主管軍令的海軍副總司令馮啟聰代理劉廣凱總司令執行。劉總司令在不得已情況下，遵命辦理。劉廣凱總司令交代馮啟聰副總司令主持「海嘯一號作戰」之任務，組成海嘯一號督導組，由海軍總司令部、陸軍總司令部有關人員10人編成，由馮啟聰擔任組長，先在臺北海軍總司令部召集三軍協調會議，責成作戰參謀次長室草擬作戰實施計畫，派劍門、章江兩艦組成「海嘯特遣支隊」，選派巡防第二艦隊司令胡嘉恆擔任該支隊指揮官。

　　8月3日，「海嘯一號作戰」由海軍總司令部作戰助理參謀長許承功批「先發」，時劉廣凱總司令正在左營主持兵棋推演，因此對於「海嘯一號作戰」內容完全不知曉。8月5日上午，劉廣凱總司令返回臺北，許承功助理參謀長親持「海嘯一號作戰」面交劉總司令核閱，劉總司令詳閱後，發現該計畫有諸多不妥之處，例如特遣區隊由左營發航後，即直航目標區，容易遭到大陸沿岸共軍通觀系統偵知；又特遣區隊在抵達目標東山島目標區，將陸軍特情工作艇（行動員7人）放下落水後，仍往返巡弋東山島海域，並開航行燈，偽裝商船，敵前暴露，容易被共軍發現我之企圖，[70]或遭受共軍快艇之襲擊等。劉總司令對此計畫不同意，認為應重擬。時劉總司令獲悉執行「海嘯一號作戰」特遣區隊已於8月5日6時自左營發航，正前往目標區，立即命令飭該特遣區隊回航左營候令，但為時已晚。[71]

---

[70] 劉廣凱，《劉廣凱將軍報國憶往》，頁263。徐學海認為劉廣凱說法絕非事實，海軍總司令部戰參室作戰組完全洞悉中共沿海觀通的能力，故任務支隊的航行計畫是偽裝商船，從左營南駛至香港海域，稍停後，再循商船慣用的航線北上。而且規定卸下特戰人員工作艇後，仍然北駛。迨獲得工作艇任務完成通報後，高速回航接應工作艇。但依據事後生還者的報告稱：共軍識破了我任務支隊的企圖。參閱徐學海，《1943-1984海軍典故縱橫談》，下冊，頁507。

[71] 劉廣凱，《劉廣凱將軍報國憶往》，頁263。時許承功向劉廣凱報告：8月4日，接獲國防部作戰參謀次長朱元琮來電，要飭該特遣區隊應依上級的限期，務必於8月6日凌晨到達目標區，執行任務，業已向上級報告，所以現在不能回航。又此次作戰的協調會與作戰概念等都是由馮啟聰副總司令主持決定。昨日下午馮副總司令率領督導組已到達左營安排一切坐鎮指揮，……並已向空軍協調妥切適時支援，一切當無問題。馮副總司令離開臺北，因時間來不及看此計畫，乃飭令由我（許承功）代批……參閱劉廣凱，《劉廣凱將軍報國憶

稍早8月4日，胡嘉恆支隊長及納編的作戰官黃致君蒞臨劍門艦。4日下午，將兩艘膠舟（特工人員透滲登陸所用）運上劍門艦。[72] 8月5日6時，胡嘉恆支隊長率領劍門、章江兩艦與搭載特工人員，由左營港發航前往目標區閩南詔安灣東山島海域。[73]

8月5日18時，共軍南海艦隊司令員吳瑞林接獲情資，汕頭方向發現「敵情」，東山島金剛山觀通站雷達觀測到左營港外84海里處，有兩艘國軍軍艦混在遠海的商船中，正向大陸沿海駛來。與此同時，南海艦隊汕頭水警區古雷頭觀通站在距離外海78海里處現上述兩艘國軍軍艦。吳瑞林依據情資下達命令，第一命令汕頭水警區立即判明「敵情」，上報南海艦隊，汕頭水警區進入特級備戰。第二立即向共軍海軍司令部及廣東軍區報告，並請求批准艦隊出海作戰。[74]

吳瑞林將軍情上報後，即對汕頭水警區下達四項命令：一、對海區進行清查，切實掌握「敵艦」航行狀況。二、要求汕頭水警區將其備戰情況呈報上來。三、由汕頭水警區組成指揮所，由汕頭水警區護衛艇第四十一大隊及魚雷快艇第十一大隊組成海上第一攻擊梯隊，前往南澳島待機。四、命令金剛山、周田兩個一級觀通站每10分鐘向吳瑞林匯報一次「敵艦」狀況。吳瑞林下達命令後，親自打電話給汕頭水警區副司令員孔照年下達指示：要抓住

往》，頁263。

[72] 海軍艦隊司令部編輯，《老戰役的故事》，頁198。根據葉昌桐上將之回憶，原先負責執行「海嘯一號」任務是由太康及章江2艘軍艦負責，但因太康艦的聲納護罩在馬祖水道航行時，遭當地漁民捕蝦用漁網所布網之粗大竹竿椿碰撞破裂，因而影響其功能，造成無法執行「海嘯一號」特攻任務，改由劍門艦來執行。參閱鄧克雄，《葉昌桐上將訪問紀錄》（臺北：國防部史政編譯室，民國99年），頁183-184。

[73] 國防部史政編譯局編印，《國民革命建軍史：第四部：復興基地整軍備戰》（三），頁1769。劍門及章江兩艦出港時間，另一說法為8月5日9時，劍門及章江兩艦在保密的狀況下，分別駛離左營港，在高雄外海的指定點會合，編隊成形後，就以迂迴航向轉折，朝東山島慢慢前進。參閱張明初，《碧海左營心——捍衛台的真實故事》，頁314。

[74] 吳瑞林，〈我任南海艦隊司令員的幾次海空戰〉收錄在《軍事歷史》，2005年1月號（北京：中國人民解放軍事科學院軍事歷史研究所，2005年），頁21。5日17時45分，中共海軍南海艦隊接獲情資，劍門及章江兩艦搭載特種作戰人員，由左營隱蔽出航，企圖在閩南東山島海域蘇尖角、古雷頭地區登陸之情報。參閱一、孔照年，〈回憶八六海戰〉收錄在《海軍——回憶史料》，頁472-473。二、中國人民解放軍事教育訓練部編印，《建國後局部戰爭與武裝衝突》，頁62。

「敵艦」不放，集中優勢兵力，先打一條。此時共軍金剛山、周田兩個觀通站向吳瑞林回報：觀通站對於軍艦、商船、漁船都分辨得清楚，已緊緊抓住劍門、章江兩艦，兩艦之間相距半海里，繼續向我「逼近」。[75]

　　5日18時43分，中共海軍南海艦隊命令汕頭水警區部隊進入一級戰鬥準備。[76]南海艦隊決定集中汕頭水警區的兵力「殲滅」劍門、章江兩艦。汕頭水警區方面決定集中16艘艦艇，[77]以護衛艇隊和魚雷快艇隊協同作戰，集中優勢兵力，各個「殲滅」劍門、章江兩艦。其戰術手段為，由護衛艇隊先攻，殺傷「敵艦」艙面人員，壓制「殲滅」火力，然後由魚雷快艇隊實施魚雷攻擊。[78]為了爭取時間，汕頭水警區一方面將作戰方案上報給南海艦隊，一方面命令護衛艇隊和魚雷快艇隊第一梯隊出航至南澳島待機。[79]

　　此時汕頭水警區的海上突擊兵力係魚雷快艇第十一大隊6艘魚雷快艇、護衛艇第四十一大隊4艘高速護衛艇組成第一梯隊，另以5艘魚雷快艇、1艘砲艦（舷號161）為預備支援兵力，作為第二梯隊，海上指揮所設在「海上先鋒艇」（舷號598），由汕頭水警副司令員孔照年和參謀長王錦擔任海上作戰指揮。[80]共軍作戰戰術係採以隱蔽接近劍門、章江兩艦，靠攏近戰，採行先弱後強的戰術。作戰區域預定在南澳島以東，東山島以南；或南澳島以南和南澎列島以西海域。[81]

　　5日20時25分，劍門、章江兩艦航抵閩粵交界的南澎列島以東11海里，繼續向兄弟嶼方向航行。[82]21時30分，共軍海軍參謀長張學思、廣州軍區參謀長陶漢章先後打電話給南海艦隊司令員吳瑞林轉達中共總理周恩來的4項指示：一、要查明清楚確實是國軍派來的軍艦。二、可在離岸30海里左右

---

[75] 吳瑞林，〈我任南海艦隊司令員的幾次海空戰〉收錄在《軍事歷史》，頁21。
[76] 參閱一、孔照年，〈回憶八六海戰〉收錄在《海軍——回憶史料》，頁473。二、中國人民解放軍軍事教育訓練部編印，《建國後局部戰爭與武裝衝突》，頁62。
[77] 孔照年，〈回憶八六海戰〉收錄在《海軍——回憶史料》，頁473。
[78] 《當代中國》叢書編輯部，《當代中國海軍》，頁381。
[79] 孔照年，〈回憶八六海戰〉收錄在《海軍——回憶史料》，頁473。
[80] 參閱一、孔照年，〈回憶八六海戰〉收錄在《海軍——回憶史料》，頁473。二、盧如春等，《海軍史》，頁155。
[81] 孔照年，〈回憶八六海戰〉收錄在《海軍——回憶史料》，頁473。
[82] 中國人民解放軍軍事教育訓練部編印，《建國後局部戰爭與武裝衝突》，頁63。

打。三、不要打傷外國軍艦、商船、漁船。四、海軍、廣州軍區均不參與這次戰役的指揮,由南海艦隊司令員吳瑞林負責具體指揮,南海艦隊直接向總參謀長李天佑匯報,由李天佑協調廣州軍區空軍對作戰海域上空的空中掩護。吳瑞林接獲命令後,立即向艦隊的其他「首長」作了傳達,接著命令海上第一梯隊馬上向劍門、章江兩艦開進,將兩艦包圍,再分割開,先打章江艦。[83]

稍早5日21時24分,共軍汕頭水警區4艘舷號598、601、558、611高速護衛艇自汕頭發航,實行燈火管制,邊航行邊進行戰鬥動員。共軍魚雷快艇第一梯隊自海門發航,擬去南澳島與高速護衛艇隊會合。然而共軍通觀站於22時53分發現劍門、章江兩艦轉向東南航行。南海艦隊研判我艦可能將駛離大陸沿海,航向臺灣,為把握戰機及爭取時間,遂決定將護衛艇隊與魚雷快艇隊的會合點,改在南澎列島方位67度,距離10海里處。[84] 23時,共軍護衛艇隊抵達南澳島前灣漂泊待命。[85]

5日23時,共軍南海艦隊司令員吳瑞林批准汕頭水警區的作戰計畫,並根據吳瑞林的指示調整兵力部署如下:以4艘舷號598、601、558、611護衛艇作為1個火力群,汕頭水警副司令員孔照年和參謀長王錦在舷號598艇上指揮;以6艘舷號131、132、134、135、123、133魚雷快艇作為1個突擊群;舷號161砲艦為支援兵力,另外以5艘魚雷快艇組成第二梯隊在南澳島待機。[86]

5日23時13分,共軍護衛艇隊由南澳出擊。23時14分,共軍舷號161砲艦由汕頭出擊。此時劍門、章江兩艦正位於兄弟嶼東南3.5海里處,向西南方向航行。[87] 6日0時31分,共軍護衛艇隊與魚雷快艇隊兩群兵力,在岸上指揮

---

[83] 吳瑞林,〈我任南海艦隊司令員的幾次海空戰〉收錄在《軍事歷史》,頁21。
[84] 參閱一、中國人民解放軍軍事教育訓練部編印,《建國後局部戰爭與武裝衝突》,頁63。二、孔照年,〈回憶八六海戰〉收錄在《海軍——回憶史料》,頁474。
[85] 孔照年,〈回憶八六海戰〉收錄在《海軍——回憶史料》,頁474。
[86] 孔照年,〈回憶八六海戰〉收錄在《海軍——回憶史料》,頁473、474。
[87] 參閱一、中國人民解放軍軍事教育訓練部編印,《建國後局部戰爭與武裝衝突》,頁63。二、孔照年,〈回憶八六海戰〉收錄在《海軍——回憶史料》,頁474。5日23時,劍門與章江兩艦抵達目標區,卸下工作舟及工作人員7人,即巡弋監視附近海域。參閱一、國防部史政編譯局編印,《國民革命建軍史:第四部:復興基地整軍備戰》(三),頁1769-1770。二、劉廣凱,《劉廣凱將軍報國憶往》,頁264。

所的引導下,到達預定會合點附近。由於魚雷快艇隊未啟動雷達,以致未發現護衛艇隊,此時共軍兩艇隊與劍門、章江兩艦距離為3.8海里。6日0時58分,共軍兩艇隊由於岸上指揮所引導上的誤差,使其與劍門、章江兩艦距離拉大為14海里,形成的攔擊之勢變成追擊。[88]

6日1時50分,劍門艦向海軍總司令部來電稱:在兄弟嶼正南12浬附近,雷達發現共軍快速目標4個、小型目標2個,當即攻擊。[89]此時共軍護衛艇編隊採取高速接戰,逼近我艦。共軍護衛艇隊經過兩波猛烈攻擊後,劍門艦與章江艦被迫分開。章江艦遭敵艇緊緊圍攻之中。[90]章江艦奮勇向敵護衛艇隊反擊,重創敵舷號601艇,601艇艇長吳廣維被擊斃。[91]由於敵艇集中砲火攻擊章江艦,劍門艦雖然以艦砲攻擊敵艇,支援章江艦作戰。然而是時章江艦通信已失去連絡,情況不明。[92]

6日2時51分,共軍護衛艇隊對章江艦進行第三波攻擊,其編隊抵近章江艦400至500公尺,敵艇隊與章江艦同航向運動,並減速至15節後,開始對章江艦實施猛烈射擊,一直攻擊到距章江艦100至200公尺。6日3時1分,章江艦突然轉向,高速向共軍護衛艇隊衝擊,並擊傷敵舷號611艇。然而共軍重新組艇隊,對章江艦進行攻擊,一直攻擊距離章江艦只有30至50公尺之遙,章江艦再度中彈爆炸。6日3時33分,章江艦因水線以下要害部位遭到敵護衛艇隊上的艦砲及穿甲彈重擊,於東山島東南約24.7海里處沉沒,從共軍護衛艇隊第一波擊章江艦到船沉沒為止,歷時1時40分鐘。[93]

---

[88] 中國人民解放軍軍事教育訓練部編印,《建國後局部戰爭與武裝衝突》,頁63、64。

[89] 劉廣凱,《劉廣凱將軍報國憶往》,頁264。8月6日0時30分左右,我雷達先後發現敵艇9艘,企圖向我圍攻。劍門及章江兩艦立即採取緊急備戰。1時50分雙方接觸。參閱國防部史政編譯局編印,《國民革命建軍史:第四部:復興基地整軍備戰》(三),頁1770。共軍史料記載8月6日1時42分,共軍護衛艇編隊雷達還未發現劍門、章江兩艦,但我方已發現敵艦,並向敵艦射擊,還打了照明彈。參閱孔照年,〈回憶八六海戰〉收錄在《海軍──回憶史料》,頁474。

[90] 孔照年,〈回憶八六海戰〉收錄在《海軍──回憶史料》,頁474。

[91] 《當代中國》叢書編輯部,《當代中國海軍》,頁384。

[92] 國防部史政編譯局編印,《國民革命建軍史:第四部:復興基地整軍備戰》(三),頁1770。

[93] 參閱一、孔照年,〈回憶八六海戰〉收錄在《海軍──回憶史料》,頁474。二、中國人民解放軍軍事教育訓練部編印,《建國後局部戰爭與武裝衝突》,頁65。共軍護衛艇隊與章江艦歷經1小時的激戰,未能擊沉章江艦,南海艦隊司令員吳瑞林下令,使用穿甲彈,

6日3時50分，胡嘉恆支隊長發電報告：已擊沉敵艦艇3艘，惟章江艦連絡中斷，恐已沉沒，凶多吉少，後續情況迄尚不明。[94]章江艦失去連絡後，胡嘉恆支隊長因責任心重，雖置身於危地，但為搜索章江艦始終沒有脫離戰場。共軍護衛艇編隊擊沉章江艦後，發現劍門艦仍在章江艦被擊沉的海域以東徘徊觀察。共軍南海艦隊發電指示：汕頭水警區立組織3艘62型護衛艇（舷號598、558、601）向劍門艦攻擊。另外，命令5艘舷號119、120、121、122、136的P-4級魚雷快艇（第二梯隊）立即投入戰鬥。此時，共軍參謀總部、海軍司令部、廣州軍區等「首長」指示南海艦隊：部隊已出動，就應堅決在6日天亮之前突擊一次再撤，空中掩護由空軍負責。[95]

　　稍早6日3時35分，共軍魚雷快艇第二梯隊由南澳島出航，高速駛往戰區。共軍護衛艇隊於4時8分開始追擊劍門艦。[96] 4時40分，共軍護衛艇隊高速進犯劍門艦，當距離劍門艦約五十鏈時，劍門艦以艦砲向敵護衛艇隊進行猛烈射擊。[97]共軍3艘護衛艇與劍門艦保持同航向，以劍門艦右弦大弦角集中火力靠近猛烈攻擊，迅速壓制劍門艦火力。[98]

　　6日5時15分，共軍第二梯隊5艘魚雷快艇相繼到達，並迅速展開，高速向劍門艦突入。[99]共軍海上指揮員孔照年為了使魚雷快艇能占領有利陣地發射魚雷，乃令護衛艇隊加速向劍門艦艦首小弦角繼續攻擊，把大舷角讓給魚雷快艇隊攻擊，並掩護魚雷快艇接戰。[100] 5時19分，共軍第二梯隊5艘魚雷快艇到達戰場。[101]此時共有8艘敵艇向劍門艦攻擊，其中4艘以30節以上之高

集中火力攻擊章江艦指揮塔及水線以下的部位。吳瑞林，〈我任南海艦隊司令員的幾次海空戰〉收錄在《軍事歷史》，頁22。
[94] 劉廣凱，《劉廣凱將軍報國憶往》，頁267。
[95] 中國人民解放軍軍事教育訓練部編印，《建國後局部戰爭與武裝衝突》，頁66。
[96] 中國人民解放軍軍事教育訓練部編印，《建國後局部戰爭與武裝衝突》，頁66。
[97] 6日4時58分，敵艇3艘於再次整備後，以高速向劍門艦行近距離攻擊，戰況至為激烈，劍門艦各型艦砲射擊未曾稍停，共軍艦艇因彈藥用盡，遂逃離戰場。參閱一、國防部史政編譯局編印，《國民革命建軍史：第四部：復興基地整軍備戰》（三），頁1770。二、劉廣凱，《劉廣凱將軍報國憶往》，頁265。
[98] 中國人民解放軍軍事教育訓練部編印，《建國後局部戰爭與武裝衝突》，頁67。
[99] 中國人民解放軍軍事教育訓練部編印，《建國後局部戰爭與武裝衝突》，頁67。
[100] 孔照年，〈回憶八六海戰〉收錄在《海軍——回憶史料》，頁475。
[101] 中國人民解放軍軍事教育訓練部編印，《建國後局部戰爭與武裝衝突》，頁67。

速向劍門艦接近,並旋以37公分艇砲行猛烈集火射擊。瞬間劍門艦首3吋艦砲砲員死傷殆盡,[102]右舷40釐米艦砲被擊中起火,駕駛臺遭敵艇火砲擊中,胡嘉恆支隊長與駕駛臺上11名官兵全都倒臥在地。[103]

6日5時20分,共軍5艘魚雷快艇區分兩組,對劍門艦齊射10枚水雷,其中3枚水雷命中劍門艦;第一枚擊中艦首,第二枚擊中機艙。此時劍門艦尚可勉強航行。直至艦尾被敵艇第三枚水雷擊中,艦體震動解體,於5時22分沉沒於東山島東南58海里處。[104]

共軍魚雷快艇隊擊沉劍門艦,南海艦隊司令員吳瑞林獲報後,命令共軍護衛艇隊返航,魚雷快艇隊則在海上「捕撈」落海的國軍官兵。旋「捕俘」任務結束後,吳瑞林下令魚雷快艇返航。[105]此時國軍空軍4架戰鬥機已飛抵共軍魚雷快艇編隊上空。[106]八六海戰發生後,空軍總司令徐煥昇向蔣中正總統報告:「空軍發現有4個目標,很快地向大陸海岸走。」蔣總統說:「這是中共的魚雷快艇,你們為什麼不攻擊?」徐總司令回答說:「當時我們報告總長,總長說要詳細辨認。飛機沒辦法辨認,一飛,兜個圈子,就沒有東西了。」[107]

8月6日7時12分,空軍通報我飛機在兄弟嶼東南13海里處發現不明目標3個,以高速向西航行,但並未攻擊。另外,八六海戰發生後,海軍總司令部採取緊急措施如下:一、飭驅逐艦艦隊司令郭勳景率南陽、漢陽兩艦於8月6

---

[102] 參閱一、劉廣凱,《劉廣凱將軍報國憶往》,頁265。二、國防部史政編譯局編印,《國民革命建軍史:第四部:復興基地整軍備戰》(三),頁1770。

[103] 海軍艦隊司令部編輯,《老戰役的故事》,頁199。劉廣凱說:5時10分,胡嘉恆司令來電一份,劍門艦已重行整備完妥,準備再戰。該艦艦體完整,迄無傷亡等語。參閱劉廣凱,《劉廣凱將軍報國憶往》,頁267。

[104] 參閱一、劉廣凱,《劉廣凱將軍報國憶往》,頁265。二、孔照年,〈回憶八六海戰〉收錄在《海軍——回憶史料》,頁475。頁67。劍門艦沉沒時間為8月6日5時30分。參閱劉廣凱,《劉廣凱將軍報國憶往》,頁265。

[105] 吳瑞林,〈我任南海艦隊司令員的幾次海空戰〉收錄在《軍事歷史》,頁22。

[106] 孔照年,〈回憶八六海戰〉收錄在《海軍——回憶史料》,頁475。當共軍魚雷快艇隊攻擊劍門艦時,共軍副總參謀長李天佑打電話給吳瑞林說:「國軍已派4架飛戰鬥從臺灣起飛,我已命令興城機場派8架飛機去掩護你們。」參閱吳瑞林,〈我任南海艦隊司令員的幾次海空戰〉收錄在《軍事歷史》,頁22。

[107] 簡佳慧,〈汪希苓先生訪問紀錄〉收錄在《蔣中正總統侍從人員訪問紀錄》(臺北:中央研究院近代史研究所,民國101年),頁219。

章江軍艦

日14時30分自左營港出航,前往目標區搜索。二、經協調美軍協防臺灣司令部派美艦菲力普(Philip)號自臺灣海峽轉駛目標區協助搜索。三、經協調空軍於8月6日13時,再派H-16型飛機乙架飛往目標區搜索,惟均無發現。於8月7日中午搜索行動全部停止。[108]

八六海戰是政府遷臺以來,我海軍與共軍數次海戰中,犧牲最慘烈的一場戰役;有關八六海戰國軍傷亡人數至今仍是眾說紛紜;根據時任海軍總司令劉廣凱將軍生前遺著《劉廣凱將軍報國憶往》乙書記載:「(八六海戰)被共軍艦艇撈獲(被俘者)約五十人,生還者(劍門艦)4人,餘均殉職,總計『八六海戰』之役,我軍劍門、章江兩艦沉沒,軍官22人、士官兵179

---

[108] 劉廣凱,《劉廣凱將軍報國憶往》,頁266。

劍門軍艦

人，除生還者4人外，均全部損失，可謂慘重。」[109]但關於「八六海戰」殉職與被俘人數，依據海軍艦隊司部編輯之《老戰役的故事》記載：劍門艦上計有支隊長胡嘉恆少將、輔導長馮佑錫少校、輪機長文柏林少校、槍砲官趙清華上尉、補給官楊仲中尉、作戰官費有棠中尉、艦務官龔暘勤中尉、偵測官朱家祥少尉8員軍官，士官兵74人陣亡殉職；章江艦計有艦長李準少校、副長翁岳宗上尉、輔導長姜克群上尉、輪機長郭順上尉、槍砲官藍振江中尉、通信官楊人俊中尉、補給官吳車萬中尉、艦務官朱鯤少尉軍官8員，士

---

[109] 劉廣凱，《劉廣凱將軍報國憶往》，頁266。4名劍門艦上的士官兵及搭載的7名陸軍特情隊員，均被我國漁船救起，證明該批陸軍特情隊員顯然未執行登陸。參閱劉廣凱，《劉廣凱將軍報國憶往》，頁266。劍門艦生還4人為：江式文、郁仁麟、王茂信、宗拔維。參閱海軍艦隊司令部編輯，《老戰役的故事》，頁201。另一說法劍門艦生還者5人為：江式文、郁仁麟、王茂信、宗拔維、王文斌。參閱《自立晚報》，民國54年8月9日，第一版。

官兵54人陣亡殉職。[110]劍門艦艦長王韞山中校以下33名官兵被俘。[111]

共軍方面的說法：八六海戰，我劍江、章江艘艦計有胡嘉恆少將以下一百七十餘名官兵陣亡殉職，另有劍門艦艦長王蘊山、參謀長（應為作戰官）黃致君中校以下官兵33人被俘（其中包括福建漁民撈捕的章江艦官兵5人）。[112]是役共軍方面傷亡情況依據共軍說法為：陣亡4人，負傷28人，消耗魚雷19條，護衛艇及魚雷艇各2艘受創。[113]我方則說：擊沉敵艇5艘，重傷多艘。[114]

八六海戰被俘的劍門艦臺籍士官兵，大多數在傷癒後，表示意願要返臺，經過一段時間後，國防部才在金門海域把他們接回原籍。[115]至於大陸籍的官兵則被送至江西南昌近郊的農場勞改，多年後才被釋放返臺。[116]

伍、烏坵海戰

民國54年11月13日，駐防烏坵國軍在島上進行工程爆破時，突然有3名士兵因從事爆破意外受了重傷，由於烏坵的醫療設備不足，無法為傷兵動手術，因此發電報請求海軍立即派軍艦到烏坵將傷患後送。[117]在將受傷士兵後

---

[110] 海軍艦隊司令部編輯，《老戰役的故事》，頁220-221。根據參與八六海戰被共軍俘虜的劍門艦上士吳英如在〈陳年憶往〉乙文說法：「劍門與章江兩艦計有軍官22員，士官兵175員殉職。參閱海軍艦隊司令部，《老軍艦的故事》（臺北：海軍總司令部，民國90年），頁51。

[111] （中共）盧如春等，《海軍史》，頁158。

[112] 孔照年，〈回憶八六海戰〉收錄在《海軍——回憶史料》，頁476。

[113] 參閱一、孔照年，〈回憶八六海戰〉收錄在《海軍——回憶史料》，頁476。二、中國人民解放軍軍事教育訓練部編印，《建國後局部戰爭與武裝衝突》，頁67。

[114] 國防部史政編譯局編印，《國民革命建軍史：第四部：復興基地整軍備戰》（三），頁1771。

[115] 許瑞浩，《大風將軍：郭宗清先生訪談錄》，上冊（臺北：國史館，2011年），頁336。

[116] 海軍艦隊司令部編輯，《老戰役的故事》，頁199。

[117] 孫建中，〈訪談林阿壽先生〉收錄在《枕戈待旦：金馬戰地政務工作口述歷史》（臺北：國防部政務辦公室，民國102年），頁160。根據劉定邦將軍說法：烏坵海戰係海軍六二特遣隊南巡支隊支隊長麥炳坤於11月12日晚（此處有誤，應為13日），率山海、臨淮兩艦赴烏坵接運2名陸戰隊傷患途中，遭到中共魚雷快艇襲擊。參閱張力，〈劉定邦先生訪問紀錄〉收錄《海軍人物訪問紀錄》，第一輯（臺北：中央研究院近代史研究所，民國87年），頁181。海軍艦隊司令部，《老軍艦的故事》，頁116及國防部史政編譯局編印，

送，在協商的程過中，烏坵地區和海軍總司令部之間的電報往返頻繁，超出平時的數量，彷彿有重大事件發生，讓共軍情治系統不得不特別注意。[118]

民國54年11月13日13時15分，海軍「六二・五」南巡支隊屬艦山海艦（原名永泰艦，PCE-41，艦長朱普華）與臨淮艦（原名永昌艦，PF-51，艦長陳德奎），由支隊長麥炳坤率領離開馬公直駛烏坵，航行時以山海艦在前，臨淮艦殿後，編成縱隊，兩艦距離1,000碼，航向002T（即正方位兩度），航速8節。[119]

13日14時10分，共軍獲悉山海、臨淮兩艦離開馬公駛往烏坵之情報後，共軍東海艦隊福建指揮所作了情報分析如下：根據山海艦與臨淮艦的航速，將於13日23時左右抵達烏坵，當時東山島外海有兩艘美國海軍驅逐艦由南向北巡邏，山海艦與臨淮艦此行的特殊目的不外乎三種可能：一是送特務登陸。二、抓靠、砲擊、扣押中共漁船、商船，引誘共軍砲艇出來，予以打擊，以報八六海戰劍門、章江兩艦被擊沉之仇。三、護送高級軍官到烏坵部署新的任務。然而上述三種可能性，以第一、第二種可能性較大。當夜是月夜，烏坵海域東北風3至4級，輕浪、中湧，視距1至2海里，正是砲艇、魚雷快艇海上作戰的好天候。[120]因此根據上述情況，東海艦隊福建指揮所考量東山島外海有兩艘美國海軍驅逐艦在巡弋，金門、馬祖、烏坵等地有國軍海軍艦艇停泊，因此決定將作戰海域選在烏坵正南8海里處。[121]以護衛艇第二十九大隊4艘（舷號576、577、588、589）護衛艇、第三十一大隊護衛艇2艘（舷號573、579）和魚雷快艇第三十一大隊6艘（舷號132、124、131、152、145、126）組成突擊群，[122]由海壇水警區副司令員魏垣武擔任編隊指

《中國兵器大辭典》，下冊，頁900均記：民國54年11月13日，山海艦與臨淮艦在烏坵西南水域擔任屏衛警戒任務，掩護國軍兩棲艦艇對烏坵守軍進行運補。

[118] 張明初，《碧海左營心──捍衛台的真實故事》，頁324。
[119] 國防部史政編譯局編印，《國民革命建軍史：第四部：復興基地整軍備戰》（三），頁1773。
[120] 魏垣武，〈憶崇武以東海戰〉收錄在《海軍──回憶史料》，頁479。唐飛認為烏坵海戰的發生，與民國54年11月11日，共軍飛行員李顯斌駕駛來臺投誠，我政府立即向全世界廣泛宣傳此投誠事件，共軍將對我方做出反制事宜有關。參閱王立楨，《唐飛──從飛行員到上將之路》（臺北：四塊玉文創有限公司，2016年），頁158。
[121] 《當代中國》叢書編輯部，《當代中國海軍》，頁387。
[122] 中國人民解放軍軍事教育訓練部編印，《建國後局部戰爭與武裝衝突》，頁72。

揮員[123]，為了防止國軍軍艦來援，保障作戰部隊之側翼安全，共軍海軍福建指揮所派出第三十一大隊75噸級護衛艇4艘，在崇武東南15海里處擔任警戒及海上救護任務；以護衛第二十九大隊75噸級護衛艇2艘及125噸護衛艇1艘，在西洋島以東海域佯動，由基地直接指揮。[124]

共軍海壇水警區在研究如何攻擊我軍艦時有兩種意見；第一種是利用共軍船艇小、快速、隱蔽繞到國軍軍艦的背後，斷其退路，從外往內打，但離外邊島嶼烏坵不遠，島上國軍駐有1個高射砲連，火力可以接應，容易陷於腹背受敵的不利境地。另一種是從正面接戰從內往外，給國軍軍艦以「迎頭痛擊」，但這種打法隱蔽性不強，容易讓國軍軍艦「逃離」，也難以避開國軍軍艦的遠程火力攻擊。兩種方案各有利弊很難決定，遂將兩案呈報東海艦隊司令部。[125]

11月13日16時56分，共軍東海艦隊司令員陶勇批准正面攻擊山海艦與臨淮艦的作戰預案，並指示突擊編隊指揮員魏垣武：情況掌握好，做好充分準備，集中優勢兵力攻擊，先打一艘，再打另一艘；要猛打、狠打，一定要打好。[126] 13日19時25分至21時10分，共軍海上突擊群6艘護衛艇、6艘魚雷快艇先後抵達媽宮港會合。會合後進行編組，具體區分作戰任務：以4艘舷號573、579、576、577護衛艇（100噸）組成第一突擊群，主攻前導艦710目標（即山海艦）；以兩艘舷號588、589護衛艇（125噸）組成第二突擊群，牽制殿後艦（即臨淮艦）；6艘魚雷快艇組成第三突擊群，以魚雷實施攻擊，以發展勝利。[127] 22時10分，共軍總參謀部批准了此次打擊國軍軍艦的作戰預案，[128]並轉達中共總理周恩來的指示：要抓住戰機，集中兵力先打一條；

---

[123] 海壇水警區副司令魏垣武於13日16時7分，在海壇島竹嶼碼頭接獲共軍海壇水警區基地指揮所命令，決定以6艘護衛艇及6艘魚雷快艇，組成突擊編隊，由魏垣武擔任海上編隊指揮。參閱魏垣武，〈憶崇武以東海戰〉收錄在《海軍──回憶史料》，頁479-480。
[124] 中國人民解放軍軍事教育訓練部編印，《建國後局部戰爭與武裝衝突》，頁72。
[125] 江舒，《戰將陶勇》，頁575。
[126] 魏垣武，〈憶崇武以東海戰〉收錄在《海軍──回憶史料》，頁480。
[127] 參閱一、魏垣武，〈憶崇武以東海戰〉收錄在《海軍──回憶史料》，頁480-481。二、中國人民解放軍軍事教育訓練部編印，《建國後局部戰爭與武裝衝突》，頁72。
[128] 中國人民解放軍軍事教育訓練部編印，《建國後局部戰爭與武裝衝突》，頁72。

要近戰；組織準備工作要周密些；不要打自己，天亮前撤出戰鬥。[129]

稍早13日19時15分，共軍大霧山觀通站雷達已偵測到我山海、臨淮兩艦的位置及航向。[130]為了爭取時間，21時25分，共軍海上突擊群由娘宮港成單縱隊準時出航，駛往東月嶼待命，於22時10分，抵達東月嶼，隨即接獲基地指揮所出擊命令，於22時16分出航，航向200度，航速22節，護衛艇在前，魚雷快艇在後，單縱隊航行。航行1小時後，於23時14分，共軍編隊指揮艇（舷號573護衛艇）在距離10.5海里處，首先發現山海、臨淮兩艦，其餘各艇也在8至10海里處發現目標。此時山海艦在前，臨淮艦在後，正向烏坵航行。[131]共軍編隊指揮員魏垣武發現山海、臨淮兩艦後，即決定從兩艦中間插入，將我兵力分割，然後以第一突擊群盯住我前導艦，從我艦右側經我艦艦艉插入左側，以同向同速由裡向外攻擊，迫使我艦向外轉向背離烏坵嶼，切斷我艦退路，以利其各個「殲滅」。[132]

13日23時20分，共軍突擊群與山海、臨淮兩艦在距離烏坵10海里海面遭遇（敵艇計有兩批，共12艘），其中敵艇一批6艘，以方位045T（正方位45度），距離7,000碼，向我艦高速接近，圍攻山海艦。另外，敵艇一批6艘，則圍攻臨淮艦。迄23時30分，山海、臨淮兩艦當即對敵艇以艦砲還擊。[133]僅交戰兩分鐘，共軍編隊指揮艇舷號573護衛艇、預備指揮艇舷號576護衛艇先後中彈受創。[134]共軍舷號573護衛艇駕駛臺中彈數發，共軍第三十一大隊副大隊長李金華、中隊政委蘇同錦當場被擊斃，指揮員魏垣武等7人負傷。[135]

---

[129] 參閱一、中國人民解放軍歷史資料叢書編審委員會，《海軍‧綜述大事》，頁97。二、福建省地方志編纂委員會，《福建省軍事志》，頁307。
[130] 中國人民解放軍軍事教育訓練部編印，《建國後局部戰爭與武裝衝突》，頁73。
[131] 參閱一、魏垣武，〈憶崇武以東海戰〉收錄在《海軍——回憶史料》，頁481、482。二、中國人民解放軍軍事教育訓練部編印，《建國後局部戰爭與武裝衝突》，頁73。
[132] 魏垣武，〈憶崇武以東海戰〉收錄在《海軍——回憶史料》，頁482。
[133] 國防部史政編譯局編印，《國民革命建軍史：第四部：復興基地整軍備戰》（三），頁1773。中國人民解放軍軍事教育訓練部編印，《建國後局部戰爭與武裝衝突》，頁73記：13日23時33分，共軍編隊指揮員下令集中火力向山海艦攻擊。隨即山海及臨淮兩艦向敵還擊。
[134] 參閱一、魏垣武，〈憶崇武以東海戰〉收錄在《海軍——回憶史料》，頁482。二、中國人民解放軍軍事教育訓練部編印，《建國後局部戰爭與武裝衝突》，頁73。
[135] 參閱一、魏垣武，〈憶崇武以東海戰〉收錄在《海軍——回憶史料》，頁482。二、《當代中國》叢書編輯部，《當代中國海軍》，頁389。

13日23時38分，共軍編隊指揮員下令：「停止射擊，緊跟編隊」，同時召喚魚雷快艇群展開攻擊。另外，共軍編隊指揮員負傷，無法繼續指作戰，即令向預備指揮艇轉交指揮關係，由於受令人沒有及時下達轉隸指揮關係命令，又未向基地報告，以致海上編隊指揮中斷。共軍護衛艇群隨指揮艇轉向東南，背向我山海、臨淮兩艦航行，錯失了本可連續攻擊山海、臨淮兩艦的機會。[136]

　　當敵我激戰期間，山海艦曾兩度轉向接近臨淮艦，以便協力攻擊，但因共軍艦艇眾多，而且以高速楔入我隊形之中，並以猛烈砲火阻撓，以致無法接近。14日0時30分，臨淮艦發電報向山海艦稱：該艦正航向180T（正方位180度）脫離中。[137]

　　稍早13日23時42分，共軍魚雷快艇群接獲命令後，即以第二組舷號131及152艇向臨淮艦攻擊。共軍舷號131、152魚雷快艇雖對臨淮艦發射魚雷，但均未命中。共軍魚雷快艇群指揮員兼支隊副參謀長張逸民有鑑於臨淮艦一邊進行攔阻射擊，一邊轉向規避，未能占領有利舷角，以致魚雷快艇攻擊未能奏效而撤出，並命令舷號131、152艇原地機動，伴攻牽制。張逸民親率第一組舷號132、124及第三組舷號145、126魚雷快艇向臨淮艦高速追擊。[138]

　　14日0時30分，共軍魚雷快艇隊第三組舷號145艇在接近臨淮艦左舷90度至100度，距離4鏈，進入有利位置時，迅即進入戰鬥航向。為不失戰機，共軍魚雷快艇隊指揮員兼支隊副參謀長張逸民下令：單艇攻擊。舷號145艇冒著臨淮艦密集艦砲射擊下，於0時31分，在逼近臨淮艦3鏈的距離時，以15度提前角，發射2枚魚雷，其中1枚擊中臨淮艦艦艉部，臨淮艦當即失去動力，

---

[136] 中國人民解放軍軍事教育訓練部編印，《建國後局部戰爭與武裝衝突》，頁74。
[137] 國防部史政編譯局編印，《國民革命建軍史：第四部：復興基地整軍備戰》（三），頁1773。海軍耆宿及作家張明初認為：山海艦在共軍6艘魚雷快艇高速攻擊下，沒有時間通知尾隨的臨淮艦，緊急藉著性能良的雷達協助，邊戰邊迴避，加速衝向烏坵岸砲保護傘下的安全區域。參閱張明初，《碧海左營心──捍衛台的真實故事》，頁328-329。
[138] 參閱一、《當代中國》叢書編輯部，《當代中國海軍》，頁390。二、中國人民解放軍軍事教育訓練部編印，《建國後局部戰爭與武裝衝突》，頁74、75。張明初認為：當共軍魚雷快艇攻擊山海艦時，尾隨的臨淮艦因兩艦距離遠，並無任何警訊，直到遭到敵人攻擊，才執行戰備部署，臨淮艦與敵快艇激戰多時，以致艦上彈藥已將耗盡，艦長被迫衝入敵快艇群裡，以尚有彈藥的艦首3吋砲繼續作戰。參閱張明初，《碧海左營心──捍衛台的真實故事》，頁329。

開始下沉。此時共軍護衛艇群第二突擊群舷號588、589兩艇聽到砲聲，立即轉向（時已背離我艦航行約4海里）向臨淮艦攻擊。[139]

此時我空軍F-86、F-104各4架戰鬥機，分四批臨空支援。另外共軍偵獲美國海軍2艘驅逐艦亦正加速向烏坵駛來，共軍認為戰況即將有變，被迫必須速戰速決。[140] 14日0時40分，共軍舷號588、589護衛艇，接近至臨淮艦右舷，距離5鏈處，以猛烈砲火向已中雷的臨淮艦水線部位射擊，加速了該艦的下沉。[141] 14日0時55分，山海、臨淮艦兩艦之間的電信中斷。至14日1時10分，臨淮艦因先後被共軍魚雷快艇發射的2枚魚雷擊中，該艦於烏坵正南15.5海里處沉沒。[142]

14日1時20分，國軍駐烏坵偵察組以電話通知山海艦有關臨淮艦沉沒消息，並以7,000碼外均為共軍艦艇，惟恐山海艦復陷重圍，乃通知山海艦駛向烏址近岸2,000碼，以便以岸砲掩護。山海艦一方面駛近烏坵，一方面與共軍增援之艦艇接戰，終於在1時40分駛入烏坵錨地，此時該艦40釐米彈藥消耗竟達百分之九十。14日2時25分至4時28分期間，共軍艦艇雖曾數度駛近烏坵泊錨地攻擊山海艦，先後接近至1,500碼，但均被我山海艦與岸砲協同下，予以擊退。[143]

---

[139] 參閱一、《當代中國》叢書編輯部，《當代中國海軍》，頁390。二、中國人民解放軍軍事教育訓練部編印，《建國後局部戰爭與武裝衝突》，頁75。共軍護衛艇群第二突擊群舷號588、589兩艇，於14日0時29分主動轉向「接敵」。參閱魏垣武，〈憶崇武以東海戰〉收錄在《海軍——回憶史料》，頁483。在烏坵海戰中，共軍艦艇最初曾對臨淮艦實施魚雷攻擊，並以快艇對臨淮艦展開12波攻擊，因我臨淮艦閃避得宜，故未能得逞。隨後共軍改採以魚雷快艇進行圍攻，又因我臨淮艦頻繁規避，亦未能得手。於是共軍改採以一組鉗制，一組攻擊的戰術。始以魚雷擊中臨淮艦。參閱魏垣武，〈憶崇武以東海戰〉收錄在《海軍——回憶史料》，頁482-483。

[140] 魏垣武，〈憶崇武以東海戰〉收錄在《海軍——回憶史料》，頁483。

[141] 參閱一、魏垣武，〈憶崇武以東海戰〉收錄在《海軍——回憶史料》，頁483。二、中國人民解放軍軍事教育訓練部編印，《建國後局部戰爭與武裝衝突》，頁75。

[142] 國防部史政編譯局編印，《國民革命建軍史：第四部：復興基地整軍備戰》（三），頁1773。根據臨淮艦生還者王義才先生的說法：臨淮艦因艦尾遭共軍兩枚魚雷擊中，經全力搶救後，仍不幸沉沒。參閱王才義，〈陳年憶往〉收錄《老軍艦的故事》，頁126。共軍方面說：臨淮艦沉沒時間為11月14日1時6分。參閱中國人民解放軍軍事教育訓練部編印，《建國後局部戰爭與武裝衝突》，頁75。

[143] 國防部史政編譯局編印，《國民革命建軍史：第四部：復興基地整軍備戰》（三），頁1773-1774。臨淮艦沉沒後，共軍護衛艇及魚雷快艇奉命追擊山海艦及「捕俘」，後因山

烏坵海戰，我海軍估計擊沉共軍艦艇4艘及重創1艘，我方則有臨淮艦沉沒。[144]臨淮艦上計有副長陳本雄少校、情報官孫學玉中尉、電工官徐祖衡少尉、文書官洪週生少尉、見習官沙潤俊少尉5名軍官及士官兵73人，共計78人陣亡或失蹤殉職（其中有9人被共軍俘虜[145]），全艦僅生還臨淮艦艦長陳德奎、輪機長陳炳生以下官兵等14人，被美國海軍1艘驅逐艦救起。[146]蔣中正總統對於當時在臺灣海峽巡弋的我方軍艦，未能立即去救援臨淮艦落海的官兵，而是被在臺灣巡弋的美國海軍軍艦救起，下令要檢討查辦。[147]負責執行此次任務行動的麥炳坤支隊長及臨淮艦艦長陳德奎回到左營後，國防部部長蔣經國下令法辦，將兩人扣押交由國防部軍法局審判。[148]共軍方面資料聲稱：烏坵海戰共軍有2人陣亡，17人負傷，2艘護衛艇及2艘魚雷快艇受創，消耗魚雷6枚及各種砲彈七千餘發。[149]

海艦已駛抵烏坵，遂於14日3時5分令艇隊返航。參閱魏垣武，〈憶崇武以東海戰〉收錄在《海軍——回憶史料》，頁483。當臨淮艦後機艙中彈大量進水後，艦上官兵在混亂當中跳入冰冷洶湧的大海中，共軍魚雷快艇撈起部分落海生還者。參閱張明初，《碧海左營心——捍衛台的真實故事》，頁330、331。

[144] 國防部史政編譯局編印，《國民革命建軍史：第四部：復興基地整軍備戰》（三），頁1774。

[145] 參閱一、魏垣武，〈憶崇武以東海戰〉收錄在《海軍——回憶史料》，頁483。二、中國人民解放軍軍事教育訓練部編印，《建國後局部戰爭與武裝衝突》，頁75。

[146] 參閱一、海軍艦隊司令部，《老軍艦的故事》，頁116。二、國防部史政編譯局編印，《中國兵器大辭典》，下冊，頁900。臨淮艦犧牲殉職官兵名冊詳見海軍艦隊司令部編輯，《老戰役的故事》，頁220-221。臨淮艦陳德奎艦長等官兵被美海軍艦救起乙事參閱彭大年，〈劉定邦將軍訪問紀錄〉，頁423。張明初，《碧海左營心——捍衛台的真實故事》，頁332記：臨淮艦有105名官兵，其中15名官兵落海後，被美軍艦救起，但有1人在後送途中死去，最後只有14名官兵回到左營基地。此外，根據臨淮艦生還者王義才先生的說法：他和臨淮艦上許多官兵，都是永泰艦（山海艦）救起。參閱《老軍艦的故事》，頁126。筆者註：此與史不符。

[147] 彭大年，〈黃世忠將軍訪問紀錄〉收錄在《塵封的作戰計畫：國光計畫》，頁269。

[148] 張力，〈徐學海先生訪問紀錄〉收錄在《海軍人物訪問紀錄》，第二輯，頁139。張力，〈劉定邦先生訪問紀錄〉收錄《海軍人物訪問紀錄》，第一輯，頁182記：南巡支隊支隊長麥炳坤及山海艦艦長朱普華，均受軍法審判而撤職受刑。徐學海先生認為：蔣經國下令審判支隊長及艦長是從烏坵海戰的結果看問題，而不是從戰術觀點看問題，因為若從戰術觀點而言，麥炳坤若不帶山海艦衝出來，山海艦也完了。所以從軍事立場看，損失兩艘船或損失1艘船，其輕重可分辨。參閱張力，〈徐學海先生訪問紀錄〉收錄在《海軍人物訪問紀錄》，第二輯，頁140。

[149] 共軍方面傷亡數據參閱魏垣武，〈憶崇武以東海戰〉收錄在《海軍——回憶史料》，頁483。海軍艦隊司令部，《老軍艦的故事》，頁116及國防部史政編譯局編印，《中國兵器

烏坵海戰是民國54年我海軍繼八六海戰，再一次在臺海與共軍交戰，遭致重大戰損的海戰。此次海戰共軍仍採快速打擊，以眾擊寡之戰術，將我臨淮艦擊沉。若不是山海艦斷然突圍駛進烏坵泊錨區，靠島上岸砲支援，以及空軍4架F-86、F-104戰鬥機臨空支援，協力將共軍擊退，恐怕亦將重蹈八六海戰之覆轍。[150]

　　當烏坵海戰發生，海軍即請空軍支援作戰，民國54年11月13日23時48分，空軍作戰司令部接獲烏坵空軍聯修官張明鑑電告：「23時37分，烏坵東南170度1,700碼附近，正發生海戰中。」23時58分又獲電告：「根據判斷與視察，我方為兩個目標，敵方有5個目標，現仍繼續海戰中。」作戰部聯合中心值勤的空軍情報官連振之接獲此戰鬥情況，即時轉報作戰部高級值勤官黎良，並立即向海軍組查詢「烏坵地區我方艦艇動態」，據告稱「依據在該地區服行任務艦艇之航行資料研判，我方艦艇均已進港。」

　　空軍作戰司令部為確實明瞭烏坵海面所發生的戰況，以便研判當時空地情況，俾能適時支援海軍作戰，乃於14日0時5分斷然命令擔任夜間警戒之第十一大隊2架F-86D戰鬥機緊急起飛，前往烏坵偵巡。14日0時55分，2架F-86D戰鬥機與海軍山海艦取得連絡，證實臨淮艦情況危急，空軍作戰司令部有鑑於當時海軍無法實施有效直接支援，乃繼續派遣F-86D及F-104G戰鬥機，分批前往烏坵擔任制空及掌握海面情況，[151]並在14日1時整，協調聯合作戰中心美國海軍組威爾遜中校，設法轉請巡弋臺灣海峽中之美國海軍艦艇，儘速馳往支援。美國海軍驅逐艦艘於14日6時37分抵達現場，並救起我臨淮艦落海官兵14人。我空軍F-104G戰鬥機2批4架次，分批在烏坵上空制空掩護，並負責與海面山海艦保持連絡，隨時將戰情轉報空管中心，而空軍作戰司令部則下令第二、三聯隊加強遞補待命飛機，以應緊急情況需要。

　　大辭典》，下冊，頁908均記：山海艦在烏坵海戰中擊沉共軍4艘砲艇。
[150] 魏垣武，〈憶崇武以東海戰〉收錄在《海軍——回憶史料》，頁483。
[151] 空軍派出的兩架F-86D戰鬥機因無法即時與海軍艦艇取得連絡，及缺少對海攻擊的彈藥與訓練下，那兩架F-86D戰鬥機完全無法對敵艦做出任何攻擊行動，等到那兩架戰鬥機低油量而必須返航時，空軍作戰司令部下令第三大隊擔任警戒的F-104G戰鬥機起飛前去接替。參閱王立楨，《唐飛——從飛行員到上將之路》，頁159-160。

14日5時40分，我空軍再派出F-104G戰鬥機2批4架次執行烏坵制空與搜索，未有收穫結果。迄14日9時30分，空軍賡續派出F-104G戰鬥機8架次，但均未發現共軍艦艇。14日12時4分，我海軍組空援申請稱：「我咸陽艦在烏坵東南約10浬處發現小型目標8個，正向該等目標射擊中。」空軍遂派F-100A戰鬥機4架次、F-104G戰鬥機2架次，分別於12時20分及12時16分起飛支援，因天候不佳，未發現目標，亦未能與咸陽艦構成連絡。

　　迄14日黃昏，空軍應海軍組之要求以及主動派遣，共有戰鬥機5批20架次至烏坵地區搜索掩護，至14日16時20分，據空中任務機報稱：「在烏坵與馬公之中途，發現我咸陽艦及小型艦艇3艘向馬公方向返航中。」稍早14日5時40分，國防部戰情室通知：「請調派HU-16直升機前往（烏坵）現場搜救」，我空軍因鑑於目標區天氣惡劣，風浪過大，已超出HU-16直升機能力限度與裝備之限制，獲准免派。空軍支援烏坵海戰此次作戰任務，總計出動各型軍機15批48架次，其中空軍作戰司令部主動派出12批38架次，友軍空援申請派遣3批10架次。[152]

陸、三次海戰國軍與共軍優點缺失的檢討

一、國軍的優點

（一）海軍官兵英勇奮戰堅守崗位

　　五一海戰期間，海軍北巡支隊隊長孫文全指揮決心正確：當其判定東江艦因巡弋受巨大風浪及電達故障之影響，以致船位稍有偏失後，乃下令東江艦不進港及離岸20浬巡弋，均為避免東江艦誤入共軍據有之島嶼，隨後指示向120度真方位撤離，實為安全之緊急措施，俾使突出重圍。五一海戰中東江艦上充員戰士共計44員，均具有同仇敵愾之意識，抱著「有敵無我，有我無敵」之戰鬥精神，堅守崗位，與敵作殊死戰。東江艦於海戰中雖然中彈累

---

[152] 空軍支援烏坵海戰全盤經過，參閱空軍總司令第二署編印，《空軍戡亂戰史》，第18冊，民國54年，頁153-156。

太昭軍艦

累,發電機受損,主機失靈,於黑夜大海中飄泊,但艦體仍能保持浮力,不使下沉,足證官兵損管作業優異,達成不要棄船之要求。[153]八六海戰中章江艦被共軍擊沉,與劍門艦失聯後,特遣支隊指揮官胡嘉恒因責任心重,不願意放棄搜救章江艦,仍率劍門艦在作戰區域巡弋徘徊,以致遭敵艇圍攻,劍門艦官兵英勇奮戰至最後,不幸被敵艇擊沉。

(二)海軍支援適切

五一海戰發生後,海軍派太倉艦支援適切,當獲悉東江艦遭受共軍艦艇之圍攻後,情況危急,即以最迅速之行動,駛往支援,達成嚇阻及制壓敵艦艇繼續增援之作用。資江艦冒著惡劣天候及拖救東江艦,雖然纜繩斷裂後纏住俥葉,仍然以單俥行駛,繼續完成拖救任務。太昭艦適時到達參與救護東江艦傷患,及東引守備指揮部主動後勤支援,充分表現友軍合作無間,患難與共之精神。[154]

---

[153] 劉廣凱,《劉廣凱將軍報國憶往》,頁246。
[154] 劉廣凱,《劉廣凱將軍報國憶往》,頁246。

(三）海軍官兵英勇作戰感召青年發起建艦復仇運動

在八六海戰中，國軍海軍官兵對共軍英勇作戰之精神，讓我國許多青年深受感動與景仰，除了推派代表慰問負傷戰士外，國內各大專院校青年分別在各界發起捐款建艦復仇運動。[155]

二、國軍的缺失

（一）「海嘯一號作戰」計畫草率不夠周延

國軍高層檢討海軍總司令部對此次「海嘯一號作戰」任務之計畫、執行，以及對情況之處置判斷，均不夠嚴密，且發生不少錯誤。[156]海軍總司令劉廣凱檢討八六海戰失利的原因認為：海軍總司令部作戰計畫的思考不夠周密，兵力編組及部署缺乏彈性，各艦艇在近距離戰鬥的火力，應予速加改進，對於夜戰和近戰的訓練必須加強。其次海空聯合作戰如何改進的問題。[157]

劉廣凱對於八六海戰海軍慘敗，指出其最大的原因係為海軍特遣區隊（海軍巡防第二艦隊）原訂執行的「海嘯一號作戰計畫」，被國軍高層過於輕視與草率，認為只是一次規模甚小的軍事行動。當時劉廣凱總司令事前認為該計畫中已有諸多不妥當之處。劉總司令指出：特遣區隊由左營發航後，一路直航向大陸目標區，很容易被共軍沿岸的通觀系統所發現；又特遣區隊於抵達東山島目標區，將陸軍特種情報工作艇施放之後，仍往返巡弋於東山島海面並開航行燈，偽裝商船，敵前曝露，最容易被敵人發現我之企圖，或遭受敵人快艇之襲擊等。而且如此重要計畫，竟由作戰助理參謀代為判行，而主管作戰之副參謀長以上高級人員均未看到，劉總司令對此計畫表示不同意，應予重擬。但國軍高層卻執意仍舊照原計畫執行，終於造成大禍。[158]

---

[155] 《中央日報》，民國54年8月12日，第三版。
[156] 國防部史政編譯局編印，《國民革命建軍史：第四部：復興基地整軍備戰》（三），頁1771。
[157] 劉廣凱，《劉廣凱將軍報國憶往》，頁270。
[158] 劉廣凱，《劉廣凱將軍報國憶往》，頁263。此次作戰任務海軍總司令部作戰署署長許承

當時曾參與「海嘯一號作戰計畫」參謀作業的徐學海認為：八六海戰失利海軍總司令部作戰部門有錯誤，一是明知不可為而為，未能報請總司令向上級強烈反應。二是計畫作為時未深入考慮任務支隊可能遭遇最壞的戰術態勢，以及較詳細但有彈性之指導。果爾，當章江艦失去連絡後，胡嘉恆支隊長依戰場上之戰術態勢迅速脫離戰場，至少立即以無線電請示督導組長指示後續行動，當可避免劍門艦遭敵艇圍攻，終至沉沒的命運。[159]

（二）海軍與空軍協調不密切錯失作戰時效

八六海戰失利，除突顯國軍海軍與空軍之間的作戰協調不夠密切，空軍總司令部對海軍的空援申請處置缺乏警覺性，以致失去時效。[160]八六海戰是役空軍遲疑未能依協定適時主動協力作戰，以致海軍艦隊陷入孤立無援之苦戰中。八六海戰發生時，海軍曾提出緊急空援申請，請空軍派機支援，但空軍並不知道有此任務，原因是「海嘯一號作戰計畫」空中支援是由空軍擎天作業室負責，但空軍擎天作業室並未將此計畫交給空軍作戰司令部。[161]

八六海戰發生後，空軍第四大隊的F-100戰鬥機群奉命前往支援海軍作戰，當空軍第四大隊機群抵達海戰現場上，劍門、章江兩艦已經不知去向，只見幾艘砲艇朝大陸方向行駛，因為我戰鬥機群無法辨認海上數艘砲艇敵我身分，空軍戰管中心不願意貿然下達攻擊命令，以致第四大隊的機群只能眼睜睜地看著共軍砲艇駛進東山島附近的港口，然後第四大隊4架F-100戰鬥機就一直在東山島外海上空盤旋到低油量時，才不得將炸彈投入海中後返航。[162]

功，批得太快，許沒有作戰經驗，如此大的事情怎麼能代批，而未讓總司令知道。參閱張力，《池孟彬先生訪問紀錄》（臺北：中央研究院近代史研究所，民國87年），頁321。賴名湯，《賴名湯日記》，第一冊，頁441記：劍門艦、章江艦被共匪擊沉，……損失太大，這不但是海軍的損失，也是黎（玉璽）總長和蔣（經國）部長指揮不當的結果。

[159] 張力，〈徐學海先生訪問紀錄〉收錄在《海軍人物訪問紀錄》，第二輯，頁91-92。
[160] 國防部史政編譯局編印，《國民革命建軍史：第四部：復興基地整軍備戰》（三），頁1771。
[161] 張力，〈徐學海先生訪問紀錄〉收錄在《海軍人物訪問紀錄》，第二輯，頁91。
[162] 王立楨，《唐飛——從飛行員到上將之路》，頁155-156。空軍作戰司令部與海軍連絡組，一向有空中艦艇識別的問題。參閱《唐飛——從飛行員到上將之路》，頁156。

烏坵海戰國軍失利，暴露國軍缺乏海空聯合作戰的戰術與戰法，國防部參謀本部推動三軍聯合作戰多年，卻連最基本的「通訊」功能都無法建立，F-104G戰鬥機固然是一種優良的戰鬥機，但在烏坵海戰中，在夜間執行對海面支援作戰的任務時，飛機所攜帶的武器，完全無法支援海軍作戰。[163]

（三）輕敵及對共軍裝備及新戰法未加以研究

八六海戰失利最重要者，是國軍對共軍的裝備及新戰法事前未加研究。[164] 八六海戰之前，我海軍輕視中共海軍，認為其海軍沒有大型軍艦，海防設備也不齊全，不足威脅我方。所以有一段時間，我海軍在大陸沿海一帶，可以說是來去自如，因此造成輕敵的心態。事實上劍門、章江兩艦一出左營軍港，就被共軍雷達掌其握行蹤。[165] 當時擔任國防部作戰次長及主管國光作戰計畫的朱元琮認為：八六海戰作戰失敗，係我海軍巡弋艦艇指揮官疏忽輕視中共海軍，而且未能適時主動制敵，以致艦隊遭受共軍魚雷快艇襲擊。我海軍對共軍在沿海大陸部署頗多之快速魚雷快艇，事前未加重視，沒有加重剋制敵人的訓練與對策。[166] 此外，胡嘉恆司令在執行任務前，曾堅持要求調派章江艦參與，時值該艦大修未竣，匆忙趕工出廠，裝備未加適切調整，人員亦未補足，即匆忙納編出航。劍門艦則因保密關係而臨時下令緊急發航，致有少數基層幹部差假未歸。兩艦戰力因是減低。[167]

八六、烏坵兩次海戰，我方軍艦受損較重，當時擔任海軍總司令部作戰署署長劉定邦認為：所有缺失可以用一句簡單話來說：就是「不知己、不知彼」所致。國軍自高層的建軍政策至戰鬥遂行的任務部隊，都漠視中共年來「飛、潛、快」戰力與海防設施的整建，又自傲於大陸初陷期，我海軍可以單艦轉戰大陸南北沿海，如入無人之境的優勢與成就。[168]

---

[163] 王立楨，《唐飛——從飛行員到上將之路》，頁164。
[164] 國防部史政編譯局編印，《國民革命建軍史：第四部：復興基地整軍備戰》（三），頁1771。
[165] 許瑞浩，《大風將軍：郭宗清先生訪談錄》，上冊，頁339。
[166] 彭大年，〈朱元琮將軍訪問紀錄〉收錄在《塵封的作戰計畫——國光計畫口述歷史》，頁16。
[167] 陳振夫，《滄海一粟》，作者自行出版，民國84年，頁253-254。
[168] 張力，〈劉定邦先生訪問紀錄〉收錄《海軍人物訪問紀錄》，第一輯，頁183。

（四）值更軍官及指揮官臨戰經驗不足對突發狀況處置不當

五一海戰的發生源自於東江艦迷航乙事，主要是該艦值更官的錯誤，因為按照正常航線，不可能偏到東引以北的方向。[169]其他因素則是東江艦巡弋時仍開航行燈、電達故障、電信中斷、損管器材不足，以及北支支隊長命令含意不明等。[170]

八六海戰失利之主因與我海軍偵巡支隊指揮官疏於戒備指揮連絡，航行中電訊靜止，但在發現情況後，未能迅速開放通訊，以便指揮連絡，以致劍門、章江兩艦各自為戰。反觀中共海軍魚雷快艇進駐閩粵沿海岸早有情報，我海軍未加重研究對策與防制，對我艦艇之戰備訓練亦有疏失。[171]

烏坵海戰失利之主因，時任國防部參謀總長亦是海軍出身的黎玉璽認為：烏坵海戰失利係艦長警戒性不夠，艦長在航行時應要隨時保持警戒，甚至在駕駛臺上徹夜不眠。[172]劉定邦則指出：烏坵海戰臨淮艦被共軍擊沉，為六二特遣部隊南巡支隊支隊長麥炳坤處置失當，例如不宜在夜間接運傷者，以致共軍以為國軍有襲擊行動，及戰術和屬艦管制上有欠妥當。[173]海軍退役將領陳振夫認為：山海、臨淮兩艦在編隊航行中相距過遠，以及指揮艦臨戰先退，以致無法相互支援，發揮整體戰力，遭敵各個擊破，充分暴露出我海軍缺乏戰鬥紀律與指揮道德，頗受上級及外界責難。支隊指揮官及山海艦艦長都交付法辦。[174]海軍退役軍官張明初認為：山海、臨淮兩艦的航行標準距離應該是300碼，但兩艦值更人員可能因為暈船或疏忽，逐漸將兩艦之間距離拉大超過500碼以上，形成在海上同方向航行，互不相關的兩艘軍艦，而旗艦山海艦亦未糾正此一錯誤的間距。烏坵海戰臨淮艦被擊沉，與共軍已了解我海軍每次執行任務時的公式化，都是做些A、B、C、D定點

---

[169] 張力，〈徐學海先生訪問紀錄〉收錄在《海軍人物訪問紀錄》，第二輯，頁135。
[170] 劉廣凱，《劉廣凱將軍報國憶往》，頁247、248。
[171] 段玉衡，《小灣十年紀事》，民國54年8月9日。
[172] 張力，《黎玉璽先生訪問紀錄》（臺北：中央研究院近代史研究所，民國80年），頁218。
[173] 張力，〈劉定邦先生訪問紀錄〉收錄《海軍人物訪問紀錄》，第一輯，頁181。
[174] 陳振夫，《滄海一粟》，頁256。

幾何式的巡航,於是行者無人,暗箭就很難防。[175]蔣中正總統檢討烏坵海戰我海軍被擊沉臨淮艦1艘,是海軍將領無能力、無學識、無戰備之習性所至,甚為可慮。[176]

(五)情報外洩共軍掌握我軍動向

八六海戰國軍海軍損失慘重,係當劍門、章江兩艦一離開左營港,情報便已外洩,行蹤為共軍所掌握,以致當劍門、章江兩艦剛抵東山島附近海域時,立即被共軍艦艇包圍。[177]根據中共方面的說法:民國54年8月5日17時45分,中共海軍南海艦隊已接獲是(5)日清晨時,我海軍巡防第二艦隊劍門、章江兩艦搭載特種作戰人員,由左營隱蔽出航,企圖在閩南東山島海域蘇尖角、古雷頭地區登陸之情報。據此,南海艦隊立即通知部隊作好作戰準備。18時43分,南海艦隊命令汕頭水警區部隊進入一級戰鬥準備;共軍方面決定集中16艘艦艇之優勢兵力,攻擊劍門、章江兩艦。為了爭取時間,南海艦隊一面上報作戰方案,一面命令護衛艇、魚雷艇第一梯隊出航至南澳島待機。[178]烏坵海戰臨淮艦被擊沉,為我軍電報洩密,被敵作有計畫之圍擊,乃為人事不臧所致耳。[179]

(六)軍艦性能及航儀欠佳不適宜作遠海航行

五一海戰的發生係因東江艦船位偏失,追究其原因東江艦係第二次世界大戰期間美國生產用於作近岸及港口巡邏防用之用,並不適宜遠海航行,因此東江艦缺少先進的導航設備,暗夜中在臺灣海峽航行,只能依賴艦上的雷達,掃瞄海峽西面的島嶼來定位,然而該艦上的雷達卻是短程雷達。加上值更軍官在操作、判讀上出了現問題,以致發生迷航,誤入敵區。[180]

---

[175] 張明初,《碧海左營心──捍衛台的真實故事》,頁325、326、327。
[176] 蔣中正先生日記,未刊本,民國54年11月30日,本月反省錄。
[177] 黃宏基,〈八六海戰淺評〉收錄在《老戰役的故事》,頁203。
[178] 孔照年,〈回憶八六海戰〉收錄在《海軍──回憶史料》,頁472-473。
[179] 蔣中正先生日記,未刊本,民國54年11月14日及11月15日。
[180] 陳漢庭,〈東江艦的悲歌──五一海戰五十週年祭〉收錄在《傳記文學》,頁7。

（七）烏坵沒有雷達裝置及駐軍火砲無法進行有效射擊

烏坵海戰發生前，駐防烏坵的國軍僅有兩門90公釐砲，但因為沒有雷達裝置，所以在烏坵海戰發生後，只能摸黑向海面上射擊，無法對敵艇進行有效射擊。

烏坵海戰結束後3天，國防部部長蔣經國來烏坵視察，國軍隨後運補滿足作戰需求的火砲數量，強化島上的火力，及安裝當時90公釐砲所需的雷達，大幅提升防區的戰力。[181]

三、共軍的優點

（一）在戰術及兵力部署上採取集中優勢兵力各個殲滅

中共海軍在八六、烏坵兩次海戰擊沉國軍軍艦，在戰術、兵力部署方面，都是採取集中優勢兵力各個殲滅，例如打章江艦時，共軍是以4艘100噸重的護衛艇對1艘不過280噸重的章江艦，共軍在數量、火力、速度上占有優勢。共軍護衛艇雖然噸位小，各艇只配置兩門雙聯裝37公釐砲和兩門雙聯裝25公釐砲，但在與我艦近距離作戰時，其射速快，往往能對我艦艙面人員造成大量的殺傷。[182]爾後轉移火力射擊章江艦水線以下要害的機艙、彈藥艙、油艙，使其中彈爆炸，加速受創章江艦沉沒。在打劍門艦時，共軍出動了3艘護衛艇、5艘魚雷快艇，亦是貫徹其集中優勢兵力的原則。在烏坵海戰時，共軍出動數艘護衛艇、魚雷快艇，以優勢兵力擊沉臨淮艦。[183]

---

[181] 孫建中，〈訪談林阿壽先生〉收錄在《枕戈待旦：金馬戰地政務工作口述歷史》，頁161。
[182] 《當代中國》叢書編輯部，《當代中國海軍》，頁383。
[183] 八六海戰共軍能夠獲勝，主要關鍵是中共海軍採取陸軍作戰的打法，先集中火力擊沉章江艦，並判斷劍門艦一定會投入戰場。而我方在擬定計畫時，未料想到這一點。參閱張力，〈徐學海先生訪問紀錄〉收錄在《海軍人物訪問紀錄》，第二輯，頁91-92。

（二）適時投入預備兵力創造有利致勝的條件

夜間海上戰鬥艦艇編隊作戰，由於能見度小，發現目標、保持隊形、組織協同相對比較困難，一次攻擊往往難於取得預期的戰果，有時還可能失利。因此指揮員必須控制一定數量的預備兵力，並適投入戰鬥。在八六海戰過程中，共軍擊沉章江艦後，此時主要突擊兵力的魚雷快艇第一梯隊因魚雷耗盡返航，若以戰場上剩下的3艘護衛艇攻擊仍在附近徘徊的劍門艦將難以勝任。共軍南海艦隊為了把握戰機，維持強大的連續攻擊力，因此及時將魚雷快艇第二梯隊投入戰鬥，並命令3艘護衛艇追擊劍門艦，緊緊纏住劍門艦不放，為魚雷快艇第二梯隊投入戰鬥，創造有利的條件，因而能迅速擊沉劍門艦。[184]

（三）中共海軍充分發揮其夜戰及近戰的傳統戰法

五一海戰共軍擊傷我東江艦，八六海戰共軍擊沉我劍門、章江兩艦，在烏坵海戰中，共軍擊沉我臨淮艦，上述三次海戰，中共海軍都發揮其夜戰及近戰的特長，亦是共軍傳統的戰法。中共海軍護衛艇或魚雷快艇，利用其船身輕巧及速度快，藉由夜暗，迅速隱蔽接近我艦後，再以勇猛衝擊，抵近射擊，速戰速決之打法，讓我海軍在上述海戰中損失慘重。例如八六海戰共軍擊沉劍門、章江兩艦係採取近戰、夜戰，為了接近我艦，採取以高速及曲折航行接近我艦，直到距離我艦1,000公尺時，對我艦進行猛烈射擊，大量殺傷我艦艙面人員，迅速壓制我艦的火力，使我艦失去抵抗能力。[185]

（四）機動靈活密切協同

在八六海戰中，共軍護衛艇隊攻擊劍門艦時，首先以猛烈砲火壓制劍門艦火力，當劍門艦砲火沉寂時，共軍編隊指揮員及時命令護衛艇讓上陣位給魚雷快艇實施攻擊，魚雷快艇隊也主動配合迅速突入，施放魚雷擊沉劍門艦。在烏坵海戰中，共軍按原定計畫首先由護衛艇對國軍軍艦實施火力攻

---

[184] 中國人民解放軍軍事教育訓練部編印，《建國後局部戰爭與武裝衝突》，頁70。
[185] 孔照年，〈回憶八六海戰〉收錄在《海軍——回憶史料》，頁477。

擊，由魚雷快艇發展勝利，但當指揮艇中彈，護衛艇隊一時陷入混亂之際，魚雷快艇隊立即組織強攻，對擊沉臨淮艦起了決定性作用。[186]

（五）共軍情報優於國軍

共軍情報優於國軍，在沿海的雷達密布，其雷達網涵蓋臺灣全島，要想登陸，是不容易的，尤其船團出發，想要共軍不知道，更是不可能。我海軍艦艇於左營港出發時即已被偵知。[187]

四、共軍的缺失

（一）通信不良形成各自為戰

在八六海戰中，共軍魚雷快艇第一梯隊的6艘魚雷快艇，編組為3個突擊組，由於艇上通訊不良，相互失去連絡，6艘魚雷快艇散失三處，形成各自為戰的局面，以致當共軍護衛艇隊與章江艦交戰時，未能形成合同攻擊。[188]共軍魚雷快艇第一梯隊因能見度差，各艇尋找攻擊目標，盲目實施魚雷攻擊，未獲戰果即奉命返航。[189]

（二）求戰心切造成無效的射擊

在八六海戰中，當共軍護衛艇隊雷達發現劍門、章江兩艦時，我艦先艦砲向敵護衛艇隊開火。此時共軍海上指揮員下達準備射擊口令，但各艇求戰心切，急於「殲敵」，聽錯口令，把準備射擊聽成射擊，朝我艦火光方向開砲射擊，造成無效的射擊。[190]

---

[186] 中國人民解放軍歷史資料叢書編審委員會，《海軍・綜述大事》，頁98。
[187] 參閱一、賴名湯，《賴名湯日記》，第一冊，頁440。二、彭大年，〈邢祖援將軍訪問紀錄〉收錄在《塵封的作戰計畫：國光計畫》，頁61。
[188] 孔照年，〈回憶八六海戰〉收錄在《海軍——回憶史料》，頁474。
[189] 《當代中國》叢書編輯部，《當代中國海軍》，頁383。
[190] 中國人民解放軍軍事教育訓練部編印，《建國後局部戰爭與武裝衝突》，頁64。

（三）選擇作戰區域不周延且戰鬥序列不當

烏坵海戰中，共軍選擇的作戰區域離國軍據守的烏坵太近，不到10海里。戰前中共海軍福建基地雖然估算到國軍軍艦遭到其攻擊後，有駛往烏坵的可能性，但未作認真的準備和周密的部署。因此當我山海艦遭敵攻擊後，駛往烏坵泊地時，共軍艇群因畏懼於烏坵岸上國軍火砲，已無力採取措施實施攔截。共軍在烏坵海戰中的戰鬥序列並不恰當，鉗制艇群在主攻艇群的後面，未能發揮鉗制作戰，極大地影響作戰效果。[191]

（四）編隊指揮艇位置不當及沒有保障不間斷的統一指揮

在烏坵海戰中，共軍指揮艇的位置在編隊最前面，此對指揮接敵固然有利，但從整體上看並不合適，因為這樣不便於觀察及掌握整個編隊的情況，且容易受到敵火的殺傷，而且指揮主艇或指揮員一旦受傷，勢必對戰鬥產生直接的重大影響。烏坵海戰剛開打，共軍編隊指揮艇即中彈，編隊指揮員受重傷，使指揮中斷，失去戰機，就是1個明證。當編隊指揮員負重傷後，無法指揮作戰，而向預備指揮艇轉交指揮關係命令，但因艇上通訊失靈無法傳達，使編隊失去了統一指揮。此時位在指揮艇上的第三十一大隊政委及海壇水警區作戰科副科長既未採取一切可能的措施轉交指揮關係，又不願挺身果敢地接替指揮，而是坐視艇隊離開戰區。指揮員代理人亦未當機立斷，率領艇群重新接敵。岸上共軍指揮所雖然發現其護衛艇群離開戰區，卻未採取有力措施引導艇群重新「接敵」，造成共軍護衛艇群遠離戰區，魚雷艇群單獨與我臨淮艦作戰，並讓山海艦乘機駛離戰區，航向烏坵。[192]

柒、三次海戰對國軍反攻大陸作戰的影響

民國54年五一、八六、烏坵三次海戰，與之前臺海防衛作戰的一江山戰鬥、八二三戰役相較之下，三次海戰規模小、時間短、傷亡較少。然而其

---

[191] 中國人民解放軍軍事教育訓練部編印，《建國後局部戰爭與武裝衝突》，頁78、80。
[192] 中國人民解放軍軍事教育訓練部編印，《建國後局部戰爭與武裝衝突》，頁78、79。

影響卻十分深遠,尤其是八六、烏坵兩次海戰,蔣中正總統在其日記全年反省錄寫到:「我劍門、章江二艦,(八月)六日在東山島突擊,以劉廣凱設計及督導無方,竟被匪艦圍攻而擊沉,此乃為大陳海戰以來,海軍最大之損失。自知我將領之無知與無能,此乃引起我反攻行動不得不延期與重新整訓之動機,及其原因之一也。」[193]

當時擔任國防部作戰次長及主管國光作戰計畫的朱元琮認為:八六海戰作戰完全失敗,以致影響國軍全般反攻大陸登陸作戰的發起。[194]另一位時任職國光作業室的上校參謀段玉衡在其《小灣十年紀事》寫到:民國54年8月6日凌晨3點多鐘,我海軍偵巡支隊2艘PC,在將軍澳乘夜暗將我陸軍成功隊人員順利送入陸地,執行偵查灘頭狀況後,即向南偵巡,於8月6日凌晨巡航至東山島南沃島附近兄弟嶼海面,突然遭敵魚雷快艇進襲,激戰至6日晨,據海總作戰署長許承功6日夜間向本室主任朱元琮報告:我章江、劍門兩砲艦被擊沉,我亦擊沉共軍艦艇5艘,我海軍戰隊長胡嘉恒及官兵多人均被俘(筆者註:胡嘉恒被俘與史實有誤),我損失重大。又8月1日夜,我海軍2艘LCM(機械登陸艇)在馬祖也是執行「蓬萊一號」計畫已被敵擊沉。這一北一南兩次海戰失利事件,可說是我們出師不利,對我們極積發起反攻作戰之意圖,打擊不小。……目前大陸東南沿海共軍作戰指導,由各方面證明,好像是暫採守勢。我空軍不進入大陸邊緣,我海軍不進入他所宣稱的12海里領海內,他是不會採取攻勢的。敵在沿海部署的快艇,更足堪我海軍重視,這對我未來的反攻作戰,是應特別注意敵海岸快艇攻擊力的。[195]

八六海戰失利,對蔣中正總統反攻大陸的信心,多少有一定程度上的衝擊。段玉衡在《小灣十年紀事》寫到:自從(民國54年)6月17日召開「陸軍官校歷史檢討會」後,軍中幹部均一致認為反攻作戰,如箭在弦。但自8月1日在馬祖實施「蓬萊一號」,我2艘LCM被敵擊沉。8月6日,海軍在東山島南沃執行「蓬萊一號」(即所謂八六海戰),被敵擊沉我2艘PC艦後,

---

[193] 蔣中正先生日記,未刊本,民國54年12月31日,全年反省錄。
[194] 彭大年,〈朱元琮將軍訪問紀錄〉收錄在《塵封的作戰計畫——國光計畫口述歷史》,頁16。
[195] 段玉衡,《小灣十年紀事》,民國54年8月9日。

接著蔣總統在9月20日於政工幹校正規班第十一期畢業典禮訓話指出：目前世界局勢，對我漸形有利，我們應該加緊準備，以俾能隨時配合國際局勢，發起反攻。我們反攻時機有三：一、是世界大戰。二、是亞洲國家發起聯盟，共同圍剿中共。三、是我們獨立自主反攻。蔣總統又說，他過去是想不顧國際情勢，獨立自主發起反攻，但近1月來，看到亞洲局勢轉變得這樣快，我們反攻應待時機發展更為成熟時發起，那樣我們更可減少犧牲而事半功倍，同時也很容易獲得美國人的支持。[196]由上述蔣中正總統所指示的「反攻三時機」即可體認其戰略構想已經有所轉變。國軍自民國50年成立國光作業室起，即訂定「一套戰備，攻守兼顧」大原則，之後雖然自51年5月1日起，實施國防臨時特捐，籌措財源，但戰備所需，實非當時國家財力所能負擔。兼以綜合國際及亞洲情勢發展，蔣中正總統深思熟慮後，似有守重於攻之決定。故國防部之縮編，幾個為反攻作戰新成立單位之裁撤，以及特別會談之一再停開等，均顯示我國家戰略已朝「守勢」走向。[197]

蔣中正總統在民國54年年終最後一次作戰會談指定海軍總司令部提報「八六海戰及烏坵海戰檢討」，在聽完報告後，蔣總統作了以下的指示：「八六海戰是國軍撤退來臺戰役第一次失敗，烏坵海戰是第二次失敗，國軍要痛定思痛。兩次海戰，海軍輕敵，遭受共軍夜暗快艇奇襲，海軍官兵犧牲兩百餘人，作戰軍艦損失3艘，空軍未能及時支援，因之失敗。嚴重影響民心士氣、國際視聽，對實施『國光計畫』不無影響，國防部及海、空軍總司令部應再檢討原因，記取失敗的教訓及具體改進辦法。海軍應該研究夜戰、近戰、反魚雷快艇、反快速砲艇連續攻擊的戰法，加強訓練。空軍應研究如何密切支援海軍作戰。」由於八六、烏坵海戰的失利，至此，政府原來積極進行的反攻大陸作戰戰備，逐漸由攻勢轉為守勢。[198]

---

[196] 參閱一、段玉衡，《小灣十年紀事》，9月25日。二、彭大年，〈段玉衡將軍訪問紀錄〉收錄在《塵封的作戰計畫──國光計畫口述歷史》，頁205、206。賴名湯對於蔣中正總統在政工幹校正規班第十一期畢業典禮訓話內容，在他的日記寫道：「第一和第二個機會都沒有，故只剩下第三種可能，然而獨力反攻，總是要冒險的，非逼得不得已是不能採取的。在臺灣等了16年了，總算現在來了，前面兩種可能都來了，然而仗還是要靠我們自己打，最後還是要靠我們自己。」參閱賴名湯，《賴名湯日記》，第一冊，頁458。

[197] 段玉衡，《小灣十年紀事》，民國54年12月30日。

[198] 彭大年，〈黃世忠將軍訪問紀錄〉收錄在《塵封的作戰計畫──國光計畫口述歷史》，頁

由於蔣中正總統對反攻大陸的政策與態度有所改變，以致主導反攻大陸作戰計畫作業的國光作業室受到最明顯的影響。段玉衡在《小灣十年紀事》寫到：「自八六海戰失利後，盛傳國防部要縮編，說全國防部要由現在的3,300多人，縮編為1,500人，聯三、聯五和國光作業室，要合併檢討，國防部已在研究縮編的事，並說9月底要實施。」[199]民國55年1月25日，國防部作戰參謀次長胡炘來國光作業室視察，並將該室自2月1日改名為「作戰參謀次長室作戰計畫室」，屬於作戰參謀次長室的一個隸屬單位。[200]這是國防部自47年成立計畫參謀次長室以來，該室第三處主管反攻計畫的作為，但自50年成立「國光作業室」臨時編組以後，自力反攻計畫，即由國光來主辦。但計畫參謀次長室也另外成立一個「巨光作業室」，來主辦聯盟反攻計畫，這兩個專案小組，互不來往，各自為政，也就形成了架床疊屋，各行其事。「國光作業室」成立5年來，策訂的自力反攻計畫，共有16種，作戰目標區，當然限於國軍能力，都是在閩粵沿海。「巨光作業室」成立4年來，策訂有聯盟反攻計畫6種，因為有美軍有限度的援助，所以，作戰目標區就比國光擴大一些，但目標地區，還是有和國光所選的目標地區重疊。任務部隊也有些相同，因之形成雙頭馬車。自55年2月1日，國防部精簡；國光和巨光兩個計畫作為單位，合編為一個單位，國光作業室原主管自力反攻計畫的第一處，還是名為「作戰計畫室第一處」，而巨光作業室則編為「作戰計畫室第二處」。[201]

　　段玉衡在《小灣十年紀事》寫到：國光作業室自民國55年2月1日改編後，在形式上雖然仍是保持和從前一樣的型態，但精神上比從前差多了。主要原因，是沒有簡報。國光作業工作可以說完全是秉承統帥意圖，先有參謀研究，此研究向總統提報以後，奉裁定，才據以發展計畫，推動工作。自去（54）年8月（八六海戰）以來，即未向總統提過簡報，也從未奉到有新的指示，有好幾個研究案，都隨時準備向總統簡報，可是即使是一再簽請向總

268-269。
[199] 段玉衡，《小灣十年紀事》，民國54年8月9日。
[200] 段玉衡，《小灣十年紀事》，民國55年1月25日。
[201] 段玉衡，《小灣十年紀事》，民國55年7月1日。

統簡報，即使是有特別會談，總統也沒圈定要聽取我們的簡報，這樣我們也就沒有新的工作好推動了。……自國防部長蔣經國先生去年自訪美歸來後，在幾次會議中都透露中美雙方，都認為渡海反攻，是一件很不易實施的事。同時，蔣部長訪美歸來後，又大力推行國防部精減工作，因此大家在心理上就體認到我們反攻實施的成分很少，也就大大影響士氣了。[202]

八六海戰發生時，時任總統府侍從武官的汪希苓說：八六海戰後，國軍反攻大陸的計畫差不多已經停止，中共已經核武試爆成功，以後只有零星的突擊。最早都是沿海打游擊，主要是情報局的游擊隊，八六海戰那次是由海軍配合情報局的兩棲突擊大隊，實際上一出海對方大概就知道了，船艦直接靠近沿海，對他們而言，可以很清楚掌握我們的海上行動，但他們的船艦動態，我們卻不清楚，所以他們從島嶼出來突擊時，常常得手，章江、劍門被擊沉也是這個道理。[203]此時蔣中正總統已經體認到反攻大陸時不我予，至少汪希苓感覺到蔣經國（時任國防部部長）已經覺得軍事反攻（大陸）恐怕機會不大。蔣經國提到：「我們這個軍事的力量是準備對方要攻打臺灣，要考慮一下付多少的代價。」蔣經國已經有這個意思表示：「我們不會進攻了。」此時蔣經國在經濟方面下了很多工夫，要把臺灣建設成範模省，讓經濟變好，社會制度、民主制度都強，我們對大陸才比較占有優勢。蔣經國曾說：「我們現在必須爭取美國軍援，建立一支足以防衛的武力部隊，使對方攻打我們時，要考慮付出多少代價。」[204]最後蔣經國更明確指出：「海軍自來臺以至（五一、八六、烏坵）三次海戰，已由強轉弱，十餘年來，敵我海軍戰力消長情形，今天都已在戰場上顯示出來，我海軍已面臨考驗，不能再受挫折了。」[205]

---

[202] 段玉衡，《小灣十年紀事》，55年5月1日。反攻大陸作戰，如果美國不支持，國軍只能打4天，而海軍的力量更是有限，所以要發動反攻，實在是一件最大冒險的事。蔣中正總統是聰明的人，儘管口裡高唱自力更生，獨力反攻，實際他自然另有想法。參閱賴名湯，《賴名湯日記》，第一冊，頁432。

[203] 簡佳慧，〈汪希苓先生訪問紀錄〉收錄在《蔣中正總統侍從人員訪問紀錄》（臺北：中央研究院近代史研究所，民國101年），頁220-221。

[204] 簡佳慧，〈汪希苓先生訪問紀錄〉收錄在《蔣中正總統侍從人員訪問紀錄》，頁220-221。

[205] 陳振夫，《滄海一粟》，頁257。

八六、烏坵海戰之前，國軍海軍在中國大陸東南沿海之巡弋行動，對中共具有挑戰性，兩次海戰失敗後，直接影響蔣中正總統反攻作戰之信心及決心。爾後蔣中正總統因病所累，又年事漸高，無人能代替其決策，故反攻大陸之計畫只有藏諸高閣了。[206]民國55年以後，蔣中正總統親自主持之「軍事特別會談」驟然減少，其對反攻作戰指導，亦不如前5年之急迫性，顯然有趨於轉變為防衛臺澎金馬，加強經濟建設，整備國軍戰力為主。[207]

捌、結語

　　民國38年12月7日，國民政府自大陸播遷來臺，國軍在臺積極整軍備戰從事反攻復國大業，國軍對大陸敵後特種作戰及游擊作戰未曾停止。而中共建政後，因領導人毛澤東施政上嚴重的錯誤，尤其是推行大躍進、人民公社，造成中國大陸人民生活陷入前所未有的困境。加上蘇俄與中共交惡，停止對中共的軍事援助、軍事合作交流。蔣中正總統認為國軍在臺整軍經武已多年，且在美援協助下，國軍戰力已堅強，此時為反攻大陸的好時機。因此於50年成立國光作業室及組成專門從事反攻大陸的特戰部隊，圖謀反攻大陸。而我海軍則賦予執行搭載友軍特種部隊人員登陸大陸之任務。

　　面對國軍有積極反攻大陸作戰之企圖，以及國軍多次派遣特種部隊人員進入中國大陸，從事敵後工作，中共中央不得不命令共軍增派地面部隊到福建，海軍增派艦艇兵力至福建沿海，加強海防，防範國軍對大陸沿海進行「騷擾」、「滲透」、「進犯」，因而我海軍與中共海軍在海上兵戎相見，便很難避免。國共雙方海軍終於在54年先後在臺海發生五一、八六、烏坵三次海戰。

---

[206] 彭大年，〈朱元琮將軍訪問紀錄〉收錄在《塵封的作戰計畫——國光計畫口述歷史》，頁16。

[207] 彭大年，〈邢祖援將軍訪問紀錄〉收錄在《塵封的作戰計畫——國光計畫口述歷史》，頁63。從八六海戰後至（民國54年）10月21日，例行特別會談已經停止兩個多月了，「誘敵海空決戰之研究」和我們早已準備好了的3、4個要向總統提報的研究。簽上去也總沒有被圈到要提報。看樣子，總統戰略思想自9月20日在政工幹校訓話中，我們可以看出有所轉變了。因此，國光作業室的許多研究報告，他也就不像從前那樣重視了。參閱段玉衡，《小灣十年紀事》，民國54年10月21日。

在五一海戰中，我東江艦遭敵艇重創，艦上官兵傷亡數人，東江艦官兵於奮戰後，安然脫險。八六海戰，劍門、章江兩艦被敵艇擊沉，為政府遷臺後，海軍最大的戰損。烏坵海戰，我臨淮艦遭敵艇襲擊被擊沉，隨同的山海艦官兵於奮戰後脫險。上述三次海戰的結果，暴露出我海軍長期輕敵、不知敵、作戰計畫欠缺周密、情報外洩、值更軍官及指揮官臨戰經驗不足等重大缺失。同時顯示中共海軍護衛艇、魚雷快艇雖然頓位小，但在海戰中充分發揮其速度快、輕巧靈活，以及擅長集中火力、近戰與夜戰的戰鬥優勢。美國中央情報局對於國軍海軍在與共軍海軍在八六海戰上的失利，則視為是國軍海軍侵入了共軍控制的水域，而共軍進行了有意義的軍事反擊。[208]

　　共軍在上述臺灣海峽三次海戰中的戰術很簡單，他們把過去在陸上打游擊戰的觀念移植到海上，運用到海軍作戰上，主要是把艦艇（兵力）隱藏在沿海島嶼後方或漁船船隊裡，遇到國軍海軍艦艇時，即迅速集中兵力進行夜襲，以致產生一種勇於近戰的精神，儘管在技術層面居於劣勢，但憑藉果敢和戰術的靈活運用，因而往往能夠主宰戰場。而這種所謂的「人民戰爭」、「海上游擊戰爭」被海軍「少壯派」所擁護，並且在接下來的「文化大革命」期間，被中國大陸人民歌頌一時。然而「人民戰爭」、「海上游擊戰爭」對共軍海軍而言，卻成為其準則進一步發展上一種政治上的阻力。[209]

　　民國54年國共臺灣海峽三次海戰，雖然時間短、規模小、傷亡不大，但由於我海軍在八六、烏坵兩次海戰接連失利，突顯了我海軍戰力及運輸能力的薄弱，這對於當時蔣中正總統正積極展開軍事反攻大陸的企圖，無疑是一個沉重的打擊，以致不得不重作評估，甚至進而影響了日後國軍建軍備戰的政策與方向，[210]也就是對共軍的作戰由積極攻勢，轉變為政治為主，軍事為輔的守勢作戰。

---

[208] 雙惊華，《美國對華情報解密檔案（1948-1976）》，第七篇（上海：東方出版中心，2007年），頁268。

[209] David G. Muller, Jr.原著，李長浩譯，《中共之海權》（臺北：國防部史政編譯局，民國77年），頁102。

[210] 民國54年，我海軍連續三次在大陸沿海與共軍爆發戰鬥，我方艦艇三沉兩傷，損失慘重，迫使蔣中正總統無限期擱置反攻大陸計畫；海軍也把反制共軍快艇「狼群」戰術，當成建軍與訓練要點，影響達30年之久。參閱程嘉文，〈當年海戰三連敗反攻大陸夢碎〉，《聯合報》，民國104年11月15日。

附錄一 戰後歷任海軍首長（1945-1979）

海軍部部長	陳紹寬	江南水師學堂駕駛第六屆	民國20年12月30日至26年1月31日	閩系
海軍總司令	陳紹寬	江南水師學堂駕駛第六屆	民國27年2月1日至34年12月26日	閩系
軍政部海軍處處長	陳　誠	保定軍官學校第八期砲科	民國34年9月1日（兼）至35年3月12日	陸軍黃埔系
軍政部海軍處處長	陳　誠	保定軍官學校第八期砲科	民國35年3月12日至35年7月1日	陸軍黃埔系
海軍總司令	陳　誠	保定軍官學校第八期砲科	民國35年7月1日至37年8月25日	陸軍黃埔系

海軍總司令	桂永清	黃埔軍官學校第一期	民國37年8月25日至41年4月15日	陸軍黃埔系
	馬紀壯	青島海軍學校第三屆航海	民國41年4月16日至43年7月1日	青島系
	梁序昭	煙台海軍學校第十七屆	民國43年7月1日至48年2月1日	閩系
	黎玉璽	電雷學校第一屆航海	民國48年2月1日至54年1月25日	電雷系
	劉廣凱	青島海軍學校第三屆航海	民國54年1月25日至54年8月16日	青島系
	馮啟聰	黃埔海軍學校第十九期航海	民國54年8月16日至59年7月1日	粵系

海軍總司令		宋長志	青島海軍學校第四屆航海	民國59年7月1日至65年7月1日	青島系
		鄒　堅	青島海軍學校第五屆航海	民國65年7月1日至72年5月16日	青島＋閩系

附錄二　1945-1979年海軍官校畢業生名冊

正期班歷屆畢業學生名錄

三十六年班
朱成祥　朱德穩　邱　奇　查大根
胡繼初　范家槐　倪其祥　秦和之
秦慶華　區小驥　常繼權　莫如光
甯家風　曾國琪　馮國輔　黃國樞
萬鴻源　廖厚澤　劉用沖　劉和謙
鄭本基　羅　錡（羅綺）

三十七年班
航海科
王熙華　江宗鏘　吳偉榮　吳樹侃
宋開智　李贛馬肅　杜世泓　林大湘
徐鍾豪　高孔榮　張　浩　張俊民
郭志海　陳　靂　陳其華　陳國禾
陳萬邦　陳駿根　麥同丙　黃慧鴻
黃錫驥　楊樹仁　萬從善　葉元達
虞澤松　潘緒韜　鄧國發　謝中望

輪機科
王家驤　吳挺芳　李光昌　李聯燦
周百寅　胡運龍　張文煌　莫餘襟
陳心銘　陳啟明　曾尚智　黃承宇
黃剛齡　楊才灝　楊拱華　楊運時
趙令熙　劉翼騏　潘啟勝　鄭有年
魯天一　蕭官韶　糜漢淇　聶顯堯

三十八年班
蔡龍豪　陳廣康　陳連生　陳慶祥
陳梓之　鄧大明　傅濱烈　宮湘洲
古國新　黃漢翔　黃忠能　李光國
李和發　李仕材　李用彪　李振強
廖乾元　林天賜　林永森　劉達材
劉溢川（劉建勳）　邱華谷　宋　炯
王藹如（王士吉）　王耕滋　王季中
王鐵錚　王顯亮　翁國樑　徐廉生
徐學海　葉昌桐　葉德純　葉潤泉
郁文弼　張福生　張天王久　趙樹森
朱　端

三十九年班
曹福華　陳德奎　陳鼎武　陳維鋒
陳　釗　陳作慎　程浩天（程浩）
董孝誼　董愈之　杜福新　范承瑜
馮吉昭　龔立航　官希聖　關壯濤
郭清志　郭宗清　何炳鑫　賀海潮
何廷秀　黃邦本　黃懋濤　黃少飛
黃希賢　蔣競莊　李承淮　李存傑
李海建（李海）　李延年　李元祿
李珍華　林柏強（林百祥）　林元澄
林兆鈞　劉瀚波（劉新民）　劉鴻豪
劉啟賀　劉榮焜　劉醒華　陸飛鵬
盧　鏘　盧文治　羅耀南　羅義寰
麥達文　牟琴齋　歐陽位　潘光有
彭傳鏵　邱之雄　商道燦　沈大鈞
施　治　宋國屏　唐慶禧　佟季夫
王葆琰　王梅岑　王汝亢　王顯恕
王韞山　蕭楚喬　蕭文馥　熊忠毅
楊綱民（楊濟民）　徐靖川　袁榮霖
袁允中　張廣恩　張宗仰
趙　璵（萬麟）　鄭小金　鍾海籌
周官英　周望德　周愈燔　朱立甫
朱謙吉　朱瑞慶　鄒大奎
鄒宇光（鄒翼廣）　蔡文彥
曹津申（曹津生）　暢德興
陳奮飛（陳奮蜚）　陳奇珍

陳瑞謙（陳瑞麟）　陳永才　陳雲山
程金鼎　董坤載　竇叔鑫（竇傑）
杜森祥　方成　方傑三　方立沛
費海琅（費文中）　馮汝寶　高祥茂
郭愛瀚　郭功策　郭摯甫　韓鑄遠
何淦泉　何文亮　侯啟中　黃瑞祥
季紹葆　蔣春元　金鴻禧　孔昭陽
呂德輔　李功鏞　李廣森　李瓏玲
李溪　李笑石　李宗傑　林開
劉恩慶　劉發奎　劉永麟　劉占敏
魯寶璟　羅力餘　羅湘柱　寧明軒
歐陽良　彭相鑑　彭興邦　沈光約
沈霖　申茂林　沈樞弟　石維民
施祖德　隋程坤　孫賢驄　唐鏗鈞
田俊岳　王俊昌　汪瑋　王胤伯
汪元培　王兆通　吳錦鑾　吳允生
吳裕潤　吳自弢　夏甸　熊煥
許耀武　余開國　曾子開　張才儲
張澤生（張尚聖）　趙觀耀　趙士驤
周朝聘　周幼良

李初翔（李鶴翔）　李光成
李海民（李裕民）
李海權（李海林）　黎航　李恆彰
厲靜華　李景雯（李景雲）
李龍之（李鰲）　李啟隆　李韋
李惟寧　李錫球　李宗賜　梁炳新
梁純錚　梁國海（梁國祥）　林道橋
林大森　林大綬　林潔操　林慶燊
林同錦　劉赤忠（劉忠）　劉崇邦
柳國權　劉鴻瑞　劉生龍（劉雲龍）
劉樹文　劉緯文（韋文）　劉雄駒
劉宣　劉柱　龍天爵　路昌盛
盧虎　盧一鶚　馬德俊　馬俊修
馬順義　麥霞農　梅武揚　牟鎔
牟雲章　歐陽昭（歐陽煦）
潘鐘南　龐連章　蒲鶴籌　漆書成
錢樹仁　錢文華　秦大煜　秦天偉
丘薰　邱永安　任敬吾　佘時俊
史家聲　施紹勳　宋心謀　蘇臨泉
蘇錫芬　蘇映虹　隋樹松　孫盛祥
孫學炳　譚乃盛　陶關漢　田啟儒
王秉元（王秉璋）　王昌旭
王更華（王振華）　王亮初　王立心
汪佩銤　王聖民　王偉升（王偉民）
王祥籌　王錫佩　王益智　尉鉞
吳恩慧　吳立達　吳其昌
吳人傑（吳傑）　奚明遠　咸夢松
蕭大芳　蕭斯鉉　謝惠仁　謝建元
謝世錚　謝無逸　謝祥圻　徐佩松
徐亞鎂　徐玉階　許志傑　薛振揚
鄢儲章　嚴德釗　楊學敏　楊運烈
姚基成　余順超　曾承裘
曾治軍（曾治平）　張雛清　張國勳
張輝耀　張建梧　章俊（章俊名）
張居盛　張蓬　張芹琳　張天賜
張守春（張守中）
張壽坤（張壽椿）　張雄超（張超）
趙伯郊　趙達志　趙光斗　趙鈞
趙振山（趙振東）　鄭錦章　鄭倫
鄭清樹　鄭展堂　鍾家榮　周明衡
周巽武　周忠英　朱普華　朱祖球

四十年班

安可立　敖朝智　柏光華　包樹敏
曹何中　柴翔業　陳昌明　陳光鑫
陳光齡（陳光陸）　陳國昌　陳漢輝
陳嘉璋　陳曰初　陳靖一　陳克正
陳聯品　陳懋欽　陳權膺
陳榮錦（陳榮鈞）　陳聲仲　陳述之
陳維訓（陳維新）　陳有為　程再祥
崔熙詢　鄧方世　戴德輔（戴德成）
丁承永　丁連原　丁澤農　杜文俊
樊伯權　樊學峰　方梓榮　傅敏德
傅文輝（傅文隆）　關崇鐸　關若濤
郭秉鈞（郭鈞）　郭長齡　韓光燾
韓景浴　杭肇祥　郝德雲　何厚泉
賀慶捷（賀捷）　洪節　洪紹堡
侯以真　胡家槐　胡克儉　胡明諄
胡應齡　黃崇福　黃希齡
黃耀先（黃耀宗）
黃碩光（黃偉光）　黃種雄　賈華昌
蔣家倫　蔣海天（蔣海雲）　江礪山
姜文龍　金志祥　景維國　闞培椿
雷伯龍　雷洵　李邦傑

四十一年班

鮑　威	曹斐常	陳超英	陳　迨
陳金彪	陳晉衍	陳鈞陶	陳人煦
陳鐵官	陳惟壽	陳義龍	陳永周
陳友道	陳昭慎	戴世傑	戴世學
鄧嘯風	丁辰生	董得福	竇昌銓
段鑫寶	傅鴻文	高文謙	高徵銘
龔煌圖	龔錦堂	韓維強	何炳銳
何伯平	何　丘	何守恆	胡德明
胡美裕	黃昌明	黃綱紀	黃家純
黃清雋	黃瑞芳	黃紹澤	黃紹震
黃威廉	黃鎮華	黃致君	賈立勛
江厚民	江相熙	蔣中元	金達五
金　剛	金叔宏	雷學明	呂先魁
呂興華	李昌民	李鼎新	李光亞
李固根	李亨源	厲建堂	黎靜溪
黎京志	李年敷	李維揚	李偉族
李炎熙	李　鈺	李兆民	梁荊山
林繼山	林　立	林榮樹	林瑞琪
劉定傳	劉恩榮	劉國元	劉立權
劉民生	劉丕穎	劉壽松	劉松欣
劉新澄	盧國棟	魯恢文	羅榮華
羅仕斌	羅育新	羅澤俊	蒙德忱
木紘宇	尼那松	歐陽選國	潘建南
彭永齊	齊慶崑	曲衍柟	任祖貽
沈迪克	石伯華	施　鳴	壽子龍
宋海旺	蘇　鰲	粟　杰	蘇世澍
孫宗權	譚奇士	唐鴻榮	湯紹文
陶福祺	田福麟	田競雄	田宜寬
童隆埊	佟澤勛	涂啟鐘	王多藝
王爾壽	王懷中	王慧全	王會儒
王美健	萬青選	王鐵夫	王興祖
王永濤	王正亞	王振武	王湞深
王忠賢	文伯韜	溫新徠	吳美祥
吳慎敏	吳述祖	吳振亞	蕭文學
蕭業儒	謝　崇	謝道樫	徐光斗
徐關齡	徐翰芳	徐克勛	徐明昭
徐少亭	徐世林	徐咏濃	胥志孝
楊丕珍	楊駢驥	楊瑟孫	楊文星
楊　湧	姚驤淳	葉功偉	葉有康
殷洪澤	余松青	余天祥	余雲鵬
袁炳瑞	詹克鋤	張秉英	張德昌
張東田	張國珍	張海軍	仉家彪
張良彥	張時達	張世同	張斯安
張新明	張秀山	張藻英	鄭翰文
鍾湖濱	鐘梅恩	周德智	周　令
周紹明	朱國森	朱　健	莊銘耀
鄒經濟			

四十二年班

蔡邦富	蔡文恆	蔡義生	陳寶瑜
陳玉銘	陳占珠	陳祖安	褚季方
鄧元龍	丁善初	丁志海	杜斯良
杜賢斌	馮　英	馮澤稅	高樹崑
龔建初	郭明方	郭宜梁	郭豫源
何德崇	何培濱	洪永森	胡從武
胡熾昌（胡煥昌）		黃怡週	雷天霖
呂迺樸	呂其華	呂添源	
李邦珍	李昌觀	李　洪（李雲洪）	
李覲熹	李樹和（李世和）		李　嚴
李梣生	李雲龍（李瀛蛟）		李　準
梁浩照	梁煥武	梁球芳	林建綱
林沛長	林益三	凌杰垣	劉以埔
陸達三	羅海賢	馬建新	繆敬敏
南登岳	倪世英（倪世荃）		區永年
容潤濂	蘇曾敬	譚粵昭	湯居敬
王安定	王樹銘	王文博	吳季庸
吳迺耕	吳維瀾	吳永存	夏照辛
夏鎮龍	謝傳鐵	熊許飛	徐朝齡
許建鋆	徐季侯	徐　雷	楊啟釗
楊永卿	余澤恂	于　志	俞作超
曾國菁	曾日光	曾祥蘭	詹生注
張熾棠	趙成文	鄭善繼	石樞堂
宗樹翰			

四十三年班

鮑鳳生	卜慶培	蔡亞俶	蔡澤民
曹漢生	曹培青	曹友旺	曹志明
陳鄂元	陳國新	陳翰霖	陳轟德
陳聲遠	陳樹行	陳　威	陳未東
陳向榮	陳　植	崔永明	刁永鵬
丁大山	方立安	傅昌年	高德明
苟迺彥（苟亞博）		顧崇廉	關振清
郭萊華	韓敏初	賀展華	黃宏基
黃克錦	黃克謙	黃友祿	霍安邦
蔣光繼	江　龍	蔣慶華	焦祖洛

金濤菴	李國衡	李建業		李保華	李　淳	李漢鼎	李鳴臬
李　菁（李青翰）		李覲基　李金鑑		李懷堯	李建伯	李隸恕	李培德
李瑞禾	李威揚	李希斌	李亞西	李潤田	黎耀青（黎耀菁）		李元良
李一寧	李志群	李仲誼	廖能明	李正心	李自新	梁逢秀	林鳴人
林　鵬（林晉弘）		林　琦	林申明	林一聲	劉　復	柳津生	劉繼秋
林友棠	林沅漢	劉伯涵	劉傳汾	劉　銘	劉　濤	劉望平	劉湘璃
劉德森	劉　剛	劉光霽	劉漢昌	樓永思	盧翰飛	劉化龍	羅德昭
劉劍雄	劉可騰	劉欽博	劉審智	羅文渡	駱武元	馬本智	毛幼誠
劉望郁	劉　翔	劉選禮	劉延勃	莫迺勘	倪炳德	倪健佐	牛少靜
羅邦本	羅魁南	羅錫爾	馬大道	潘　敏	潘聲揚	潘泰森	潘維杰
馬吉申	牟呈祥	倪公炤	潘福齡	潘振錡	彭濟蔭	錢大鈞	錢思同
潘金棠	潘正年	亓豐瑾	錢純志	權　創	任　健	邵維廉	沈嘉棟
秦本度	任先恕	汝洪淵	阮超然	施和良	宋大文	宋立民	蘇樂達
沈本源	盛克誠	石家海	史挺生	孫　諦	孫和塵	孫　傑	孫祖德
石柱剛	宋清俊	宋學恭	蘇鴻綎	唐自南	同慧生	萬　眾	王鳳瑞
蘇天倫	覃振雄	唐德厚	湯德民	王功輝	王洪鎧	王敬勝	王洛濱
唐緯群	陶行力	萬慕禹	王保民	王　樸	王瑞芝	王惟一	王源來
王繁祉	王貴忍	王鶴樓	王家訓	王　照	翁克明	吳鴻鈞	吳鴻恪
王景超	王贇榮	王時昀	汪　洋	吳石夫	伍世文	巫舜華	吳秀山
王育良	汪　郅	翁寶山	吳大仁	吳彥麟	吳雲漢	項承燦	蕭伯雄
吳谷泉	吳厚湘	吳榮滄	吳榮恩	蕭幼君	謝冠環	熊繼明	熊雲嵐
夏漢民	向世禮	蕭慧麟	謝錦璋	許萬里	徐　雲	楊朝壽	楊開晉
許傳恕	徐復仁	徐復興	楊明遠	楊榮生	楊世禹	楊雲岱	葉昌齡
楊世驥	楊士良	楊熙榮	楊允琤	葉惠良	葉之南	葉祖榮	應嘉璠
姚學昌	葉仕光	游宏進	原崇煥	應克範	應文享	于寶鈺	余耀權
張炳傑	張華生	張惠林	張嘉淦	俞仲俊	袁長彬	翟乾瑞	張承範
章　權	章世忠	張錫淦	張政權	張廣慶	張建中	張君勇	張紹民
張重國	趙廣田	趙鴻恩	趙　銅	張天佑	張琇山	張又新	張載基
趙子健	甄仁禮	朱成貴	朱祖燊	張重民	趙滄浪	趙國茂	鄭康炎
鄒強華				鄭立中	鄭壽嵋	周　瀨	朱克猷
				祝一新	朱永荃	朱再兮	周才猷

四十四年班

白雲峰	曹建男	陳百齡	陳本中
陳鴻基	陳鴻文	陳劍閣	陳潔塵
陳景華	陳孟遲	陳明淵	陳　琪
陳紹華	陳忠國	陳重廉	程蒲生
崔玉生	戴國棟	董杭生	董克寬
董治安	杜玉森	杜肇春	傅　濂
顧振一	關炎生	管雲龍	韓德安
何兆元	洪　鎮	洪振忠	胡　萍
胡蘊天	胡振鼙	黃其淦	黃順義
惠斌華	季永震	金以球	景雲翰
康本義	鄺之強	呂禎興	李邦逖

四十五年班

安茂程	白海雲	陳本維	陳步墉
陳恩奕	陳國璋	陳憓儀	陳紹衡
陳時杭	陳玉梅（陳宇梅）		陳　鐘
崔平野	丁自若	董溥權	董慶斌
董汝銘	端木泓	范良瞻	馮　潛
傅世孝	高文華	葛殿卿	古德智
關承恩	過孝先	郭章榮	韓景榮
郝金鐘	何　畏	胡更生	胡樹桐
華溥生	黃思齊	黃玉盛	黃鐘聲
紀志朗	姜格中	江景岳	金安庶

金石堅	勞肇強	李寶琰	李家騏	劉世文	劉煒煌	劉文緯	劉心乾
李沛森	李啟新	李神威	梁 榮	劉永明	劉友松	劉治鎰	龍 虎
梁幼章	劉百文	劉秉同	劉家和	陸安華	逯 沛	羅志杰	毛拔雲
劉金銓	劉君溪	劉康寰	劉申齡	牟 磊	聶敦昇	牛穎達	潘幼暉
劉 偉	劉孝先	劉永同	陸鏡清	曲恩光	曲榮紳	饒治平	邵宏遠
陸錦霓	陸審爻	盧 鑫	盧庸龘	沈宗濤	史煥瑋	史所京	宋 立
羅樹勳	馬克飛	馬履綏	毛建漢	孫化東	孫金林	孫延陽	唐德鎔
寧事敦	潘寶申	邱國權	曲玉泉	唐建偉	湯儒孝	唐昭淳	田民豐
邵蔭喬	沈守忠	蘇書易	蘇元伯	田祥復	王法仁	王華中	王健之
孫洪濱	孫維惠	孫錫基	譚 鑪	王 璟	王 靖	王力軍	王世綱
唐炳光	唐澄心	童 渤	童化龍	王維新	王文報	王義平	魏榮鑫
仝利民	童志有	王家昌	王俊立	魏泰來	吳幹生	吳恭庠	吳漫宇
王紹樸	汪曙光	王泰騏	王希中	吳維行	吳衍訓	吳仲堪	吳仲維
王耀華	王遠剛	王仲沛	魏繼斯	武子魁	夏啟宙	蕭巨民	蕭 寧
吳道安	吳漢清	吳清涼	吳瑞昌	邢翰卿	邢天綱	徐傳驫	徐賢國
謝漢榮	謝守華	熊文石	徐 鏗	徐志海	楊嘉惠	楊克勇	楊臨寬
徐昭功	徐宗漢	楊以智	葉可蔚	楊 樸	楊旭奎	楊宗波	姚能君
葉希文	葉英華	易定華	尹 沅	葉宏厚	應聚才	尤雲成	余光凱
尹自全	喻民謙	虞孝齊	曾 重	余籍純	元法東	張東亞	張甫達
張定富	張貫新	張煌達	張 弢	張海心	張鴻是	張木標	張啟文
張文濤	張育民	張祉揚	章忠煦	張泉增	張群誠	張榮光	張衛智
趙孟僚	鄭宏恩	周俊謀	祝錦煜	張耀燊	張之雄	張忠樑	趙榮華
朱明軒	朱學恕	朱志翔		鄭寶鼎	鄭劍東	鄭清明	鄭儒清
				鄭澤暉	鄭中邦	周景沅	周鵬展
				朱偉岳	鄒守廉	鄒亞蓀	

四十六年班

別斌琪	蔡靜雅	曹佩山	柴鉞武
車傳甲	陳火富	陳寬淳	陳仕銓
陳偉博	陳源漳	陳源鈇	陳 正
陳振寰	褚家龢	崔維琨	崔志毅
戴武章	董 治	段前國	范孝慈
馮治平	高理民	高耀樞	高源五
葛彬堂	耿蘊韶	宮天寧	顧金聲
顧欽揚	郭國詩	郭 泰	郭振國
何惠權	何 鑑	何松齡	胡明正
胡元生	黃春茂	黃純業	黃華護
黃清華	黃憲法	黃政龍	姜允斌
金 陵	荊治仁	許整輝	考宗鼎
孔德諶	藍孝恆	李度經	李家駒
李培植	李士炎	李訓明	李伊州
李淵民	李植甫	李治民	梁輯五
梁文進	林華五	林 驥	林來安
凌大瑜	劉昌燦	劉洪德	劉鴻舉
劉明釗	劉榮旌	劉容玉	劉若鐸

四十七年班

陳庚午	陳堅如	陳克通	陳明謨
陳遠大	陳祖德	程祥和	成志淵
鄧翼生	丁魁春	杜蘭生	方 駒
方志祿	顧立平	顧松華	管平洲
郭春福	郭 順	韓毓慶	何吉嘉
何立民	胡饒豐	黃爾耀	黃乃良
黃喜元	季平東	賈葆才	賈德誠
金永誠	藍成龍	呂煥符	呂則信
李 騫	李希佰	李玉忠	林鳴崗
林 毅	劉道富	劉富仁	劉晉德
劉克能	劉應乙	盧賡熙	陸益群
駱 菁	羅義屏	馬振東	馬中雄
梅希斌	牟肇儀	區吉華	任毓桂
沈亞清	石天生	史玉明	宋世諤
粟鐵英	孫維成	孫永平	譚紹琦
陶培德	田永茂	王道傳	王德元

王鼎和	王國海	王立峰	王明德	錢昌旺	邱建雄	曲德新	容樹藩
王天佐	王玉鼎	王肇禧	韋齊生	邵命生	沈方枰	沈廣強	沈耀東
伍守謙	吳志遠	吳祖榮	蕭慶賡	時維經	施展川	施祖詒	舒遠享
蕭智生	謝國樞	辛悅倫	徐傳飛	隋亨利	孫法彭	孫瑋	孫永順
徐國安	徐漢康	許升驊	徐玉書	孫毓溪	唐傳才	滕有祥	涂兆嘉
薛葆志	顏鶴鳴	楊才堯	楊瑞和	王鋤東	王春立	王德昌	王景龍
楊興國	楊希允	楊仲昇	姚敏	王克林	王明其	王尚錚	王忠和
姚增琦	葉壽生	易堅	應明中	魏進福	魏均宣	衛兆俊	翁岳宗
于介生	俞能植	於祖馥	袁道慈	吳德勝	武堅	吳詠春	吳子房
袁志強	岳俊斌	曾吉林	曾訟	項啟麟	蕭國發	謝世文	謝振德
張鴻安	張瞵	張民元	張榮泰	許才英	徐淦海	許克衡	許世傑
張學先	張徵平	張宗道	張祖才	徐湘生	徐鏞	徐忠國	嚴慕先
趙淦成	趙錦雲	趙賢傳	周宗堯	楊斌	楊福良	楊賡渠	楊克謹
鄭炳光	鄭健華	鄭名超	周賓森	楊蜀聲	楊文炳	楊文駒	楊文熊
周遠大	周正義	周宗賢	祝炳琦	楊言蓉	楊蔭梧	姚寧生	姚士鳳
				姚震方	葉龍	游振堉	俞方澄
				于繼魯	俞小波	曹礪鑽	曾德祥

四十八年班

蔡世祺	蔡耀東	柴四順	常英	曾明印	曾士鈞	張惠生	張立九
陳家傑	陳建國	陳建熙	陳錦章	章新賡	張興堂	張修松	張耀宗
陳克威	陳名奇	陳乾毅	陳亞平	張業望	張玉堂	趙寶安	趙清華
陳永坤	陳肇家	陳之光	程健生	趙希明	趙振武	趙宗鈞	鄭伯翔
池海燦	戴德巍	戴元森	鄧天才	鄭滄湧	鄭國南	仲澤勝	周浩奇
董永成	范繼承	范勁武	范乾元	周建綱	周明祥	周齊玉	周仁章
范子良	傅振東	甘耀華	高儒林	周行健	莊鼐鑫		
郭培智	何熹	侯啟耀	胡長芬				
胡劍如	黃純夫	黃潞濱	黃育輝	**四十九年班**			
計天堯	季澤舉	賈松坡	蔣津	包金城	蔡念肅	蔡紹澄	曹鈞年
蔣獻文	姜英奎	江元璋	呂學溫	曹永發	陳聰毅	陳靖	陳慶和
李伯林	李家麟	李克成	李連埤	陳宜奮	程代炘	成國有	
厲寧生	李慶祥	李壽祺	李為騮	程一（程雲）		丁少傑	杜常豐
李義芳	李英明	李元祥	李載燊	高長祺	高書元	谷明天	官本同
李增興	李振聲	梁中樑	廖中山	管恩勳	郭冠民	郭振明	何炳坤
林昌培	林春松	林鳳飛	林昇煌	何逢光	賀世勛	何中心	侯方德
林增源	林章華	劉昌齡	劉成哲	胡炳熙	胡勱	胡文斌	黃恭田
劉國良	劉煥林	劉家駒	劉崑嶽	黃志服	紀宗賢	賈偉節（賈永安）	
劉銘	劉文顯	劉武英	劉學驍	金迪先	寇振震	藍孝惠	李漢堡
劉振東	陸平一	羅子大		李鴻翔（李鴻才）		黎克恕	
羅世聲（羅世賢）				李睿鈞（李守身）			
羅學平（陳學平）		羅鎮亞	馬維邦	李聖謀（李賢俊）		李孝歡	李彥生
馬行健	馬永聲	馬毓卓	馬兆荃	李怡奮（李雄）		李昭萬	李智春
馬振時	茅承堯	毛耀生	孟文修	林道璧	林滇明	林廣猷	林國平
繆志幹	牛振鏞	潘夢熊	潘榮武	林樂孔	劉家輝（劉志輝）		
彭繼強（曾彭鵬）		彭夢熊	齊紹柱	劉念群（劉祥甫）		劉錦鍾	劉連順

劉配義	劉汝孝	劉樹愷（劉樹勛）		邱陵生	沈呂汀	施榮鎮	疏邦傑
劉樹平	劉鐘漢	陸　牧	盧憲孟	孫慶來	孫學玉	滕毓超	涂瑞亭
盧有慶	羅樹成	馬晉泉	毛火榮	王鳳沂	王金錫	王士榮	王天艾
孟昌德	孟昌昭	莫致中	聶乘綱	王力華（王仲華）		王文明	王　兮
寧昭洲	彭漢華	浦孟威	任瑞武	吳森輝	吳思聰	徐鴻圖	徐中一
容康寧	商峰秀	沈慶椿	宋德淳	楊泰安	楊緒生	楊振中	姚維彤
宋同書	蘇先劍	隋鴻幹	孫華本	葉明鏡	葉仕臻	袁世華	原振倫
孫鵬九	孫紀魏（孫文華）		談國華	原振維	惲軼倫	張本立	
唐大京	唐家棟	湯鳴章	王寶隆	張至德（張自立）		張積雲	張峻碧
王工準	王經定	王靖華	王樹明	張茂松	趙鴻點	趙嘉訓	趙忠禧
王新友	王希知	王祖洽	吳大英	鄭必忠	鄭家財	鄭家常	鄭銘輝
吳廣寧	伍國興	吳家威（吳光軍）		鄭南泉	鄭慶綏（鄭慶瑞）		
吳士全	吳子儀	蕭紹波	蕭相秦	周榮綱（周榮光）		祝本立	莊時範
謝　延（謝忠）		謝益彰	邢二元				

五十一年班

畢季潛	畢正康	曹維鈞	陳道簡
陳航訓	陳　堅	陳濟華	陳嶺龐
陳新豪	陳耀南	陳亦絲	陳友義
陳兆鐘	陳振華	丁鴻章	馮傳勛
符建蒙	高永福	龔惕勤	顧家曾
顧震華	管力吾	何嶽生	胡謙佳
黃城敏	黃連茂	蔣觀雄	金天祿
鄺活泉	賴維仁	雷起澤	呂思傑
呂真盛	李成文	李　川	李漢生
李健邦	李俊生	李清泉	李溪田
李笑梅	李孝先	李仰信	李　沂
李映銑	廖　湘	林崇惠	林俊夫
林清一	凌國興	劉秉都	柳光灝
劉金葵	劉　年	龍炳林	羅志良
毛　傑	孟憲江	倪長火宣	牛正修
潘建寧	彭貴松	彭聖和	全毓興
任錫田	阮　洋	尚永壽	邵澄溪
沈國仁	施慶華	孫家寶	孫金永
孫明德	孫丕言	孫湘生	孫賢忠
孫永盛	譚和卓	唐文生	王涵元
王吉平	王久理	王志灝	王中林
王自超	吳　敬	吳車萬	謝崇功
徐成孝	徐方義	徐　理	許立中
徐仁順	楊慶生	楊木益鏗	雍瑞雨
余國榮	曾繁奮	張百忍	張建頻
張建佩	張家聲	張家馴	張金宏
張金生	張明華	張明義	張森林
張用中	張中陵	趙和光	趙　恆

五十年班

陳保升	陳堅忍	陳亮維（陳名炳）	
陳鳴鑣	陳仁燈	陳少琦	陳體基
陳萬年	陳　驤	陳宜鑫	陳兆璞
陳質金	程居正	儲爾升	端木惟鍇
方志成	費有棠	傅彥毅	韓承禹
侯　甦	黃達明	黃享恩	
黃揚威（黃國材）		蔣寧石	焦　流
金知文	藍繼航	呂蘇健	李伯玲
李長福	林砥中	李鴻棟	李鋐銘
李茂森	李森林	李同義	李文琳
栗忠青	梁惠常	林　晴	林武鶯
劉錦文	劉欽敏	劉敬人（劉自來）	
劉榮三	劉武定	盧中州	茅永昌
莫立炘	歐陽馭庭	彭啟業	漆漢洲

趙家皓	趙清國	鍾建川	周成榮
周國立	朱正己	朱子寅	

五十二年班

蔡玉塘	曹漢全	曹和明	曹繼鳴
曹治華	陳國芬	陳家慶	陳九如
陳聯輝	陳明鐸	陳　企	陳聖鏗
陳揚博	陳永欽	陳岳軍	陳雲生
陳正修	崔永春	董滬生	杜定國
杜全根	方博雄	馮丹衛	傅梁瑜
關　錚	郭友川	韓鐵江	郝新明
胡亞龍	桓仁群	黃松南	紀紹鵬
江　鷔	蔣忠堂	藍振江	李必勝
李德鋼	李德璋	李芳崙	李　傑
李崑材	李南良	李喬陵	李紹永
李振裔	廖恩普	林國強	林介欽
林同生	劉成仁	劉大時	柳建章
劉靜生	劉文方	盧運敬	羅蜀生
馬世德	馬兆湘	倪豪魁	邱華崑
曲滋浩	任撫中	任明德	石嘉麟
施培誠	石修桃	孫嘉定	孫　筑
譚　榮	涂漢萍	王德祥	汪海瀛
王弘毅	王鈞吉	王樹品	王位三
王鑫成	王新憲	王仲春	咸成武
蕭玉麒	許爾烈	徐龍生	許　明
閻　毅	楊人俊	葉仕文	俞寅嘯
袁健生	袁文幹	曾勳擎	章承祖
張光正	張　豪	張九福	張明石
章又川	章澤南	鄭榮輝	鍾煥嵩
鍾文卿	鍾正平	周安寧	周成建
周如岡	周守閩	朱雄生	朱重華

五十三年班

蒼開達	曹樂廉	曹耀庭	陳愛鑠
陳國強	陳儉德	陳興華	陳宗濤
程鳳川	戴蓉月	鄧愛光	鄧志中
董克定	杜正驊	方建中	方壽祿
馮景如	高川寧	高法鵬	高錫恩
葛長庚	葛肇佳	谷雲仲	郭錦勳
郭世隆	郭思拓	郭永合	何兆彬
何　正	胡紹渝	黃國風	黃金台
黃昆強	黃守義	黃一雲	黃馳雄
江紅保	姜秋林	賴岳良	李東青

黎清安	李志遠	廖正茂	林森田
林猷川	劉俊芳	劉玉泰	欒天銘
羅良漢	羅中一	苗永慶	閔勛武
潘道純	任子萬	沈方祥	沈建國
沈　立	石淳仁	宋國興	宋作雲
蘇錫傑	孫保羅	孫繽海	孫學健
孫月初	汪　斐	王同慶	王正平
王忠瑩	魏勇豐	魏　澂	翁其寧
吳明敏	夏曙中	蕭春吉	蕭英明
謝新平	徐崇實	徐金順	徐燮煜
薛品正	楊木益崑	楊遠釗	楊志宏
姚起抗	葉粹光	葉韓麟	易康鼐
游維孝	袁繼震	曾英三	張傳漢
張更生	張吉安	張明初	張為國
張曉芒	趙晉棣	趙柳強	鄭昌澤
鄭　隆	朱　鯤	朱一民	

五十四年班

柴連生	常志驊	陳大興	陳清助
陳湘濤	陳元文	方俊德	方　雍
甘克強	郭充豐	韓守元	何保羅
何俊甫	洪可為	胡才貴	胡昆一
胡志剛	黃清和	蔣吉操	康光宗
賴勝男	李承勇	李　春	李惠仁
李嘉謀	李靜中	李力中	李尚明
連大海	梁健棠	林寶稜	林伯仁
林朝熊	林松雄	林志華	劉國威
劉良仁	劉秋男	劉　楊	劉志遠
魯沛亞	陸瑞光	馬維寧	潘庶肅
邱德平	邱滿雄	時奇玲	舒鐵漢
宋清華	孫日球	孫永健	覃崇耀
譚　明	唐家齊	涂柏洲	王德利
王殿柱	王榕生	王學功	王遠人
韋宗定	溫祝麟	吳寬昌	吳　偉
夏百炎	邢蘭生	徐德強	許家安
徐　瓏	徐萬鵬	薛東海	楊錦祥
楊維環	姚嘉慶	葉　翀	尹子文
余寶琦	詹正峰	張昆山	張慎之
張樹生	張習遠	張火宣	張用夏
張正義	張簡禎順	趙定遠	鄭振國
周傳岳	周繼武	朱武雄	

五十五年班

邊長泰	蔡令權	蔡明吉	查公明
陳邦治	陳春生	陳繼熊	陳　升
陳　石	陳世鄉	陳延灼	陳治平
程平川	程慶榮	崔亞金	戴同慶
丁樹德	費鴻波	馮亦中	馮源楨
符子正	高克仁	高　揚	古　明
顧正年	關建華	郭義忠	韓　斌
韓金昆	郝代瑞	賀鴻根	何健生
何起源	胡肇樞	黃　彪	黃國峰
黃孟生	黃義章	黃昭安	江憲吉
金行璋	柯政盛	賴武雄	呂茂吉
李必成	李德進	李錦川	李詩福
李肖鴻	李選緯	林燦庫	林佛明
林　光	林　全	林壽昭	凌惠徵
劉連喜	劉啟進	劉蜀南	劉毅儉
陸勝昌	羅森田	羅湘寶	穆祥雷
潘晃雄	齊春桂	祁　敏	邱重信
盛希賢	施柳江	施勇吉	史忠義
宋伸一	宋學勇	蘇元康	孫當和
孫連生	唐世誠	田永彬	王成雲
王逢煆	王廣德	王桂生	王敏豐
汪啟疆	王世範	王興華	王真禹
汪哲生	文憲一	伍炳桂	吳訪平
吳軍梁	（吳軍樑）	吳蓉華	吳炎煌
伍獻芳	徐德生	徐航健	許桐生
徐祥熙	襧力仁	薛　璋	姚祖罡
尹盛元	（尹盛先）	尤復興	曾石溪
張炳錢	章長蓉	張家銘	張潤民
張少華	張韶基	張世永	張亞輝
張洋正	張振強	張宗望	張祖垚
鄭能平	鄭元良	鍾建國	周元龍
竺融明	朱時渝		

五十六年班

包廣全	包鴻祺	卜炎風	陳德生
陳慶中	陳守貽	陳玉山	程溫良
戴家棠	戴奕昆	鄧庠生	丁一溪
董連奎	杜國棟	范廣雲	范戀過
范　懿	方澤萬	馮國維	傅資福
高玉漢	郭佳雄	韓　敏	郝志進
何細呂	侯配河	胡家瑞	黃大遠
黃芳雄	黃廣生	黃海賦	黃懷賢
黃健國	黃勝華	黃信雄	黃正獻
賈蓉生	蔣安義	蔣邦平	金豐鄉
鄺國楨	蘭甯利	李德漢	李國奎
李輝英	李鑾書	李明聰	李武政
李益軍	李玉立	李玉龍	梁建和
梁上清	梁先燦	林廣昌	林國雄
林蔚煌	林永康	林昭雄	劉平中
劉泰楨	劉正泉	盧利康	陸天林
麥允康	孟渝生	潘天山	（潘天山）
彭銘雄	錢嘉倫	錢　楹	邱英雄
阮文新	石應榕	蘇麒麟	孫恪恆
孫天義	譚言昭	唐俊郎	王長安
王功一	王金發	王年夫	王少丹
王文輝	王香馥	王曾惠	王肇溥
王子平	王祖誠	溫上棣	吳國仲
吳漢榮	吳立郎	吳仁棟	蕭國堯
謝義耿	熊潼祥	許志忠	薛景星
嚴平安	閻新生	楊常仁	楊俊傑
姚　堅	姚克讓	姚梓慎	游若雨
俞百源	余祖懷	袁梁城	張伯年
張達超	張濟難	張金鎰	張昆得
張鐵輪	張鑫銘	張運松	張世尊
趙士方	鍾兆林	朱家駒	莊則敬

五十七年班

蔡　芊	岑志深	車舒曹	陳朝雄
陳基鴻	陳明發	陳曙明	陳武宏
陳儀竹	陳貞祥	戴勝斌	鄧啟明
丁鶴鳴	丁劍清	范成茂	馮永功
傅明義	葛治平	龔明谷	顧忠仁
何維明	胡復興	胡明鴻	胡維榮
胡以臨	黃廣山	黃建平	黃　進
黃錦標	黃吉雄	黃明輝	黃武吉
紀惟正	賈大駿	賈智龍	蔣幸運
金儒展	金　鑫	匡乃勵	呂正琴
李安黎	李黔章	李盛圃	李叔和
李威寧	李小利	李細賓	李　鈺
李正明	李志明	梁吉星	林祥霖
林祖運	劉炳桂	劉崇深	劉鄂生
劉志成	羅冬超	羅吉宏	羅秦伯
羅元立	馬鳳麒	馬堪湘	馬　軻
馬豫瓏	磨作昭	潘先民	錢大為
邱清祥	任敦祿	任明雪	史光復

石順安	時訓良	書國偉	蘇金源		王立申	王　寧	汪惟鴻	王治寧
蘇名超	孫樹元	唐葆信	湯維成		王治忠	韋履中	魏良松	溫在春
王傳孝	王鳳田	王國樑	王海宇		吳聰賢	吳祥勇	巫中榮	夏　安
王連生	王茂柱	王　平	王書文		夏德全	謝成鈞	邢大倉	徐國楷
王蔭民	吳福生	吳亞嶙	夏華章		徐國正	徐榴柱	徐鐵生	閻　凱
夏幼華	蕭維厚	謝孟洪	謝燕忠		楊大安	楊道儒	楊文亮	楊原盛
徐世太	許仲起	徐筑生	嚴世傑		姚祈朗	葉靖安	葉雲火	易亞杰
焉在歐	楊材芳	楊長寧	葉德馨		尹鄂生	尹根培	尹宏基	袁漢資
俞吉慶	庾康息	余太平	曾國安		袁青元	袁震宇	岳成利	曾立言
曾祥環	章成毅	張聰明	張家驥		曾震威	張德利	張漢明	張連璧
張良戰	張慶生	張蓉仁	張塞麟		張龍生	張平甫	張賢暉	章增華
張十泊	張文達	張文平	張旭明		張自為	趙復華	趙立民	鄭　鈲
張禎新	張振雄	趙敬福	鄭光煜		鄭治國	周承宗	周　侗	周平順
鄭　鐳	鄭師奮	鄭仕孫	周世昌		周　雲	朱長安	宗德明	
周希誠	朱國棟	朱國祥	左汝忠					

五十九年班

五十八年班

柏鐵軍	蔡寶順	蔡文智	蔡宜智
陳東琦	陳國亨	陳國傑	陳　熤

賓長雄	蔡麟成	曹恆泰	蔡友明		陳祝華	鄧伯良	董鵬飛	董少明
陳安邦	陳春達	陳德川	陳國荃		董習成	董振國	杜德全	杜信雄
陳平元	陳詩在	陳衛誠	陳仲暉		樊興漢	方長久	古革政	管振青
程浙平	楚國慶	戴維於	鄧國勝		黃寶欽	黃錦麟	黃世柱	黃希澄
丁邦維	董夢聖	董書城	范增谷		黃正順	賈　海	蔣昌敏	江定邦
方思英	馮日熙	馮維斌	高金王民		焦金鵬	柯建材	匡國民	雷建青
高孔榮	高宜民	顧寧遠	谷　驥		李長安	李承謙	李抗成	李明潭
古鐵麟	顧延德	桂建秋	郭復星		廖榮鑑	林秉忠	林耿輝	林君森
郭一邦	何成健	洪振洛	胡伯駿		林　雄	凌徵錚	劉柏川	劉德黎
胡漢雲	胡繼曾	黃愛群	黃登貴		劉方衡	劉京武	劉夢雄	盧繼徽
黃滌明	黃建綱	黃紀臺	黃明雄		駱旭華	馬燦中	馬發強	馬逸民
黃正雲	黃宗經	江中信	康榮生		牛永源（牛水源）		農嘯吟	區學玲
賴蒲臨	賴萬為	雷光墅	雷一慶		潘元龍	潘志發	彭煥榮	彭金林
雷雲博	呂寶成	呂奎嵩	李金陞		邱光輝	尚京生	沈榮造	沈鐵華
黎鈞烈	李鳴皋	李南忠	李慶鐘		宋志錡	田儒崑	童俊飛	涂榮根
李　肅	梁慶華	林國山	林河參		王鴻翔	汪繼成	王吉餘	王樂天
林泰石	林武司	林鎮夷	凌國樑		王立雄	王孟明	王豫生	王仲明
劉德富	劉國定	劉俊英	劉明珠		吳漢光	謝國榆	謝金華	謝清庸
劉祺福	劉慶凱	劉勝利	陸如龍		謝瑞業	熊帆生	楊恩滬	楊維鋆
羅長安	駱輝雄	羅京芬	羅勇雄		楊獻成	姚智耀	葉德勝	應子湘
馬保玉	馬　杰	馬繼民	穆緒華		曾燕臣	曾翁建志	張長安	張春華
聶吉生	潘　崇	潘正立	彭　苓		張勝松	張世治	張元化	趙偉功
彭希平	邱東來	邱　茂	邱萬蓀		趙豫文	鄭谷昌	鄭濟康	鄭泰準
沈文德	舒建華	宋仁元	蘇鴻潤		鍾維章	周克凡	周卿文	周政生
譚長治	譚重光	陶　煬	王崇林		周宗嶧	莊中庸	卓安延	鄭才楚
王剛毅	王更生	王華威	王健民					

六十年班

包鴻翔　蔡孟泰　蔡明芳　陳德昌
陳福壽　陳海濤　陳磊騏　陳紹良
陳松生　陳學平　陳學正　陳則黎
陳　璋　程心炳　董建傑　董振才
方德仁　方文淵　馮家俊　傅雙鑫
高保生　官本鯤　郭振亞　何　洶
何宗元　洪德彰　洪譽榮　胡國喜
胡穗樂　黃道威　黃貴和　黃建全
黃林盛　黃仁安　蔣漢波　金培元
金雙勝　瞿紹浩　藍汝誠　李寶萍
李富隆　李國強　利國政　李海東
李介華　李寄嶠　李　鎧　李寬義
李　麟　李永權　梁陽福　梁永光
林柏麗　林伯驫　林金專　林克徹
林正勝　林祖遠　劉江海　劉錦章
劉瓊山　劉世川　劉燕京　劉永康
劉榆塞　路宏明　盧江海　陸鎮元
麥　華　梅虛白　牛海生　歐光寧
彭家棟　彭秋明　彭裕宏　普亞奇
錢熙華　邱奕如（邱奕和）　邱啟衡
邱祖忠　沈煥章　沈振國　宋豫京
蘇永富　孫凱雄　孫立基　孫文侃
潭澤鴻　湯效良　王長才　王大庸
王銘朗　王世廣　王臺生　王台光
王文同　王祥生　王希寰　王宜謙
魏為平　吳　景　吳品觀　吳啟憲
蕭廣銘　謝才霖　謝丁在　謝俊甫
謝雲龍　徐海鯤　徐覲峰　宣蓬萊
楊士光　楊耀國　楊哲遙　楊治東
楊子林　葉　巨　葉振明　易善穗
尹迎禧　游世儀　余少華　袁陽潤
張定洋　張凱還　張蘭生　張良峰
張聯祺　張立寧　張能親　張清博
張容明　張義堅　張仲滿　甄春林
鄭東南　鄭坤山　鍾　博　鍾凡遲
周培元　周顯明　朱柏平　朱陵生
朱　青　朱紹本

六十一年班

鮑始緯　陳福民　陳　騤　陳祿曾
陳偉棠　陳閈賢　陳曉鳴　陳行健
陳學聖　陳宜勇　陳　宇　陳志禹

陳州生　程臺生　鄧介松　鄧思賢
鄧添福　董瑞麟　董聲漢　方汝恆
馮仲元　傅台生　高厚祚　顧建成
關開祥　管少雄　郭延平　韓思鑑
何敬華　洪玉麟　胡賢台　黃干訓
黃建宇　黃小華　黃約翰　紀青生
蔣海安（蔣島）　柯青松　孔克屏
賴輝明　雷台福　李發輪　李建成
黎家平　李京磊　李名彪　李彭陵
李起仁　李昇平　李遠洋　李肇麟
梁承錫　廖永鎮　林秉義　林東煥
林東進　林健寰　林汐源　林　烜
林　準　劉光祥　劉　亨　劉松森
劉仲仁　龍滬台　馬延綱　祁柏鈞
錢懸圭　錢耀輝　喬華中　邱寒青
任蓉安　蘇惠民　隨冀平　孫慈悅
孫立民　譚維興　湯順保　唐文正
萬家駿　萬尚俊　萬宜專　王清璋
王　旭　王應嘉　王永年　汪子欽
王祖濤　伍大一　吳霖蔭　吳明揚
吳宋競　吳永忠　席國忠　夏雄山
謝鴻慈　熊得祺　徐厚鵠　許其尚
徐台生　許作廉　嚴維中　楊家議
楊　鵬　楊濰生　楊　友　姚建民
葉崇實　葉作鹽　尤祥鉞　余達寧
余敦虎　余台生　臧永澤　張成屏
張鳳火宣　張海生　張漢生　張九班
張　朗　張　維　張緯昌　張武昌
張志澄（張台生）　張兀岱　張序慶
張元偉　張智發　張中棟　趙立中
鄭祖菱　鍾國沛　種衍徐　周定中
周瑞炎　周蜀岳　周薛萍　朱錦華
朱連生　朱曉霞

六十二年班

常醒岡　陳潮州　陳古柏　陳鴻湻
陳望英　陳耀宗　陳余源　程寄苹
程文瑞　鄧誠正　鄧竹風　丁明德
董　遠　段　鍊　段西漢　樊有謙
馮朝陽　馮國震　馮永生　馮肇琪
高廣圻　高自強　龔家政　郭啟磊
韓達利　韓精忠　何炳堯　何天業
胡原主　黃榮俊　黃信智　黃肇正

黃竹蔭	賈大瑩	姜光華	金良駿		鐔元敬	王安懷	王寶蓉	王崇武
金永康	藍　斌	雷台生	呂聲揚		王家璨	王守徵	王台育	王賢政
李大陸	李覺民	李丕宣	李慶璜		王新興	王正年	魏炳勳	溫予凡
李天昊	李天佑	李天幼	李增光		吳鳳生	吳章華	蕭海堂	謝定台
李振信	梁永明	林金城	林康民		徐海明	徐家駿	徐懋興	許綿延
劉全毅	劉慎實	劉蜀台	劉用群		許明賢	許啟乾	徐　勳	許昭斌
龍國屏	魯北貴	陸士英	魯肇春		徐肇鴻	楊崇相	楊　嘉	楊泰義
羅成華	羅京林	毛定雄	毛光運		楊宗仁	葉錦祥	葉尚忠	葉圳傑
潘蓬萊	潘衛台	裴志明	彭台光		應　旭	郁泓智	余立之	于振國
濮海虎	任　潭	薩星提	檀徵麟		袁志成	曾敦化	詹金龍	張朝偉
田嘉源	田繼泰	王惠民	王家虎		張國棟	張宏達	張　濟	張家龍
王榮彬	王蓉生	王先澤	王興淼		張念宗	張鵬飛	張泰祥	張　彎
王中光	溫火浪	溫潔生	吳台生		張正凱	趙連弟	趙立朝	趙雪忠
吳廷華	謝東生	謝正剛	徐熙治		鄭忠信	鍾緬先	鍾越隆	周安依
徐智強	薛大正	薛宇光	楊寶麟		周百鼇	周　遷	周　雯	周文斌
姚魯濱	葉　芝	余次卿	俞鴻樑		周志義	朱廉達	莊台生	
余信雄	袁民全	張安錫	張家祥					
張瑞帆	章順昶	張勳忠	張永慶		**六十四年班**			
張遠銘	張鎮岳	張卓賢	趙　炅		鮑震球	蔡東平	蔡慕然	蔡秀璋
趙鹿生	趙竹安	周國治	朱繼志		曹淳華	曹用凱	曹志屏	陳德門
朱屈原	朱曉劍	莊美嶼	卓世傑		陳德榮	陳國樑	陳台清	陳　元
					陳雨生	陳振興	陳祖武	程振中
六十三年班					崔憲鐸	答振國	戴雨生	鄧崇樸
包　涵	蔡榮柔	蔡維紀	查國雄		狄　順	馮二南	甘卓英	高炳瀛
常　裕	陳國槐	陳嘉航	陳　傑		郭健生	郭澤文	郭彰平	洪榮華
陳啟富	陳興華	陳永康	崔寶威		胡世鴻	胡震亞	黃定中	黃介華
崔嶽立	董翔龍	端木經	樊仕劍		江雙福	姜鐵成	金克廉	景春華
方紹義	方小龍	馮林海	高國強		柯雷雨	孔東生	匡　時	李承智
郭大衛	郭力恆	韓學蘊	何德剛		李海龍	李克陵	李孟如	李時霖
何慧銘	何牧群	胡　瑞	胡台瑞		李偉彰	李肇鵬	李仲威	梁功凱
胡昭奇	黃凱友	黃元祥	黃鎮偉		廖自恆	林洪廣	林利萍	林　明
姜進德	呂秋典	呂欣維	李崇禮		林潤生	林曉民	林玄誠	劉東海
李鴻昌	李懷榕	李堅志	李濟川		劉俊英	劉屏如	劉亦康	劉元平
李捷權	李金克	李　樸	李祥騰		盧保國	魯仲良	羅家棟	羅鑄貴
廖文眩	林道明	林國基	林海清		毛中立	梅望祖	孟慶復	倪　俊
林章屏	凌弘哲	劉崇樸	劉德培		彭錦明	普亞昆	綦建崙	秦宏琢
劉漢池	金明	柳蓬旭	劉慶祿		秦明煌	秦文祥	秦志強	任學強
劉壽安	樓宜民	盧樂濤	馬金麟		石建忠	蘇永平	孫玲弟	孫先知
馬肇翔	倪南國	歐定岡	潘文輝		孫忠耀	唐葆龍	唐冀生	唐一虹
戚道靖	喬鐘霄	邱金雲	任台軍		田　剛	田學易	佟寬榮	萬達榮
任台豫	申伯之	施四維	稅礁元		王鼎鈞	王冠群	王國慶	王國璋
宋長平	宋廣文	宋宜敏	蘇洸正		王樂仁	王培雄	王士錦	王世明
蘇雄生	孫清宙	孫同生	譚　晟		王壽山	王台寶	王台生	王文棣

王興宇	王雲虎	王震邦	王梓傑	王蜀寧	王台龍	王天德	王庭富
韋連生	魏亦強	咼海青	吳保榮	汪宛丁	王文應	王亞衛	王宗義
巫華昌	吳偉榮	吳茲疆	夏崇舜	魏念冰	吳國權	吳水茂	吳錫麟
夏復翔	夏永曦	謝麗明	謝　政	焦海儔	謝建勝	許保仁	徐　博
熊　立	熊連山	許寶明	徐嘉偉	徐長春	胥大驊	徐鐵錨	徐讚強
許敬華	徐景洲	許力文	徐尚文	楊金河	楊文輝	楊志正	楊鍾德
許文章	徐向樹	楊建安	楊經華	姚台興	葉序台	應業台	游良輝
楊瑞勇	楊聖怡	楊竹森	葉松荷	余倉豐	俞敏惠	喻屏有	郁文治
葉顯國	游測生	俞炳炎	于繼增	余振國	袁　恆	袁嘉量	袁仲一
于台生	張必鉦	張德英	張連中	曾雲生	翟宗家	張重陽	張輝武
張曼興	張培凝	張台生	張天翼	章濟生	張君武	張明南	張平海
張性實	張緒德	張潄江	趙長青	張蜀屏	張台元	張天成	張心如
趙偉燕	趙新煜	趙益軍	鄭濟華	張玉麒	張正中	趙瑞疆	趙渭夫
鄭屏陽	鍾貴旺	周偉賢	周志柔	趙中行	鄭清泉	鄭文傑	鄭文興
祝伯康	朱廣明	朱　舜	莊建有	朱伯蒼	朱成一	朱文寬	朱玉孝
禇黎琥				鄒長豐			

六十五年班

安　祥	畢建軍	蔡昌隆	蔡仁良
蔡瑞昌	曹福來	曹廷虎	查全智
陳殿樟	陳福海	陳海瀚	陳海鵬
陳華雄	陳明陽	陳慶胤	陳賢信
陳興邦	陳　雄	陳雄生	陳楊生
陳源清	陳鎮凡	陳祖勇	成定邦
程克儉	鄧衍湯	丁繼堯	杜文球
馮廣宏	傅華東	傅平權	高雄山
辜存柱	谷鴻俊	郭逢遇	韓　彬
韓　鈺	何經中	何震東	胡瑞龍
胡忠士	華中麟	黃樹智	黃顯堂
季元俊	簡久濱	蔣安志	姜龍安
賴榮雄	雷稻樟	李光夫	李海亮
李宏濤	李　駿	李修平	李忠城
梁長青	梁月榮	廖啟發	林家燊
林機繁	林義和	林再生	林忠平
劉金垣	劉台生	劉　偉	劉偉鴻
劉義雄	劉振華	劉忠浩	陸經緯
陸永昌	羅貽龍	馬誠弘	馬允中
潘龍瑞	潘渭彰	浦振發	錢治平
錢中傑	任宜寬	薩曉雲	尚自強
沈端陽	沈榮華	沈心力	施　行
石雲泉	宋廣智	孫山南	談必光
滕國強	王邦正	王廣陵	王海平
王金山	王開元	王祿侃	王慶麟

六十六年班

鮑廣順	蔡克雄	曹國治	昌啟鴻
常　溱	陳財喜	陳長諒	陳昌明
陳德馨	陳堅忍	陳進基	陳立強
陳　龍	陳善培	陳台安	陳信慶
陳耀輝	陳益森	陳益漳	陳虞奕
戴立德	戴志堂	范寶華	馮新明
馮逸成	傅吉春	傅仁忠	高克華
高新安	管大維	官國雄	官宏一
管榮生	郭文中	韓力行	韓興華
韓學智	賀俊吾	何世傑	何忠民
黃國洲	黃建中	黃進發	黃慶華
黃宗賢	靳天聲	荊懷安	賴先貴
呂逸群	李邦榮	李春緣	李鳳喜
厲國峰	黎航君	李　皓	李建國
李劍青	黎瑞岡	李少卿	李文景
李喜明	李　興	李　曄	李元智
李志宏	李仲和	梁若聖	廖念鄂
林　岱	林世仁	林松筠	林修文
林震光	林宗昭	劉昌瑞	劉達盛
劉明基	劉仲清	陸邦傑	羅協庭
馬建忠	馬玉璽	牛建民	潘茂雄
龐良杰	龐珣玓	浦維新	錢屏山
秦興華	秦玉琪	邱如立	冉啟穰
饒絢立	任義麟	榮偉光	施慧敏
舒山萍	宋德章	宋建萍	粟建國

隋元堅	孫清堅	孫振聲	譚光輝		夏應斌	蕭弼元	蕭輝振	謝順堂
譚漢青	唐 蛟	湯夢龍	唐永生		謝秀昇	辛習群	徐佩琨	許培山
滕耀倫	塗逢春	萬英豪	王福成		許應生	徐兆民	薛迪寬	晏光華
王國昌	王和平	王鴻基	王恢中		顏允武	楊鳳勳	楊格非	楊鴻書
王夢家	王瑞郎	汪士鑑	王順海		楊玉林	姚宸翰	姚添龍	易昌隆
王台富	王新捷	王雅龍	王亞洲		應業軍	虞若宏	袁恆志	袁天達
韋彥武	溫泰倫	翁冠輝	翁以民		張朝修	張大器	章光興	張宏國
吳嘉麟	吳家麟	吳儉榕	吳樹正		張民華	張望祿	張獻一	章新源
吳玉成	吳振興	項義程	蕭伯倫		張哲敏	趙家遠	趙志全	鄭方通
蕭東源	蕭國峰	蕭進同	謝廷超		鄭治國	鄭作達	鍾國政	周念清
徐復華	徐佩雲	顏昌文	楊炳輝		周偉輝	周義雄	朱建中	朱傑成
楊俊邦	殷美虹	余立仁	余振民		朱介壽	左健雄		
袁天綺	臧承德	曾敬軍	曾念三					
張炳堂	張蒼恩	張段林	張漢驤		### 六十八年班			
張健祥	張濟東	張進宗	張念祖					
張台祥	張訓毅	張益源	張志寧		安治勇	卜強生	陳寶峰	陳寶渠
趙久泰	趙克雄	鄭建華	鍾宜宸		陳定聖	陳鴻飛	陳家信	陳前福
周啟棟	周啟文	朱從榮	朱明治		陳勝安	陳 緯	崔家駿	戴慶正
朱興華	朱義培	朱宗輝	資文山		戴世驥	范仁超	傅國祥	傅治國
左志輝					高鎮亞	顧一新	古允文	官居正
					桂瑞華	郭 中	韓恆政	韓立成
### 六十七年班					韓肆拾	何保睿	何努力	何喜中
					胡國曾	胡裕賢	黃昌明	黃長旺
蔡金全	蔡中道	車俊華	陳安茂		黃曙光	火真揚	簡利生	蔣才之
陳富祥	陳國平	陳嘉生	陳企韶		蔣 愈	蔣遠平	蔣宗祐	呂一屏
陳正東	陳正泰	陳卓慶	成宗文		李德志	李發輝	李國寧	李建榮
褚四維	崔復國	鄗學仁	谷新生		李立民	李孟冬	李榮先	李玉法
郭慶年	郭文宗	郭毅忠	郝金生		李振普	李 忠	梁台華	林貴誠
何澎蛟	何世豪	何永忠	何智華		林健怡	林克祥	林立人	林守民
胡冠鳴	胡蘇清	黃採崇	黃晨光		劉 端	劉進平	劉銘訓	劉屏郎
黃福洋	黃尹人	霍守成	賈兆坤		劉 緯	劉孝志	劉友豪	逯安祺
江甲欣	金武仁	藍維萬	李超原		盧前悌	陸永恆	羅光輝	羅良正
李承先	李 福	李繼文	李 錚		馬萬傑	孟祥生	孟憲維	閔少宇
梁安華	廖國斌	林曈樑	林子堅		繆俊傑	牟敦量	聶澎瓏	潘國圻
劉國臣	劉劍城	劉慶源	劉維新		潘運強	邵中杰	沈懷德	盛台元
劉文光	劉先富	劉英魁	陸 明		石一平	宋寶生	宋孝良	蘇立青
羅昌運	羅文祥	毛立仁	聶台瑋		孫建雄	唐湘台	滕振秋	田茂禾
牛忠義	歐陽台華	潘恩生	潘徵麟		王彬華	王長銳	王國柱	王懷文
蒲澤春	秦 淼	秦明沛	丘金勝		王介立	王聯珏	王明華	王牧民
饒 愷	阮重明	申志恆	蘇柏祺		汪培樹	王維仁	王以明	王玉麟
孫小明	譚懋輔	唐台勇	王秉宏		王治亞	王致中	魏成功	聞崧遠
王超凡	王華封	王駿誠	王立言		吳寶琨	吳廣運	吳金堂	吳濟時
汪少川	王業安	王肇航	王昭舉		吳新台	蕭德邵	蕭敬群	蕭明傑
王振坤	王鐘輝	王宗海	魏國生		蕭永貴	徐昌明	許國智	許應利

徐又瑋	顏光仁	楊緯華	楊旭康
楊育德	楊　正	姚東明	葉興善
尹立中	余華慶	于文志	余致和
原振亞	袁中興	臧承祖	曾福生
曾念澎	曾文立	張　鐸	張奮琦
張涪屏	張劍秋	張建新	張駿維
張民生	張其民	張青龍	張　偉
張忠仁	趙言信	鐘復興	周成根
周建國	周秋生	周致平	朱寶沛
莊兆文			

Do歷史94　PF0350

海上長城
——戰後中華民國海軍發展史

作　　　者／金　智
圖片提供／沈天羽
責任編輯／尹懷君
圖文排版／楊家齊
封面設計／嚴若綾

出版策劃／獨立作家
發　行　人／宋政坤
法律顧問／毛國樑　律師
製作發行／秀威資訊科技股份有限公司
　　　　　地址：114 台北市內湖區瑞光路76巷65號1樓
　　　　　電話：+886-2-2796-3638　傳真：+886-2-2796-1377
　　　　　服務信箱：service@showwe.com.tw
展售門市／國家書店【松江門市】
　　　　　地址：104 台北市中山區松江路209號1樓
　　　　　電話：+886-2-2518-0207　傳真：+886-2-2518-0778
網路訂購／秀威網路書店：https://store.showwe.tw
　　　　　國家網路書店：https://www.govbooks.com.tw

出版日期／2025年3月　BOD一版　定價／660元

|獨立|作家|
Independent Author

寫自己的故事，唱自己的歌

版權所有・翻印必究　Printed in Taiwan　本書如有缺頁、破損或裝訂錯誤，請寄回更換
Copyright © 2025 by Showwe Information Co., Ltd.All Rights Reserved

讀者回函卡

海上長城：戰後中華民國海軍發展史 / 金智著. -- 一版.
-- 臺北市：獨立作家, 2025.03
　　面；　公分. -- (Do歷史 ; 94)
BOD版
ISBN 978-626-7565-15-5(平裝)

1. CST: 海軍　2. CST: 軍事史　3. CST: 中華民國

597.8　　　　　　　　　　　　　　　　114001308

國家圖書館出版品預行編目